The Encyclopedia of Mad-Craft

과학실험 공작 사전

야쿠리 교시쓰 지음 김효진 옮김

프롤로그

No.　　　　Date　　.　　.

여러분, 반갑습니다. 초강력 공기포 '이그저스트 캐넌'을 만들다 보니 어느새 『과학실험 이과※』의 괴인이 되어버린 yasu입니다.
이 책은 '공작'에 관한 책이지만 평범한 공작 도서와는 취지가 약간 다른, 다이소에서 살 수 있는
저가의 상품을 개조해 흉악한 완구를 만들거나 3D 프린터로 실험실에서나 쓸 법한 실험 기구를 만들기도 하고
급기야 눈앞에서 번개나 충격파를 만들어내는 익스트림 머신을 만드는 기묘하고 과격한 '과학실험 공작' 사전입니다.
이 책의 원조인『과학실험 이과 공작』이 세상에 나온 것이 무려 2007년….
그로부터 14년의 세월이 흘러 일본의 연호(年號)가 레이와(令和)로 바뀌고 과거 공상에 불과했던 사이버 펑크가
현실이 되면서 흥분이 현실 세계에서 가상의 세계로 옮겨가고 있는 시대에 공작이라고? 이렇게 생각하는 분도 있을 겁니다.
하지만 이 공작이야말로 현대 과학 문명의 원점입니다.
생물학, 의학, 화학 그리고 물리학… 과학 문명의 모든 것은 이론과 실험에 의해 구축되었으며
이 실험을 지지한 것이 바로 '공작'입니다. 어느 시대에나 공작은 고상한 행위임에 틀림없으며
과학 문명의 지대한 발전을 위해 우리는 공작의 중요성을 끊임없이 주장하며…
같은 건 둘째 치고 어느 시대에나 '공작'은 말도 안 되게 재미있다니까요!!!!!!!!

처음 이그저스트 캐넌을 만들었을 때

잠시 과거의 내 이야기를 하려고 합니다.
당시 나는 중학교 2학년. 서점에서 우연히 손에 든 책이『도해 과학실험 이과 공작』이었습니다. 그때 눈에 들어온 것이 가장
첫 장에 실려 있었음에도 최고 난이도를 자랑하는 초강력 공기포 '이그저스트 캐넌'의 기사였던 것입니다.
이것을 어떻게든 혼자 힘으로 만들어보고 싶었던 나는 책장이 너덜너덜해질 때까지 읽으며 연필로 모눈종이에 설계도를
그리고 홈 센터를 수시로 드나들며 전에는 눈길 한번 주지 않았던 온갖 코너를 샅샅이 훑었습니다.
용돈을 모아 전동 드릴과 디스크 그라인더와 나사 그리고 잘 알지도 못하는 배관 부품을 사 모으고,
급기야 캐넌의 핵심 부품인 피스톤을 구하기 위해 집에 있던 공기 주입기를 탈취해 해체했습니다.
그렇게 모은 소재를 집 주차장에서 열심히 깎고, 구멍을 뚫고, 용접한 것을 또다시 깎기를 거듭해
마침내 완성한 것이 바로 '이그저스트 캐넌 Mk.1'입니다.
공기를 충전한 후 자세를 잡고 떨리는 마음으로 방아쇠를 당기는… 그 순간,
한적한 주택가에 귀청이 찢어질 듯한 폭음이 울려 퍼졌습니다.
완벽히 작동한 겁니다!!!!!!!!

※원제 アリエナイ理科/ 있을 수 없는 이과. 한국어판 제목에 따라
본문 중 등장하는 시리즈명은 '과학실험'으로 표기합니다.

페이지가 떨어져나갈 때까지 읽고 또 읽은『도해 과학실험 이과 공작』(2007년 발매)

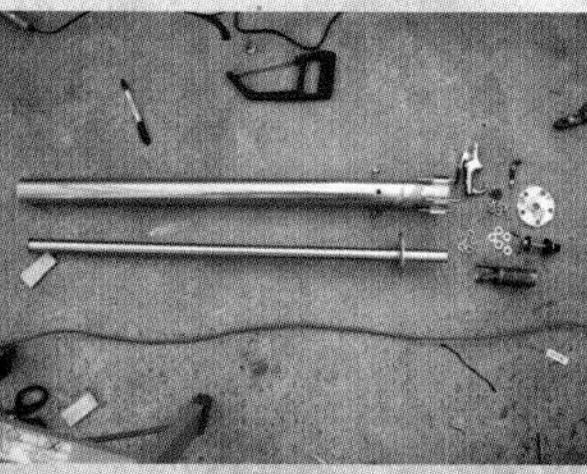
모은 소재를 가공…. 지택 주차장에서 조립하는 모습

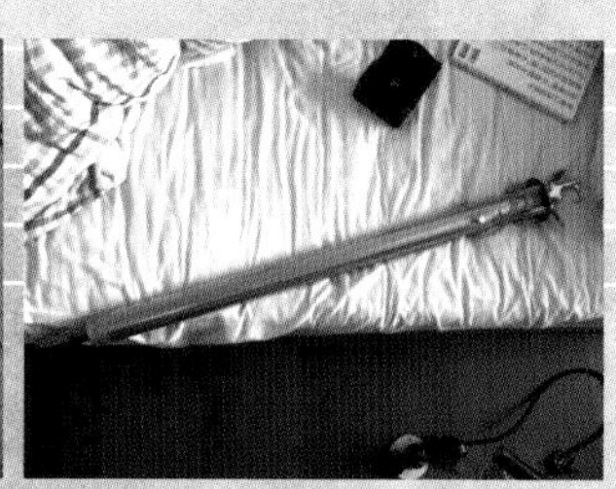
2008년 3월 29일. 드디어 '이그저스트 캐넌 Mk.1'을 완성했다.

그래, 바로 이거야. 나는 본능적으로 깨달았습니다. 공작이 지닌 가능성과 재미를.
자기 머리로 생각하고, 자기 발로 찾아다니고, 자기 눈으로 음미하고, 자기 손으로 가공·접합·조립·조정한 '기계'가
눈앞에서 엄청난 충격파를 안겨주는 물리 현상을 간단히 만들어내는 흥분과 기쁨을!

공작이 가져다 준 것

'충분히 발달한 과학기술은 마법과 구별할 수 없다'는 아서 C. 클라크(Arthur C. Clarke)의 유명한 말처럼
과학이 마법과 같다면 공작은 그런 마법을 탄생시키는 나만의 '지팡이'를 만드는 작업과 같습니다.
판타지 세계의 마법은 화려하고 강력하지만 어떤 지팡이는 돈을 주고 살 수 있고, 주문만 외우면 누구나 발동할 수 있습니다.
그러나 공작에서는 자신의 지혜와 연구, 무엇보다 시행착오를 거쳐 나만의 특별한 사양을 가진 지팡이를 만듭니다.
그렇기 때문에 그것을 사용해 인간의 능력을 뛰어넘는 현상을 만들어냈을 때의 흥분과 기쁨은
글로 표현할 길이 없을 정도입니다.

어떤가요? 공작을 해보고 싶지 않습니까? 그거면 됩니다!
이미지가 영 떠오르지 않는다고요? 그래도 괜찮습니다!!

이 책에 실린 여러 과학실험 공작 중 하나만이라도 직접 만들어보기 바랍니다.
고도의 전문성을 요하는 공작도 포함되어 있지만 다이소에서 파는 소재로 시도해볼 수 있는 공작도 준비되어 있습니다.

공작을 계속하다 보면 물건이 지닌 다양한 특성을 직접적으로 이해할 수 있고,
소재를 음미하는 안목도 자연스럽게 키워집니다. 물체를 가공하는 방법을 찾아내고 공구를 다루는 방법을 익히는 등
실전이 아니면 배울 수 없는 그야말로 살아 있는 기능입니다.
그리고 다시 이 책으로 돌아오면 도전 가능한 공작의 수는 물론이고
꼭 한번 만들어보고 싶어! 같은 생각이 들 법한 공작의 수도 크게 늘어나 있을 것이 분명합니다.
그렇습니다. 이런 정신이야말로 앞서 이야기한 과학 문명 발전의 원동력이라고 생각합니다.
물론 과학 문명을 구축하기 위해 공작에 힘쓴 것만은 아닙니다. 공작 자체가 무척 재미있었기 때문에 더 많은 것들을
계속 만들어내고 마침내 내가 아니면 만들 수 없는 새로운 기계를, 현상을, 내 손으로…!!
그렇게 발전해온 것이 현대의 과학 문명일 것입니다.

길게 이야기했지만 요컨대 '공작' 특히 강력한 '과학실험 공작'은 일단 재미있습니다!
내가 그날을 계기로 10년 넘게 과학실험 공작을 계속하며 이런 과격한 책의 프롤로그를 쓰게 되었을 정도로 말입니다.
자, 이제 머리와 손과 발을 움직여 공작으로 현실 세계를 즐겨봅시다.
그런 체험이 안겨줄 새로운 발견과 기술 그리고 호기심에 몸을 맡기는 것입니다.
언젠가 마법과 구별이 되지 않는 아니, 오히려 마법을 초월한 물리 현상을 만들어낼
당신만의 최강의 '지팡이'를 완성시킬 그날을 목표로….

야쿠리 교시쓰 [물리 담당] yasu

Chapter 01 : 암흑 완구의 제작

[물리·공작 담당]
이그저스트 캐넌의 매력에 빠져 영혼까지 사로잡혀버린 엔지니어. 기능미와 조형미에 광적으로 집착한다.

[공작 담당]
엉뚱한 공작에 몰두하다 급기야 괴인이 되어버린 기계 곰. 곰 캐릭터가 사랑받는 것을 알고 조금 지나쳐도 용서해줄 것이라 생각한다.

[기계 공작 담당]
과학실험 공작을 체현하는 통칭 '기계 왕'. 방사능 마크가 그려진 실크 모자를 애용하며, 한 손에 가이거 계수기를 들고 소재를 찾아다니는 것이 필생의 사업.

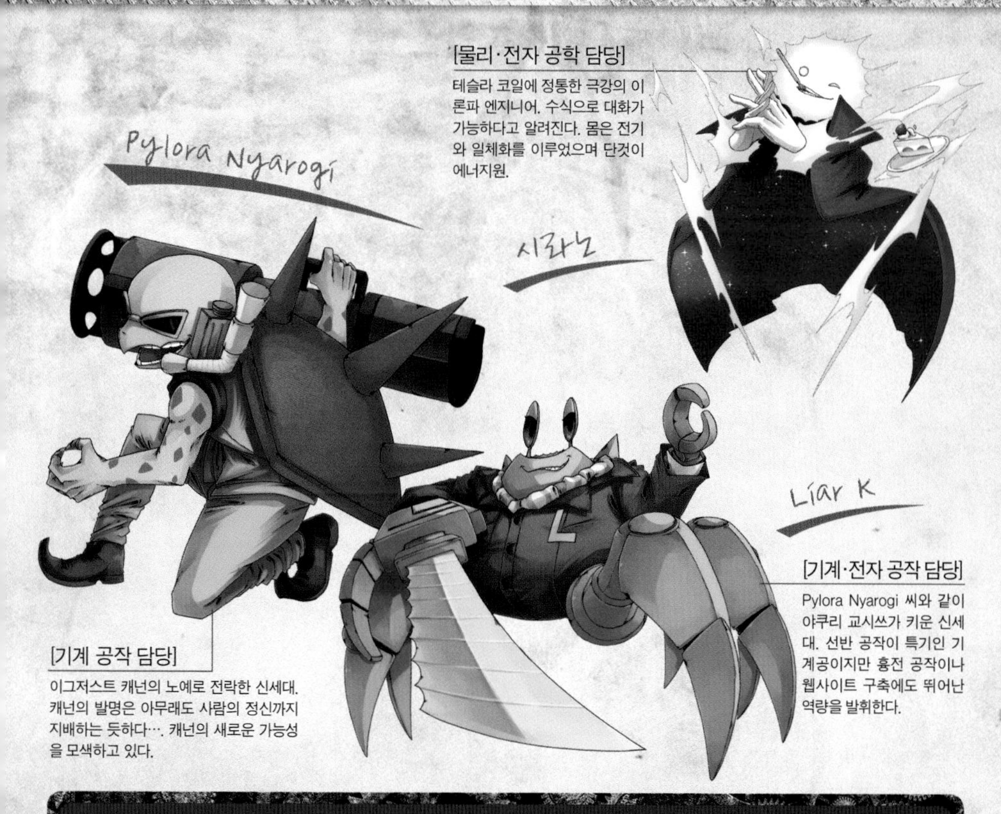

Chapter 02 : 금단의 캐넌학

Chapter 03 : 흉전 공작의 추천

Chapter 04 : 3D 프린터 실천학

Chapter 05 : 서바이벌 비밀 공작

Chapter 06 : 보 강

Chapter 01
암흑 완구의 제작

다이소 아이템으로 시작하는 과학실험 공작

다이소 이면 공작 강좌

⦿ text by POKA

공작 레벨 ★★★★★

본격적인 공작을 시작하기 전에 다이소의 아이템을 사용해 워밍업을 해보자. 자신의 공작 레벨을 아는 것부터 시작이다. 저렴하기 때문에 실패해도 OK. 일단 손을 움직여보자!

다이소는 아이디어에 따라 공작에 사용할 수 있는 소재의 보고이다. 구체적인 공작이나 실험은 11쪽부터 소개하기로 하고 여기서는 몇 가지 예를 소개한다.

먼저 'UV 크래프트 레진액'이 있다. 공예 코너에 가면 하드형과 소프트형 그리고 색상도 다양하게 갖추어져 있다. UV 레진액의 이점은 자외선을 쏘면 순식간에 굳는다는 것이다. 또 순간접착제와 달리 레진액을 두툼히 올린 상태로 굳힐 수 있다.

세 종류의 비트가 들어 있는 '미니 루터용 절단 세트'도 빼놓을 수 없다. 다이아몬드 커터가 들어 있는 제품이 1,000원대라니 최고의 코스트 퍼포먼스이다. 가장 큰 숫돌 타입은 다이아몬드 커터의 소모가 심한 철 소재를 절단할 때 사용할 수 있다. 둥근 톱날은 매우 얇아서 정밀한 절단에 적합하다.

'오염 제거용 지우개'는 연마제가 들어 있어 심한 오염이나 녹을 제거할 때 편리하게 사용할 수 있다. 비슷한 제품으로 다이아몬드 타입도 있지만 표면에 시트 형태의 연마면이 부착되어 있을 뿐이라 소모가 심하고 수명이 짧다. 그런 점에서 이 지우개 타입은 전체적으로 연마제가 함유되어 있기 때문에 오래 쓸 수 있다.

장난감이나 파티용품 코너에서 판매되는 장난용 감전 상품도 재미있다. 이 '찌릿찌릿 선풍기'는 버튼 전지와 승압 회로로 구성되어 있으며, 겉포장이 달라도 내용물은 대부분 비슷한 것으로 보인다. 많은 양의 전류를 흘리는 사양이 아니기 때문

UV 크래프트 레진액 하드형

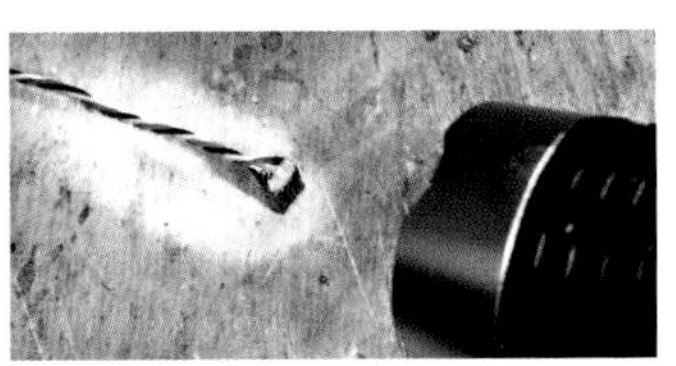

UV 라이트를 비추면 순식간에 굳는다. UV 라이트가 없으면 햇빛으로도 가능하다.

찌릿찌릿 선풍기

색깔별로 몇 가지 종류가 있는데 내용물은 대부분 같다.

오염 제거용 지우개

비스듬히 잘린 부분으로 기판의 미세한 녹도 정확히 제거할 수 있다.

미니 루터용 절단 세트

다이아몬드는 세상에서 가장 단단한 소재이다. 다이아몬드 커터라면 무엇이든 자를 수 있다.

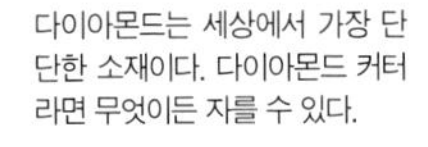

Memo :

보기보다 강력한 위력!

고성능 새총

필요한 재료

●밸브 고무	●펀치
●필러	●개 목걸이
●실리콘 스프레이	

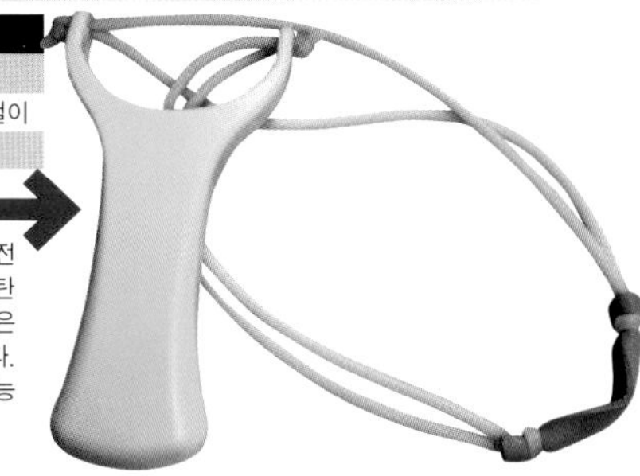

동력원인 고무줄은 자전거 보수용 '밸브 고무', 탄알을 집는 홀더 부분은 '개 목걸이'를 사용했다. 5,000원 정도에 고성능 장난감이 완성되었다!

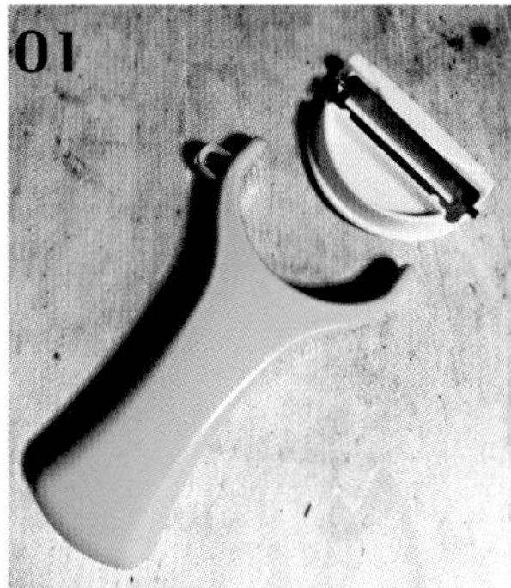

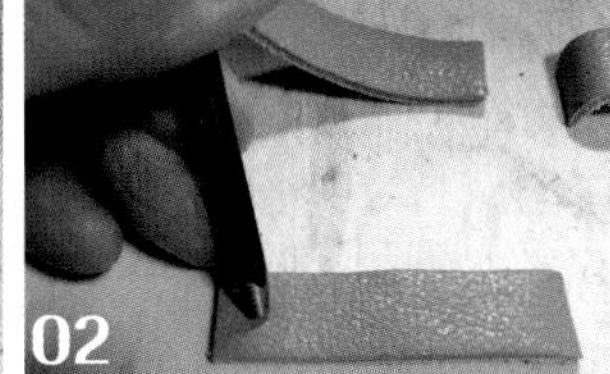

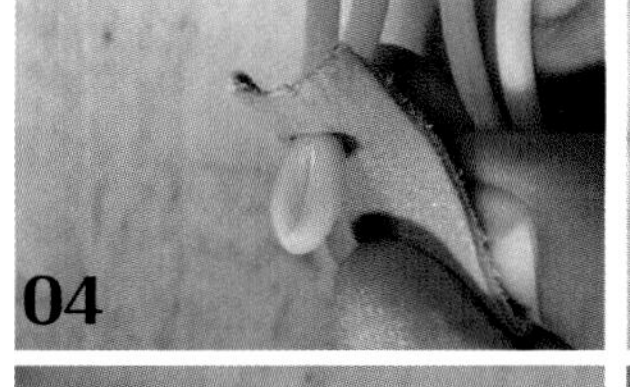

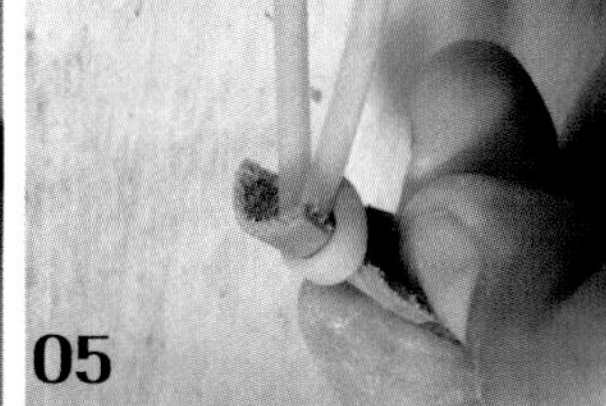

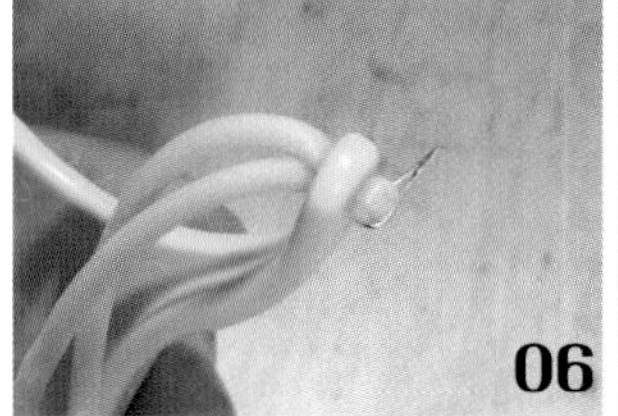

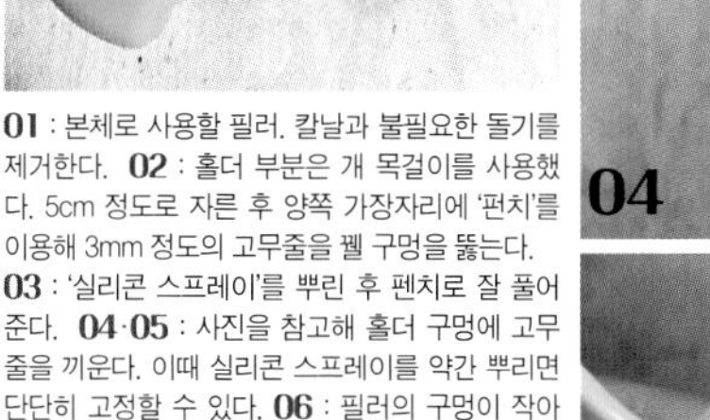

01 : 본체로 사용할 필러. 칼날과 불필요한 돌기를 제거한다. **02** : 홀더 부분은 개 목걸이를 사용했다. 5cm 정도로 자른 후 양쪽 가장자리에 '펀치'를 이용해 3mm 정도의 고무줄을 꿸 구멍을 뚫는다. **03** : '실리콘 스프레이'를 뿌린 후 펜치로 잘 풀어준다. **04·05** : 사진을 참고해 홀더 구멍에 고무줄을 끼운다. 이때 실리콘 스프레이를 약간 뿌리면 단단히 고정할 수 있다. **06** : 필러의 구멍이 작아 고무줄을 끼우기 힘들었다. 고무줄에 철사 등을 끼워 펜치로 잡아당기면 쉽게 끼울 수 있다. **07** : 고무줄을 꿴 후 세 번 정도 묶어 매듭을 만들면 구멍에서 빠지지 않는다.

에 출력을 높이는 등의 개조는 어려울 듯하지만 부품을 떼어내 활용하거나 간단한 고전압 회로가 필요할 때 도움이 될 것이다.

다이소에서 판매되는 소재를 조합해 오리지널 새총을 만들어보자.

Y자형 본체는 '필러'를 사용한다. 손잡이의 느낌과 둘로 나뉘는 부분의 거리감과 강도 등이 완벽하다. 칼날을 고정하기 위해 뚫려 있는 구멍에 고무줄을 끼울 수 있는 구조도 훌륭하다. 칼날 부분을 떼어내고 필요 없는 돌기를 제거하면 된다.

탄알을 손가락으로 집는 홀드 부분은 개 목걸이를 사용했다. 너비도 적당하고 강도도 충분하다. 동력원인 고무줄은 자전거 코너에 있던 보수용 '밸브 고무'를 선택했다. 한 줄로는 힘이 약하기 때문에 반으로 접어 강도를 높였다.

나머지는 본체에 고무줄을 달고

진공 펌프로 만드는

진공 폭음 발생 장치

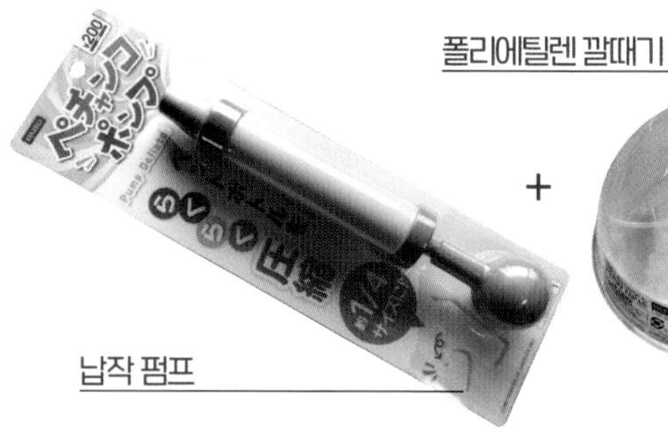

납작 펌프

폴리에틸렌 깔때기

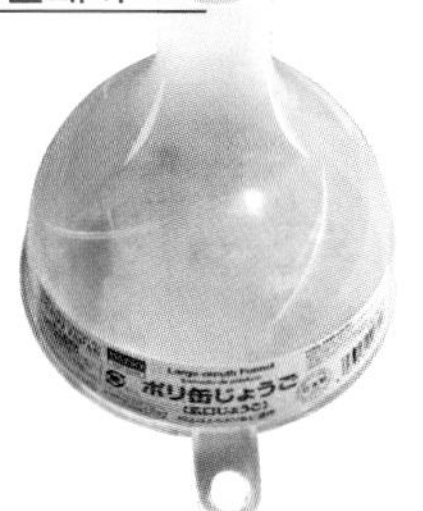

사란 랩

폴리에틸렌이나 염화 비닐 수지 재질은 피한다.

나팔 모양의 넓은 입구에 랩을 씌우고 펌프로 흡입. 한계를 넘으면 파열한다

염화 비닐관을 사용하는 방법도!
플라스틱 깔때기가 맞지 않으면 VP25 규격의 염화 비닐관으로 시도해보자. 이경 소켓과 결합할 수 있다.

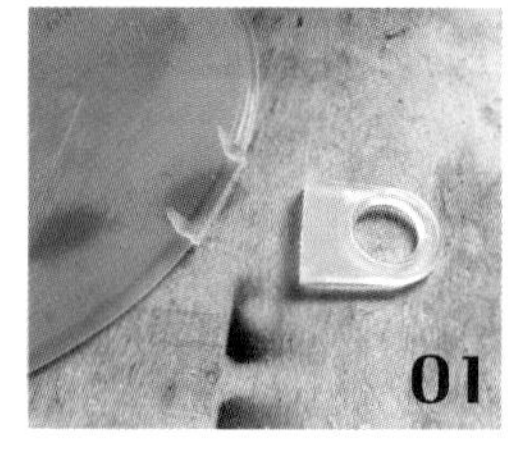

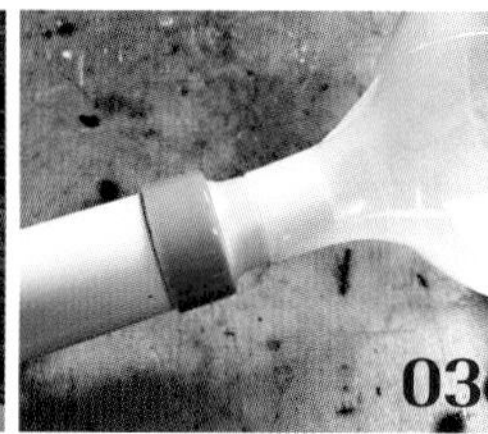

01: 깔때기에 달려 있는 후크는 필요 없으므로 커터 칼 등으로 잘라낸다.
02: 깔때기 입구가 약간 좁기 때문에 스토브로 데워 부드럽게 만든다.
03: 펌프 입구에 꼭 맞게 끼운다(약간 힘을 가해 끼울 필요가 있다).

남는 부분을 잘라내면 완성이다. 의외로 강력하기 때문에 사람을 향해 쏘는 것을 절대 금물이다(웃음). 페트병 내부를 감압해 작게 만들어주는 핸디형 펌프. 내부에 역류 방지 밸브가 장착되어 있으며 손잡이를 밀었다 당겼다 하면 연속으로 배기가 가능하다. 이 아이템을 바탕으로 깔때기와 식품용 비닐 랩을 조합해 폭음 발생 장치를 제작해보자.

깔때기는 종류가 다양하기 때문에 최대한 입구가 넓은 것을 고른다. 그럼에도 핸드 펌프에 잘 들어가지 않으면 스토브의 열로 가열해 부드럽게 만드는 것이 비결이다. 그 상태에서 핸드 펌프의 흡입구를 끼우면 꼭 맞게 들어갈 것이다.

파열판을 대신할 비닐 랩은 아사히카세이(旭化成)사의 '사란 랩'이 가장 적합했다. 사란 랩의 재질은 폴리염화비닐리덴으로 이 소재가 파열 시 순간적으로 잘 찢어진다는 것을 알게 되었다. 깔때기에 밀착해 붙이면 준비 완료.

사란 랩은 강도가 높아 내부를 감압해도 꽤 버텼다. 그러다 한 부분이 안쪽으로 빨려 들어가는 듯하더니 펑 하고 파열! 이명이 울릴 정도의 폭음이 발생할 것이다.

Memo :

수상쩍은 불빛
공예용 축광 파우더

핸드메이드 액세서리 재료도 충실한 다이소. UV 레진액이 진열된 코너 한구석에서 '축광 파우더'를 발견했다. 축광 파우더는 황화아연계 조성이 일반적인데 이 제품도 비슷한 제품일 것으로 생각된다. 황화아연은 고전적인 형광물질로 알려져 있으며, 은이나 동을 미량 첨가해 축광성 도핑이 가능하다.

서론은 이 정도로 하고 곧장 실험에 돌입해보자. 축광 물질은 365nm의 자외선에 반응해 강하게 발광하기 때문에 블랙라이트(UV라이트)를 비추어보았다. 강렬히 발광해 블랙라이트를 꺼도 한동안 옅은 녹색으로 빛났다.

황화아연계 형광체는 무기계 형광물질이다. 유기물 중에도 형광체는 있지만 강한 자외선이나 열에 분해되는 등 내구성이 좋지 않다. 한편 무기계 형광체는 화학적으로 안정적이며 쉽게 열화하지 않는 특징이 있다. 열에도 강하기 때문에 녹인 유리에 섞어도 괜찮을 정도이다. 그래서 유리관을 사용해 이런 것도 만들어보았다.

유리관의 한쪽 끝을 녹여 막은 후 소량의 축광 파우더를 투입. 더욱 가열해 파우더를 유리관 안에 봉입한다. 잘 식힌 후 블랙라이트를 비추자 아무 문제 없이 발광했다. 매우 다루기 쉽고 재미있는 소재이므로 다양한 실험이나 공작에 활용해보자.

다이소 온라인 사이트

https : //www.daisomall.co.kr

UV 레진용 봉입 파츠 축광 파우더

과거에는 대형 모형 상점에서 축광 도료로 판매되는 정도였는데 고맙게도 다이소에서 쉽게 구할 수 있게 되었다. 다이소 온라인 사이트에서도 구입 가능.

축광 파우더에 블랙라이트를 비추면 강렬히 발광한다. 라이트를 꺼도 한동안 옅은 녹색으로 빛났다. 축광 물질의 특징이다.

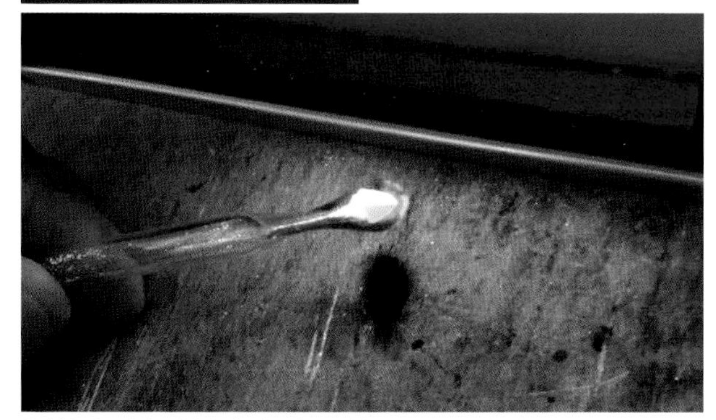
유리관을 가열해 내부에 축광 파우더를 넣고 봉입했다. 유리가 녹을 정도의 열을 가해도 블랙라이트에 확실히 반응했다. 열에 대한 강도도 검증할 수 있었다.

다이소 LED 라이트로 만드는
고성능 청색 바루스 장치

다이소는 개조 아이템의 보고이다. 얼마 전까지 모바일 배터리를 가지고 놀다 새로운 '장난감'을 발견했다. 바로 COB형 LED 라이트이다.

COB는 칩 온 보드(Chip On Board)의 약자로, 기판 위에 복수의 LED 칩을 올려 구성하는 방식이다. 기본적으로 기판 하나에 9개 이상의 칩을 올리기 때문에 빛이 강하다는 특징이 있지만… 이 정도 광량으로는 충분치 않다. 강렬한 푸른빛을 발생시키는 바루스 장치와 같이 개조해보자.

포탄형 LED

'리드 프레임형', '둥근 형'이라고도 불린다. 돔 모양의 플라스틱에 발광부가 봉입되어 있다.

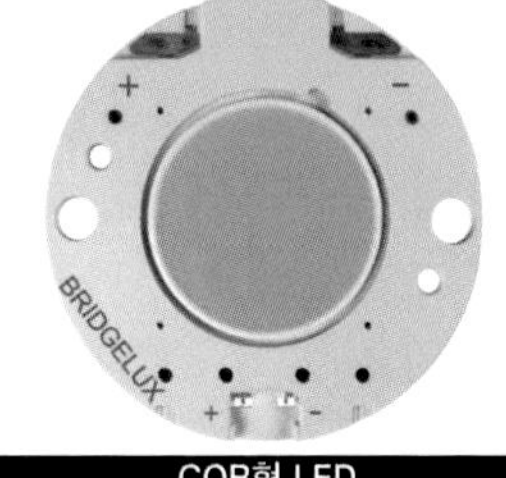

COB형 LED

기판에 복수의 LED 칩을 올려 구성한 제품. 크고 일정한 광량을 얻을 수 있다.

분해해 구조를 체크한다

다이소의 'COB 홀더 라이트'는 AAA형 건전지 1개로 구동하는 에너지 절감형 라이트이다. 발광색은 백색, 점등 모드는 고·저·점멸의 세 가지. 바루스는 이 점멸 모드를 사용할 것이다.

다음은 전기 계통을 체크한다. 청색 LED는 1.5V에서는 발광하지 않으므로 승압 회로가 필수인데 이미 제품에 포함되어 있다. 청색 LED 발광에 필요한 전압만 만들어내면 되므로 전기적인 개조는 불필요하다.

문제는 어떻게 청색으로 빛나게 할 것인가인데 이것은 백색 LED의 제작 과정과 구조를 알면 간단히 해결할 수 있다. 백색 LED는 본래 청색 LED인 것이다. 청색 LED를 형광체에 접촉시키면 형광을 발산해 백색광을 얻을 수 있다. 이 형광체를 제거하면 본래의 모습 즉, 청색 LED로 돌아가는 것이다.

이 형광체의 정체는 'Ce : YAG'라고 불리는, 세륨으로 활성화된 YAG 결정이다. COB형 LED의 발광부를 덮고 있던 노란색 물체가 그것이다. 여기에는 YAG 형광판 등이 아니라 내열성과 투명도가 높은 실리콘 수지에 형광체를 섞은 것을 사용했다.

푸른색 섬광을 방출하는 바루스 장치로!

COB 홀더 라이트

판매는 다이소이지만 제조사는 다이소 제품으로 익숙한 그린 오너먼트사의 제품. COB형 LED 라이트는 다른 균일가 매장에서도 판매되고 있지만 다이소의 제품이 LED가 크다.

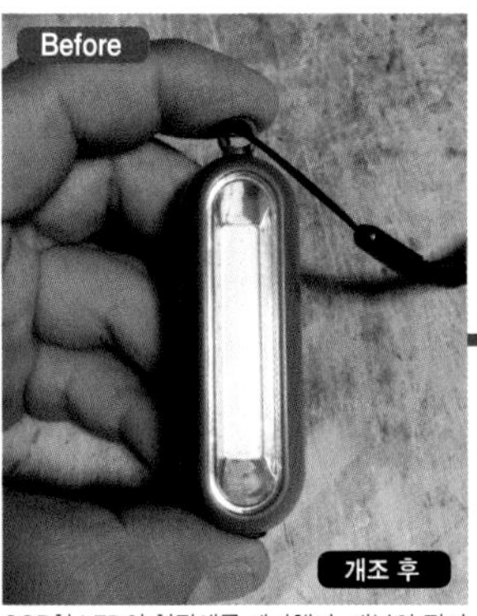

COB형 LED의 형광체를 제거했다. 내부의 전기 계통은 전혀 손대지 않고 형형한 청색을 발광했다.

Memo :

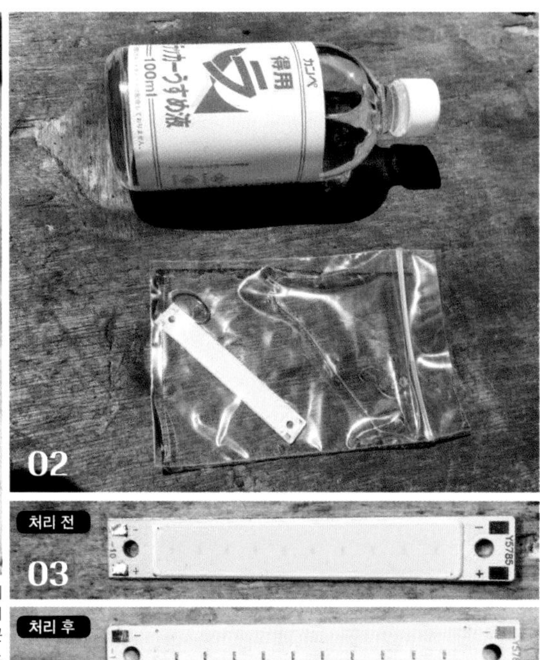

01 : 내부를 분해한다. COB형 LED는 5cm 정도로 10개의 칩이 내장되어 있다. 모두 병렬로 연결되어 있는 듯하다. **02** : 래커 희석제로 COB형 LED의 형광체를 제거한다. 손으로 만져서 실리콘이 벗겨질 때까지 반나절에서 하루 정도 담가둔다. **03 · 04** : 노란색 형광체를 제거하면 10개의 청색 LED 칩이 드러난다.

즉, 이 실리콘 수지를 제거해 그 아래에 있는 청색 LED를 노출시키면 된다.

실리콘 수지를 제거

실리콘 수지는 유기용제에 약하며 특히 방향족계 탄화수소에 빠르게 취화한다. 강한 산으로도 분해가 가능하지만 아래의 청색 LED 칩도 못 쓰게 되므로 반도체에 피해가 적은 유기용제로 처리하는 것이 가장 좋다.

적당한 유기용제로는 래커 희석제나 부품 세척제 등을 추천한다. 작은 비닐봉지에 유기용제를 넣고 LED부를 담근다. 반나절에서 하루 정도 담그면 실리콘 수지가 부풀며 취화된다. 실리콘 수지를 깔끔하게 제거하면 완료. LED 칩 부분이 매우 약하므로 단단한 물건에 부딪치지 않게 주의한다. COB형 LED의 청색 LED 칩은 병렬로 연결되어 있기 때문에 실리콘 수지를 제거하거나 부딪쳐 손상되면 그 부분만 빛나지 않게 된다. 실리콘 수지는 칫솔로 가볍게 문지르면 LED 칩이 손상되지 않게 제거할 수 있다.

형형한 청색으로 발광!

처리한 COB형 LED를 다시 케이스에 되돌리고 AAA형 건전지를 넣어 테스트해보자. 개조에 성공하면 강력한 청색 폭광을 얻을 수 있을 것이다. 이제 스위치를 켜면… 완벽한 바루스를 재현할 수 있었다(웃음). 강력한 청색 빛은 직시하면 눈이 피곤해질 정도. 맨눈으로 오랫동안 보는 것은 피하도록 하자.

이 COB형 LED 라이트는 매우 저렴하기 때문에 소자를 여러 개 연결해 초강력 폭광으로 만드는 것도 재미있을 것이다. 오렌지색이나 노란색 형광체는 강한 발광이 가능하므로 형광 실험에도 사용할 수 있다.

격렬히 발광하는
전구 실험 키트의 한계를 돌파한다!

다이소의 실험 키트 시리즈 '당신도 에디슨! 전구의 구조를 알아보자!'는 샤프심 필라멘트로 전구를 만드는 도구이다. 내용물은 악어 클립이 달린 리드선 3개와 전지를 고정하는 PET 시트 3장이 들어 있는 간소한 세트이다. 실험 키트 이외에 유리병, 알루미늄 포일, 샤프심을 준비한다.

기본적인 실험 순서는 다음과 같다. 악어 클립 2개에 알루미늄 포일과 샤프심을 끼워 유리병 안에 장치한다. 악어 클립에 연결된 리드선은 병뚜껑에 구멍을 뚫어 밖으로 꺼낸다. 취급 설명서에 따르면, 리드선과 뚜껑의 구멍 틈새에 접착제를 도포해 밀폐하는 것이 좋다고 한다. 샤프심이 달구어지면서 고화용 성분이 휘발해 대량의 연기가 발생한다. 밀폐하면 연기와 냄새가 새어나오지 않기 때문일 것이다. 또 샤프심의 주성분인 탄소가 공기 중에서 발열하면 산소와 반응해 연소한다. 병 속에 신선한 공기가 들어가지 않도록 밀폐해 샤프심의 연소를 억제하는 이유도 있을 것이다.

전지는 AA형 알칼리 건전지 4개를 사용하는데, 이번에는 전기적 특성을 확인하기 위해 안정화 전원을 이용하기로 했다. 상당한 대전류를 상정했기 때문에 10A 이상에 대응하는 안정화 전원을 준비한다. 전지 전압으로 얼마만큼의 전류를 흘려보낼 수 있는지 등을 자세히 체크할 수 있다.

01: 다이소에서 발매되는 '어린이 실험 시리즈' 키트. **02**: 취급 설명서대로 조립해 실험하면 샤프심이 희미하게 달구어지는 정도이다.

> **어린이 실험 시리즈 'DAISO SCIENCE' 라인업**
>
> ●No.1 모터를 만들어보자! ●No.2 슈퍼 볼 로켓을 만들어보자! ●No.3 달의 차고 이지러짐에 대해 알아보자! ●No.4 신기한 아메바를 만들어보자! ●No.5 공기 부양선의 구조를 알아보자! ●No.6 신기한 비눗방울을 만들어보자! ●No.7 당신도 에디슨! 전구의 구조를 알아보자 ●No.8 소금을 재배해보자! ●No.9 플라네타륨을 만들어보자! ●No.10 망원경을 만들어보자! ●No.11 애니메이션의 구조를 알아보자! ●No.12 비행기를 날려보자! ●No.13 지금 몇 시? 해시계로 대답해보자!

샤프심 1개로 실험

먼저 취급 설명서에 따라 실험해 보자. AA형 알칼리 건전지 4개이기 때문에 전원의 전압은 6V(1.5V×4개)로 설정했다. 빨갛게 달구어져 약 3A에서 안정. 5A 방전은 알칼리 건전지에는 꽤 큰 부하라고 할 수 있다. 빨갛게 달구어지면 전기 저항이 높아지지만 처음에는 상당한 전류가 흐르는 것을 알게 되었다. 새 건전지가 아니면 이 실험은 어려울 듯하다. 또 AA형 건전지로는 대전류를 흘려보내기 어렵기 때문에 C형이나 D형 건전지가 더 적합할 듯하다.

발광 시간은 심의 종류에 따라 달라지는데 대략 1~2분 남짓. 필라멘트가 증발한다기보다 공기 중의 산소와 만나 연소되어버리는 듯하다. 내부를 진공으로 만들거나 헬륨과 같은 불활성 가스로 바꾸면 더 오래 발광을 유지할 수 있을 것이다.

> **여름방학맞이 기획 상품! 과학 실험 키트**
>
> 다이소에서는 여름방학에 맞춰 과학 실험 키트가 발매되는 듯하다. 2020년에는 『챌린지 SCIENCE!』 시리즈로 다음과 같은 상품이 나왔다. 공작 소재로도 다양하게 활용할 수 있을 듯하니 필히 체크해보자.
>
> 
>
> 『챌린지 SCIENCE!』 시리즈
>
> ●명반으로 보라색 결정을 만들어보자! ●빛나는 파우더 아트를 만들어보자! ●반짝반짝 크리스털을 만들어보자! ●반짝반짝 슬라임을 만들어보자! ●만화경을 만들어보자! ●물을 순식간에 얼려보자! ●냉각 팩을 만들어보자!

Memo :

실험① 샤프심을 3개로 늘린다

샤프심은 B보다 진한 것을 추천한다. B심 3개를 묶어 실험했다.

샤프심을 3개로 늘리면 계산상으로는 15A 정도가 흘러 9A쯤에서 안정될 것이다. 이번에 사용한 안정화 전원은 25A 이상 흘려보낼 수 있으므로 용량은 충분하다.

스위치를 켜자 샤프심에 함유된 결착제에서 엄청난 양의 연기가 발생했다. 리드선과 뚜껑의 미세한 틈으로 연기가 모락모락 새어나왔다. 병의 내압이 약간 높아진 것으로 보인다. 샤프심 1개일 때보다 3배 정도 더 밝게 빛났지만 리드선이 굉장히 뜨겁고 위험한 상태.

실험② 전압을 18.8V로 설정

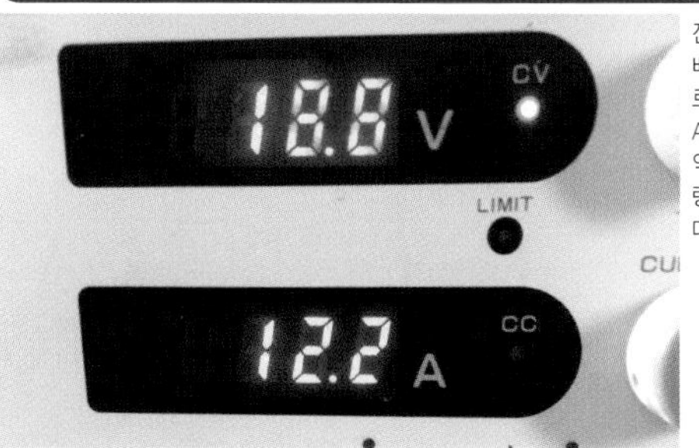

전압은 약 3배인 18.8V로 설정했다. AA형 건전지 약 12.5개 분량에 해당한다.

계속해서 3배 정도의 전압을 걸어보았다. 샤프심이 3개이니 대략 9배의 강력한 파워를 낼 수 있을 것이다. 결과는 무척 밝고 강한 열선이 느껴질 정도! 15A 이상의 전류가 흘렀어야 하는데 샤프심이 증발해 가늘어졌기 때문인지 생각만큼 전류가 흐르지 않았다.

그리고 잠시 후 '어디선가 탄 냄새가 난다' 싶어서 보니 리드선이 열에 녹아 있었다. 키트에 딸린 리드선의 심이 너무 가는 탓일 것이다. 샤프심이 소모되기도 전에 리드선이 녹아버리다니…. 샤프심을 늘리는 실험은 3개가 한계인 듯하다. 여기에 굵은 리드선을 배선하면, 음….

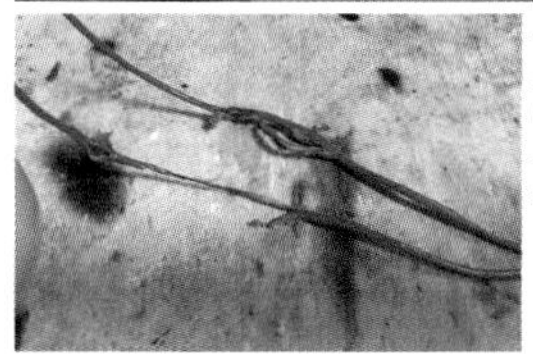
샤프심보다 리드선이 먼저 녹아버렸다. 비닐 부분이 녹아 너덜너덜해졌다.

간단한 화학 실험에 활용!

실험용 스탠드 DIY

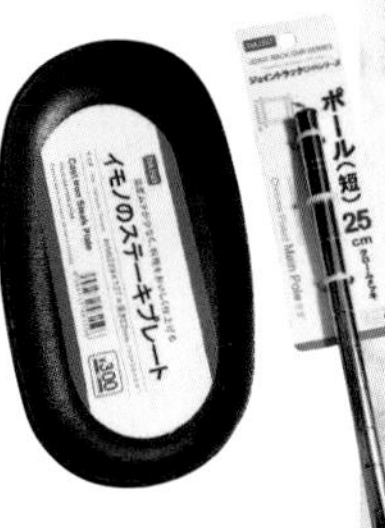

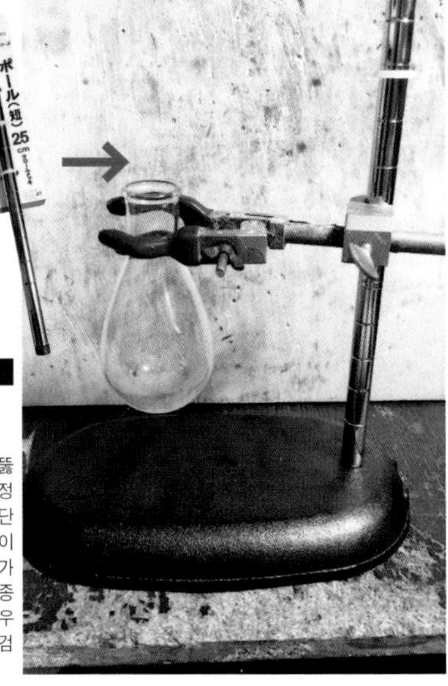

전동 드릴을 이용해 접시에 구멍을 뚫는다. 막대의 M6 나사에 맞춰 6mm의 구멍을 뚫는다. 막대에 딸린 높이 조절용 나사를 풀어 접시 바닥을 통해 끼우고 막대를 고정하면 완성.

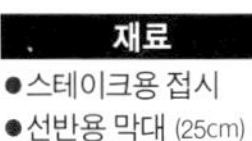

재료

- 스테이크용 접시
- 선반용 막대 (25cm)

무쇠 접시에 구멍을 뚫고 나사로 막대를 고정하기만 하면 되는 간단한 공작. 받침대로는 이런 스테이크용 접시가 가장 적합한데 판매 종료나 재고가 없는 경우에는 대체 상품 등을 검토해보자.

플라스크나 시험관 등을 이용해 화학 실험을 하는 경우, 이런 도구를 고정할 스탠드가 반드시 필요하다. 인터넷에서 아무리 저렴한 제품을 찾아도 수만 원대이기 때문에 다이소 아이템으로 자작(自作)해보았다.

재료는 단순히 막대와 받침대만 있으면 되지만 어떤 소재를 선택하느냐가 중요하다. 내용물이 든 플라스크가 뒤집어지지 않도록 받침대는 어느 정도 무게가 필요하며 단단히 고정되어야 한다. 그러지 않으면 플라스크나 시험관을 떨어뜨려 유리가 깨지거나 안에 든 시약이 쏟아져 굉장히 위험할 수 있다.

그래서 선택한 것이 스테이크용 접시이다. 무쇠로 만들었기 때문에 튼튼하고 무게가 있어 안정적이다. 버팀대는 선반용 막대를 사용하면 좋을 듯하다. 동봉된 높이 조절용 나사는 스테이크용 접시와 접합할 때 이용할 수 있다.

재료가 준비되었으면 가공해보자. 선반용 막대의 M6 나사에 맞게 접시의 적당한 위치에 6mm의 구멍을 뚫는다. 이 작업은 조달한 소재와의 균형을 생각해 결정하면 된다.

높이 조정용 나사를 접시에 뚫은 구멍 바닥을 통해 끼우고 막대를 고정하면 완성이다. 실험용 클램프나 깔때기 스탠드를 연결해 사용해보자. 걸리는 부분이 있다면, 받침대로 쓴 무쇠 접시가 녹슬기 쉽다는 것 정도…. 어쨌든 저렴하고 간단하게 만들 수 있으니 한 번쯤 도전해보기 바란다.

메모 클립은 전자 공작용 스탠드로 활용할 수 있다!

크리스털 유리 받침대가 달린 메모 클립. 악어 클립이 달려 있어 납땜할 때 전자 부품의 다리를 고정하는 데 사용할 수 있다. 클립 쪽으로 열이 빠져나가기 때문에 과열 방지 효과도 있다. 트랜지스터나 LED 등 장시간 과열을 피해야 하는 부품 작업에 적합하다.

세미크리스털 메모 클립

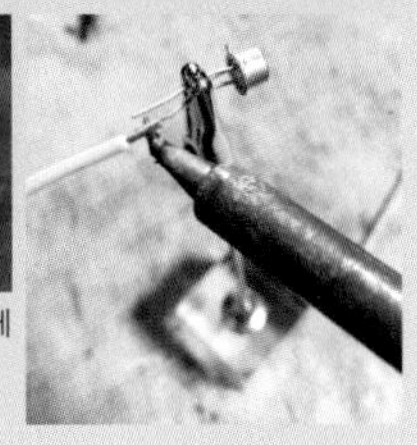

Memo :

가스 계량에 활용!

다이소 주사기와 바늘을 합체

다이소에서는 각종 주사기를 조달할 수 있다. 금속 바늘도 판매 중이니 이런 아이템을 조합한 활용법을 생각해보았다.

완구 및 파티용품 코너에 장난감 주사기가 진열되어 있다. 이번에 입수한 대형 주사기 상품에는 'Fake Syringe'라고 기재되어 있지만 성능은 지극히 일반적인 의료용 주사기와 같은 것으로 보인다. 기밀성 등에는 큰 문제가 없었다.

다음은 바늘인데, 이것은 화장품을 공병에 옮겨 담을 때 사용하는 '스포이트 세트'에 든 것을 사용했다. 이 세트에 금속제 주사 바늘이 동봉되어 있었다. 굵기를 재어보니 0.6mm 정도. 이 주사 바늘과 스포이트를 이용해 향수나 화장수를 공병에 옮겨 담는 것으로 끝 부분은 연마되어 있지 않았다. 사진 그대로 바늘의 끝 부분은 비스듬하게 가공되지 않고 일자로 쭉 뻗어 있다.

이 금속 주사 바늘이 라이터용 가스 커넥터에 딱 맞는 것을 알게 되었다. 그대로 사용하기에는 바늘이 다소 길기 때문에 절반 정도 자르는 것이 좋다. 참고로, 니퍼나 펜치로 그냥 절단하면 관이 뭉개지므로 자르려는 부분을 니퍼 등으로 돌리면서 홈을 만드는 것이 비결이다. 관이 뭉개지지 않게 자를 수 있다.

이제 가공한 주사 바늘과 주사기를 결합하면 라이터용 가스나 에어 더스터와 같은 가연성 액체를 정확히 계량해 추출할 수 있다! 연소 실험에 사용할 수 있을 것이다.

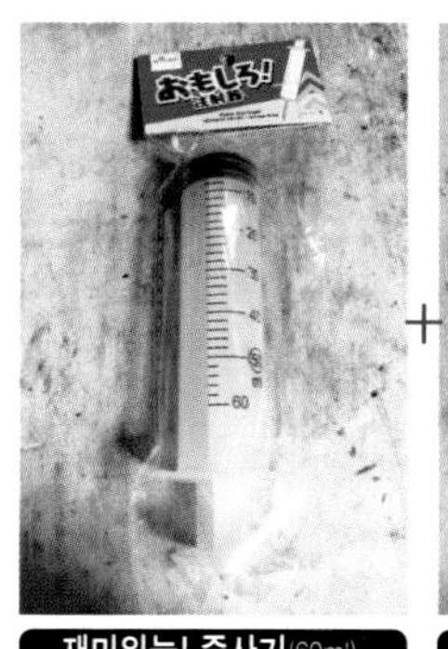

재미있는! 주사기(60ml)

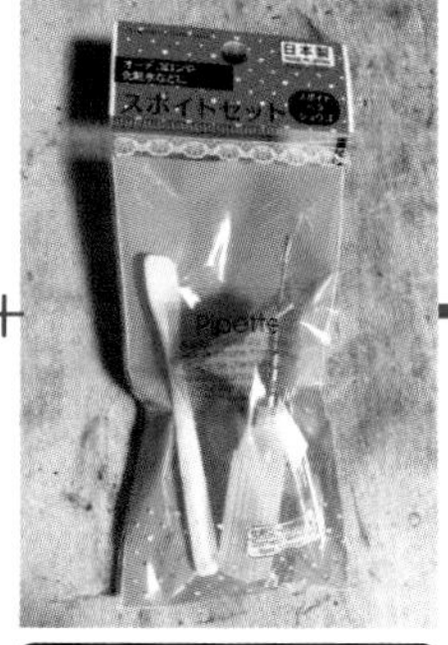

스포이트 세트

장난감 주사기와 스포이트 세트의 금속 바늘이 꼭 맞았다. 가연성 액체 가스를 정확히 추출할 때 사용하면 편리하다. 주사기는 60ml 등의 대형 주사기가 사용하기 좋다.

스포이트 세트의 주사 바늘을 짧게 가공한다

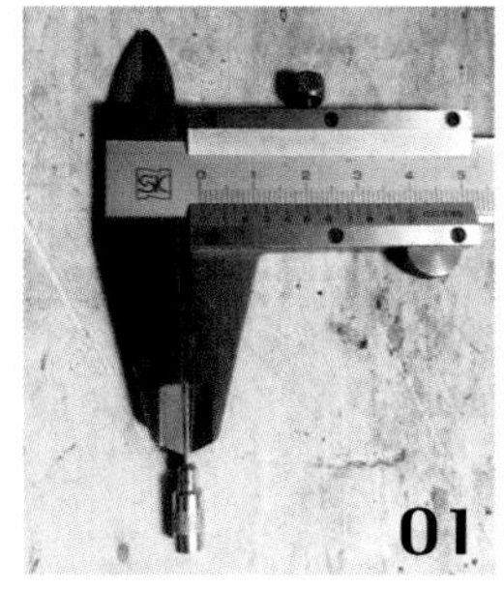

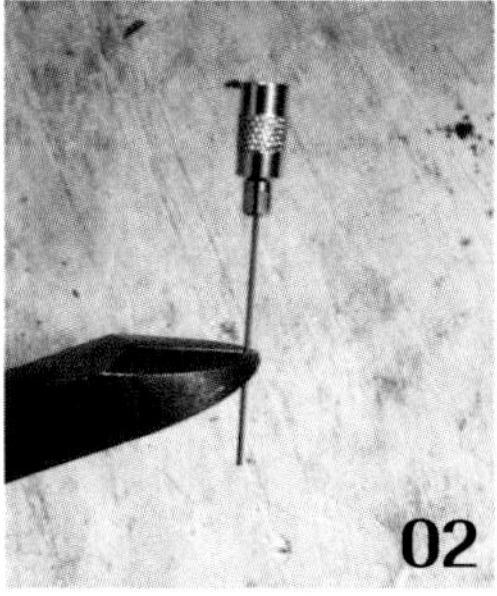

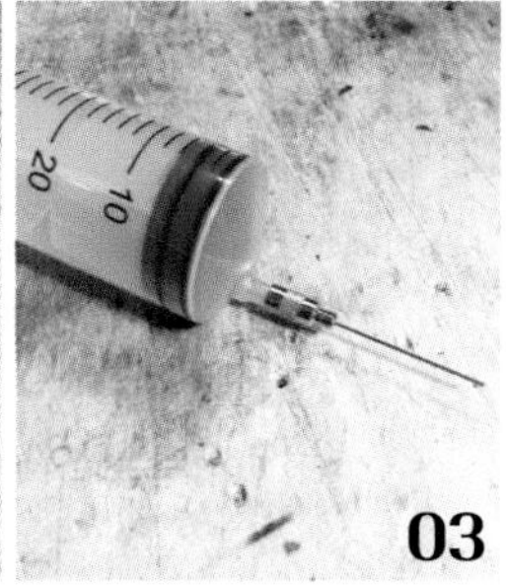

금속제 바늘의 굵기는 약 0.6mm. 본래는 이 바늘과 스포이트를 이용해 향수나 화장수를 공병에 옮겨 담기 위한 도구이다. 길이가 다소 길기 때문에 니퍼로 홈을 만들어 구부리듯 절단한다. 주사기에 끼워 사용하기 편리하다.

어디에 사용할 수 있을까?

일회용 라이터의 분해와 활용 방법

다이소와 같은 균일가 매장에는 일회용 라이터 2, 3개가 세트로 판매되고 있다. 이 라이터는 안에 든 액화 부탄을 안전하게 추출할 수 있도록 설계된 장치이다. 그만큼 저렴한 제품에도 매우 정밀한 부품이 사용되기 때문에 다른 공작에 활용할 수 있는 가능성이 있다. 이 라이터를 분해해 어떤 부품을 사용할 수 있을지 살펴보자.

전자 착화식과 줄 착화식이 있는데 이번에는 줄 착화식이 희생양이…. 어떤 라이터를 분해하든 구조가 동일하기 때문에 완전히 개량된 최종 형태라고 볼 수 있다. 다른 브랜드의 제품이라도 같은 부품이 사용되기도 한다.

대강 분해해본 결과, 밸브에 특히 눈이 갔다. 아랫부분을 펜치로 잡고 당기면 밸브를 분해할 수 있다. 정교한 오링과 스프링 등 6개의 부품으로 구성되어 있었다.

분해를 마쳤으니 구체적인 용도를 생각해보자. 먼저 스프링류가 있다. 줄 착화식 일회용 라이터에는 반드시 작은 스프링 2개가 사용된다. 긴 스프링은 발화 합금을 회전식 줄에 밀착시키는 부품이다. 스트로크가 큰 동작이 필요한 경우 사용할 수 있을 듯하다. 나머지 하나는 밸브에 내장되어 있다. 이 스프링은 무척 작기 때문에 소형 역류 방지 밸브 등에 활용할 수 있을 듯하다.

그 밖에 밸브에 내장된 오링은 내경이 2mm 정도이다. 이것은 극소 가스 유용 제어장치 등에 사용할 수 있을 것 같다. 아마도 내유성이 좋은 합성 고무로 널리 사용되는 NBR 즉, 니트릴 고무 소재일 것이다.

줄 착화식 일회용 라이터를 분해하면 6개의 부품으로 구성되어 있는 것을 알 수 있다. 부품은 어느 브랜드나 동일한 듯하다.

다이소에서는 일회용 라이터 여러 개를 묶은 세트 상품이 판매되고 있다. 부품 추출용 소재로서는 가성비가 매우 좋은 상품이다.

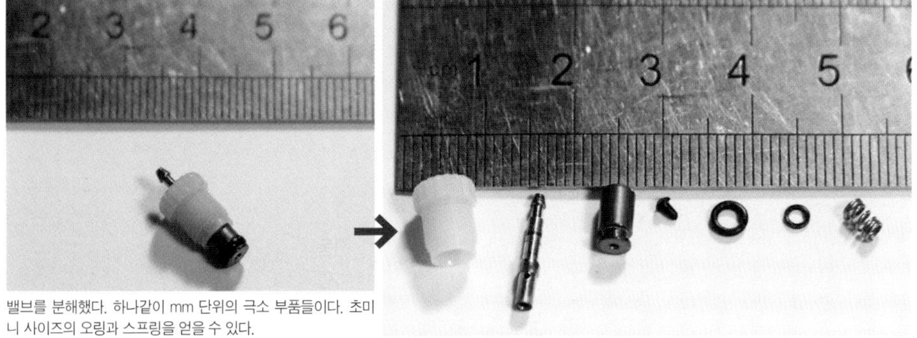

밸브를 분해했다. 하나같이 mm 단위의 극소 부품들이다. 초미니 사이즈의 오링과 스프링을 얻을 수 있다.

Memo :

다이소의 쿼츠 시계를 뇌가 오작동하는 중2병 사양으로!

이상한 나라의 시계를 만들어보자!!

⦿ text by 데고치

공작 레벨 ★★★★★

쿼츠 시계의 구조를 이해하면 시계 바늘이 반대로 가도록 만드는 것도 가능하다. 직접 만들어 친구에게 "나 사실 시간을 지배하는 능력이 있어…"라고 중이병(中2病)스럽게 속삭여보는 건 어떨까(웃음).

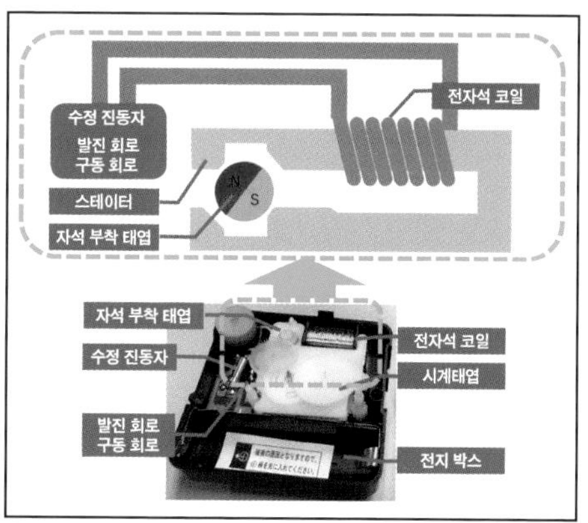

✪쿼츠 시계는 수정 진동자에 전압을 걸어 발생하는 진동을 이용해 자석이 부착된 태엽을 회전시킨다.

✪다이소의 쿼츠 시계로 만든 '거꾸로 시계'. 좌우가 반전된 숫자판을 붙이면 더욱 그럴듯한 '거꾸로 시계'로 연출할 수 있다.

야쿠리 교시쓰의 괴인 일동으로 말할 것 같으면 의학, 약학, 화학, 물리학, 수학 등에 정통한 수준 높은 두뇌파 집단이라고 생각한다. 반면에 나는 공작을 놀이 삼아 즐기는 비교적 서민적인 지식 수준을 가지고 있다. 이런 내가 강대한 지식파 집단에 대응하고자 현대 과학으로는 저항할 수 없는 '시간'을 다루는 공작에 도전한다.

이번에 만들어볼 것은 '거꾸로 시계'이다. 보통 시계는 시계 바늘이 오른쪽 방향으로 가지만 거꾸로 시계는 시계 바늘이 왼쪽 방향으로 움직인다. 순간 자신이 거울의 세계에 들어와 있는 듯한 묘한 기분이 든다. 친구가 놀러 왔을 때 '후후후, 내 방에서는 시간이 거꾸로 흐른다고…' 라는 식의 중2병스러운 면모를 과시할 수도 있다.

재료는 다이소에서 구입한 쿼츠 시계뿐이다. 만드는 방법도 무척 간단하다. 시계를 분해해 살짝 손을 대는 정도이다.

'쿼츠'란 무엇일까?

'쿼츠 시계'의 쿼츠란, 수정 진동자를 말한다. 수정에 전압을 가하면 변형되어 고유의 주파수로 진동하는 특징이 있다. 수정의 주기적인 진동을 이용해 발진 회로를 작동시켜 일정 주기의 전기파를 생성한다. 그 전기를 전자석 코일에 흘려보내 자석이 부착된 태엽을 회전시킴으로써 일정 시각을 나타내는 것이다.

참고로, 1881년 수정이 전압 인가(印加)로 변형되는 현상을 발견한 것은 방사선 연구로 유명한 퀴리 부인의 남편 피에르 퀴리이다. 퀴리 일가는 남편, 아내, 딸이 모두 노벨상을 받았다. '노벨상? 당연히 받는 것 아냐?'라고 생각해도 이상하지 않을 만큼 엄청난 가정이므로 궁금한 사람은 찾아보기 바란다.

참고 사이트 '미래 시계 공방 블로그' 쿼츠 시계의 작동 구조
http : //blog.goo.ne.jp/sarurokitajima

쿼츠 시계가 작동하는 구조

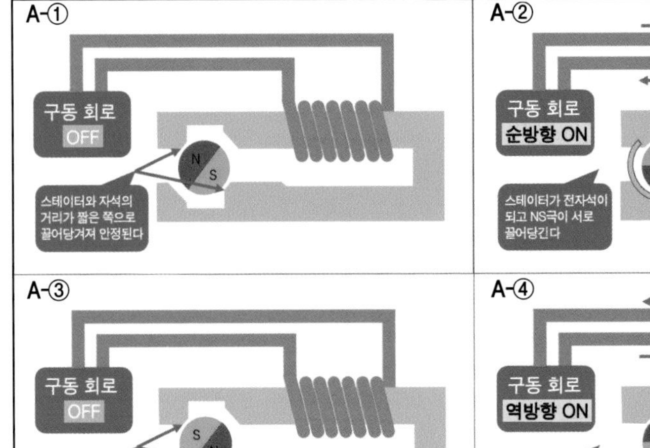

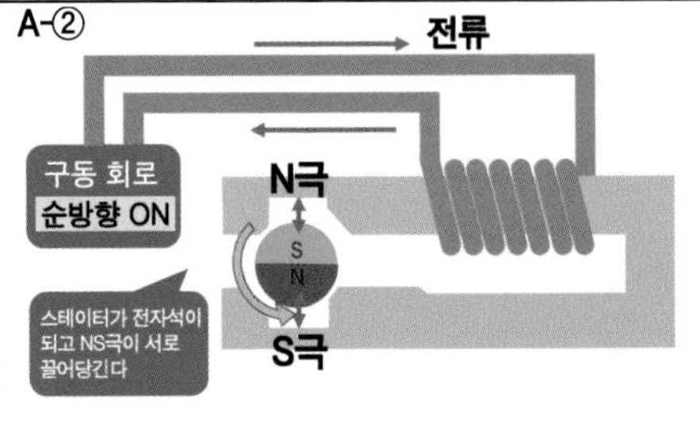

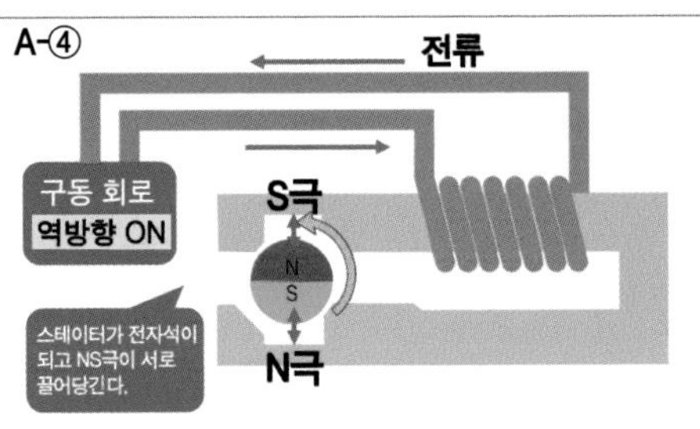

●전자석의 ON/OFF를 반복하며 자극을 역전시킴으로써 태엽의 회전을 촉진한다.

●쿼츠 시계에서 태엽을 움직이는 '스테이터'. ㄷ자 모양으로 태엽과 거리가 불균일해지도록 비대칭한 형태.

시계가 작동하는 구조

쿼츠 시계는 자석이 달린 태엽을 전자석으로 ON/OFF하면 움직이는 구조라는 점도 재미있다. 전자석은 코일에서 발생한 자계를 자석으로 좀 더 효율적으로 이용할 수 있도록 철이나 페라이트 등의 자성체를 심으로 이용한다. '스테이터'라고 불리는 이 심은 ㄷ자 모양으로 위아래가 비대칭을 이루는 형태이다. 사진으로는 알아보기 힘들지만 자석이 달린 태엽을 감싼 스테이터 안쪽의 모양도 불균일하다[B]. 자석과 자성체는 서로 끌어당기기 때문에 스테이터에서 대각선 방향일 때 안정된다[A-①].

스테이터에 감긴 코일에 전류가 흐르면 스테이터는 전자석이 된다. 자석이 달린 태엽은 자신의 자극과 전자석의 자계에 의해 회전[A-②]. 코일의 전류가 끊기면 태엽은 다시 스테이터와 가장 가까운 쪽으로 당겨져 대각선 방향에서 안정된다[A-③]. 구동 회로가 역방향으로 전류를 흘리면 스테이터는 반대쪽 자극의 전자석이 되고 태엽은 전자석의 자극 쪽으로 당겨져 회전한다[A-④]. 이 일련의 동작으로 시계태엽은 정해진 방향으로 회전하며 시각을 나타내는 것이다.

거꾸로 시계로 개조하는 방법

시계가 움직이는 구조를 알았으면 역회전시키는 것은 간단하다. 이 스테이터[B]의 위아래를 뒤집는 것이다.

시계를 분해해 스테이터의 상하를 뒤집고 원래대로 조립하는 것이 쉽진 않지만 다이소에서 구입한 시계라면 부담 없이 시도해볼 수 있을 것이다. 시계는 초침이 있는 것을 추천한다. 역회전하는 것을 알아보기

Memo :

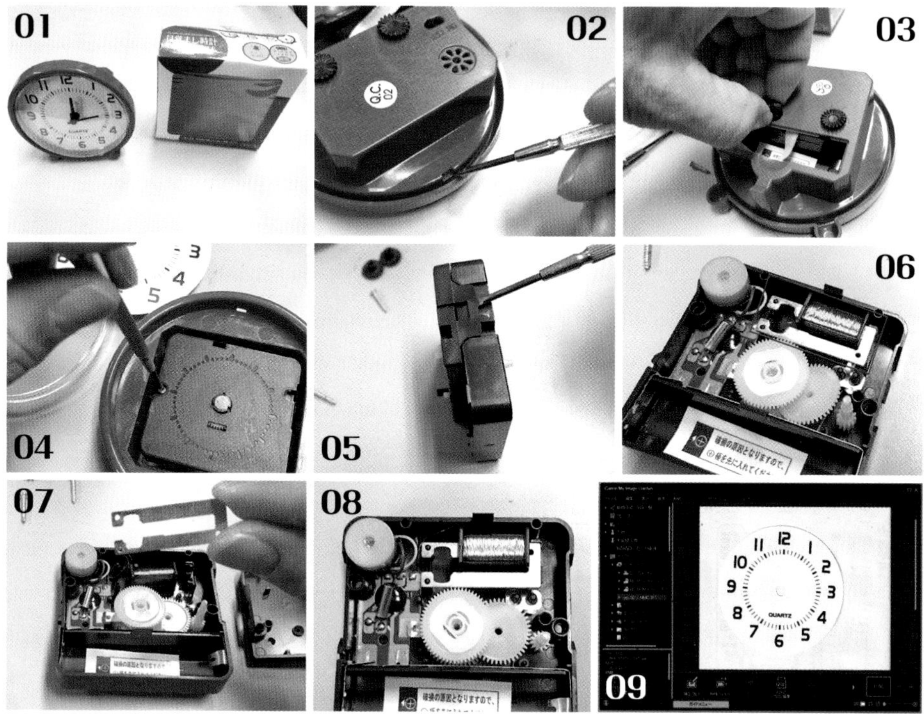

01 : 다이소 제품 특유의 단순한 구조. 초침이 있는 편이 더 재미있다. **02** : 뒷면의 고정쇠를 누르면 손쉽게 덮개를 떼어낼 수 있다. **03** : 용두는 손으로 뽑아낸다. **04** : 시계 부품은 나사로 고정되어 있다. **05** : 시계 부품의 고정쇠도 드라이버 등으로 누르면 간단히 떼어낼 수 있다. **06** : 코일 아래 놓인 스테이터. **07** : 가는 피막선을 자르지 않도록 주의하며 스테이터를 꺼낸다. **08** : 스테이터의 위아래를 뒤집어 원래 자리에 넣는다. **09** : 숫자판을 스캔해 반전 모드로 인쇄한다. 원래 숫자판에 붙인 후 조립하면 완성이다.

쉽기 때문이다. 다이소의 시계는 최소 비용, 최소한의 노력으로 조립할 수 있게 만들어졌다. 숫자판 뒷면의 덮개를 드라이버 등으로 눌러 간단히 떼어낼 수 있다. 태엽을 감는 용두도 손으로 뽑으면 된다. 숫자판 뒤쪽에 수납된 시계 부품은 나사를 풀어 떼어낸다. 시계 부품 역시 측면의 고정쇠로 고정되어 있을 뿐이므로 드라이버를 이용해 간단히 열 수 있다. 시계 부품은 다시 조립할 때 태엽의 위치 등을 확인할 수 있도록 원래 상태를 미리 사진으로 찍어둔다.

스테이터에는 가는 피막선이 감긴 코일이 들어 있다. 이 선을 자르지 않도록 주의하며 꺼낸다. 코일 아래 놓인 스테이터의 위아래를 반대로 뒤집어 되돌려놓으면 개조 완료. 나머지는 시계를 재조립하기만 하면 끝난다.

숫자판을 반전시킨다

스테이터의 위아래를 뒤집는 것만으로 시계 바늘은 거꾸로 간다. 하지만 그것만으로 거꾸로 가는 시계라는 것을 알아차리기는 힘들지 모른다. 그래서 숫자판을 스캔해 반전 모드로 인쇄했다. 이 숫자판을 원래 숫자판에 붙이면, 이상한 나라의 거꾸로 가는 시계가 완성되었다.

저비용·저기술로도 얼마든지 인상적인 공작이 가능하다. 여러분도 꼭 시도해보기 바란다.

공작 레벨 향상에 필수적인 도구

전동 공구 취급 설명서

⦿ text by 데고치

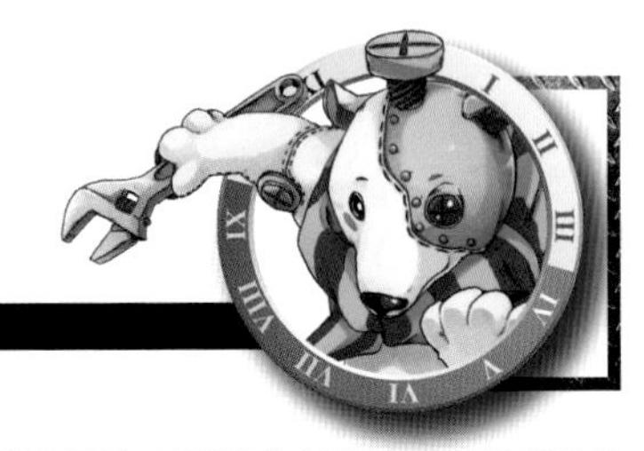

돌리고, 자르고, 깎는 등의 작업 효율이 크게 향상되어 매우 편리한 전동 공구. 안전하게 사용하기 위해 알아두어야 할 기본과 노하우를 공구별로 해설한다.

돌린다 전동 드릴 드라이버

가격대 5,000~3만 엔
주요 브랜드 : 마키타, RYOBI, HiKOKI, BLACK+DECKER 등

과학실험 공작에서 자주 사용하는 '나사를 박고', '구멍을 뚫는' 회전계 공구이다. 사용 빈도가 높은 작업이기 때문에 전동 공구를 사용하면 사람이 일일이 작업하는 것보다 훨씬 쉽고 빠르고 정확하면서도 효율적으로 할 수 있다.

끝 부분에 장착된 드릴 척이라는 부분에 드릴이나 드라이버 비트를 고정해 나사를 박거나 구멍을 뚫는 등의 작업에 두루 사용할 수 있는 것이 '전동 드릴 드라이버'이다. 비슷한 공구로 '임팩트 드라이버'가 있는데 이것은 단단한 목재에 나사를 고정할 때와 같이 고부하 나사 가공에 특화된 전용 공구이다. 회전과 타격을 동시에 반복하는 궁극의 기술인 '이중 극점' 같은 기술을 사용하는 도구라고 생각하면 된다.

전동 드릴 드라이버의 전원은 무선 충전식과 가정용 콘센트로 전원을 공급하는 코드 충전식의 두 종류이다. 공작 초심자라면 고성능이 필요한 작업이 많지 않으므로 장소 제약이 없는 충전식이 편리할 듯하다.

전동이든 수동이든 나사를 돌리는 스크루 드라이버를 사용할 때는 나사를 돌리는 것보다 나사산에 드라이버를 확실히 고정시키는 것을 의식해 작업하는 것이 중요하다. 제대로 고정하지 못하면 드라이버가 미끄러져 나사산이 망가진다.

임팩트 드라이버 / 드릴 드라이버

드릴 척을 돌리면 3개의 조임쇠가 드릴이나 드라이버 비트를 단단히 고정한다. 드릴 드라이버 중에는 일정 토크로 공회전하는 클러치가 장착된 제품도 있다. 일정 토크로 나사를 박고 싶을 때 편리하다.

● 회전계 공구를 사용할 때 반드시 확인해야 할 사항 ●

목장갑 등 해지기 쉬운 장갑은 벗고 맨손으로 작업하는 것이 기본이다. 장갑이 회전부에 감겨들어가 다칠 수 있다. 같은 이유로 넥타이, 수건, 머플러 등을 착용하는 것도 금물. 머리가 긴 경우는 묶고 셔츠도 바지에 넣어 입는 것이 좋다. 패션의 관점에서는 촌스러울지 몰라도 공작에서는 '안전하지 않은 상태로 작업하는 것이 가장 촌스러운' 일이다. 또한 작업 시에는 눈을 보호하는 보호 안경의 착용도 잊어서는 안 된다.

Memo :

구멍을 뚫는다 탁상용 보링 머신

가격대 1만~5만 엔
주요 브랜드 : 마키타, RYOBI, 다카기, 프록슨 등

드릴 드라이버에 드릴을 장착하면 재료에 구멍을 뚫을 수 있지만 대개는 구멍이 똑바르지 않고 미묘하게 어긋나는 경우가 많다. 그럴 때 이용하면 좋은 공구가 '탁상용 보링 머신'이다. 드릴과 회전수를 적절히 설정하면 목재는 물론 플라스틱부터 금속까지 폭넓은 소재에 수직으로 구멍을 뚫을 수 있다. 보링 머신을 선택할 때는 가정용 전원으로 사용 가능한 300W 정도의 제품으로 재료를 올리는 선반의 높이와 위치를 조정할 수 있고 재료를 고정하는 바이스가 부착된 타입을 고르는 것이 포인트이다. 보링 머신은 전동 드릴 드라이버보다 강력하기 때문에 구멍을 뚫을 재료를 바이스로 단단히 고정한 후 작업해야 한다.

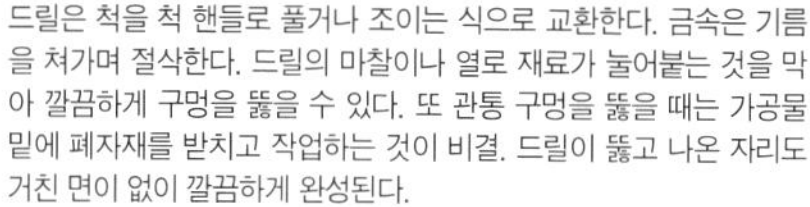

드릴은 척을 척 핸들로 풀거나 조이는 식으로 교환한다. 금속은 기름을 쳐가며 절삭한다. 드릴의 마찰이나 열로 재료가 눌어붙는 것을 막아 깔끔하게 구멍을 뚫을 수 있다. 또 관통 구멍을 뚫을 때는 가공물 밑에 폐자재를 받치고 작업하는 것이 비결. 드릴이 뚫고 나온 자리도 거친 면이 없이 깔끔하게 완성된다.

또 재료에 따라 드릴의 회전수를 바꾸는 편이 좋다. 그때는 조금 귀찮더라도 오작동으로 손이 끼는 등의 불상사가 벌어지지 않도록 콘센트를 뽑은 상태에서 작업한다.

절단 전동 둥근톱

가격대 6,000~2만 엔
주요 브랜드 : RYOBI, 마키타, HiKOKI 등

공작 과정 중 가장 많은 체력과 시간이 소요되는 것이 목재 등을 톱으로 절단하는 작업이다. 양이 굉장히 많거나 길게 직선으로 잘라야 하는 경우는 더욱 큰일이다. 그럴 때 활약하는 공구가 바로 '전동 둥근톱'이다. 원반 모양의 톱을 모터로 초고속 회전시켜 목재를 절단하는 공구이다.

사용 시 주의 사항은 기본적으로 다른 회전계 공구와 동일하지만 전동 둥근톱은 특히 진행 방향에 주의해야 한다. 작업자와 가까운 쪽에서부터 멀어지는 방향으로 재료를 절단하는 것이 원칙이다. 내가 처음 전동 둥근톱을 사용했을 때 나와 먼 방향에서부터 안쪽으로 들어오는 식으로 절단하다 톱이 재료에서 벗어나 나를 덮친 일이 있었다. 입고 있던 청바지 가랑이의 솔기에 톱날이 걸려 다행히 큰 사고는 면했지만 간담이 서늘해지는 경험이었다.

베니어판이나 석고보드 등을 직선으로 길게 절단할 때 자주 사용한다. 본체에 가이드 부품을 부착하면 재료를 끝에서부터 지정한 너비로 똑바로 자를 수 있다. 톱날의 진행 방향에 주의할 것. 주변에 사람이나 물건이 없는지 확인한 후 작업한다.

절단 전동 실톱

가격대 3,000~5만 엔
주요 브랜드 : 마키타, RYOBI, 다카기, HiKOKI, Bosch 등

전동 실톱, 왕복 톱이라고 불리는 전동 톱. 기계가 톱을 앞뒤로 움직이는 운동을 대신해주는 훌륭한 공구이다. 이 공구만 있으면 세상의 거의 모든 물건을 분해해 파괴할 수 있을 것이다. 대형 쓰레기를 작게 분해할 수 있기 때문에 가정에서도 천덕꾸러기 신세가 되지 않는 축복받은 공구이다. 단, 소음이 심하기 때문에 낮 시간대에 작업할 때는 주변에 피해를 끼치지 않도록 주의해 사용하기 바란다. 밤늦게 욕실에서 시체를 해체하려고 해도 소음 때문에 금방 경찰에 신고가 들어갈 것이다(웃음). 전동 둥근톱은 직선으로밖에 절단하지 못하지만 전동 실톱은 약간 구부러진 형태로도 절단이 가능하다. 손잡이를 쥐는 정도에 따라 톱날이 움직이는 속도가 바뀌기 때문에 조정할 수 있다.

전동 실톱의 가이드를 재료에 확실히 고정하고 공구가 흔들리지 않도록 양손으로 단단히 잡는다. 절단할 재료도 바이스로 고정하거나 발에 체중을 실어 누른 상태로 작업한다. 톱날은 목공용, 철공용, 플라스틱용 등으로 교체할 수 있다. 톱날을 교체할 때는 오작동 방지를 위해 전원을 뽑은 후 작업할 것.

깎는다 전동 샌더

가격대 3,000~1만5,000엔
주요 브랜드 : 마키타, RYOBI, 다카기, BLACK+DECKER, Bosch 등

공작의 마무리 단계 등에서 줄을 이용해 연마하는 경우가 종종 있다. 목공 작품의 표면을 다듬거나 금속의 표면을 연마하는 등 작품의 완성도를 높이기 위해 필요한 작업이다. '전동 샌더'는 종이 사포를 부착해 고속으로 진동시킴으로써 대상물을 굉장히 효율적으로 연마할 수 있는 공구이다. 가격도 비교적 저렴해 쉽게 구할 수 있지만 작업 시 큰 소음이 발생한다는 단점이 있다. 주변에 피해를 주지 않도록 작업 시간대에 주의하며 단시간에 작업을 마쳐야 한다는 부담이 있는 공구이기도 하다.

줄 부분이 가는 타원형으로 진동하는 '오비탈 샌더', 줄 부분이 회전하는 '랜덤 샌더', 벨트 모양의 줄이 회전하는 '벨트 샌더' 등의 종류가 있으며 오비탈 샌더가 초심자들도 사용이 간편하고 시판용 종이 사포를 이용하기도 좋다.

사포는 번호가 클수록 고운 것이라고 외워두면 좋다. 처음에는 번호가 작은 사포로 시작해 번호가 큰 사포로 마무리하는 것이 기본이다. 분진이 많이 날리므로 보호 안경과 마스크를 잊지 말 것.

Memo :

깎는다 탁상용 미니 선반기

가격대 10만~30만 엔
주요 브랜드 : 도요어소시에이츠, 사카이머신툴, SK11 등

이 제품은 도요어소시에이츠사의 만능 정밀 선반기 'Compact7'이다. 선반 가공의 달인이 되면 여러 개의 주사위를 포갠 듯한 오브제도 만들 수 있다.

'선반기'는 고정된 바이트(칼날)로 가공 대상물을 회전시키며 깎아내는 공작 기계이다. 선반기를 전동 공구의 범주에 넣어도 될지는 의문이지만 개인적으로는 공작 기계의 끝판왕이라고 생각하고 있는 만큼 함께 소개하기로 한다.

가공 가능한 크기나 모터의 성능에 따라 가격이 높아진다. 중국산을 제외하고 어느 정도 알려진 브랜드의 제품이라면 입문용 기계라도 꽤 고가이기 때문에 구매 장벽이 높은 편이다.

기본적으로 원통 형태로 절삭하는 공구로, 기체나 액체 등의 유체를 다룰 때 사용하는 피스톤을 자작할 수 있다. 고출력 공작의 끝판왕 '이그저스트 캐넌'을 제작할 때 시판되는 공기 압축 부품을 이용하는 것도 가능하지만 선반기가 있으면 설계의 폭이 훨씬 넓어진다.

절대 취급 주의 절삭 공구 전동 디스크 그라인더

주요 브랜드 : HiKOKI, 마키타, Bosch 등

지금까지 소개한 전동 공구는 가공 대상의 재료를 어떤 방식으로든 고정해 사용하는 것이다. 한편 '전동 디스크 그라인더'는 고속 회전하는 디스크 모양의 줄을 양손으로 잡고 자유롭게 대상물을 절삭하는 위험한 도구이다. 다른 전동 공구 이상으로 취급에 주의해야 한다. 금속을 절삭할 때는 튀는 불똥에 화상을 입지 않도록 가죽 장갑을 착용할 것. 회전 공구를 사용할 때는 장갑을 끼지 않는 것이 원칙이지만 가죽 장갑은 섬유가 해져 기계에 끼일 염려가 적기 때문에 손의 보호를 우선한다.

전동 공구는 아니지만 공작에 크게 활약하는 나사 절단 가공 탭&다이스

공작의 필수품인 나사는 국제 표준규격인 ISO 등에 따라 굵기, 너비, 나사산의 높이가 규격화되어 있다. 이런 나사의 구멍이나 나사 자체를 만드는 것을 '나사를 낸다'고 한다.

암나사를 만들 때 사용하는 것이 '탭'으로 드릴 같은 모양에 나사산 형태의 칼날이 있다. 나사 구멍을 내고 싶은 곳에 미리 구멍을 뚫고 탭을 밀어 넣으면 구멍 안쪽에 나사 모양의 홈이 깎인다.

수나사를 낼 때는 '다이스'를 사용한다. 도넛처럼 뚫린 구멍 안쪽에 나사산 모양의 칼날이 달려 있다. 나사를 내고 싶은 막대에 다이스를 끼워 돌리면 막대가 나사산 모양의 칼날에 깎여 나사가 만들어진다.

재료를 고정하고 미리 뚫어놓은 구멍에 탭을 수직으로 끼운 후 양손으로 돌린다(사진은 촬영 때문에 부득이하게 한 손만 사용한 모습). 반회전해 저항이 강해지면 살짝 역회전시켜 탭의 골에 맞춰 풀어낸다.

접착제와 부품 세척제의 의외의 용도?

홈 센터 아이템 활용법

⦿ text by POKA

공작 레벨 ★★★★★

홈 센터에서 판매되는 일반적인 아이템도 그 특징과 성질을 알면 활약의 범위가 훨씬 넓어진다. 접착제와 부품 세척제, 각각의 활용 예를 소개한다.

특수한 용도로 사용 가능한 2종류의 접착제

에폭시계 접착제

가장 널리 알려진 '에폭시계 접착제'는 테슬라 코일의 코팅에 최적이다(『공작 소재의 실천 지식』 196쪽도 함께 참고하기 바란다). 가장 추천하는 제품은 접착제로 유명한 일본 고니시사의 '본드 E세트'이지만 저렴한 다이소 제품도 뒤지지 않는다.

E세트는 경화성이 뛰어나고 화학적으로도 안정적인 이상적인 접착제라고 할 수 있다. 다만 완전히 굳기까지 꼬박 하루가 걸리는 장시간 반응 타입으로 경화가 시작되는 시간도 90분으로 꽤 긴 편이다. 테슬라 코일을 코팅할 때는 접착제가 흘러내리기 때문에 코일을 돌려가면서 굳히는 등의 궁리가 필요하다.

한편 다이소의 '강력 접착제'는 10분이면 굳는 단시간 타입이다. E세트의 3분의 1 가격에 구입할 수 있으며 성능도 나쁘지 않다. 다만 금방 굳는 만큼 화학적 안정성은 다소 떨어지는 듯하다. 일반적으로는 사용하기에 크게 지장은 없을 것이다.

내화·내열 접착제

보통 접착제는 유기물로 만들지만 내열 접착제는 무기물을 바탕으로 만든다. 성분은 잘 모르겠지만 유리질이나 세라믹 등으로 구성되었을 것이다. 일반적인 용도로 이용하는 경우는 많지 않지만 1,000℃ 정도를 일상적으로 사용하는 전기로 등의 간단 보수에는 추천할 만하다.

에폭시계 접착제는 코일 코팅에!

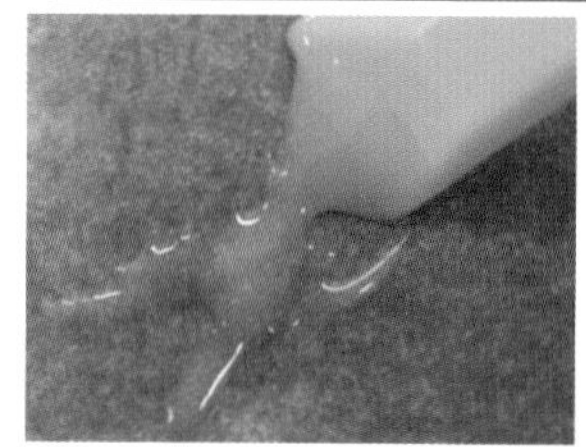

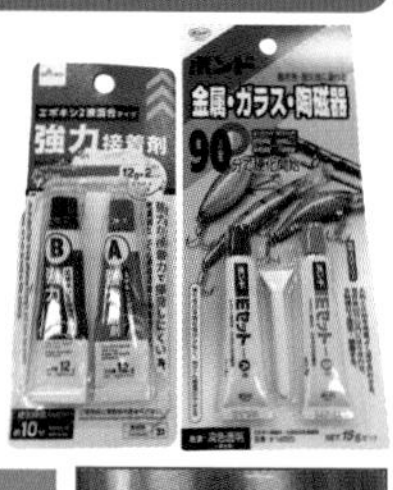

에폭시계 접착제는 A제와 B제를 균등히 섞으면 경화한다. 양쪽 모두 굳으면 투명해진다. 왼쪽이 다이소, 오른쪽이 고니시사의 '본드 E세트'.

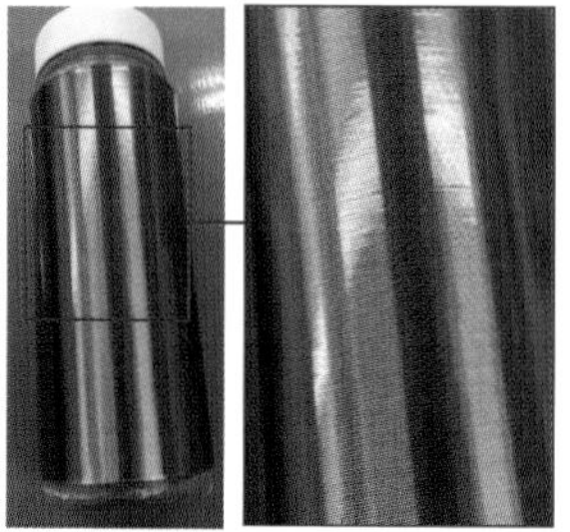

테슬라 코일의 코팅은 광택이 중요하다. 다이소 제품으로도 완성도는 충분하다. 에폭시계 접착제는 섞을 때 기포가 들어가 색이 탁해지지만 얇게 바르면 문제없다.

내화·내열 접착제는 전기로 보수에!

스토브의 배기관 수리 등에 이용하는 세메다인사의 '내화 퍼티'. 1,100℃까지 견딜 수 있다. 바른 직후는 회색빛을 띠었지만 열을 가하자 하얗게 변했다. 수리 흔적이 눈에 띄지 않아 Good!

Memo :

부품 세척제를 녹 방지 사양으로 활용한다

'부품 세척제'는 강력한 탈지·세정 작용으로 기름을 깨끗이 씻어낸다. 하지만 공구나 기계를 세척할 때는 기름을 완벽히 제거하는 것이 아니라 적당히 기름을 쳐가며 작업할 수 있다면 편리할 것이다. 그래서 이번에는 부품 세척제에 기름을 주입해 세정력+녹 방지 효과를 얻을 수 있도록 만들었다.

주사기로 광물성 기름 주입

부품 세척제에 기름을 섞으려면 주사기로 주입하면 되는데 이때 접속 노즐이 필요하다. 여기저기 찾아본 결과, 다이소의 '자전거용 공기 주입기' 노즐이 주사기와의 궁합이 완벽했다. 공기 주입기의 끝 부분이 부품 세척제 봄베 입구에 딱 맞게 들어갔다.

주입할 기름은 광물성 기름이면 무엇이든 OK. 양은 각자 기호에 따라 다르지만 약간의 녹 방지 효과를 기대한다면 부품 세척제 1통당 수십 cc 정도가 적당하다. 기름을 듬뿍 치고 싶다면 100cc 정도 넣어도 괜찮을 듯하다.

부품 세척제에 기름을 주입할 때는 가느다란 주사기를 이용해 밀어 넣는 것이 포인트이다. 도핑 후에는 잘 흔들어 기름 성분이 부품 세척제 내부의 액체와 섞이도록 한다.

이렇게 완성된 세척제로 오염된 니퍼를 세척해보았다. 니퍼 날이 맞물리는 면의 금속 가루가 섞인 오염이 제거되는 동시에 구석구석 기름이 침투했다. 부품 세척제는 세정 효과뿐 아니라 침투성도 있어 기름이 흡수된다. 여기에 기름을 첨가하면 휘발 성분이 증발한 후 윤활 및 녹 방지 효과가 있는 기름을 남길 수 있는 것이다.

강력한 세정력 때문에 금속에 뿌린 후 방치하면 녹이 슬어버린다. 부품 세척제에 광물성 기름을 주입해 녹 방지 사양을 추가했다.

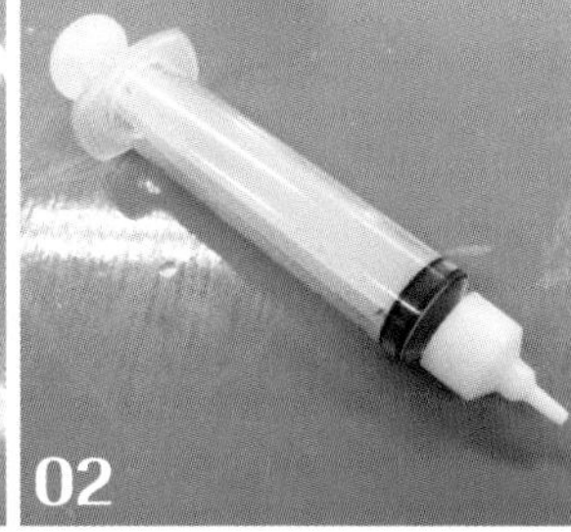

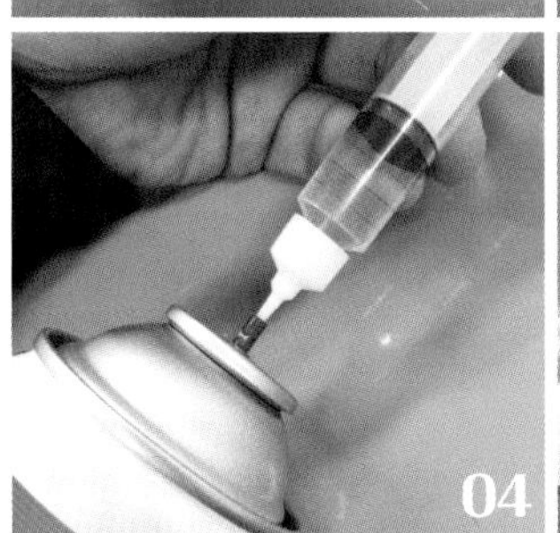

01 : 다이소의 스프레이형 '자전거용 공기 주입기'의 노즐을 사용한다.
02 : 주사기 끝에 공기 주입기 노즐을 끼운다. 마치 신데렐라의 구두처럼 꼭 맞았다!
03 : 기름은 무엇이든 OK. 이번에는 혼합물이 적은 진공 펌프용 기름을 넣었다.
04 : 주사기로 부품 세척제에 기름을 주입한다. 여름철이나 더운 곳에서는 부품 세척제의 내압이 높아지므로 냉장고에 넣고 적당히 식힌 후 작업하면 좋다.
05 : 니퍼에 뿌려보았다. 오염도 제거하면서 기름을 침투시킬 수 있어 일석이조.

불협화음을 뿜어내는 케르베로스 치킨
샤우팅 치킨이 흉기로 변신

⊙ text by 스피너

공작 레벨 ★★★★★

배를 누르면 귀엽게 울어대는 샤우팅 치킨. 슬슬 그 소리도 지겨워진 김에 한 마리가 세 가지 다른 소리로 울어대는 변종으로 재탄생시켜보았다.

'샤우팅 치킨'. 보기만 해도 미소가 지어진다. 이름만 들어서는 뭔지 잘 모르는 분도 있겠지만 한번 보면 잊기 힘든 생김새에 특유의 귀여운 울음소리를 낸다. 외국 영화나 드라마 등에도 자주 등장하는 노란색 닭 장난감이다. 인터넷상에서도 다양한 용도로 사용되며 큰 인기를 끈 이 샤우팅 치킨은 특유의 울음소리만으로도 충분히 재미있지만, 익숙함이란 무서운 것이다. 점점 뭔가 부족한 느낌이 드는 것이다. 그래서 약간 개조해주기로 했다.

우선 샤우팅 치킨을 해체해 그 구조를 알아보기로 한다. '치킨 해체'라고 하니 괜히 구미가 당기지만 아쉽게도 나오는 것은 지극히 단순한 부품뿐이었다. 샤우팅 치킨을 구성하는 요소는 크게 노란색 몸통과 울음소리를 내는 튜브의 두 가지로 나뉜다.

닭의 성대 구조

내장되어 있는 튜브는 가느다란 끝 부분에 피리가 끼워져 있으며 이 피리가 울음소리를 발생시킨다. 피리를 꺼내 숨을 세게 불어넣자 내 입에서 샤우팅 치킨의 울음소리가 흘러나왔다. 피리를 더욱 분해하자 안에서 3개의 작은 부품이 나왔다.

클라리넷이나 색소폰 등의 리드 악기와 같이 리드, 마우스피스, 리거처로 구성되어 있었다. 플라스틱판이 리드, 리드를 연결한 플라스틱 부품이 마우스피스, 그 둘을 고정하는 둥근 부품이 리거처인 것이다. 이 부품에서 발생시킬 수 있는 소리는 리드인 플라스틱판의 진동에 의해 결정되기 때문에 플라스틱판을 가공하면 치킨의 울음소리를 바꿀 수 있다.

예컨대 플라스틱판의 길이를 바꾸면 소리의 높낮이를 자유자재로 조정할 수 있다. 플라스틱판은 <사진 02>, <사진 03>과 같이 접혀 있는 상태인데 플라스틱 부품에 맞닿은 플라스틱판 부분이 짧아지면 단위 시간당 진동수가 많아지기 때문에 높은 소리를 내게 된다. 반대가 되면 이번에는 진동수가 적어져서 낮은 소리를 내는 것이다.

3마리가 일제히 다른 소리로 울어댄다!

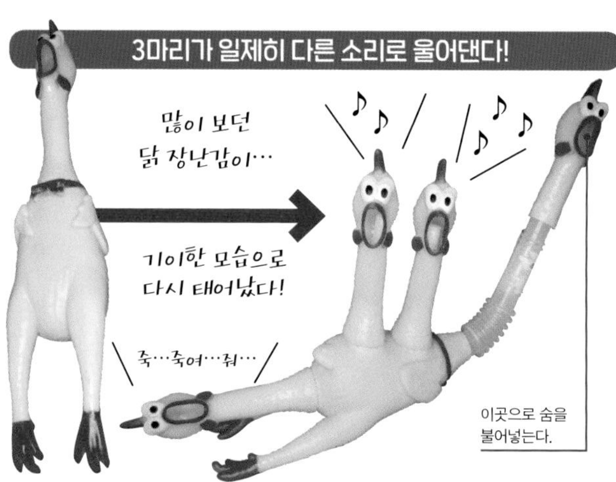

원래 샤우팅 치킨은 몸통을 눌렀던 손을 뗄 때 소리가 나는 구조이다. 그대로는 3마리 분량의 울음소리를 내기에 공기량이 부족했기 때문에 숨을 불어넣는 방식으로 변경했다. 사람이 직접 숨을 불어넣는 대신 블로어를 사용해도 될 것이다.

공기를 불어넣는 몸통

샤우팅 치킨의 몸은 목과 동체로 구성되어 있으며 둘 다 울음소리를 내기 위해 필요한 형태를 하고 있다.

Memo :

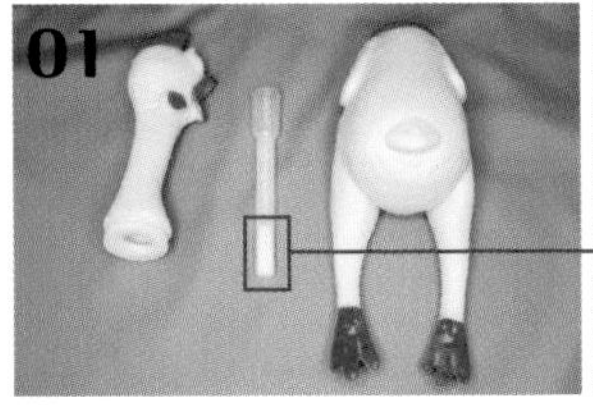

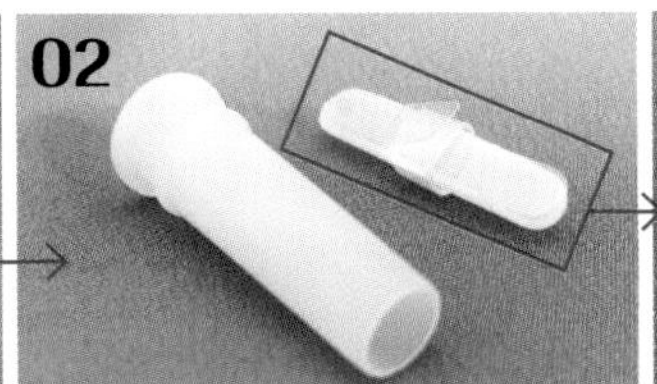

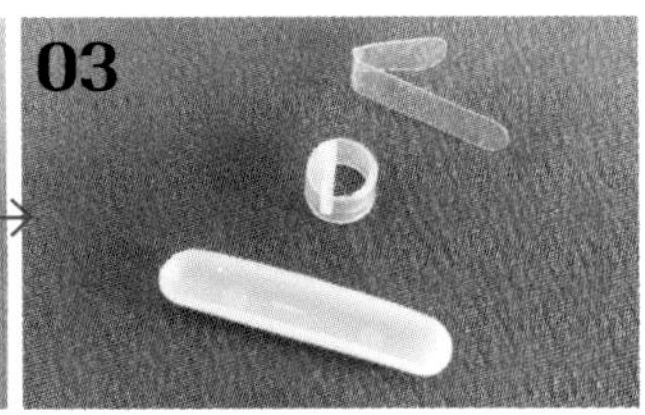

동체를 눌렀다가 원래대로 돌아갈 때 내부에 공기가 들어가고 그 공기가 리드를 진동시키는 것이다. 즉, 들어가는 공기량이 적으면 리드선이 진동하지 않기 때문에 소리가 나지 않는다.

튜브의 가느다란 쪽에 리드 부분을 끼우고 굵은 쪽은 목 부분에 끼워 고정한다. 동체로 들어온 외부 공기가 리드에 집중되면서 울음소리를 낸다.

필요한 재료

●샤우팅 치킨×4마리

●기름 노즐×1

01 : 샤우팅 치킨은 크게 3개의 부품으로 구성된다.

02 : 튜브 끝 부분에 피리가 달려 있다.

03 : 피리를 분해하자 3개의 부품이 나왔다. 오른쪽 플라스틱판이 성대의 역할을 한다.

04 : 원통 톱으로 목을 이식할 구멍을 뚫는다. 동체에 2개, 꽁지에 1개, 치킨의 목을 증식했다. 또 숨을 불어넣을 목은 반으로 잘라 기름 노즐로 연장했다.

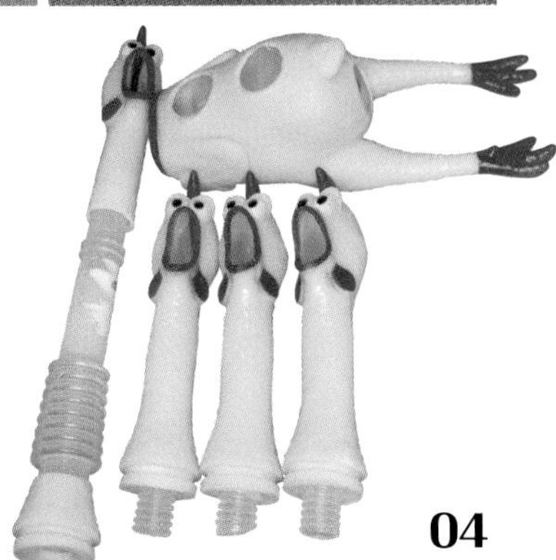

샤우팅 치킨의 마(魔)개조

기본 구조를 알았으니 이제 개조에 들어가보자. '전투는 물량이라니까!' 지당한 말씀. 그래서 성대를 늘리기로 했다. 샤우팅 치킨 3마리를 해체해 성대의 기본 부분인 목만 따로 분리해둔다. 다음은 치킨의 몸통에 원통 톱(Hole Saw)으로 구멍을 뚫고 목을 이식하면 되는데…. 여기서 문제가 되는 것이 샤우팅 치킨 3마리를 동시에 울게 할 만큼의 공기량이 부족하다는 것이다. 1마리 분량의 공기로는 모든 리드를 충분히 진동시키지 못한다.

이것을 해결하는 가장 빠른 방법은 사람이 직접 숨을 불어넣는 것이다. 더욱 강한 공기를 불어넣을 수 있을 것이다! 목 부분을 반으로 잘라 그 사이를 연장하듯 기름 노즐을 연결한다. 필요 없어진 치킨의 성대 즉, 튜브를 제거했기 때문에 이 치킨의 입은 소리를 내는 기관이 아니라 동체로 공기를 보내는 기관으로 바뀌었다. 그리고 리드를 진동시키기 위한 공기의 흐름이 입→동체가 아니라 동체→입으로 바뀌기 때문에 다른 목에 달린 튜브의 방향을 반대로 부착한다. 이제 동체에 숨을 강하게 불어넣으면 소리가 날 것이다. '울지 않으면 울게 만들겠다'는 의지랄까.

한 가지 더, 샤우팅 치킨의 매력 포인트인 울음소리를 개조해보자. 앞서 말한 대로 치킨의 울음소리는 리드인 플라스틱판의 진동에 의해 결정되기 때문에 이 플라스틱판의 길이를 짧게 혹은 길게 바꾸면 평소와 다른 울음소리를 낼 것이다. 취향에 맞게 바꾼 새로운 성대를 이식한다. 목이 3개가 있으니 2개의 성대를 조작해 음정이 다른 3개의 소리가 겹쳐지도록 만들었다.

그렇게 완성된 것이 머리가 4개인 슈퍼 샤우팅 치킨. 원래 모습이 떠오르지 않을 만큼 충격적인 형상으로 다시 태어났다. 기름 노즐로 연장한 치킨에 입을 맞추듯 숨을 불어넣으면 저마다 다른 음정으로 울어대는 불협화음이 울려 퍼진다. 발성기관이 3배로 늘어나고 공기도 충분히 공급되면서 그야말로 훌륭한 악기로 재탄생한 슈퍼 샤우팅 치킨. 생김새며 울음소리도 한층 강화된 개조 치킨 한 마리쯤 소장해보면 어떨까?

빛과 효과음이 흘러나온다!

보물 상자 제작 [기본편]

⦿ text by 데고치

공작 레벨 ★★★★★

보물 상자를 열 때 가장 흥분되는 순간은 내용물을 확인했을 때보다 뚜껑을 열 때일지도 모른다. 다이소 아이템으로 그런 순간의 효과음 등을 재현한 보물 상자를 만들어보자. 소품 수납용으로도 제격!

영화, 게임, 애니메이션 등에 등장하는 대표적인 아이템 '보물 상자'. 작중에서는 보물 상자가 열릴 때 휘황찬란한 빛과 '챠라랑' 하는 효과음까지 울려 퍼진다. 갖고 싶다! 보물 상자 안에 든 보석보다 눈부신 빛이 나면서 효과음이 울려 퍼지는 보물 상자 말이다. 목적과 수단이 뒤바뀌는 것은 우수한 엔지니어라는 증거가 아닐까. '없으면 만든다'를 모토로 빛나는 보물 상자를 만들어보았다.

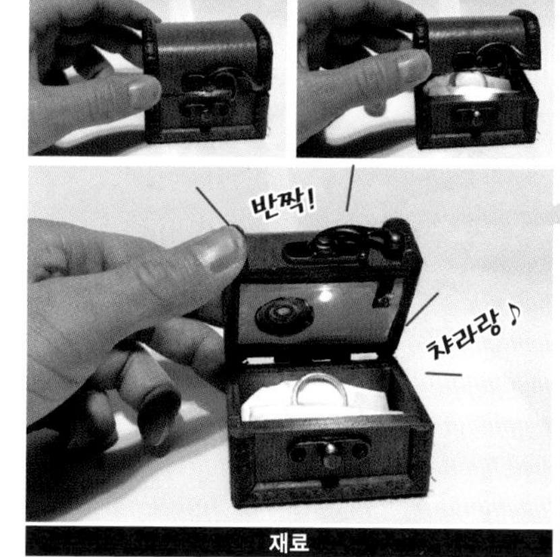

재료

● 인테리어 보석함 ● 하트 지팡이 ● 마이크로 스위치(히로세전기 DG13-B1LA) ● 골판지(뚜껑에 수납할 장치 고정용. 고정할 수 있으면 어떤 소재든 가능)

동영상으로 보물 상자를 볼 수 있다

QR코드로 완성된 보물 상자의 작동 모습을 동영상(Twitter)으로 확인할 수 있다.

사용하는 재료는 다이소나 인터넷 판매 사이트 등에서 쉽게 구할 수 있다. 공작 자체도 간단한 납땜이 가능하면 OK.

설계 검토

보물이 체렌코프 방사를 뿜어내는 것이 아닌 이상 자체 발광은 쉽지 않다. 뚜껑 안쪽에 발광 장치를 수납해 뚜껑을 열면 위에서 LED의 빛이 보물을 비추며 효과음을 내는 방식이 좋을 듯하다. 뚜껑 가장자리에 마이크로 스위치를 달아 뚜껑이 닫혀 있을 때는 OFF, 뚜껑이 열리면 ON이 되도록 설계한다.

기본 재료인 보물 상자가 필요한데 금으로 만든 것이어야만 한다는 식의 배부른 소리는 하지 않겠다. 다이소에서 '인테리어 보석함'이라는 보물 상자처럼 생긴 작은 수납함을 발견했다. 이것으로 충분하다.

보물 상자를 열었을 때 LED의 빛과 함께 효과음이 흘러나오는 장치 역시 다이소에서 구한 마법의 스틱 '하트 지팡이'를 사용한다. 버튼을 누르면 반짝반짝 빛나며 '챠라랑' 하는 소리가 나기 때문에 이것을 분해해 내부 회로를 사용한다.

장치의 ON/OFF 전환에는 마이크로 스위치 'DG13-B1LA'를 사용했다. 전자부품 판매점이나 인터넷 쇼핑몰에서 구입할 수 있다. 전부 다이소에서 조달하려면 '신축형 랜턴 라이트(6SMD)'에 사용되는 스위치를 사용할 수 있다.

비밀 장치의 제작 순서

하트 지팡이는 드라이버로 나사를 풀어내면 간단히 분해할 수 있다. 내부에는 LED와 스피커 그리고 제어용 기판과 스위치와 버튼 전지 3개(LR41)가 들어 있다. 이 부품들을 사용하는 것이다[01].

본체에 들어 있는 전지 케이스도 사용할 수 있으므로 커터 칼이나 톱을 이용해 떼어낸다. 여러 번 칼집을 넣어 힘을 가하면 간단히 떨어져 나온다(게딱지를 떼어낼 때의 강도면 된다).

마이크로 스위치는 '액추에이터

Memo :

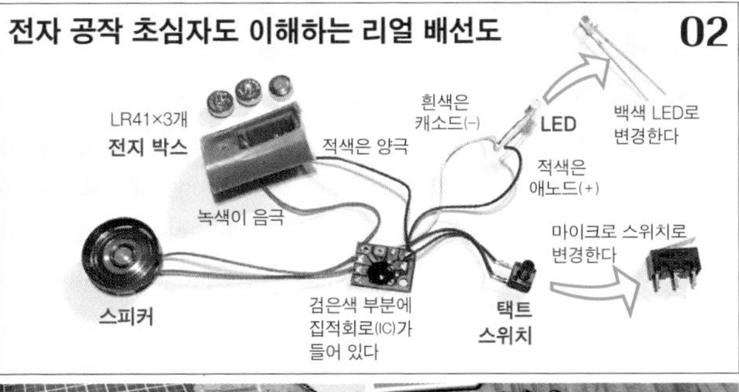

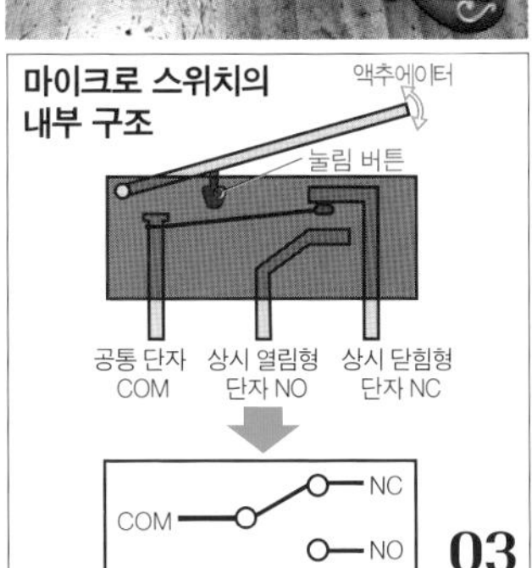

01 : 하트 지팡이를 분해한다. 전지 박스도 사용할 수 있으므로 커터 칼로 잘라낸다. 파편이 튈 수 있으니 보호 안경 등을 착용하는 것이 안전하다.
02 : 하트 지팡이의 부품. 스위치를 마이크로 스위치로 바꾼다.
03 : 마이크로 스위치의 내부 구조
04 : 골판지로 장치를 수납할 케이스를 만든다. 스피커부의 구멍을 뚫는다.
05 : 스피커, LED, 마이크로 스위치를 골판지 케이스에 넣는다.

(Actuator)'라고 하는 지렛대와 같은 부분을 누르는 동안은 OFF, 손을 떼면 ON이 되도록 공통 단자(COM)와 상시 닫힘형 단자(NC)를 사용한다. 납땜인두를 이용해 하트 지팡이 스위치의 배선을 마이크로 스위치에 바꿔 달아준다[02].

하트 지팡이에 사용된 LED는 적색이므로 백색 LED를 원하는 경우는 바꾸기 바란다. 여기서 적색 배선은 플러스, 흰색·검은색·녹색은 마이너스(GND)인 경우가 대부분이라는 것이 전기 공작의 상식이다. LED는 다이오드이므로 전류는 애노드(+)에서 캐소드(-)로만 흐른다. LED를 교체할 때는 극성을 잘 확인하기 바란다.

이제 장치를 보물 상자 뚜껑에 장착한다. 최근에는 3D 프린터 가격이 낮아져 전자 공작용 케이스나 프레임 설계가 한결 수월해졌지만 이번에는 손쉽게 가공할 수 있고 강도도 있는 골판지로 제작했다. 뚜껑 안쪽 공간의 크기에 맞게 골판지를 여러 장 잘라서 겹치고 셀로판테이프로 붙인다. 골판지 케이스에 스피커, LED, 마이크로 스위치가 들어갈 수 있는 크기의 구멍을 뚫는다. 마이크로 스위치는 액추에이터가 보물 상자 가장자리에 걸리게끔 배치해 뚜껑을 닫았을 때는 액추에이터가 눌리면서 스위치가 OFF, 뚜껑이 열리면 액추에이터가 떨어지며 스위치가 ON이 되면서 장치가 작동하도록 한다. 스피커, LED, 마이크로 스위치를 골판지 케이스에 수납하면 빛과 효과음이 흘러나오는 보물 상자가 완성된다.

응용편

이번에 사용한 하트 지팡이에 내장된 음성 칩은 출력 음이 고정되어 있지만 음성 칩을 소형 MP3 플레이어 모듈 'DFPlayer Mini'로 바꾸면 원하는 효과음으로 변경할 수 있다. 'DFPlayer Mini'는 저렴하고 사용이 간편해 공작용으로도 제격이다. 그렇게 만든 개량형 보물 상자의 제작 방법은 34쪽에서 소개한다.

나만의 효과음을 재생해보자
보물 상자 제작[응용편]

⊙ text by 데고치

공작 레벨 ★★★★★

32, 33쪽에서는 다이소 등에서 입수 가능한 부품을 사용해 빛과 효과음이 흘러나오는 보물 상자를 만들었다. 이번에는 효과음을 바꿀 수 있는 개량형 보물 상자를 제작한다.

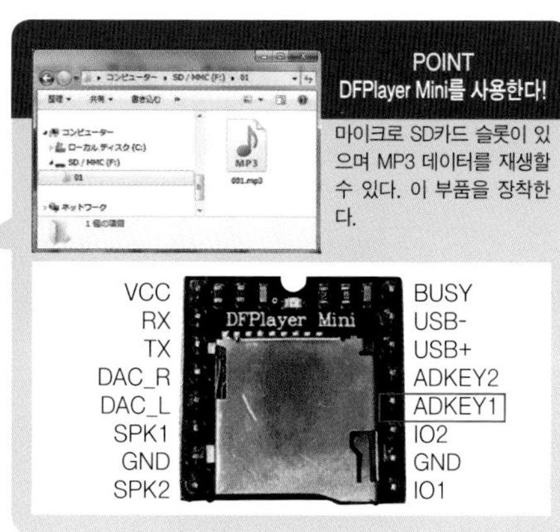

POINT
DFPlayer Mini를 사용한다!

마이크로 SD카드 슬롯이 있으며 MP3 데이터를 재생할 수 있다. 이 부품을 장착한다.

누구나 선호하는 '보물 상자가 열릴 때의 효과음'이 있을 것이다. 대체 누가 그런 선호를 가지고 있다는 말인지 이론도 있을 테지만 이 기사를 읽고 있는 여러분은 내 의견에 수긍하리라 생각하고 일단 이야기를 이어가도록 한다.

여기서는 저렴한 음성 재생 칩 'DFPlayer Mini'를 이용해 '효과음을 바꿀 수 있는 보물 상자'를 만드는 방법에 대해 소개한다. 부품 입수 난이도가 약간 올라가긴 하지만 공작 레벨은 거의 같으므로 여러분도 반드시 도전해보기 바란다.

나만의 효과음으로 바꾸는 방법

DFPlayer Mini(이하, DFPlayer)는 마이크로 SD카드에 담긴 MP3 형식의 음성 파일을 재생할 수 있는 음성 재생 칩이다. 앰프가 내장되어 있어 스피커를 접속해 음성 파일을 재생할 수 있다. '아두이노(Arduino)' 등의 마이크로컨트롤러와 접속해 시리얼 통신으로 재생 및 정지 등의 제어가 가능하다. 다만 나는 천성이 게으른 탓에 최대한 어렵지 않게, 사용하는 부품도 줄여 저예산, 저자세, 저칼로리 공작을 지향한다. 그래서 이번에는 마이크로컨트롤러를 사용하지 않고도 DFPlayer를 제어하는 방법을 생각했다.

이 음성 칩에는 ADKEY 1과 ADKEY 2라는 두 개의 아날로그 입력 단자가 있으며, 이들 단자에 입력하는 전압값에 따라 재생, 정지 등의 조작이 가능하다. 칩의 사양서를 보면 ADKEY 1을 0V로 하면 마이크로 SD카드에 담긴 첫 번째 곡이 재생된다는 것을 알 수 있었다. 최소 부품과 간단한 회로로 효과음이 재생되는 보물 상자를 만드는 경우, 마이크로 SD카드에 효과음 1곡만 담고 ADKEY 1을 0V의 GND로 단락해두면 전원이 들어오면 무조건 음성을 재생할 수 있을 것이다.

LED는 이 단순한 회로 구성에서는 계속 점등 상태이므로 반짝이는 분위기를 내려면 자기 점멸 LED를 사용한다. 자기 점멸 LED는 발진 회로 등을 내장하고 있어 전원만 연결하면 LED가 점멸하는 편리한 아이템이다.

Memo :

DFPlayer를 이용한 단순한 음성 재생 회로

마이크로 스위치
열림
NC
COM
닫힘
NO
전지
(4.5V)
LED
100Ω
GND
DFPlayer Mini
VCC
ADKEY1
GND
SPK+
SPK−

전압값에 따라 전원이 ON/OFF 되는 특성을 살려 '일부러' 단순하게 설계했다. 쉽게 할 수 있는 부분은 최대한 쉽게 하는 것이 공작을 즐길 수 있는 포인트이다.

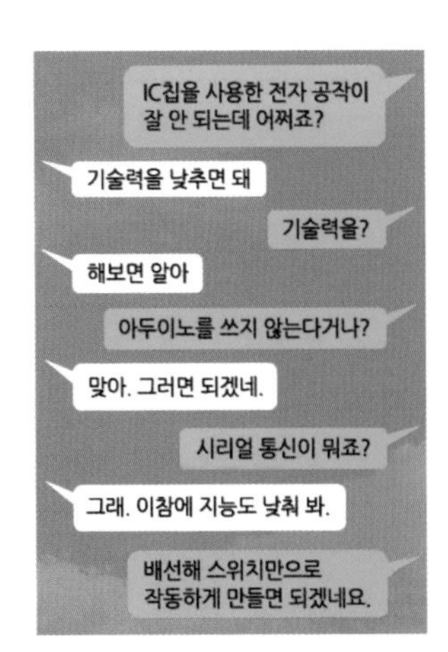

필요한 재료와 주요 도구
● DFPlayer Mini : DF Robot
● 마이크로 SD카드
● LED로 빛나는 풍선 2P 세트
● LED 라이트
● 인테리어 보석함
● 하트 지팡이
● 마이크로 스위치
● AAA형 알칼리 건전지 5개 세트
● 십자드라이버, 니퍼, 니들노즈 플라이어, 납땜인두 등

'LED 라이트'에서 전지 케이스, '하트 지팡이'에서 스피커의 부품을 사용했다. '마이크로 스위치'는 DG13-B1LA를 사용한다.

재료의 입수

설계의 방향성이 결정되었으니 필요한 재료를 준비한다. DFPlayer는 전기부품 판매점이나 인터넷 쇼핑 사이트 등에서 간단히 구입할 수 있다. 해외 판매 사이트에서 구매하면 시간은 조금 더 걸리지만 더욱 저렴한 가격에 입수할 수 있다.

자기 점멸 LED도 전기부품 판매점이나 인터넷에서 구입이 가능하지만 다이소 제품도 OK. 이번에는 염가 매장인 세리아(Seria)에서 구입한 'LED로 빛나는 풍선 2P 세트'를 사용하기로 했다. 풍선 안에 버튼 전지에 연결된 자기 점멸 LED가 들어 있는 이 제품은 절연 태그를 떼면 전지가 닳을 때까지 계속해서 다채로운 빛이 점멸하는 완구이다. 풍선이 아깝기는 하지만 이 LED를 꺼내 사용할 생각이다.

LED를 점등할 때는 과도한 전류가 흐르지 않도록 전류 제한 저항을 다는 것이 일반적이다. 그러나 자기 점멸 LED의 내부에는 발진 회로 등 LED에 공급되는 전류를 제어하는 회로가 내장되어 있는 만큼 그 회로 내부에 전류 제한도 고려되어 있을 것이기에 이번에는 그대로 사용하기로 했다. 이 상품도 전지와 바로 연결되어 있지만 LED가 타버리는 등의 사고가 일어난 적은 없는 듯하니 괜찮을 것이다. 타력본원(他力本願)이면 어떤가. 모쪼록 안전에 유의할 것.

스피커와 마이크로 스위치는 32, 33쪽의 기본편에서 사용한 것과 같은 다이소의 '하트 지팡이'의 부품을 사용했다.

이런 장치를 수납할 케이스는 3D 프린터로 제작했다. 기본편과 같이 골판지 등의 두꺼운 종이로 만들어도 무방하지만 장치를 조립할 때 각 부품을 끼워 넣을 수 있어 종합적으로 생각하면 제작이 편리하다. 3D 프린터를 사용하면 공작의 폭이 넓어지므로 126쪽부터의 기사도 함께 참고하기 바란다.

전원도 같은 버튼 전지 'LR41'을 사용하려고 했으나 테스트해보니 DFPlayer는 음성 데이터 재생 시 120mA 정도의 전류가 필요해 LR41로는 정상적인 작동이 어려운 것으로 판명되었다. 공급 전력이 부족하면 노이즈가 발생하며 음성 재생이

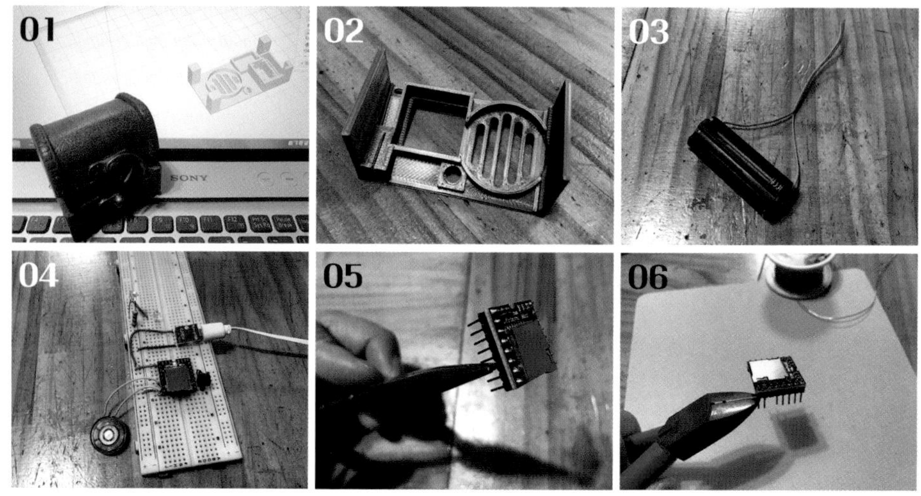

01·02 : 장치를 보물 상자 안에 수납할 케이스. 기본편에서는 골판지로 만들었지만 이번에는 3D 프린터로 제작했다. 외관이나 편의성이 향상될 것이다.
03 : 다이소의 LED 라이트를 분해해 전지 케이스를 떼어낸다.
04 : 브레드보드로 동작 테스트. 스피커를 연결해 ADKEY 1을 GND에 접촉시켰을 때 음성이 흘러나오면 OK
05 : SPK 1과 SPK 2의 리드 단자를 바깥쪽으로 구부린다.
06 : IO2의 리드 단자를 니퍼로 자른다.

중단된다. 그래서 LR41보다 약간 큰 'LR44' 3개를 직렬로 연결한 것을 2개 병렬해 시도해보았다. 음성 데이터에 따라 재생이 가능하기는 했지만 역시 불안정했기 때문에 결국 AAA형 알칼리 건전지를 사용하기로 했다. AAA형 알칼리 건전지 3개를 직렬로 연결해 3.6~4.5V 정도를 공급한다. DFPlayer의 사양상 동작 전압은 3.2~5.0V(Typ. 4.2V)이기 때문에 문제없다. 전지 케이스는 다이소에서 판매되는 LED 회중전등 '런처 라이트 V9'를 이용한다.

재료가 준비되었으면 본격적인 제작에 들어갈 차례이다. 먼저 DFPlayer의 동작부터 확인하자.

각 부품을 납땜한다

재생하고 싶은 MP3 형식의 음성 파일을 마이크로 SD카드에 넣는다. DFPlayer는 32GB 이하로, FAT16 또는 FAT32 형식으로 포맷되어 있는 마이크로 SD카드를 사용할 수 있다. 또 DFPlayer에는 MP3 데이터를 읽어내는 규칙이 있기 때문에 PC에서 마이크로 SD카드에 [01]이라는 이름의 폴더를 만들어 [001]이라는 파일명으로 MP3 데이터를 보존한다. 그 마이크로 SD카드를 DFPlayer에 넣고 스피커를 접속해 전원 단자인 VCC 단자에 5V를 공급. ADKEY 1을 GND에 접촉하면 마이크로 SD카드 안의 음성 파일을 재생할 수 있다.

이 DFPlayer에 스피커, 마이크로 스위치, 전원을 납땜한다. DFPlayer의 SPK 1과 SPK 2의 리드 단자를 니들노즈 플라이어로 바깥쪽으로 구부린 후 IO2의 리드 단자를 니퍼로 자른다. 이제 ADKEY 1과 GND 간의 장애물이 없어졌으므로 ADKEY 1의 리드 단자를 GND 쪽으로 구부려 접촉시킨 후 납땜한다. 계속해서 바깥쪽으로 구부린 SPK 1과 SPK 2에 스피커의 전극을 납땜한다.

다음은 전지 케이스의 접속. 양극을 마이크로 스위치의 공통 단자 COM에, 음극을 DFPlayer의 GND 리드 단자에 납땜한다. 마이크로 스위치의 상시 닫힘형 단자 NC를 DFPlayer의 VCC 리드 단자에 납땜하면 음성 재생 회로 부분은 완성이다.

자기 점멸 LED는 애노드와 캐소드에 주의해 납땜한다. 애노드는 DFPlayer의 VCC 리드 단자, 캐소드는 GND 단자에 연결할 것. LED를 다른 제품에서 사용한 경우, 리드 단자의 길이로 애노드나 캐소드를 판단하기 어려울 때가 있는데 대개

Memo :

LED 구 내부의 전극 부품이 큰 쪽이 캐소드(GND)이다. 예외도 있겠지만 기억해두면 실패 확률을 줄일 수 있다.

07 : ADKEY 1의 리드 단자를 GND 쪽으로 구부려 납땜한다.
08 : SPK 1, SPK 2와 스피커를 납땜한다.
09 : 전지 케이스를 연결한다. 전지 케이스의 +극을 마이크로 스위치의 COM에, -극은 DFPlayer의 GND에 납땜한다.
10 : 마이크로 스위치의 NC를 DFPlayer의 VCC에 납땜한다.
11 : LED의 애노드를 DFPlayer의 VCC 리드 단자에, 캐소드를 GND 단자에 연결한다. LED 내부의 전극 부품이 큰 쪽이 캐소드인 경우가 많다. 기억해두자.
12 : 보물 상자를 열면 자동으로 LED가 점멸하며 '퀘스트 달성'을 알리는 듯한 효과음이 울려 퍼진다♪
13 : 마이크로 SD카드를 교체해 나만의 효과음을 재생할 수 있다. 여러 장 준비해두자. QR코드로 작동 영상을 확인할 수 있다(트위터).

조립해 완성!

납땜한 DFPlayer, 스피커, 마이크로 스위치, 자기 점멸 LED, 전지 케이스를 보물 상자 안에 수납하면 효과음을 자유롭게 설정할 수 있는 빛나는 보물 상자가 완성된다. 다른 음성 파일을 담은 마이크로 SD카드를 2장 준비해두면 바꿔가며 즐길 수 있다.

첫 장을 재생한 후 교체해 뚜껑을 열면 다른 음성 파일이 재생된다. 완벽히 작동했다! 사진을 몇 장 찍었지만 지면으로 소리의 차이를 표현할 수 없으므로 QR코드로 트위터(Twitter)에 올린 동영상을 확인하기 바란다.

DFPlayer를 이용해 나만의 효과음을 재생할 수 있는 보물 상자를 만들어보았다. 생일이나 프러포즈 등의 특별한 이벤트에 꼭 활용해보기 바란다.

정의의 사도와 악의 화신이 합체했다!

엑소시스트 인형의 마(魔)개조

⦿ text by POKA

공작 레벨 ★★★★★

영화 《엑소시스트》의 여주인공 리건의 음성이 내장된 인형. 이 귀여운 인형이 저절로 움직일 수 있게 만들어보자. 이거야말로 '마(魔)개조'이다.

리건 인형이 섬뜩하게 움직인다…!

필요한 재료

- THE EXORCIST 인형
- 호빵맨 전동 완구
- 수은 스위치
- 케이블타이 등

영화 《엑소시스트》
(1973년작)

데굴데굴 호빵맨을 잡아라

음악에 맞춰 통통 튀거나 구르는 유아용 장난감. 지름 13cm

THE EXORCIST

2018년 가을 발매된 리건 피규어. 시장 재고는 거의 없지만 야후 옥션 등에서 입수할 수 있다.

Memo :

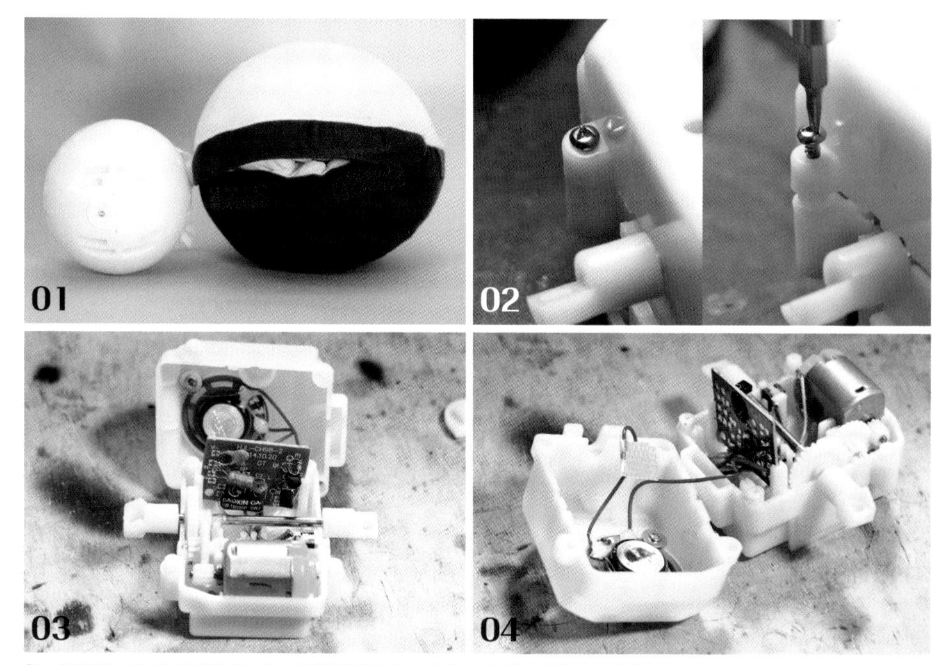

01 : 호빵맨 전동 완구에 내장되어 있는 진동 코어를 활용한다. 펠트 소재의 커버를 벗겨내 둥근 부품을 꺼낸다.
02 : 진동 코어는 삼각나사로 조여 있다. 삼각나사의 한쪽 변 길이에 맞는 일자드라이버를 사용해 강제로 열 수 있다.
03 : 코어를 분해. 기어 박스와 제어용 기판이 들어 있다.
04 : 다이내믹 스피커와 음성 IC에 의해 진동 중 '호빵맨 행진곡'이 재생되는 장치. 스피커와 연결된 리드선을 잘라 음악 재생 기능을 없앴다. 리드선 끝은 테이프로 감아 절연한다.

호러 영화의 걸작 《엑소시스트》. 이 영화에 등장하는 악령에 사로잡힌 주인공 리건 맥닐이 2018년 가을 피규어로 발매되었다. 삼등신 크기로 제작되었는데 도무지 귀엽지 않다. 상처로 가득한 얼굴, 헝클어진 머리, 배에 쓰인 'help me'라는 글자. 손발의 관절을 자유롭게 움직이고 등에 있는 스위치를 누르면 극중의 대사가 흘러나온다. 특유의 갈라진 저음으로. 아무튼 섬뜩하다. 이건… 선물용으로 최고다!(웃음)

이왕이면 오싹함을 더욱 강화해보자. 진동 부품을 넣어 저절로 움직이도록 개조하는 것이다. 여기저기 개조 부품을 찾아보다 마침 적당한 완구를 발견했다. 어린이들의 영원한 히어로 '날아라! 호빵맨'의 전동 완구이다. '데굴데굴 호빵맨을 잡아라'는 펠트 소재로 만든 호빵맨 인형이 음악에 맞춰 랜덤으로 움직이는 어린이용 장난감이다. 이 인형의 코어를 사악한 인형에 합체시키는 것이다. 정의감을 가진 사악한 인형…으로, 중2병적인 느낌이 잔뜩 풍기긴 하지만 일단 시도해보자.

호빵맨 완구를 분해

이 전동 완구는 스위치를 누르면 일정 시간 편심 모터가 회전하며 강력한 진동을 발생시킨다. 10초 정도 진동 모터가 작동하는 듯하다. 내부의 전자 회로에는 단발성 타이머가 내장되어 있어 진동 스위치를 누르면 작동한다. 일정 시간 작동한 후에는 저절로 꺼지는 방식이다.

호빵맨의 펠트 커버를 벗기고 코어를 꺼내 분해해보자. 삼각나사를 풀어 내부를 확인한다. 기어 박스와 제어용 기판이 내장되어 있다. 다이내믹 스피커와 음성 IC에 의해 작동 중에는 호빵맨의 주제곡이 흘러나오게 되어 있다. 사악한 인형에게는 지나치게 밝은 곡이니 노래는 없애기

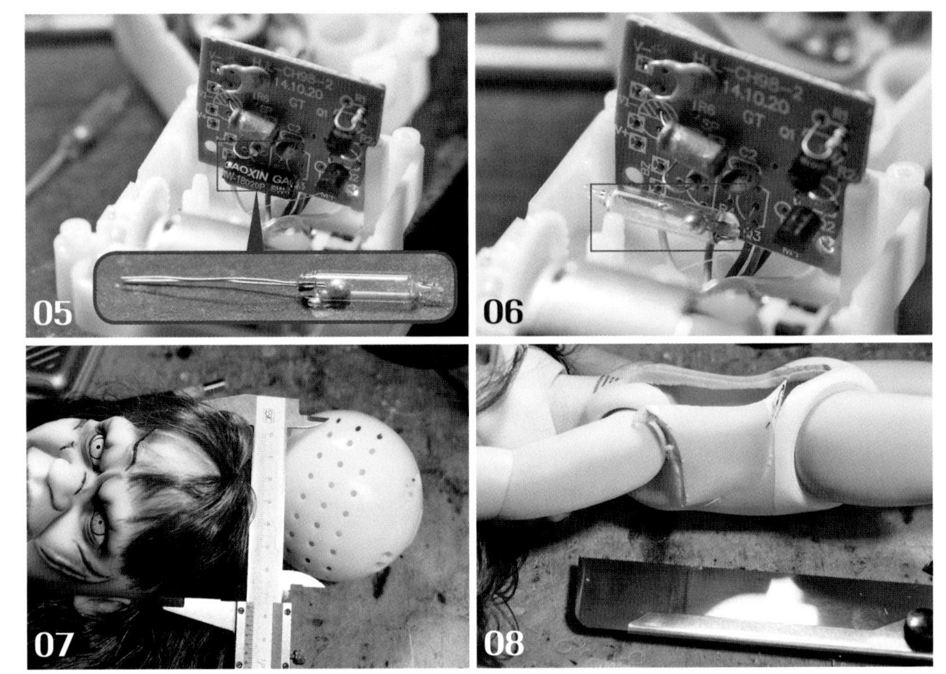

05 · 06 : 기판에 접속되어 있는 진동 스위치는 감도가 그리 좋지 않다. 수은 스위치로 교체한다. 수은 스위치는 표준 탑재된 진동 스위치보다 약간 크기 때문에 기어에 간섭이 생기지 않도록 주의한다.
07 : 진동 코어의 개조를 마쳤으면 이식할 장소를 검토한다. 머리에 넣기에는 크기가 커서 몸통에 이식하기로 했다.
08 : 동체에는 음성 발생용 회로 장치가 들어 있다. 이것을 먼저 제거해 구형 코어가 들어갈 수 있게 톱으로 몸통을 가른다.

로 한다. 스피커에 연결된 리드선을 자른다. 리드선 끝은 테이프로 감아 절연하면 안전하다.

다음은 진동 스위치의 교환. 기판에 표준 탑재된 진동 스위치는 스프링과 접점으로 이루어져 있으며 감도가 그리 좋지 않다. 경사도에 따라 동작하는 수은 스위치로 바꾸었다. 이 수은 스위치는 표준 진동 스위치보다 약간 크기 때문에 기어에 간섭이 생기지 않게 주의하며 설치한다.

참고로, 수은 스위치란 그 이름 그대로 내부에 수은이 들어 있는 스위치이다. 수은은 유리관 안에서 움직이며 아래쪽 전극에 닿으면 통전하는 구조이다. 수은과 금속 접점으로는 큰 전류를 흘릴 수 없으므로 직접 모터를 움직이기는 어렵지만 기판의 센서와 바꿔 사용하는 경우는 문제없다.

인형에 코어를 이식

진동하는 코어가 준비되었으니 드디어 인형에 이식할 차례이다. 이식할 장소는 어디가 좋을까? 처음에는 머리를 갈라 그 안에 넣으려고 생각했는데 머리가 1cm 정도 작아 코어를 그대로 넣기 어려웠다. 머리에 넣으려면 코어를 소형화해야 했다. 그러려면 기어 박스부터 개조해야 하는데 시간도 걸리고 귀찮았기 때문에 다른 장소를 찾기로 했다. 애초에 머리가 무거우면 균형적으로도 문제가 생길 수 있어 적합한 장소는 아니었다….

남은 것은 가장 여유가 있는 몸통이었다. 동체는 옷으로 가릴 수 있기 때문에 구형의 코어가 약간 삐져나와도 티가 나지 않을 터였다.

인형의 동체에는 음성 발생용 회로 장치가 탑재되어 있다. 진동 코어

Memo :

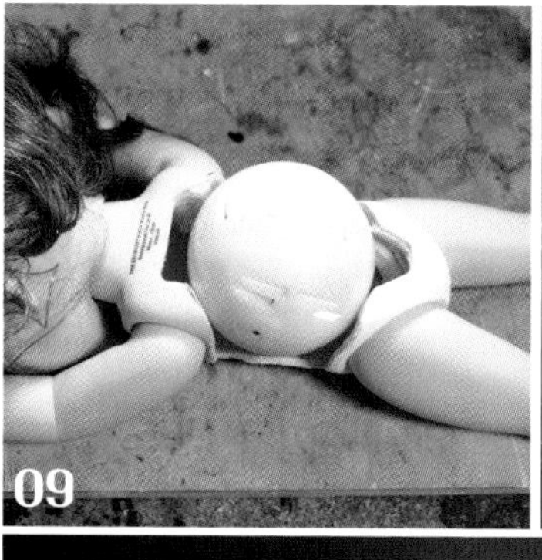

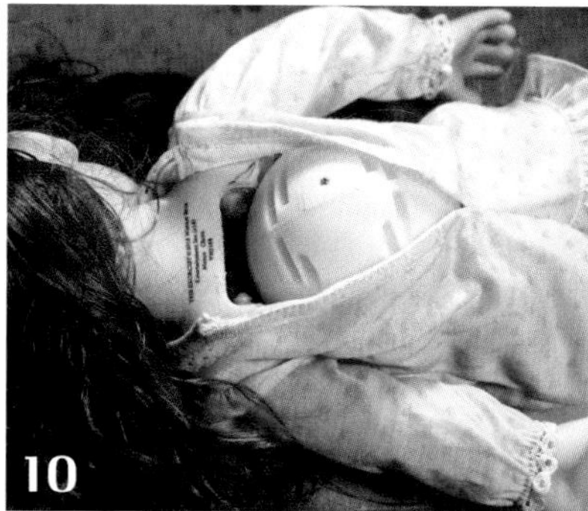

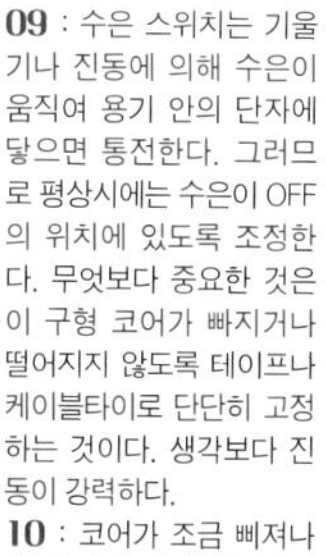
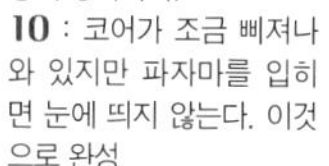

09 : 수은 스위치는 기울기나 진동에 의해 수은이 움직여 용기 안의 단자에 닿으면 통전한다. 그러므로 평상시에는 수은이 OFF의 위치에 있도록 조정한다. 무엇보다 중요한 것은 이 구형 코어가 빠지거나 떨어지지 않도록 테이프나 케이블타이로 단단히 고정하는 것이다. 생각보다 진동이 강력하다.
10 : 코어가 조금 삐져나와 있지만 파자마를 입히면 눈에 띄지 않는다. 이것으로 완성
11 : 인형을 눕히면 OFF 상태이기 때문에 평소에는 스파이더 워크 자세로 장식해둔다.
12 : 리건을 일으키거나 움직이면 수은이 이동해 통전 상태가 되면서 저주가 발동한다…!

를 넣으려면 이게 방해가 된다. 아쉽지만 음성 회로를 통째로 들어내고 진동 코어가 넣기 위해 배를 가르는 대수술을 실시했다. 손발의 관절 부분의 기능은 남기면서 등과 좌우 옆구리 부분을 잘라낸다. 부드러운 플라스틱 소재라 톱으로 간단히 자를 수 있었다.

코어 내부 기판에 장착한 수은 스위치는 특정 방향에서 ON이 된다. 수은이 아래로 내려왔을 때 ON이 되게 하려면 평상시에 수은이 OFF의 위치에 있는 것이 좋다. 즉, 인형을 눕힌 상태(=OFF)에서 일으켜 세우면 수은이 내려가 ON이 되도록 조정한다. 물론 수은 스위치는 흔들어도 ON이 되기 때문에 너무 깊이 생각할 것 없이 세팅하면 된다(웃음). 적당한 위치에 놓고 비닐 테이프나 케이블타이로 단단히 고정한다.

이제 안정된 자세로 놓아두기만 하면 되는데 이왕이면 《엑소시스트》 최고의 명장면인 '스파이더 워크'는 어떨까. 이 상태에서 인형을 일으키려고 손을 대는 순간, 격렬히 진동한다. 이 장치를 알지 못하는 친구나 가족은 진짜 저주라도 걸린 듯 충격에 빠질지도…? 형광 도료를 바르는 등 자신만의 연구가 더해지면 훨씬 재미있을 것이다.

3D 프린터로 금단의 초강력 머신을 개발

극강의 바람총 제작

⊙ text by yasu

공작 레벨 ★★★★★

공작이나 실험은 경험이 곧 실력이다. 우선은 실패해도 크게 타격이 없는 다이소 소재로 바람총을 만들어보자. 여기에 3D 프린터로 제작한 고안물을 추가해 최강의 장난감으로 완성한다.

『과학실험 이과 대사전 II』에서 만든 다이소 소재를 사용한 '면봉식 바람총'은 소형화에 중점을 둔 공작이었다. 그 과정에서 도출한 바람총의 이론상의 초속을 복습해보자.

바람총에 작용하는 압력을 P[Pa], 총신의 내경을 d[m], 가속 거리를 L[m], 탄환 체중량을 m[kg]이라고 하면 얻을 수 있는 탄환의 초속 v[m/s]는 다음과 같다.

$$v=\sqrt{\frac{\pi d^2 PL}{2m}}$$

이 식을 이해할 수 있으면 성능 향상도 가능하다는 것을 알게 된다.

이전의 소형 바람총의 파라미터는 d=0.005[m], L=1[m], m=0.0006[kg]. 그리고 폐에서 발생시키는 압력을 $P=10\times10^3$[Pa]라고 했을 때 이론상의 초속은 v=25.6[m/s]로 계산되며 실험에서도 그와 유사한 값을 얻을 수 있었다. 각 파라미터에 주목하면 성능 향상의 가능성을 찾을 수 있다. 예컨대 폐 압력 P의 값을 늘리면 바람총에 더 큰 힘을 공급할 수 있겠지만 프로 트럼펫 연주자급의 트레이닝을 소화하는 정도가 아니면 불가능하다. 한편 총신의 내경이나 가속 거리는 총신의 설계에 따라 얼마든지 늘릴 수 있다. 둘 다 그 값이 커지면 커질수록 초속이 빨라지고, 특히 승수에 착목하면 총신의 내경 d가 초속에 가장 큰 영향을 미친다는 것을 깨닫는다. 그렇다면 총신의 내경을 대형화해 본격적인 초강력 바람총을 만들어보자.

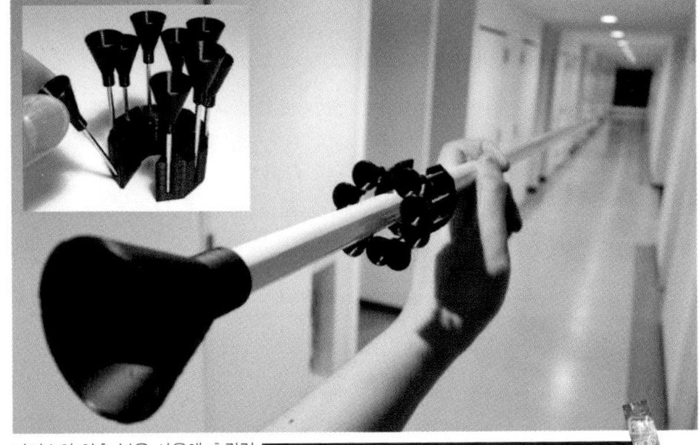

다이소의 압축 봉을 사용해 초강력 바람총을 제작했다. 3D 프린터를 이용하면 휴대성과 연사 능력을 대폭 향상시킨 극강의 바람총 제작도 가능하다!

필요한 재료・공구 등		
●압축 봉(총 길이 1m 이상, 지름 약 16mm)		
●못 세트	●클리어 파일	●점착테이프
●가위	●커터 칼	
●펜치	●니퍼	

[1] 총신의 제작

다양한 다이소 아이템을 검증한 결과, 지름 16mm가량의 압축 봉이 압력 면에서 사람의 폐 용량과 가장 효율이 좋다는 것을 알게 되었다. 이보다 굵으면 폐의 용량이 부족하고 반대로 가늘면 탄환에 가해지는 하중이 부족하다. 일단 소재를 분해해 보자.

압축 봉은 안팎으로 파이프 2개가 겹쳐진 이중 구조로, 공작에는 바깥쪽 파이프만 사용한다. 펜치를 이용해 2개의 파이프를 강제로 분리한다. 바깥쪽 파이프 안에 든 스프링도 꺼내 빈 파이프만 남긴다. 파이프 끝부분에는 사진과 같은 고무 부속품이 달려 있다. 안쪽만 커터 칼로 도려내 다시 파이프에 끼우면 바람총의 총신이 완성된다.

Memo :

[1] 총신을 만드는 순서

01 : 펜치를 이용해 압축 봉 내부의 스프링을 끄집어낸다.
02 : 스프링은 사용하지 않으므로 폐기
03 : 고무 부속품에 구멍을 뚫어 파이프에 다시 끼우면 파이프 끝의 거친 모서리를 커버할 수 있다. 이쪽으로 바람을 불어넣는다.

[2] 클리어 파일 다트를 만드는 순서

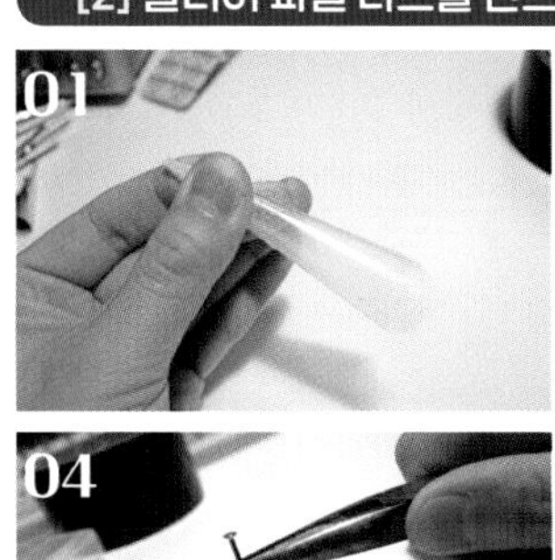

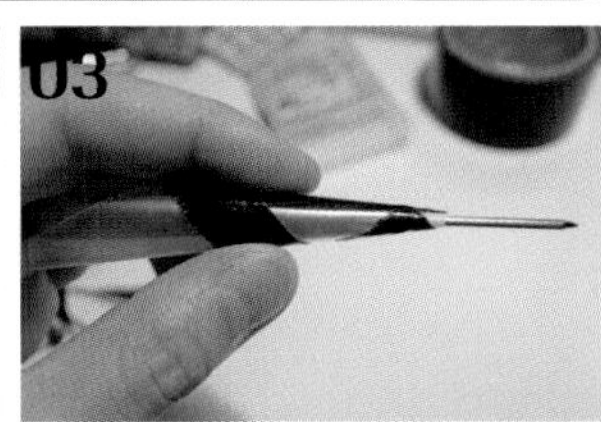

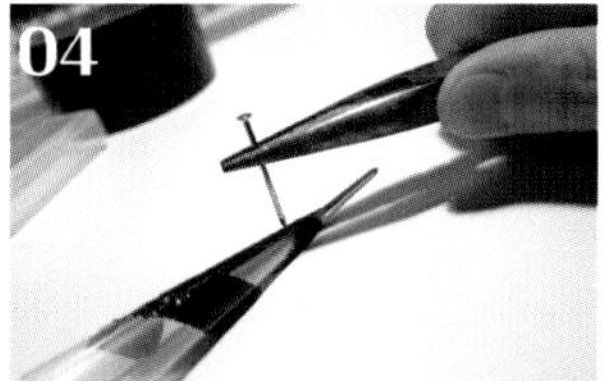

01 : 사방 6cm로 자른 클리어 파일을 최대한 가늘게 고깔 모양으로 말아준다.
02 : 점착테이프로 단단히 고정한다.
03 : 고깔형 몸체 끝 부분에 못을 끼운다.
04 : 측면에서 작은 못으로 고정한다. 이것이 중요!
05 : 못을 끝까지 밀어 넣고 튀어나온 부분을 니퍼로 자른다.
06 : 여분의 고깔 부분을 자른다.
07 : 적당한 틈새를 확보한다.
08 : 압축 봉 총신과 클리어 파일 방식 다트의 완성

[2] 다트의 제작

총신이 완성되었으면 이번에는 다트를 만들 차례이다. 주요 소재는 '클리어 파일'과 '못 세트'이다. 먼저 클리어 파일을 사방 6cm 정도로 자른 후 끝이 뾰족한 고깔 모양으로 말아서 점착테이프로 풀어지지 않게 단단히 붙인다. 이것으로 다트의 고깔형 몸체가 완성되었다.

고깔형 몸체 끝에 큰 못을 끼운다. 못을 고정하는 방법이 이 자작 다트의 핵심이다. 고정력이 약하면 탄착 시 충격으로 몸체와 못이 순식간에 분리돼버린다.

그럼 어떻게 하면 될까. 못 세트에서 작은 못을 골라 고깔형 몸체에 끼운 못 머리 바로 뒤쪽에 펜치로 끼운다. 끝까지 밀어 넣고 튀어나온 부분을 니퍼로 자른다. 점착테이프로 한 번 더 보강하면 고깔형 몸체와 못이 강력하게 고정되어 웬만한 탄착 충

[3] 알루미늄 다트를 만드는 순서

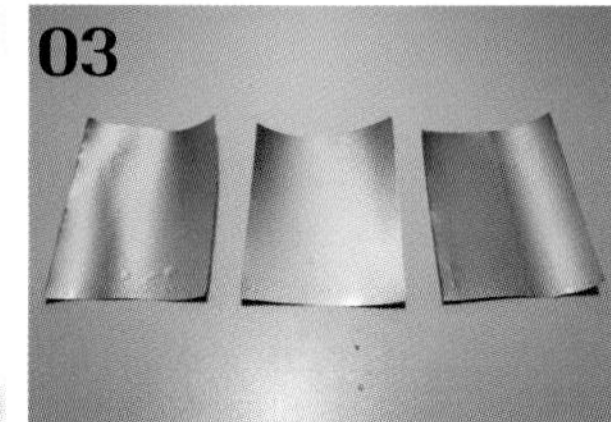

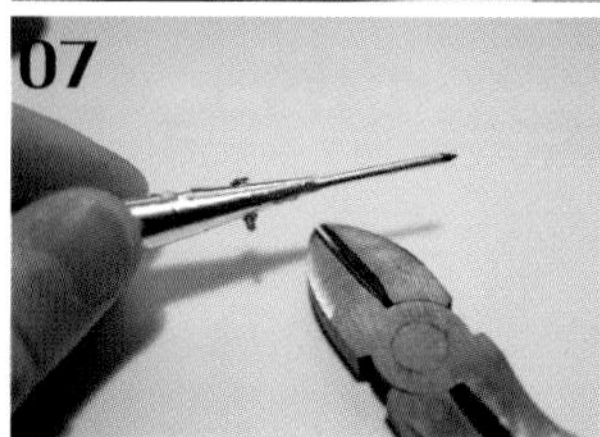

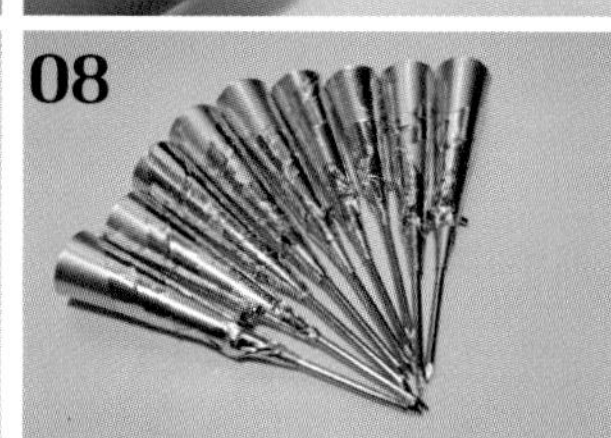

01 : 350ml짜리 알루미늄 캔의 양끝을 커터 칼로 잘라낸다.
02 : 가위로 단면을 다듬어가며 잘라서 펼친다.
03 : 사방 6cm로 3분할한다.
04 : 손을 베지 않도록 조심하며 알루미늄 시트를 말아준다.
05 : 알루미늄 테이프로 고정한다.
06 : 소형 못으로 탄두의 못을 고정한다.
07 : 니퍼로 불필요한 부분을 자른다.
08 : 완성!

격으로는 분리되지 않는다.

마지막으로 다트의 외경을 총신의 내경에 맞게 조정한다. 먼저, 총신에 끼워 대강 자른 후 최종적으로 총신의 내경에 절묘하게 들어맞는 지름으로 잘라내는 것이 비결이다. 다트를 끼웠을 때 총신을 기울여도 떨어지지 않고 숨을 불어넣으면 부드럽게 가속하는 정도로 밀착하는 것이 가장 좋다.

완성되었으면 총신에 다트를 끼워 발사해보자. 총신의 끝 부분을 손으로 잡고 입을 대어 숨을 힘껏 불어넣는다. 후, 하고 짧게 부는 것이 아니라 후우우, 하고 길게 숨을 불어넣어 다트가 가속되도록 하는 것이다. 과정은 단순하지만 수십 m는 날아가 대상에 날카롭게 꽂힌다. 스트레스 해소에 제격이다. 나도 중학생 시절 방에 나무 표적을 만들어놓고 매일 바람총으로 조준 연습에 매진하던 어두운 시절이 있었다. 반드시 사람이 없는 안전한 장소에서 실험하기 바란다! 필히!!

[3] 알루미늄으로 다트를 강화

위에서 소개한 클리어 파일 다트의 유일한 단점은 내구성이 약하다는 것이다. 여러 번 사용하다 보면 조금씩 짓눌리다 결국에는 망가져버린다. 그래서 고안한 것이 알루미늄 다트이다. 알루미늄 캔을 이용해 만든 것으로, 클리어 파일 다트와 비교하면 내구성이 비약적으로 향상된다. 또 고깔형 몸체를 만들 때 다이소의 알루미늄 테이프를 이용하면 외관도 훨씬 그럴 듯하다. 태양빛에 빛나는 메탈릭한 탄체가 날아가는 모습은 상상만으로도 가슴이 뛴다.

기본적은 제작 방법은 [2]의 클리어 파일 방식과 같다. 간단히 사진으로 순서를 소개한다. 알루미늄 판 성형은 신중히 작업하지 않으면 모서리에 손을 베기 십상이다(실제 나도 이 공작을 하면서 손을 베어 고생했다).

Memo :

[4] 3D 프린터로 초본격적 바람총을 만든다

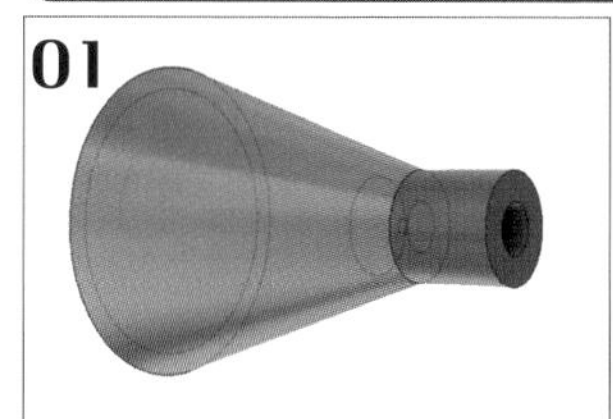

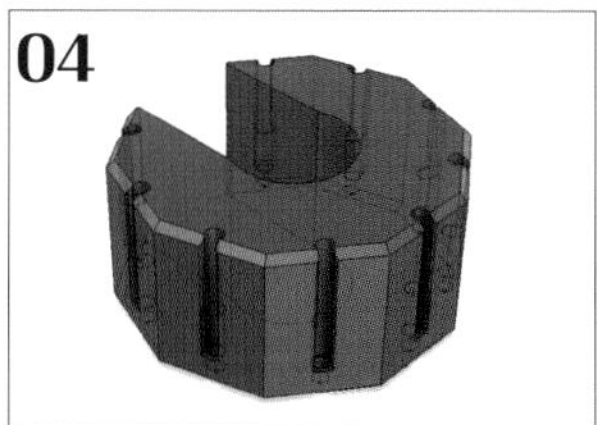

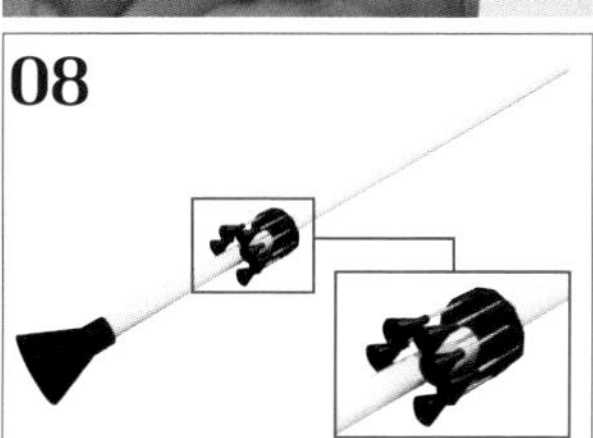

01 : 3D CAD로 작성한 고깔형 몸체의 모델
02 : 3D 프린터로 대량 생산. 이때 사용한 모델은 애니큐빅(AnyCubic)사의 'i3 Mega'라는 기종이다.
03 : 머리를 떼어낸 못을 끼우면 완성
04 : 다트용 탄창 설계
05 : 1시간 만에 프린트가 완료되었다.
06 : 탄창에 다트를 재어놓은 모습
07 : 공기 주입구도 3D 프린터로 만들었다.
08 : 탄창이 총신에 딱 맞게 고정되었다. 실제 장전하는 듯한 느낌!

[4] 고성능 바람총 제작

다이소 아이템으로 소형부터 초강력 타입까지 복수의 바람총 제작 방법을 소개한 바 있다. 모두 내가 중학생 시절에 개발한 것들이다. 그래서 이번에는 현대의 최신 기술을 활용해 실용성을 향상시킨 고성능 바람총 제작에 도전해보기로 했다. 명칭은 '3D Printed Blowgun'이라고 해야 할까.

3D CAD와 3D 프린터를 십분 활용해 새로운 바람총을 제작해보자. 우선 다트의 개발부터. 3D 프린터만 있으면 시트를 말 것 없이 한 번에 고깔형 몸체를 출력할 수 있다. 10회 가량의 테스트 끝에 마침내 고깔 형태가 완성되었다. 한번 모델이 확정되면 양산이 매우 쉽다는 것이 3D 프린터의 강점이다.

완성된 몸체에 니퍼로 머리를 잘라낸 못을 끼우기만 하면 다트가 완성된다. 틈새가 거의 없다 보니 못을 끼울 때 접착제 등도 필요 없다.

이번에는 3D 프린터로 다트용 탄창도 제작했다. 탄창 옆면에 특수한 구조의 홈을 만들어 최대 9개의 다트를 재어둘 수 있다. 사용 시에는 바깥쪽으로 기울이면 쉽게 분리된다.

이 탄창은 총신에 손쉽게 탈착이 가능하다. 다트를 잰 탄창의 홈을 총신에 대고 밀어 넣으면 딸깍 하고 장착된다. 진짜 총을 장전하는 듯한 느낌이 든다! 이렇게 3D 프린트 기술을 이용한 극강의 바람총 '3D Printed Blowgun'이 완성되었다! 다트의 초속은 그대로이면서 탄창을 고안해 다트의 휴대성과 연사 능력을 크게 향상시켰다. 아름다운 형태와 함께 편리성까지 갖춘 고성능 머신이 완성되었다. 단순한 듯하지만 깊이가 남다른 바람총의 세계, 여러분도 체감해보기 바란다.

제다이가 되려면 포스가 인도하는 길을 따르라…

전동 라이트 세이버 제작

⊙ text by 데고치

공작 레벨 ★★★★★

다양한 라이트 세이버 완구가 판매되고 있다. 영화 속 라이트 세이버를 똑같이 재현한 성인용 제품도 있지만 검을 뽑은 후 자동으로 줄어드는 것은 전무하다. 그래서 전동화 기구를 만들어보기로 했다.

영화 《스타워즈》 시리즈에 등장하는 제다이 기사들에게는 상징적인 무기가 있다. 무엇이든 자를 수 있는 광선 검, 라이트 세이버이다. 진정한 제다이가 되려면 포스가 인도하는 길을 따라가며 자신의 직감에 의지해 재료를 모아 스스로 만들어내야 한다. 그런 제다이의 상징인 라이트 세이버의 성능을 그대로 재현하려면 막대한 에너지와 비용이 들기 때문에 무리가 있다. 그래서 실제 빛을 내며 도신이 자동으로 신축하는, 외형만을 재현한 장난감을 만들어보았다. 이거면 자칭 제다이도 가능하지 않을까?!

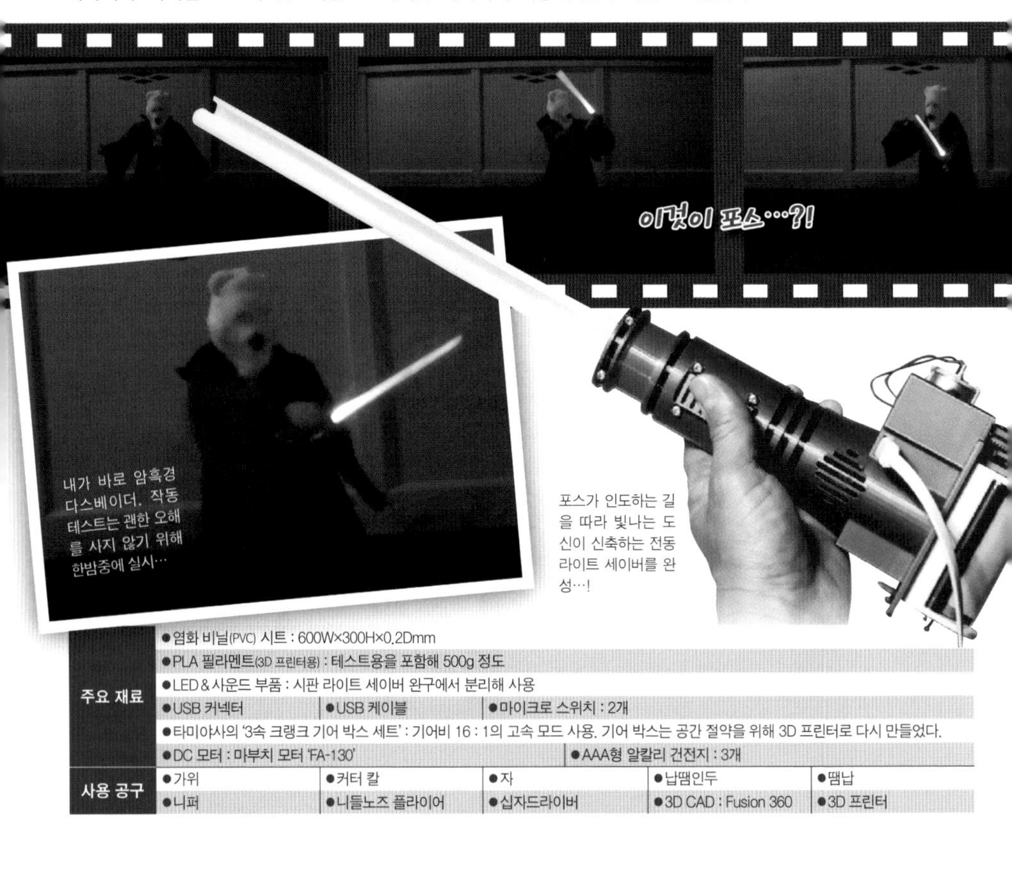

내가 바로 암흑경 다스베이더. 작동 테스트는 괜한 오해를 사지 않기 위해 한밤중에 실시…

포스가 인도하는 길을 따라 빛나는 도신이 신축하는 전동 라이트 세이버를 완성…!

주요 재료	●염화 비닐(PVC) 시트 : 600W×300H×0.2Dmm				
	●PLA 필라멘트(3D 프린터용) : 테스트용을 포함해 500g 정도				
	●LED & 사운드 부품 : 시판 라이트 세이버 완구에서 분리해 사용				
	●USB 커넥터	●USB 케이블	●마이크로 스위치 : 2개		
	●타미야사의 '3속 크랭크 기어 박스 세트' : 기어비 16 : 1의 고속 모드 사용. 기어 박스는 공간 절약을 위해 3D 프린터로 다시 만들었다.				
	●DC 모터 : 마부치 모터 'FA-130'			●AAA형 알칼리 건전지 : 3개	
사용 공구	●가위	●커터 칼	●자	●납땜인두	●땜납
	●니퍼	●니들노즈 플라이어	●십자드라이버	●3D CAD : Fusion 360	●3D 프린터

Memo :

Episode Ⅰ 라이트 세이버의 원리와 공압식의 검토

광선 검의 원리에 대해서는 구라레 선생의『과학실험 과학 교과서』에서도 검토한 바 있다. 나도 구현 방법을 여러모로 생각해본 끝에 레이저와 같이 위상이 일정한 전자파를 쏘아 임의의 위치에 플라즈마를 발생시킴으로써 도신을 빛나게 하는 방법을 생각했다. 다만 이 방법은 막대한 에너지를 소비하기 때문에 손으로 들 수 있는 크기로 작고 가볍게 만드는 것이 어렵다. 이 방법은 내 기술이 따라갈 수 있게 되었을 때 다시 도전해보기로 하고…. 이번에는 현재 기술로 재현할 수 있는 사양으로 제작하기로 했다.

라이트 세이버 완구 중에는 도신이 빛나거나 뽑아져 나오는 등의 장치가 되어 있는 제품이 다수 판매되고 있다. 하지만 도신이 자동으로 줄어드는 것은 없다. 검을 뽑았다가도 결국 수동으로 집어넣어야 하면 흥이 깨질 수밖에 없다. 그래서 도신을 자동으로 수납할 수 있는 기구를 만들기로 했다. 도신을 신축시키는 현실적인 방법으로는 도신을 자루처럼 만들어 공기압으로 팽창·수축시키는 방법, 금속제 줄자인 '콘벡스' 구조를 이용하는 방법을 검토해보자.

공압식의 검토

선풍기 등에 사용되는 시로코 팬의 송풍으로 정압을 확보하는 안과 압축공기를 이용하는 안을 생각했다. 초기 검토에서 시로코 팬의 동력 부족이 판명되었기 때문에 압축공기를 이용하는 방법을 시험해보기로 했다.

압축공기를 송·배기하는 밸브와 도신의 역할을 할 비닐봉지를 부착해 공기를 빼내면 도신이 줄어드는 방향으로 고무줄을 연결했다. 압축공기를 내보내는 송기 밸브를 개방하면 도신이 팽창하며 길게 뽑아져 나온다. 공기가 채워져 내압이 유지되는 동안은 도신을 휘둘러도 형태가 그대로였다. 배기 밸브로 공기를 빼내면 비닐봉지는 쪼그라든다.

다만 비닐봉지가 부드러워서 즉각적으로 늘거나 줄어들지는 않았다. 또 비닐봉지가 휘는 것을 막으려면 제등(提燈)과 같이 원통형 비닐봉지 둘레에 철사 따위를 감아 보강해 줄 필요가 있는데, 이번 경우처럼 도신 안쪽에 LED를 부착해 빛나게 하면 아무래도 보강재가 눈에 띌 것이다. 비닐봉지의 세로 방향으로 철사를 끼워 형태를 잡아주는 방법도 생각했지만 철사로 형태를 고르게 유지하기가 쉽지 않아 이 방법도 탈락. 결국 공압식은 단념하기로 했다.

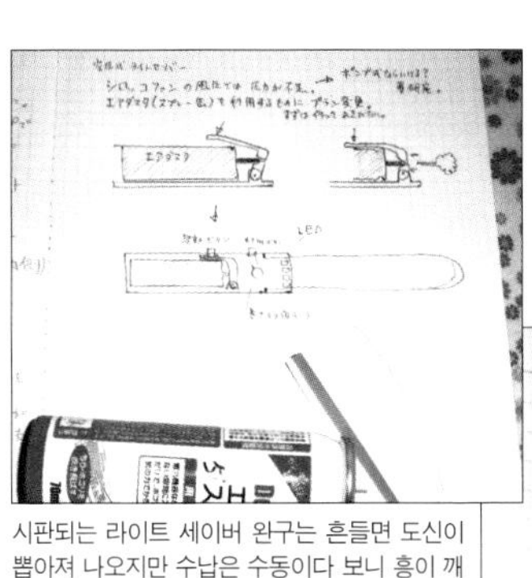

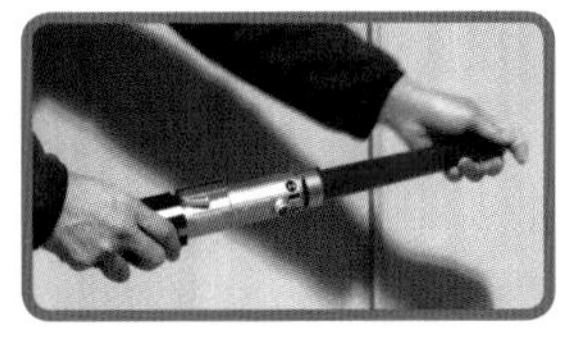

시판되는 라이트 세이버 완구는 흔들면 도신이 뽑아져 나오지만 수납은 수동이다 보니 흥이 깨질 수밖에 없다. 자동 수납을 목표로 공압식을 검토. 압축가스를 동력원으로 이용하는 경우에는 탄산가스가 안전하다. 가연성 가스는 방폭 설계가 필요할 것이다.

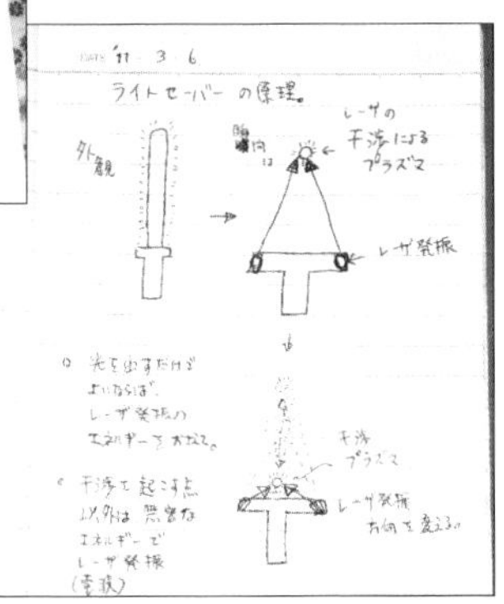

전자파의 간섭으로 공기 중의 임의의 좌표에 플라즈마를 발생시킨다. 아직까지 장치의 소형화가 어렵다. 장래를 기약하며….*

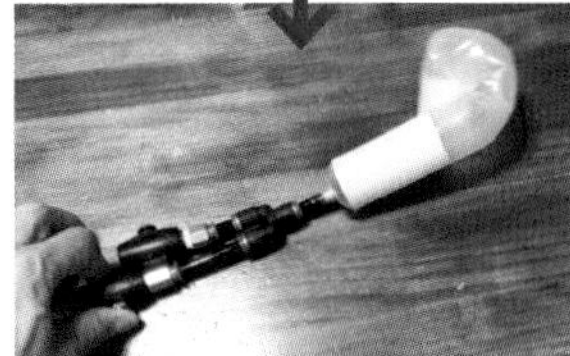

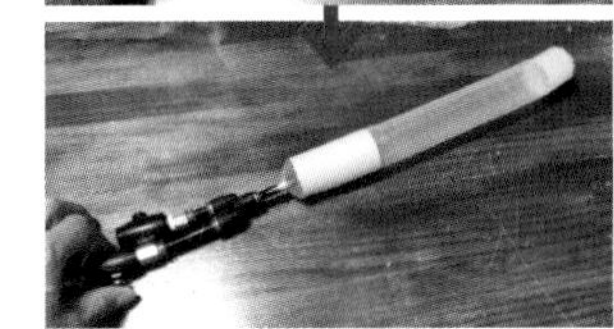

도신 역할을 할 가늘고 긴 비닐봉지를 부착해 압축공기를 채운다. 내부에 고무줄을 끼웠지만 신축 시 휘어져버렸다.

※2006년 적외 펄스 레이저를 이용해 공기 중 플라즈마 발생으로 인한 발광을 이용한 삼차원 표시 기술은 실증을 마쳤다.
다만 아직 내가 도전할 수 있는 기술이 아니다 보니 직접 확인은 하지 못했다. 앞으로 더 노력하겠다.
참조 사이트 http : //www.aist.go.jp/aist_i/press_release/pr20006/pr20060207/pr20060207.html

Episode Ⅱ 기계식 콘벡스 신축 기구

기계식 신축 기구는 팬터그래프, 텔레스코픽, 스크류 등 몇 가지 종류가 있다. 이번에 만들 전동식 라이트 세이버에는 이 중에 수납성이 특히 뛰어난 콘벡스(Convex)의 신축 기구를 채용하기로 했다.

콘벡스는 줄자의 일종으로, 금속 테이프와 테이프 끝에 달린 걸쇠가 특징이다. 금속 테이프를 늘여 길이를 재고 수납할 때는 손이 베일까 조심하게 되는 그것이다. 콘벡스란 영어로 '볼록하다'는 의미로, 금속제 테이프의 한쪽 면이 볼록하게 성형되어 있으며, 되감을 때는 볼록한 면이 평평해지고 꺼내면 볼록한 부분이 테이프를 똑바로 유지해준다. 유연성과 직립성을 모두 갖춘 측정 기구로 주로 건축 현장이나 공작에서 사용한다.

이 구조를 이용해 도신의 신축과 늘였을 때의 상태를 유지할 수 있을지를 확인하기 위해 빨대로 소형 모델을 만들어보았다. 세로 방향으로 자른 빨대를 이쑤시개에 감으면 이쑤시개가 회전하면서 막대 모양의 빨대가 신축하는 방식이다. 동작 실험 결과, 생각했던 대로 움직였기 때문에 이 구조로 진행하기로 했다.

참고로, 콘벡스의 신축 구조는 일본에서 이미 특허 기한이 지났다. 최근에는 미국에서 디즈니에 의해 'Sword Device with Retractable, Internally Illuminated Blade(내부가 발광하는 신축식 날을 탑재한 검 모양의 장치)'라는 이름으로 특허가 신청되어 있었다. 그 내용을 확인해보니 같은 기구였는데 신축하는 부분에 LED를 부착했을 뿐이었다. 타인의 특허 공격을 방어할 목적으로 공개만 해둔 것인지도 모른다.

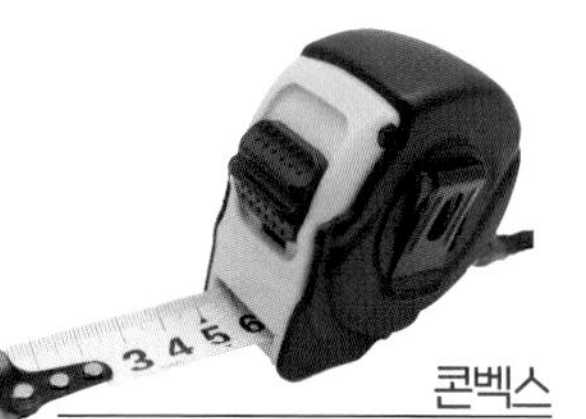

콘벡스

금속 테이프 소재의 줄자. 잠금 기능이 달린 제품도 있으며 공작용으로도 사용된다. 메저(Measure)는 비닐이나 헝겊 등의 부드러운 테이프 소재의 줄자로 주로 신체 사이즈 측정에 쓰이는 것을 가리킨다.

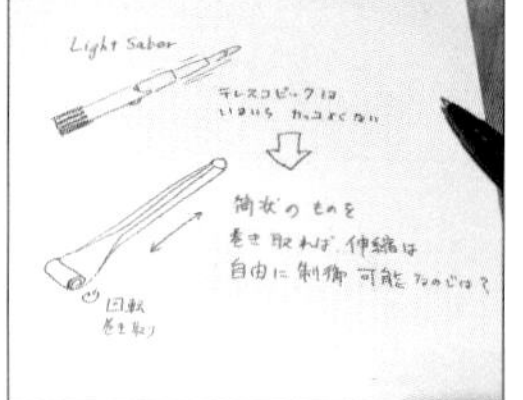

콘벡스식 신축 기구를 활용하기 위한 검토. 이렇게 하면 라이트 세이버의 도신을 안정적으로 신축할 수 있지 않을까…?

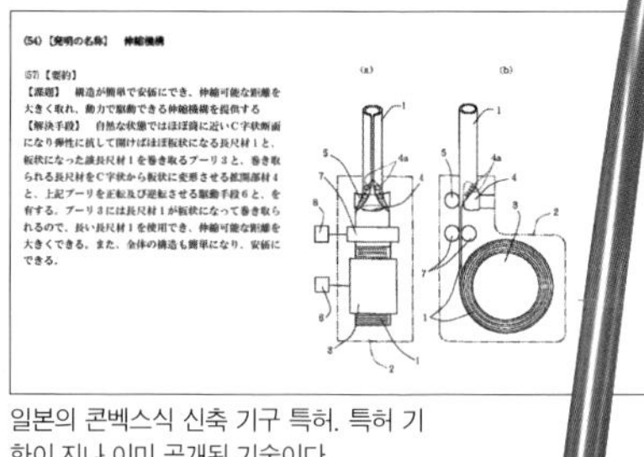

(54)【発明の名称】 伸縮機構

(57)【要約】

【課題】 構造が簡単で安価にでき、伸縮可能な距離を大きく取れ、動力で駆動できる伸縮機構を提供する

【解決手段】 自然な状態ではほぼ円に近いC字状断面になり弾性に抗して開けばほぼ板状になる長尺材1と、板状になった該長尺材1を巻き取るプーリ3と、巻き取られる長尺材をC字状から板状に変形させる拡開部材4と、上記プーリを正転及び逆転させる駆動手段6と、を有する。プーリ3には長尺材1が板状になって巻き取られるので、長い長尺材1を使用でき、伸縮可能な距離を大きくできる。また、全体の構造も簡単になり、安価にできる。

일본의 콘벡스식 신축 기구 특허. 특허 기한이 지나 이미 공개된 기술이다.

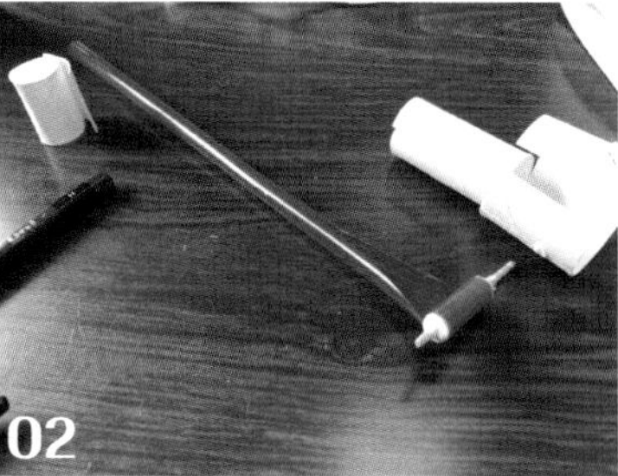

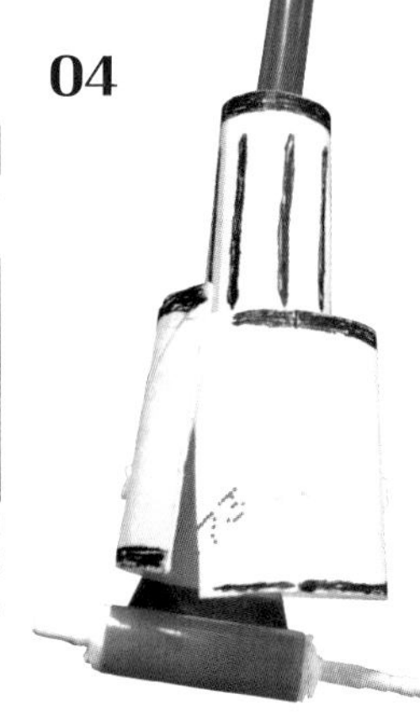

빨대로 소형 모델을 만들어 신축 기구의 동작을 시뮬레이션했다. 세로 방향으로 자른 빨대를 이쑤시개에 감았다. 생각했던 그대로 동작했다. 시판되는 마술 지팡이와 같은 구조이다. 남은 것은 본체를 부착해 이 움직임을 전동화하면 되는데….

Memo :

Episode Ⅲ 도신과 전기 회로 부분의 설계

라이트 세이버의 도신은 길이가 약 700mm, 굵기는 지름이 약 20mm를 상정했다. 검을 뽑았을 때 안쪽에서 라이트를 이용해 빛나게 하고 싶기 때문에 가시광 투과성이 있는 소재가 필요하다. 빨대는 최적의 재질이지만 아쉽게도 이 정도 크기는 시판되지 않는다. 그런 이유로 홈 센터에서 쉽게 구할 수 있는 폴리염화비닐수지(PVC) 시트를 막대에 감아 열탕으로 성형했다.

PVC는 80℃ 정도의 열이면 간단히 변형되기 때문에 가공하기 쉽고 편리한 소재이다. 단, 지나치게 열을 가하면 흰색으로 변하며 형태가 망가진다는 것을 기억하자. 또 PVC는 사용 중 깨질 수 있으므로 향후에는 내구성이 더 좋은 PET 수지를 사용하면 좋을 듯하다. 어쨌든 이것으로 도신이 완성되었다.

전기 회로 부분의 설계

이 도신은 모터의 힘으로 되감는다. 스테핑 모터와 마이크로 컨트롤러를 사용하면 임의의 회전수로 도신의 신축을 제어할 수 있어 편리하지만 크기가 커져서 한손에 들어오는 크기로 만들기 어렵다. 또 제어 회로를 만들고 마이크로 컨트롤러를 사용하게 되면 그만큼 비용도 높아진다. 완구 회사에서 의뢰가 들어왔는데 제조비용이 너무 높아 퇴짜를 맞으면 곤란하다. 이 라이트 세이버가 크게 히트 쳐 라이트 세이버 전당을 세우려는 내 꿈이 물거품이 돼버릴지 모른다.

그런 이유로 최대한 단순하고 저렴한 방법을 고안했다. 직류 모터와 시판 기어 박스를 이용해 스위치의 ON/OFF만으로 작동하는 기구이다. 도신을 약 10mm 굵기로 감을 때 모터는 16 : 1 정도의 기어비가 최적이라고 판단했다.

도신을 뽑거나 되감을 때의 길이만큼 모터가 움직인 후에는 자동으로 멈추어야 한다. 도신이 지나치게 신축하는 등 모터에 부하가 걸리면 고장 날 가능성이 있기 때문이다. 그래서 제어 회로에는 도신이 일정 위치까지 신축하면 모터가 자동으로 멈추는 마이크로 스위치를 부착했다.

PVC 시트를 가로 50×세로 700mm 크기로 자른다. 가느다란 막대에 감은 후 굵은 파이프에 넣고 열탕에서 성형한다. 염화 비닐관 VP13과 VP16이 가장 적합하다는 것을 알게 되었다.

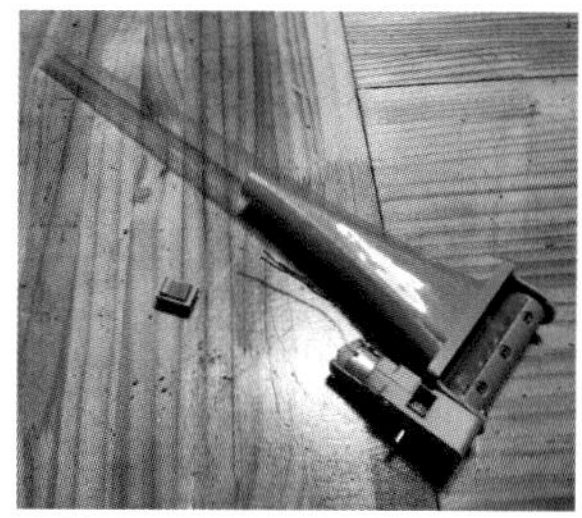

타미야의 기어 박스로, 콘벡스식 신축 기구를 움직여보았다.

이 기어 박스는 저속으로 3개의 기어를 사용하는 경우에도 대응할 수 있기 때문에 케이스가 약간 두껍다. 3D 프린터로 고속 기어 2장용으로 얇은 기어 박스를 제작했다.

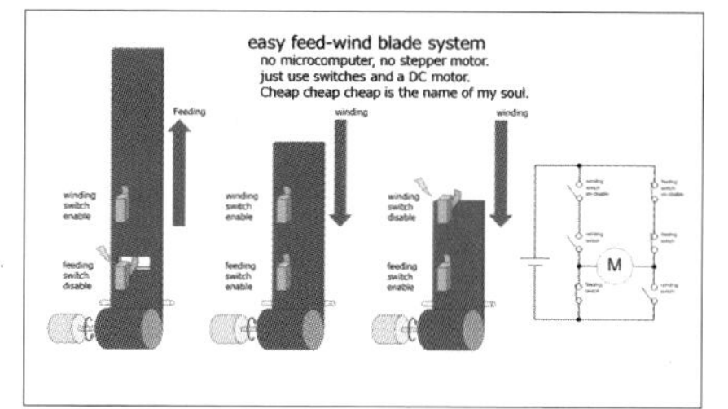

마이크로 컨트롤러를 사용하지 않고 마이크로 스위치만으로 모터의 동작을 제어하는 다소 까다로운 로테크 회로

Episode IV 전원부와 본체 제작

LED로 도신을 빛나게 만들면 한층 그럴듯해질 것이다. 이왕 할 거면 소리까지 완벽히 재현하기 위해 ON/OFF로 도신이 신축할 때의 효과음을 낼 수 있는 사운드 유닛을 장착하기로 했다. 이 사운드 유닛은 시판 제품에서 활용한 것으로, 기울기와 충격을 감지하는 센서가 내장되어 있기 때문에 라이트 세이버를 흔들면 효과음이 흘러나오는 구조이다.

사운드 유닛과 모터의 전원을 통일하면 모터를 움직일 때 흐르는 전류가 커서 일시적으로 전원 전압이 떨어져 사운드 유닛의 제어 회로가 작동 불량을 일으킬 가능성이 있다. 사운드 유닛과 모터 구동용 전원은 따로 설계하는 것이 좋다. 전원은 AAA형 건전지 3개씩, 총 6개를 사용한다. 이번 시제품 1호기에는 USB 단자를 부착해 모터 구동용 전원을 공급받을 수 있도록 만들었다.

이것을 한 손으로 들 수 있는 원통형 장치에 넣으려면 최대한 작게 설계할 필요가…. 각 부품의 배치에 고심하며 3D CAD로 설계하고, 모터에 장착할 기어 박스도 3D 프린터로 다시 만들었다.

모터를 구동해보니, 도신을 뽑으려면 도신을 감는 롤러를 역회전시키는 것뿐 아니라 도신을 롤러에서 잡아당기는 듯한 힘이 가해져야 한다는 것을 알게 되었다. 이 기구가 없으면 롤러에 감겨 있는 도신이 느슨해져 본체 안에서만 팽창해 밖으로 나오지 못하고 막혀버린다. 그래서 생각해낸 것이 본체 바깥에 미니카의 타이어를 달아 모터에서 전달되는 기어의 회전을 도와 도신을 밀어낼 롤러로 이용하는 방법이다. 조잡한 면이 없지 않지만 시제품 1호기인 만큼 정상적으로 작동하는 것을 우선했다.

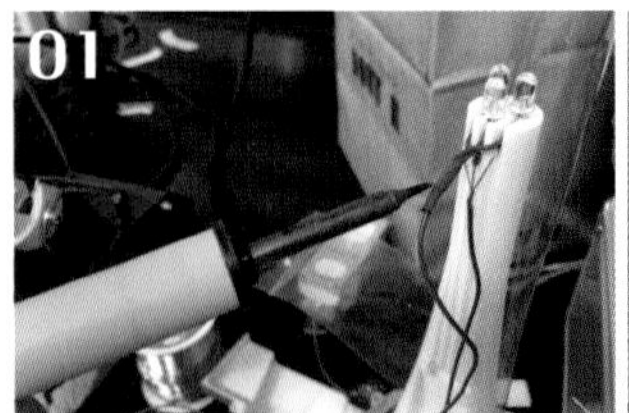

01 : PVC 시트로 만든 도신에 LED를 부착한다. 납땜을 할 때는 화상에 주의하며 신중히 작업할 것

02 : 시판 라이트 세이버 완구에서 분리한 사운드 유닛을 장착한다. 건전지가 공간을 많이 차지한다.

03 : 외부 전원(5V)으로 모터 구동용 전력을 커버할 수 있도록 본체에 USB 커넥터를 추가했다.

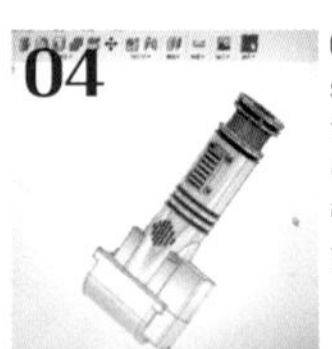

04 · 05 : 3D CAD의 'Fusion 360'으로 본체를 설계하고 3D 프린터로 출력. 높이가 200mm 정도 되면 출력에 시간이 꽤 걸린다. 실패할까 조마조마했다.

06 : 기어 박스가 옆으로 나와 있긴 하지만 작동만 하면 일단 OK. 그런대로 괜찮은 디자인이라고 생각하기로 하자.

07 · 08 : PVC 시트로 만든 도신을 뽑으려면 도신을 밖으로 밀어낼 가이드가 필요하다. 미니카의 타이어를 부착했다.

Memo :

Episode V 시제품 1호기의 동작 테스트

자루에 설치한 스위치를 켜면 도신이 빛과 소리를 내며 뻗어 나온다. 그리고 일정 길이가 되면 내부에 설치한 마이크로 스위치가 작동해 자동으로 멈춘다. 칼자루 안에서 뽑아져 나온 도신은 원통 막대와 같은 형태를 유지한다. 도신은 슬릿이 들어간 원통 모양이지만 도신 내부의 LED 라이트가 발광하면 이 슬릿은 의외로 눈에 띄지 않는다. 사운드 유닛에서는 계속해서 동작음이 흘러나오고 도신을 기울이면 '붕붕' 하는 소리가 난다.

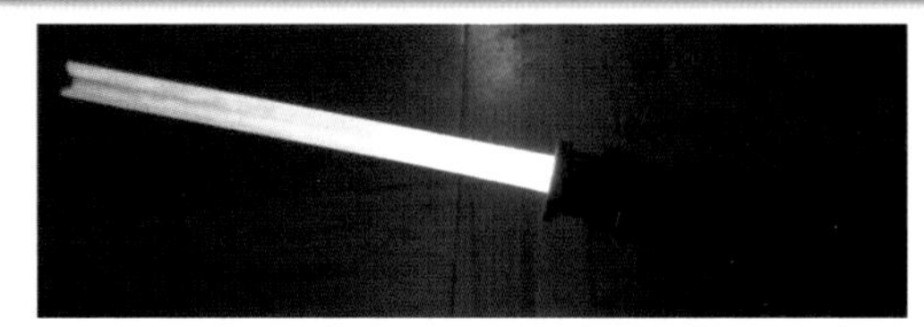

자루에 부착한 스위치로 신축을 조작한다. 어두운 곳에서는 LED의 빛 때문에 도신의 슬릿이 거의 눈에 띄지 않는다.

스위치를 끄면 도신은 동작음과 함께 칼자루에 수납되고 LED 라이트가 꺼진다. 도신부가 모두 수납되면 내장된 마이크로 스위치가 자동으로 모터의 회로를 OFF하며 멈춘다. 자동으로 도신의 신축을 멈추는 마이크로 스위치의 위치는 향후 개선의 여지가 있지만 일단 의도한 대로 작동했다. 이렇게 '전동 라이트 세이버'가 완성되었다.

이제 어두운 곳에서 테스트해보자. 영화처럼 손에서 빛나는 검이 뽑아져 나오는 느낌을 재현할 수 있었다. 붕붕 휘둘러도 도신이 휘지 않고 아름다운 빛의 잔상을 남겼다. 완벽히 작동했다!!! 무엇보다 한밤중에 다크 사이드로 전락한 곰 같은 모습으로 촬영을 하다 보니 수상한 사람으로 경찰에 신고당하지 않을까 조마조마했다.

그리고 미래로…

콘벡스 신축 기구를 이용한 전동 라이트 세이버가 정상적으로 작동하는 것을 확인했다. 이 구조를 활용하면 막대 모양의 물건을 작게 수납할 수 있으므로 도전체 소재로 도신을 만들어 신축하는 전기 충격 경봉 같은 실용적인 아이템도 만들 수 있을지도?! 어쨌든 원안은 나왔으니 상품화해줄 완구 회사가 있다면 연락 주시길….

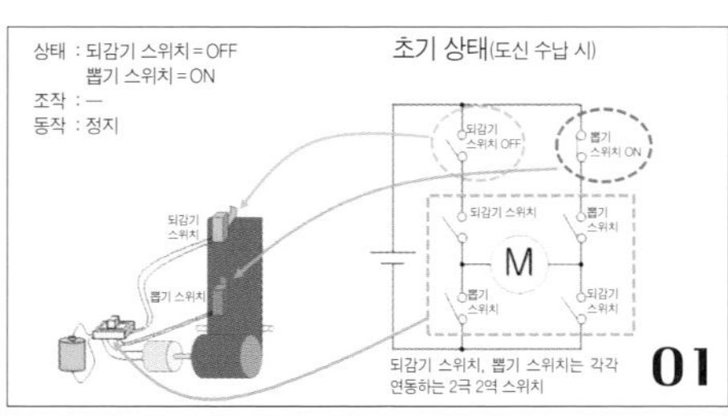

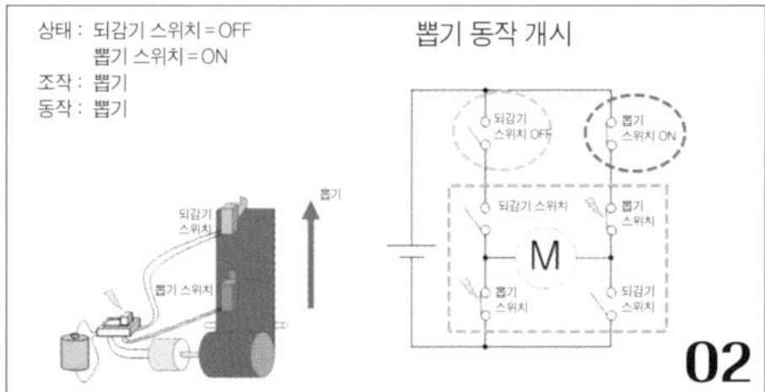

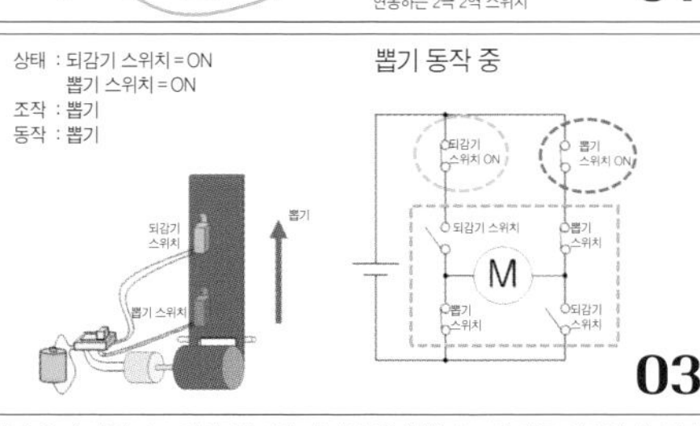

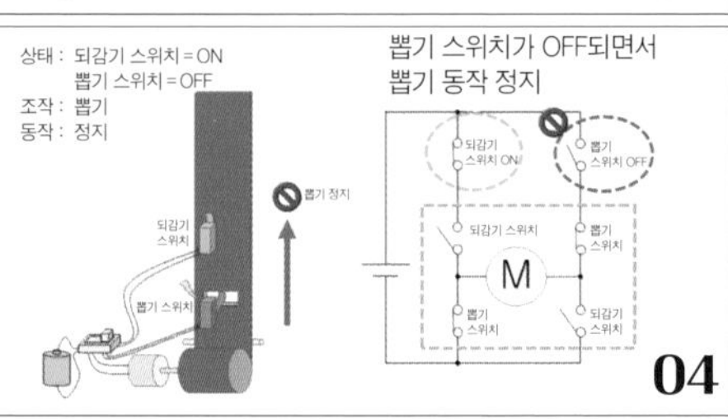

자루 끝에 되감기 스위치, 롤러와 가까운 쪽에 뽑기 스위치를 배치한다. 각각의 동작 스위치에 의해 도신의 되감기와 뽑기가 작동해 일정량에 이르면 자동으로 정지한다. 또 도신을 되감는 동작은 뽑는 동작과 반대로 도신이 자루에 완전히 수납되면 되감기 스위치가 OFF가 되어 동작이 자동으로 정지한다.

● QR코드로 전동 라이트 세이버의 제작 영상을 함께 체크해보자!
유튜브 '자동 신축식 전동 라이트 세이버를 만들어보았다'.

한계를 초월한 레이저 광선 발사!

DVD 레이저 총 DIY

⊙ text by 레너드 3세

공작 레벨 ★★★★★

DVD 드라이브에서 떼어낸 부품으로 초강력 레이저 포인터를 만들어보자. 강력한 위력을 갖추었기 때문에 가공의 무기인 레이저 총을 재현할 수 있다!

완성된 레이저 총의 모습. 레이저의 초점을 조절할 수 있도록 렌즈부가 앞으로 돌출되어 있다. 시판 레이저 포인터를 개조해 소형 타입도 만들어보았다.

순식간에 성냥에 불이 붙었다. 추억의 플로피디스크 내부에 있는 필름도 여유 있게 관통. 총을 천천히 움직이면 절단도 가능하다

DVD 레이저 총은 DVD 드라이브의 기록용 레이저 다이오드(이하, LD)로 만든 강력한 레이저 포인터이다. 영화나 애니메이션에서만 볼 수 있는 진짜 광선총은 외국의 동영상 사이트 등에서도 인기가 높다. 일본에서 판매되는 레이저 포인터의 출력은 1mW 미만으로 제한되어 있다. 하지만 이 레이저 총은 플라스틱 필름도 관통할 정도로 고출력을 낼 수 있다.

핵심 소재인 DVD 드라이브는 기록 속도가 빠를수록 고출력 레이저 총을 만들 수 있다. 하지만 보통은 중고 구형 제품으로 충분하다. 최소한의 기록이 가능하면 그런대로 강력한 레이저를 발생시킬 수 있다. PC 부품을 취급하는 중고 매장 등에서 제조일자가 최대한 빠른 드라이브를 고르면 된다. 노트북용 박형(薄型) 드라이브는 개조에 적합하지 않은 특수 LD인 경우가 있으므로 공간적 여유가 있는 상자형을 추천한다. 다만 중고 드라이브에서 떼어낸 LD는 핀 배치나 사양을 전혀 알 수 없기 때문에 가능하면 같은 종류의 드라이브를 여러 대 구입해 핀 배치나 성능 한계를 충분히 살핀 후 작업하면 더욱 강력하고 완성도 높은 레이저 총을 만들 수 있을 것이다.

이번에 떼어낸 LD의 경우, 3개의 다리 중 금속제 본체에 연결되어 있는 것이 (-), (-)와 납땜으로 합선되어 있는 것이 포토다이오드(사용하지 않는다), 나머지 하나가 LD의 (+)였다. 대부분의 LD의 구성이 비슷하지만 제품에 따라 다른 경우도 있으므로 반드시 확인한다. 드라이브를 입수했으면 일단 분해해 적색 LD를 떼어낸다. LD는 파손되기 쉬운 소자이므로 정전기 등에 유의한다. 과전류가 흐르거나 2V 이상의 역전압이 가해지기만 해도 즉사할 수 있다.

적색 레이저는 인체를 투과하기 쉽고 만져도 잘 느껴지지 않기 때문에 조정할 때는 청색이나 검은색 비닐 또는 스펀지에 조사해 출력을 확인한다. 이 정도 출력의 레이저는 유리나 금속 또는 플라스틱에 반사되어도 망막이 타버릴 가능성이 있으므로 선글라스 등을 착용해 눈을 충분히 보호한다.

Memo :

DVD 레이저 총의 제작 방법

제작 방법은 DVD 드라이브에서 떼어낸 LD를 시판 레이저 포인터의 본체에 넣고 LED를 발광하게 하는 방법과 같은 요령으로 전류만 흘려주면 된다. 개조에 사용할 레이저 모듈은 분해하기 쉽게 크기가 크고 설계가 복잡하지 않은 것을 고른다. 너무 작으면 LD를 일체형으로 개조하기 어렵다. LD는 보통 힘으로 밀어 넣어져 있을 뿐이라 분해와 조립 역시 힘에 맡기면 된다. 모듈의 케이스에서 LD를 떼어낼 때는 볼트 등을 이용해 간단히 떼어낼 수 있다.

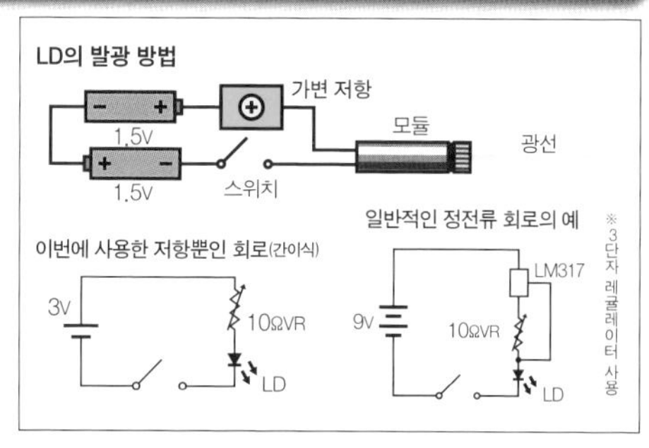

주요 재료 ●DVD 드라이브 ●레이저 모듈※ ●가변 저항(10Ω) ●전지 박스(AA형 건전지×2개) ●스위치 ●에어 건

① 레이저 모듈

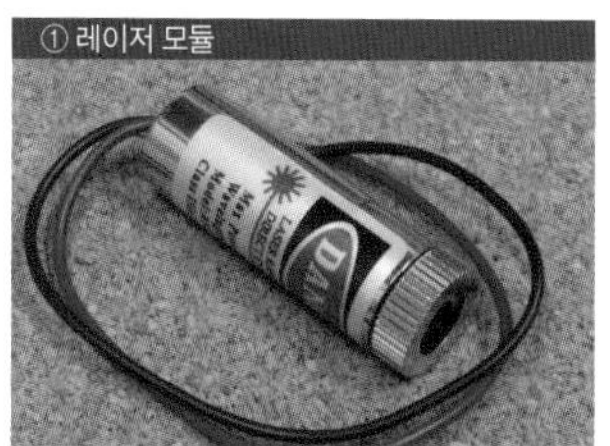

이번 개조에 사용한 파장 650nm, 5mW의 레이저 모듈. 도쿄 아키하바라의 aitendo에서 500엔에 구입했다.

② 픽업부

DVD 드라이브에서 떼어낸 광학 디스크의 픽업부. 적색(DVD)과 적외(CD) 2개의 LD가 들어 있다.

DVD 드라이브(중고품)

이번 공작에는 2008년 4월에 제조된 DVD 드라이브를 사용했다. 크기가 큰 중고 구형 제품을 고르는 것이 좋다.

③ 픽업 내부

LD를 판별할 때는 렌즈 쪽에서 레이저 포인터로 레이저를 조사하면 된다. 빛이 비치는 쪽이 이번에 사용할 적색 LD이다.

④ 레이저 다이오드

DVD 드라이브와 모듈에서 떼어낸 LD. 보통은 덮개가 있지만 사진처럼 그대로 노출되어 있는 것도 있다.

⑤ 모듈에 LD를 장착한다

DVD 드라이브에서 떼어낸 LD를 장착한 모습. 기본적으로 힘으로 밀어 넣는 것이므로 파손되지 않도록 주의하며 작업한다.

⑥ 레이저 동작 테스트

레이저의 출력은 발광하는 상태에서 가변 저항을 돌려가며 조정한다. 자칫 과전류를 흘리면 즉사할 수 있으니 조심할 것.

⑦ 부품을 총신에 수납한다

중고 에어 건에 수납해보았다. 레이저, 가변 저항, 스위치, 전지 총 4개의 부품으로 구성된다.

⑧ 레이저 비교

시판되는 1mW 레이저 포인터(오른쪽)와 추정치 100mW의 자작 DVD 레이저 총의 출력을 비교해 보았다. 한눈에 보기에도 강력함이 느껴진다!

※AliExpress 등의 중국 온라인 쇼핑몰에서 판매되는 5W나 10W의 레이저 모듈을 사용해도 된다.

마하7로 사출되는 디스크 발사 장치
초고속 코인 가속 장치 제작

⊙ text by 레너드 3세

공작 레벨 ★★★★★

전자 유도의 힘을 이용해 물체를 가속하는 무기 코일 건(전자 가속 장치). 이번에는 그런 가속 장치 중 하나로, 원반을 강력히 사출하는 '디스크 발사 장치'를 만들어보자!

전자 유도란, 2개의 코일 중 한쪽에 전류를 흐르게 하면 다른 한쪽의 코일에도 전류가 흐르는 현상이다. 이때 전류가 흐르는 방향은 서로 반대 방향이기 때문에 발생하는 자기장은 서로 반발하게 된다. 디스크 발사 장치는 이 2개의 코일 중 한쪽 코일을 금속 원반으로 바꾸고 다른 한쪽 코일에 순간적으로 대전류를 흐르게 했을 때 발생하는 강력한 자기장에 의해 코일과 금속 원반이 강하게 반발하며 원반이 발사되는 구조이다. 장치는 가속용 코일과 방전용 콘덴서에 기계식 또는 반도체식 대전류 스위치를 연결하기만 하면 되는 단순한 구조이다.

전원으로 고성능 콘덴서가 필요한데 지금까지는 스트로보용 전해 콘덴서 이외에는 적합한 것이 없어 고출력 장치를 만드는 게 쉽지 않은 상황이었다. 그런데 최근에는 의료기기인 자동심장충격기(AED)에 사용되는 강력한 콘덴서의 중고품이 종종 인터넷 옥션 등에 올라오게 되었으므로 이것을 이용한다.

발사체인 금속 원반에는 1엔짜리 동전을 사용한다. 도전율이 높은 알루미늄 소재로 가볍고 입수가 쉽기 때문이다. 무게도 1g이라 에너지 계산이 쉽다는 이점도 있다.

장치 제작의 핵심은 코일을 만드는 것이다. 장난감 수준이라면 전선을 수십 회 감아 만든 것으로도 충분하지만 강력한 콘덴서를 사용하게 되면 코일에 가해지는 전자력도 상당히 강력하다. 코일을 감을 때는 에폭시 접착제를 여러 번 덧바르고, 다 감고 난 후에도 전체적으로 접착제를 발라 단단히 굳히는 것이 포인트이다.

코일을 감을 보빈은 금속만 아니면 무엇이든 가능하다. 이번에는 아크릴 소재로 만들었다. 또 스위치는 기계식 스파크 갭 스위치를 추가했다. 금속편을 기계적으로 접촉시키는 것으로 성능은 크게 신경 쓸 것 없다.

코일과 스위치가 완성되었으면 셋업 이미지와 같이 콘덴서와 연결하고 코일에 동전을 장착한다. 콘덴서를 충전한 후 스위치를 작동시키면 스파크 갭의 폭음과 함께 코인이 엄청난 기세로 날아간다.

이번 실험에서는 입력 에너지 400J로 초속 약 250m/s(마하 0.7), 약 30J의 출력을 얻을 수 있었다. 효율이 7.5%이므로 코일의 설계를 최적화하면 초속을 더욱 높일 수 있을 것이다.

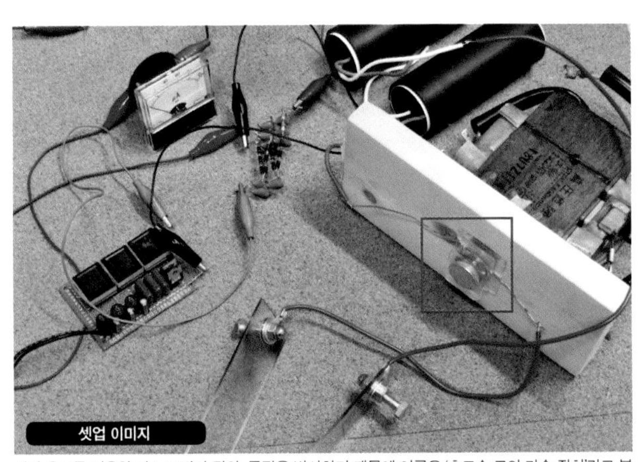

전자 유도를 이용한 디스크 발사 장치. 동전을 발사하기 때문에 이름은 '초고속 코인 가속 장치'라고 붙였다. 충전은 콕크로프트·월턴 회로 등을 사용하고 100μA의 전류계와 100MΩ의 저항으로 간이 전압계를 구성했다. 전자레인지 변압기(MOT)는 누름돌로 쓴 것일 뿐 전기적으로 연결되어 있지 않다.

Memo : ※화폐를 고의로 훼손하는 행위는 법률로 금지되어 있다. 발사체가 훼손될 만한 대상을 향해 쏘는 경우는 적당한 알루미늄 원반을 사용하기 바란다.

●AED용 필름 콘덴서

인터넷 옥션 등에서 입수할 수 있게 된 고성능 콘덴서. 사양은 2kV 100μF, 에너지는 1개에 수백 줄에 이른다. 고전압으로 충전할 수 있기 때문에 순간적으로 상당한 대전류를 흐르게 할 수 있다. 당연히 취급에 주의할 것.

주요 재료		
●AED용 필름 콘덴서(2kV 100μF)×2		
●아크릴판·아크릴 파이프	●피복 동선(PEW·UEW 등)	
●볼트·너트류	●압착 단자	●에폭시 접착제
●목재	●4kV 충전용 전원	●전압계

STEP 01 코일 건의 심장·코일의 제작 순서

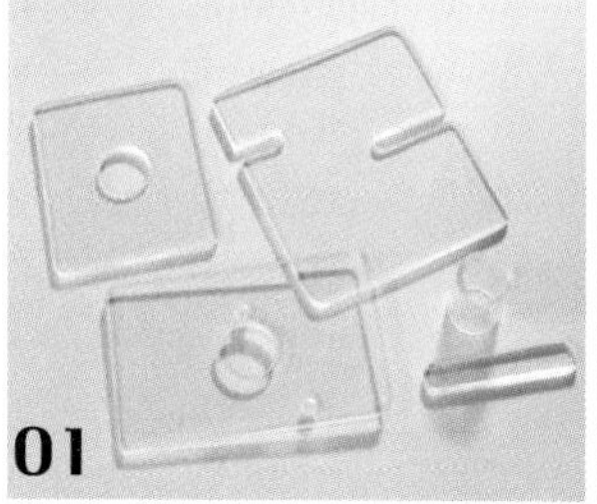

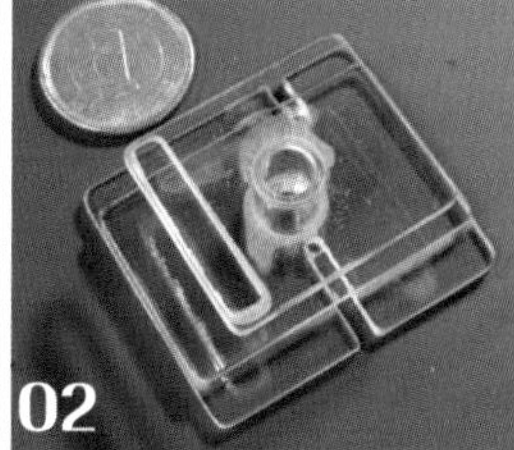

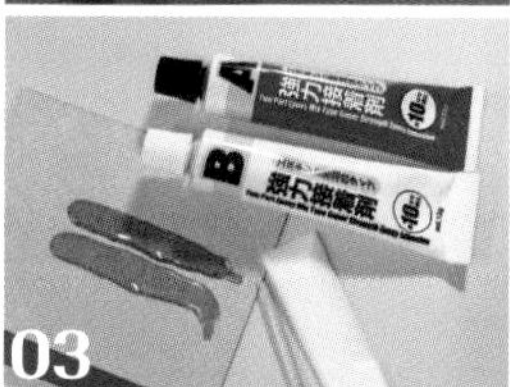

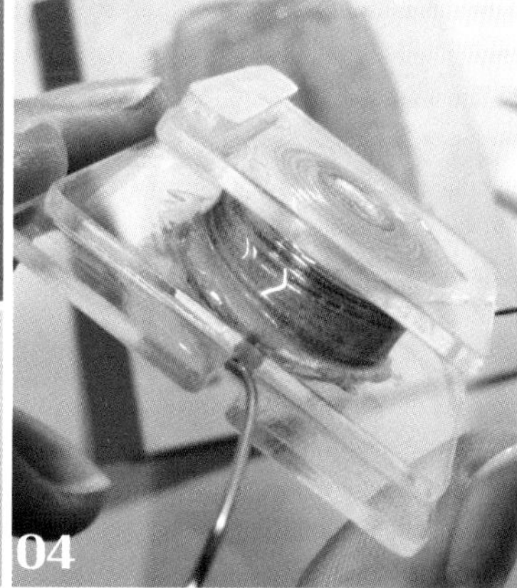

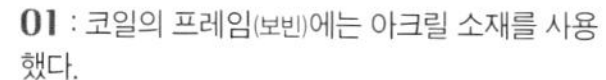

01 : 코일의 프레임(보빈)에는 아크릴 소재를 사용했다.
02 : 옆면으로 발사되기 때문에 동전을 올려놓을 받침대를 만든다.
03·04 : 강도를 높이기 위해 코일을 감을 때 에폭시 접착제를 덧바른다. 안쪽까지 빈틈없이 덧바른다.

STEP 02 스위치의 제작과 조립

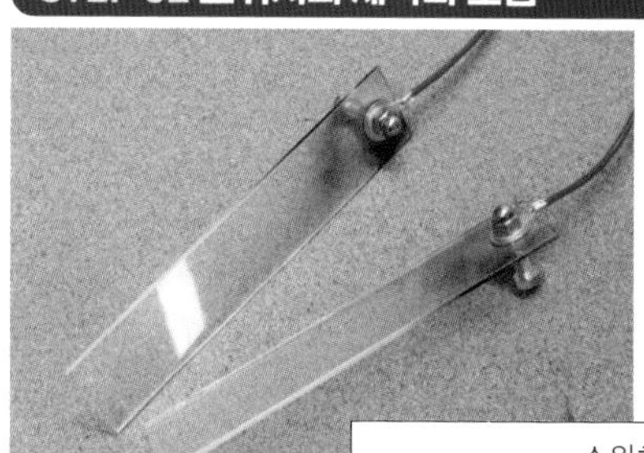

○아크릴판과 볼트로 간이식 스파크 갭 스위치를 만들었다. 안전성을 높이기 위해서는 철사 등으로 원격 조작할 수 있게 만들면 좋다.

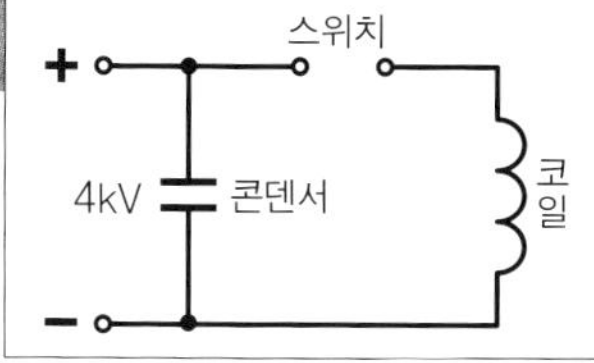

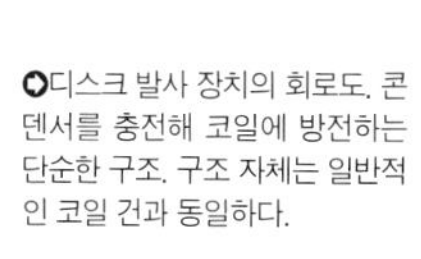

○디스크 발사 장치의 회로도. 콘덴서를 충전해 코일에 방전하는 단순한 구조. 구조 자체는 일반적인 코일 건과 동일하다.

STEP 03 압축 실험

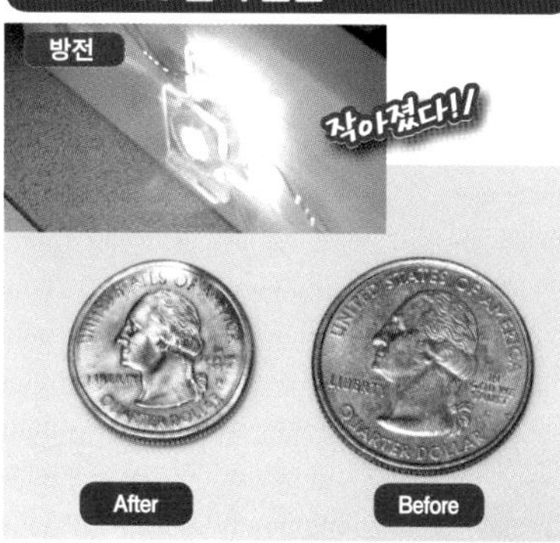

코일에 동전을 장착하고 수~10kJ의 고에너지로 방전하면 코일과 동전이 서로 반발해 동전이 날아가는 동시에 작게 압축되었다. 위의 사진은 외국의 동전(미국·25센트)으로 실험한 예

'가네다 바이크'처럼 개조해 합법적으로 공공도로를 폭주!

전동 킥보드의 마(魔)개조

⦿ text by 데고치

공작 레벨 ★★★★☆

아마존(Amazon)에서 판매되는 저렴한 중국산 전동 킥보드. 동네에서 타는 것만으로는 만족할 수 없다. 모 명작 애니메이션 영화에 등장하는 바이크처럼 개조해 번호판까지 취득하면 공공도로 데뷔도 가능하다!(일본에한함)

최근 화제인 '마이크로 모빌리티'란, 자동차보다 작은 1~2인용 이동 수단을 말한다. 간단한 장보기나 여행지 주변 관광에 이용하는 등 '최대한 걷지 않을 수 있도록' 하는 인류 퇴화 전략의 하나가 아니라 세상을 편리하게 만드는 흐름이다. 그런 흐름을 반영하듯 아마존 등에서는 중국산 전동 킥보드가 대량으로 판매되고 있다.

일본에서 다수의 전동 킥보드는 도로운송차량법(이하 차량법)에 의해 원동기로 구분되며 공공도로를 달리려면 번호를 취득해야 한다. 하지만 아마존 등에서 구입한 상품에는 판매 증명서가 없는 경우도 있어 판매 증명서를 이용한 번호 신청이 어렵다.

내 모토가 '없으면 만든다'이기는 하지만 판매 증명서를 위조할 수는 없으니 전동 킥보드를 마(魔)개조해 전동 바이크를 자작하기로 했다. 그러면 번호를 신청할 때 '자작품이라 판매 증명서가 없다'는 논리적인 설명이 가능하다.

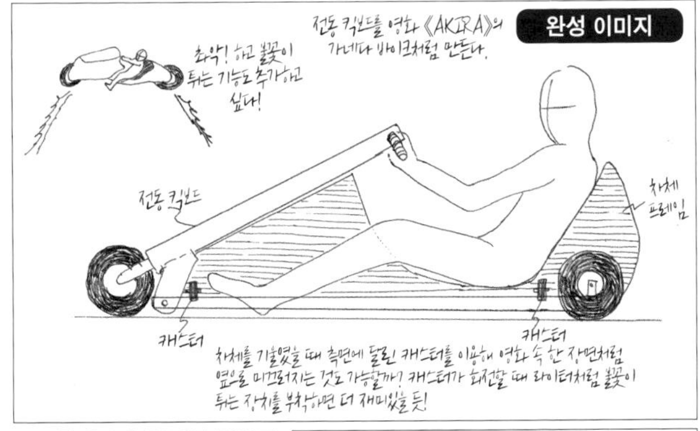

주재료가 될 전동 킥보드

MEICHEPRO
중국산 전동 킥보드
브랜드 : MEICHEPRO

https://v-storage.bnarts.jp/sp-site/akira/
극장판에 등장하는 통칭 가네다 바이크. "너무 고성능이라 너한테는 무리야"라는 데쓰오의 대사로 유명하다.

좌석이 낮은 가네다 바이크처럼 개조

전동 킥보드의 구조는 핸들과 앞바퀴가 연결된 막대 모양의 부품과 사람이 타는 보드와 뒷바퀴가 일체화된 부품으로 구성된다. 앞바퀴는 모터와 타이어가 일체화된 인 휠 모터. 막대 모양의 부품에 핸들, 배터리, 제어 장치가 장착되어 있기 때문에 이 부분을 '본체'라고 해야 할 것이다. 이 본체는 보드와 연결되어 있으며 잠금 장치를 해제하면 접을 수 있다.

접어도 모터는 움직이기 때문에 본체를 기울인 상태로 달리는 바이크를 만들기로 했다. 막대 부분을 바이크의 프런트 포크처럼 만들어 핸들을 장착하는 형태의 좌석이 낮은 바이크, 애니메이션 영화 《AKIRA》에 등장하는 가네다 바이크와 같은 디자인이다.

Memo :

STEP 01 본체의 분해와 프레임 장착

전통 킥보드 본체의 접속부를 고정할 목재 합판 프레임을 준비한다. 이 합판에 뒷바퀴도 부착할 예정이다. 홈 센터에서 두께 11mm의 목재 합판과 2×4의 SPF 목재※1 등을 구입했다.

작업은 홈 센터에 마련된 공작실을 이용했다. 일정 금액을 내면 이용할 수 있는 공구도 2개 빌렸다. 전동 공구 등도 갖추어져 있어 작업 장소를 확보할 수 없는 경우 매우 편리하다.

① 본체와 보드의 분리

먼저 본체와 보드를 분리한다. 본체는 접이용 부속으로 보드와 연결되어 있을 뿐이므로 나사를 풀어내고 접이용 부속에 단단히 박혀 있는 핀은 드릴을 이용해 강제로 떼어낸다.

② 프레임의 제작

자작 바이크의 프레임은 목조이다. 목조라도 구조역학에 대한 이해를 바탕으로 적절한 하중을 계산하면 바이크 프레임으로도 문제없는 강도를 얻을 수 있다. 다만 나는 대학에서 구조역학을 이수하지 못했으므로 지금까지 취미 목공을 통해 배운 지식과 감각으로 만들기로 했다.

사전에 스케치한 디자인(58쪽 참조)을 바탕으로 구입한 합판에 도면을 그리고 톱과 드릴을 이용해 자른다. 길이 50mm로 자른 2×4의 SPF 목재를 합판 사이에 끼운다. 전동 킥보드 본체의 두께가 50mm이므로 2장의 합판 사이에 딱 맞게 들어간다.

③ 프레임 부착

합판과 SPF 목재로 만든 프레임에 전동 킥보드의 본체를 지름 8mm의 볼트로 부착한다. 보드도 볼트를 이용해 프레임 바닥에 고정하고 마지막으로 시트 대신 적당한 목판을 올리면 차체가 완성된다.

본체와 보드를 연결한 부속을 분리한다

접이용 부속과 보드를 고정하는 나사를 풀고 본체에 연결된 접이용 부속의 핀은 드릴을 이용해 강제로 떼어냈다.

프레임을 자른다

도안을 잘못 그렸지만 자르기 전에 깨달아 큰 문제는 없었다.

완성된 프레임을 본체에 부착한다. 시트 대신 적당한 목판을 올리면 차체가 완성된다.

※1 2×4의 SPF 목재는 주택 공법의 하나인 '2×4 공법'에 주로 이용되는 각목. 통일된 규격에 따라 제작된 건축 재료로 없어져야 할 인치의 부산물. 2인치×4인치라고 생각했으나 실제로는 1.5인치×3.5인치(38mm×89mm)였다. 싸고 가공하기 쉬워 공작에 자주 사용한다.

STEP 02 캐스터 각의 고찰

실제 완성된 차체에 앉아보니 핸들의 회전축이 지면에 대해 상당히 기울어져 있는 이른바 '캐스터 각'이 매우 큰 바이크라는 것을 알게 되었다. 후륜 구동 바이크는 캐스터 각이 크면 직진 안정성이 높아지지만 이번 바이크의 캐스터 각은 75°로, 이렇게까지 극단적으로 큰 캐스터 각이라면 약간의 핸들 조작만으로도 차체의 중심이 좌우로 흔들린다. 바이크의 직립을 유지하려면 핸들을 수평으로 유지해야 하기 때문에 운전이 힘들다.

가네다 바이크가 일반적인 바이크와 같이 핸들과 타이어가 직결되어 있는 경우, 타이어와 핸들의 위치로 추정컨대 캐스터 각은 75° 정도이다. 제아무리 가네다 군이라도 운전할 수 없을 것이다. 그렇다면 앞바퀴는 적절한 캐스터 각을 유지한 상태로 전자 제어로 작동하는 스티어링 모터를 사용한 스티어 바이 와이어※2가 아닐까 생각했는데 원작에서는 허브 센터 스티어링 구조라는 설정이었다. 즉, 가네다 군은 다루기 어려운 바이크를 능수능란하게 탔던 것이 아니라 독특한 구조의 운전하기 쉬운 바이크를 타고 있었던 것.

그런 이유로 지나치게 큰 캐스터 각을 보정하고 전동 킥 보드 본체가 프레임 지지부에서 부드럽게 회전하도록 프레임에 2개의 롤러를 부착했다. 그 결과, 캐스터 각은 일단 운전이 가능한 50°가 되었다.

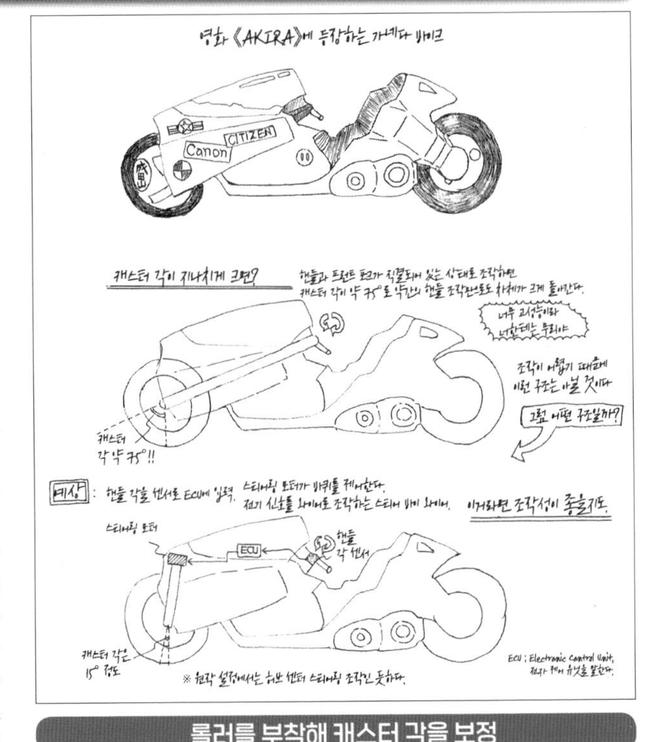

롤러를 부착해 캐스터 각을 보정

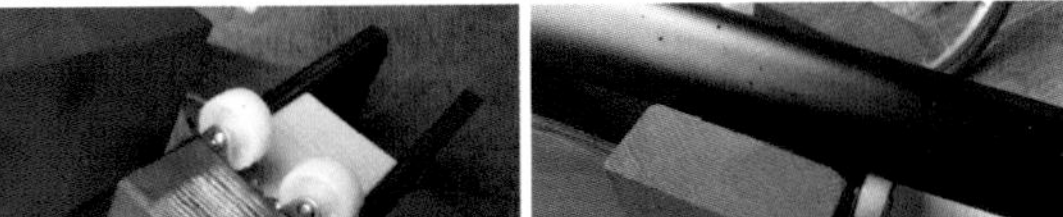

각목에 고정한 롤러를 프레임에 부착해 핸들의 베어링으로 이용한다. 이것으로 핸들 조작에 버틸 수 있는 캐스터 각으로 보정했다.

Memo : ※2 스티어 바이 와이어(Steer By Wire)는 핸들 조작(스티어링)을 전기 신호로 바꿔 운전하는 방식. 와이어를 통해 전자 제어 장치에 입력하면 그 신호가 타이어의 방향을 바꾸는 스티어링 모터를 제어한다.

STEP 03 보안 부품의 부착과 번호 취득

자작 바이크의 번호 교부를 신청하려면 해당 관청에 바이크의 구조와 제원(諸元)을 증명하는 서류를 제출해야 한다. 여러분도 상상해보기 바란다. 바이크를 자작했다는 사람이 창구를 찾아와 누가 봐도 베니어판으로 만든 수상한 물체를 "바이크입니다"라고 주장한다면…. "네, 알겠습니다. 번호를 교부해드리죠"라고 하진 않을 것이다. 외관도 성능에 포함되므로 차체를 도장해 '정상적인 바이크'로 보이도록 외장을 정비한다.

물론 도장이라고는 해도 저렴한 아크릴 도료를 뿌리는 것뿐이다. 작업 자체도 10분이면 끝난다.

① 보안 부품 장착

번호 등록에는 바이크가 차량법으로 정해진 보안 부품을 갖추고 있다는 것을 증명해야 한다. 이 전동 킥보드에는 전조등, 속도계, 앞뒤 바퀴의 독립 브레이크, 후부 반사기가 장착되어 있으므로 경음기, 백미러, 미등, 번호등, 브레이크등, 방향 지시기를 추가하면 된다. 차체에 보안 부품을 장착하면 '원동기'라고 불릴 자격을 얻는다.

② 번호 취득

자작 바이크의 번호를 취득하기 위해 표식 교부 신청서와 신고서를 작성에 가까운 관청에 신청했다. 신청서에는 바이크의 형태나 보안 부품의 유무에 대한 설명을 기재해야 하고 차체 번호의 사진도 필요하다. 번호를 취득한 후에는 자동차 손해배상 책임보험에 가입하면 공공도로 주행이 가능하다.

프레임 도장

스프레이형 아크릴 도료를 구입해 프레임을 칠했다. 당연히 가네다 바이크와 같이 빨간색을 선택했다.

보안 부품 장착

핸들에 경음기, 백미러, 방향 지시기를 추가하고 후방에도 미등 등의 필요한 보안 부품을 장착했다.

신청서에는 차명과 형식을 'KANEDA-DEGO1'이라고 적었다. 자작 바이크이니 마음대로 지으면 된다. 자동차 손해배상 책임보험에 가입하면 공공도로 데뷔 가능!

번호를 취득해 공공도로에 진출한다!

초소형 오토바이 전동화 프로젝트

⦿ text by 데고치

공작 레벨 ★★★★★

일본의 도로교통법과 차량법의 보안 기준을 벗어나지 않는 범위에서 비상식적인 차량을 만들어 합법적으로 공공도로를 주행할 수 있는 전무후무한 오토바이를 만들어보자. 다음은 그 제작 기록이다.

STEP 01 초소형 오토바이 개조의 기초 지식

2만 엔(약 20만 원 남짓)에 구입한 초소형 오토바이

자전거 전동화 키트

전동 모터화

오토바이를 아예 처음부터 만들 수는 없으니 2만 엔 정도의 초소형 오토바이를 구입해 개조했다. 자전거용 전동화 키트를 사용해 가솔린 엔진에서 전동 모터 사양으로 바꾸었다. 목표는 번호를 취득해 공공도로를 달리는 것이다.

주요 재료

- 초소형 오토바이(CR-PBR01)
- 자전거 전동화 키트 24V·250W 모터
- 바이크용 납축전지(12V/7A)×2
- 24V 대응 차량용 시가 잭
- 배터리 케이스용 부속×4
- 자전거용 적색 후방 라이트
- 배터리 케이스
- 자전거용 라이트×2
- 배선&납땜인두
- 자기 점멸 LED×4
- 자동차 손해배상 책임보험 12개월

주요 공구

●드라이버 ●소켓 렌치 ●몽키 렌치 ●육각 렌치 ●니들 노즈 플라이어 ●니퍼 ●선반기 ●금속용 톱 ●전동 톱 ●바이스 ●드릴 드라이버 ●리베터 ●3D 프린터 ●CAD용 소프트 등

Memo :

2020년 현재, 공공도로를 달리려면 도로교통법과 차량법에 규정된 보안 기준을 준수해야 한다. 바이크는 엔진의 배기량으로 구분된다. 배기량 즉, 출력에 따라 적용하는 법률의 기준이 바뀌는 시스템으로 이것 역시 도로교통법과 차량법에 의해 각각 정의되기 때문에 더욱 이해하기 어렵다.

자작한 오토바이로 공공도로를 달리려면 배기량 50cc 또는 정격 출력 0.6kW 이하의 원동기 장치를 만들어 원동기 면허를 취득하는 것이 가장 간단한 방법일 것이다. 원동기 장치는 차량 검사가 불필요하므로 자작 바이크가 도로교통법과 차량법에 규정된 보안 기준을 충족하면 번호를 등록해 공공도로 주행이 가능하다. 차량 검사가 필요 없다고 해서 금방 망가질 것 같은 차량으로 공공도로를 달리는 것은 금물이다. 차량의 강도도 고려해야 한다.

차량법에 따르면 원동기 장치의 차체는 최대 길이 2.5m, 너비 1.3m, 높이 2.0m라는 규정이 있으며 최소 규정은 없다. 사람이 타려면 어느 정도 크기가 필요하기 때문에 법률에서는 인간의 상식과 양식을 믿고 최소한의 규정 즉, 교통에 방해가 되지 않을 최대 크기만을 규정한 것이 아닐까? 현재의 법률상 원동기 장치는 아무리 작게 만들어도 보안 기준을 충족하면 합법이므로 성인이 타기에는 약간 작은 2만 엔대(대략 20만 원 남짓) 초소형 오토바이를 구입해 개조하기로 했다.

이 초소형 오토바이에는 가솔린 엔진이 탑재되어 있는데 배기가스나 소음 등에 대한 대응책을 마련하려면 여간 귀찮은 일이 아니다. 차량법의 보안 기준에도 배기가스에 관한 규정이 있다. 일반인이 해결하기에는 허들이 높기 때문에 동력을 전동 모터로 변경했다. 전동 모터는 온라인 쇼핑몰 등에서 구입할 수 있는 자전거용 전동화 키트에 포함된 제품을 사용하기로 했다.

규정에 따른 전기 장치계 보안 부품까지 장착한 후에는 필요 서류를 갖춰 관청으로 GO! 번호를 교부받고 자동차 손해배상 책임보험에 가입하면 합법적으로 공공도로 주행이 가능하다. 여기까지의 과정을 해설한다.

엔진 ➡ 모터화

전기 장치계 보안 부품

이번 개조의 핵심은 자전거용 전동화 키트이다. 이 키트에는 24V/250W 규정의 직류 모터, 체인 구동에 필요한 스프로킷(톱니바퀴), 모터 제어 회로, 모터 회전수를 조작하는 액셀 스로틀 등의 부품이 들어 있다. 별도로 12V 배터리 2개를 구입해 부착한다. 방향 지시기나 브레이크등과 같은 보안 부품도 만들어 설치한다.

해당 관청에 신청서 제출

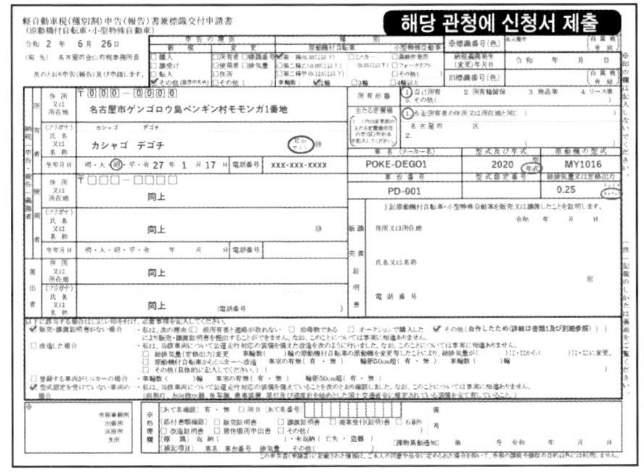

軽自動車税(種別割)申告(報告)書兼標識交付申請書
(原動機付自転車・小型特殊自動車)

令和 2 年 6月 26日

次のとおり申告(報告)及び申請します。

住所又は所在地	〒000-0000 名古屋市ゲンゴロウ島ペンギン村モモンガ1番地
(フリガナ)	カシャゴ デゴチ
氏名又は名称	カシャゴ デゴチ
生年月日	明・大・昭・平・令 27 年 1 月 17 日
電話番号	xxx-xxx-xxxx
使用者 住所又は所在地	同上
使用者 氏名又は名称	同上
届出者 住所又は所在地	同上
届出者 氏名又は名称	同上
車名(メーカー名)	POKE-DEGO1
型式及び年式	2020
原動機の型式	MY1016
車台番号	PD-001
総排気量又は定格出力	0.25

以下に該当する場合は□にレ印を付け、必要事項を記入してください。

✔ 販売・譲渡証明書がない場合 → 私は、次の理由 □ 前所有者と連絡が取れない □ 拾得物である □ オークションで購入した ✔ その他(自作したため(詳細は書類1及び別紙参照))により販売・譲渡証明書を提出することができません。なお、このことについては事実に相違ありません。

□ 改造した場合

□ 登録する車両がミニカーの場合

✔ 型式認定を受けていない車両の場合 → 私は、当該車両について公道走行対応の装備を備えていることを次のとおり確認しました。なお、このことについては事実に相違ありません。

'경자동차세 신고서 겸 표식 교부 신청서' 등을 준비해 관청에 제출한다. 수리되면 번호가 교부된다.

STEP 02 시판 초소형 오토바이의 개조 포인트와 실천

이륜 원동 장치로 공공도로를 주행하기 위해 충족해야 할 도로 운송 차량의 보안 기준이 있다. 자세한 사항은 64쪽의 표로 정리했다.

시판 초소형 오토바이로 공공도로를 달리려면 엔진을 모터로 바꾸고 전조등, 번호등, 백미러, 경음기, 후방 반사기를 추가로 부착해야 한다. 모터의 성능이 시속 20km 미만이라면 브레이크등, 후미등, 방향 지시기, 속도계는 생략할 수 있기 때문에 작업 난이도는 크게 높지 않다. 다만 이런 감면 기준에 대해 아는 사람이 많지 않기 때문에 괜한 오해를 살 가능성도…. 외관상 눈에 띄는 브레이크등, 후미등, 방향 지시기는 부착하는 편이 무난하다.

개조① 초소형 오토바이를 분해해 부품을 가공한다

초소형 오토바이를 분해해 각종 부품을 떼어낸다. 일단 가솔린 엔진부터. 볼트와 나사로 고정되어 있을 뿐이므로 간단히 떼어낼 수 있었다.

타이어 휠에는 자전거와는 크기가 다른 스프로킷이 나사로 고정되어 있었다. 나사를 풀어 떼어낸 후 키트에 든 스프로킷으로 교체하기 위해 타이어 휠과 스프로킷에 보링 머신으로 구멍을 뚫는다. 타이어 휠에 스프로킷을 고정하면 뒷바퀴가 완성된다.

모터는 가솔린 엔진 자리에 그대로 장착한다. 체인이 프레임에 닿지 않는 위치가 한정적이기 때문이다. 키트에 든 고정용 부속을 사용해 프레임에 모터를 부착했다. 프레임에 용접하는 것이 가장 좋지만 현 시점에서 완벽한 용접은 불가능하기 때문에 드릴로 구멍을 뚫어 나사로 고정한다. 골판지로 고정용 부속의 형지(型紙)를 만들어 오토바이 프레임에 대고 형태가 어긋나지 않도록 확인하며 작업한다.

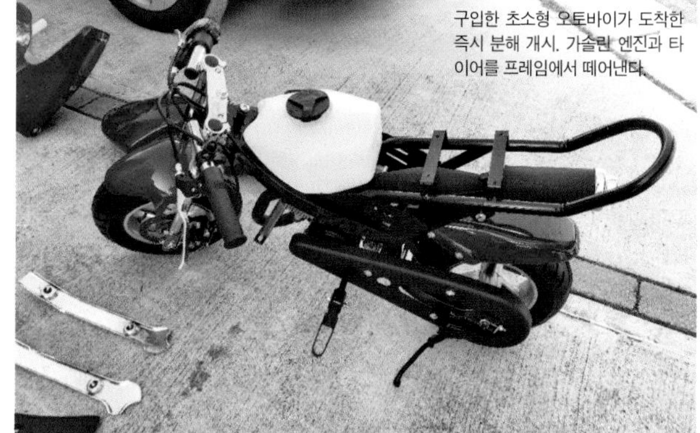

구입한 초소형 오토바이가 도착한 즉시 분해 개시. 가솔린 엔진과 타이어를 프레임에서 떼어낸다.

타이어 휠에 부착된 스프로킷을 떼어내 전동화 키트의 스프로킷으로 교체한다. 휠과 스프로킷에 보링 머신으로 구멍을 뚫어 나사로 고정할 수 있도록 가공한다.

모터를 장착하기 위한 고정용 부속을 가공. 약 2mm 두께의 철판이므로 프레임에 맞춰 금속용 톱으로 절단한다. 금속을 절단할 때 전동 톱이 있으면 작업 효율이 높아진다.

Memo : ※'페일 세이프'란, 예컨대 브레이크등은 다른 교통 차량에 자차가 감속 조작한 것을 알려 추돌을 방지하는 목적이 있기 때문에 운전자의 조작에 따라 브레이크등이 반드시 점멸해야 한다. 고장이 날 경우를 고려해 브레이크등의 LED는 여러 개를 설치해 동시에 점등되도록 한다. 그러나 그것도 충분치 않다. 직렬 연결해 점등하는 회로인 경우, 어느 한 곳에서 LED나 배선이 끊기면 모든 LED가 점등하지 않게 된다. 병렬 회로로 구성하면 어느 한 곳이 단선되더라도 병

개조② 전기 장치계 보안 부품을 만든다

초소형 오토바이로 보안 기준을 충족하기 위해 필요한 전기 장치계 부품은 전조등, 번호등, 경음기이다. 미등, 브레이크등, 방향 지시기는 시속 20km 미만 바이크에는 생략이 가능하지만 안전을 위해 장착하기로 했다.

전조등은 자전거용 전동화 키트에 들어 있는 LED 라이트를 그대로 사용했다. 이 LED 라이트는 24V를 온전히 수용하는 도량이 넓은 녀석이니 개조할 필요 없다.

전동화 키트의 모터 제어 회로에 24V를 공급하기 위한 전원으로 12V의 바이크용 납축전지 2개를 직렬로 접속한다. 번호등, 후미등, 브레이크등, 방향 지시기는 5V 정격의 LED를 사용하기 때문에 24V에서 5V로의 변환이 필요하다. 여기에는 다이소에서 구입한 '차량용 시거잭'의 USB 전원을 이용한다. 그리고 이것들을 모두 하나의 램프 장치에 수납한다. 이 램프 장치는 3D 프린터로 만들고 다이소의 자전거용 적색 후미등을 끼웠다.

LED를 점등하는 회로는 병렬 회로로 설계했다. 자동차 등 사람의 생명과 관련된 기계에는 '페일 세이프' 방식이 적용되기 때문이다.※ 간단히 말해 '고장이 나더라도 안전장치가 반드시 작동해야 한다'. 즉, 고장이나 잘못된 조작이 있더라도 인명이나 장치에 대한 피해를 최소화하도록 마련된 설계를 말한다.

점등 장치를 배선해 번호등과 미등은 상시 점등, 제동등은 브레이크 조작에 의해 점등하도록 장치했다. 또 방향 지시기의 조명은 자기 점멸 LED를 사용해 방향 버튼을 누르는 동안 점멸하는지를 확인했다. 경음기는 다이소의 방범 부저를 방향 지시기 조작 장치에 설치하면 전기 장치계 부품이 완성된다.

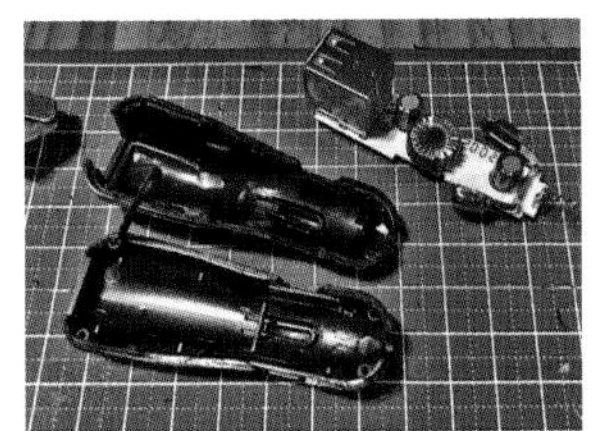

24V에서 5V로의 변환은 다이소에서 구입한 시거잭을 사용했다.

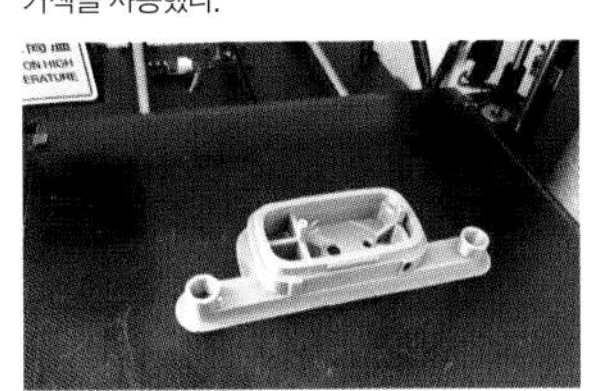

램프 장치는 3D 프린터로 제작. 다이소의 자전거용 적색 후방 라이트를 끼웠다.

브레이크등의 LED는 페일 세이프를 고려해 병렬 회로로 구성한다.

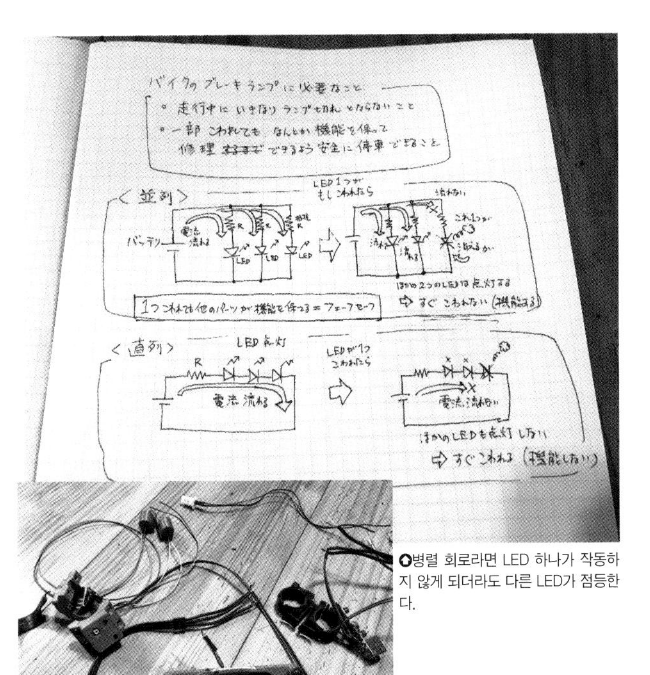

병렬 회로라면 LED 하나가 작동하지 않게 되더라도 다른 LED가 점등한다.

페일 세이프를 고려한 전기 장치계 부품이 완성. 방향 지시기는 자기 점멸의 LED를 사용하고 경보기는 다이소의 방범 부저를 그대로 사용했다.

렬로 연결된 다른 LED는 점등되기 때문에 브레이크등의 기능을 유지할 수 있다.

개조③ 필요 부품을 장착해 본체를 조립한다

전기 장치를 움직일 배터리 수납 케이스를 초소형 오토바이에 부착한다. 배터리 케이스는 다이소에서 구입한 플라스틱 케이스를 사용했다. 오토바이 프레임에 구부린 금속 보강재를 이용해 나사로 고정했다.

구부린 금속 보강재는 플라스틱 케이스 바닥에 리벳을 박아 고정한다. 리벳은 나사보다 돌기가 두드러지지 않기 때문에 케이스에 배터리를 넣었을 때 겉놀지 않는다.

마지막으로 전기 장치계 보안 부품을 오토바이에 장착하면 완성이다. 자작 원동 장치는 번호를 등록할 때 차대 번호가 필요하기 때문에 오토바이 프레임 바깥쪽에 시리얼 번호를 새긴다. 자작 오토바이이니 제품명과 시리얼 번호를 마음대로 정할 수 있다. 이 전동 초소형 오토바이는 데고치가 만든 1호기라는 의미에서 제품명은 'POKE-DEGO1', 시리얼 번호는 'PD 001'로 정했다.

프레임에 배터리 케이스를 부착하기 위한 금속 보강재는 바이스 등으로 고정하면 간단히 구부릴 수 있다. 각종 전기 장치계 보안 부품을 장착하면 완성이다.

<표 1> 일본의 도로 교통법과 도로운송 차량법의 구분

<table>
<tr><th colspan="2">배기량</th><th>~50cc 이하
(0.6kW 이하)</th><th>~125cc 이하</th><th>~250cc 이하</th><th>~400cc 이하</th><th>400cc 이상</th></tr>
<tr><td rowspan="2">도로교통법</td><td>차량 구분</td><td>원동기 장치 자전거
(원동기 면허)</td><td colspan="3">보통 자동 이륜차
(보통 이륜)</td><td>대형 자동 이륜차
(대형 면허)</td></tr>
<tr><td>면허 종류</td><td>원동기 장치 자전거
(원동기 면허)</td><td>보통 자동 이륜차
(소형 한정)</td><td colspan="2">보통 자동 이륜차
(보통 이륜 면허)</td><td>대형 자동 이륜차
(대형 이륜 면허)</td></tr>
<tr><td colspan="2">도로운송차량법 차량 구분</td><td>제1종 원동기 장치 자전거(원동기 제1종)</td><td>제2종 원동기 장치 자전거(원동기 제2종)</td><td>이륜 경자동차
(경이륜)</td><td colspan="2">이륜 소형 자동차(소형 이륜)</td></tr>
<tr><td colspan="2">도로 관리청 신고</td><td colspan="2">불필요(관청에서 번호를 교부받기만 하면 된다)</td><td colspan="3">필요(관리청에서 차량 번호를 지정받는다)</td></tr>
<tr><td colspan="2">차량 검사</td><td colspan="3">불필요</td><td colspan="2">필요</td></tr>
</table>

<표 2> 도로 운송 차량에 대한 보안 기준의 주요 내용

파란색 부분은 개조가 필요

도로 운송 차량의 보안 기준		대강의 보안 기준 내용
제59조	길이, 너비 및 높이	길이 2.5m, 폭 1.3m, 높이 2.0m 이내
제60조	접지부 및 접지압	타이어가 도로를 훼손하지 않을 것
제61조	제동 장치	브레이크는 앞바퀴, 뒷바퀴에 각각 장착할 것
제61조 3항	배기가스 발산 방지	배기가스를 정화할 것 (전동식은 불필요)
제62조	전조등	운전 시, 전조등은 늘 점등할 것
제62조 2항	번호등	밤에도 번호가 보이도록 할 것
제62조 3항	미등	시속 20km 미만이라면 생략 가능

도로 운송 차량의 보안 기준		대강의 보안 기준 내용
제62조 4항	제동등	시속 20km 미만이라면 생략 가능
제63조	후면 반사기	후면 반사기가 장착되어 있을 것
제63조 2항	방향 지시기	시속 20km 미만이라면 생략 가능
제64조	경음기	경음기를 장착할 것
제64조 2항	후사경	백미러를 장착할 것
제65조	소음기	머플러를 부착할 것(전동식은 불필요)
제65조 2항	속도계	시속 20km 미만이라면 생략 가능
제66조	승차 장치	좌석이 있으면 OK

Memo :

STEP 03 번호를 취득해 공공도로를 달리는 확실한 방법

끝으로 자작한 초소형 오토바이의 번호 등록에 대해 설명해보자. 일본의 공공도로에서 이렇게 장난감 같은 오토바이로 주행하는 것이니 법률에 대해서도 잘 알아둘 필요가 있다.

번호 등록은 엔진 배기량 125cc 이하의 원동기 장치이므로 도로 관리청에 신고할 필요 없이 구청이나 시청에 신고하면 된다. 참고로 이 '번호 등록'이란 '경자동차세 신고서 겸 표식 교부 신청서(이하, 표식 교부 신청서)'에 필요 사항을 기입해 거주하고 있는 지자체에 '경자동차세 납부 의무가 있는 차량을 소유하고 있다는 것'을 신고하는 절차를 말한다.

보통 원동기 장치는 판매점에서 구입하거나 지인으로부터 양도받는 경우가 많으므로 표식 교부 신청서의 '신청 이유'란의 '구입' 또는 '양도' 항목에 체크하지만 이번에는 자작했기 때문에 '기타' 항목에 체크하고 '자작'이라고 기입한다. 종별은 원동기 장치 자전거의 '제1종', 차륜 수는 '이륜'에 체크한다. 그 밖에 주소, 날짜, 소유 형태, 주차장, 자신이 정한 차명, 연식, 원동기 형식, 차대 번호, 정격 출력 등을 기입한다. 차대 번호는 관청에 신고할 때 확인하기 때문에 미리 사진을 찍어 준비해두자.

또 자작한 원동기 장치가 어떤 것인지, 신청 배경이나 개요, 문제가 발생했을 경우의 책임 소재가 자신에게 있다는 것을 명확히 밝히는 문서도 제출한다. '원동기 장치 자전거 신청서'와 '제원표'이다. 이 서류는 정해진 형식이 없다. 66쪽의 예는 내가 임의로 작성한 내용이기 때문에 이렇게 제출하면 반드시 통과된다는 보장은 없다. 어디까지나 참고만 하기 바란다. 나는 구청에서 신청해 서류를 제출한 후 15분 정도에 번호를 받았다. 중간에 세무 담당자로부터 차대 번호에 대한 문의가 있어 창구 직원에게 차대 번호의 사진을 보여주는 확인 절차가 있었을 뿐 나머지는 비교적 순조로웠다. 신청 수수료는 없었지만 공공도로에서 주행하려면 자동차 손해배상 책임보험에 가입할 의무가 있다. 번호 취득 후 잊지 말고 가입하기 바란다.

이번에 만든 전동 초소형 오토바이는 시속 20km 이상의 속력을 낼 수 없다. 또 차체가 작아 잘 보이지 않기 때문에 교통량이 많은 도로를 달리는 것은 피하는 것이 좋다. 잘 보이지 않는다는 물리적인 사실과 모순되지만 이상하게도 작기 때문에 좋든 싫든 눈에 잘 띈다는 사실도 기억해야 한다. 참고로, 최근에는 법률이 개정되어 미니카 등의 소형 차량에는 시인성(視認性) 향상을 위해 지상으로부터 1m 이상 높이에서 식별이 가능한 구조, 차체의 최대 높이에 미등 부착, 안전벨트 장착이 필수가 되었다. 이 법률 개정은 이륜 원동장치에는 적용되지 않지만 지나치게 눈에 띄면 현재는 합법인 원동기 자작 자체가 규제될 가능성도 있다. 그러니 계속해서 자작 바이크를 타려면 부디 예의를 갖춰 안전하게 즐기기 바란다.

이 기사를 참고해 바이크를 자작했다면, 다시 한 번 말하지만 타인에게 피해를 주지 않도록 충분히 주의하기 바란다. 당신 또는 당신의 동료가 체포되거나 기소된다 해도 우리는 일절 관여하지 않을 것이므로 그 점 명심하기 바란다(미션 임파서블 수준의 면책).

구청에서 신청

관청의 담당 창구에서 신청하고 필요 서류를 제출한다. 표식 교부 신청서와 함께 '원동 장치 자전거 신고서'와 '제원표'도 제출한다. 무사히 번호를 받았다면 손해배상 책임보험에 가입한다.

손해배상 책임보험에 가입

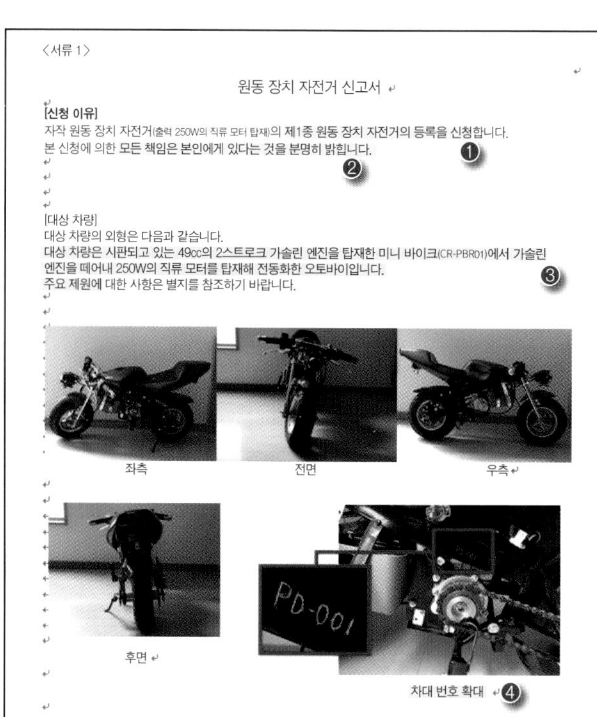

〈서류 1〉

원동 장치 자전거 신고서

[신청 이유]

자작 원동 장치 자전거(출력 250W의 직류 모터 탑재)의 **제1종 원동 장치 자전거의 등록을 신청**합니다. ❶

본 신청에 의한 **모든 책임은 본인에게 있다는 것을 분명히 밝힙니다.** ❷

[대상 차량]

대상 차량의 외형은 다음과 같습니다.

대상 차량은 시판되고 있는 49cc의 2스트로크 가솔린 엔진을 탑재한 미니 바이크(CR-PBR01)에서 가솔린 엔진을 떼어내 250W의 직류 모터를 탑재해 전동화한 오토바이입니다. ❸

주요 제원에 대한 사항은 별지를 참조하기 바랍니다.

좌측 　 전면 　 우측

후면

차대 번호 확대 ❹

차명·형식 : POKE-DEGO1 ❺

차대 번호 : PD-001

[신청자]

성명 : XXXX XXXX

주소 : 일본 나고야시 겐고로시마 펭귄무라 모몬가 1번지

전화번호 : 090-XXXX-XXXX

구청에서 신청

❶ 배기량 50cc 이하 또는 0.6kW 이하라는 것을 명기하면 알기 쉽다.

❷ 여기서 각오를 나타내라!

❸ 자작한 차량의 개요를 기재한 다. 자세한 사항은 별지에 추가하면 OK

❹ 차량 프레임에 차대 번호가 각인되어 있어야 한다. 자작 차량의 경우, 임의의 번호를 각인하고 그 번호를 기입한다.

❺ 자작 오토바이이기 때문에 차명 등을 자유롭게 정할 수 있다.

관청에서 일하시는 분도 사람인지라, 이런 귀찮은 신청을 처리해준다는 것에 감사의 마음과 말을 잊지 않도록. 그것이 원활하게 일을 진행하는 비결일지도 모른다(웃음).

〈별지〉

POKE-DEGO1 주요 제원 ❻

본 차량의 주요 제원은 다음과 같습니다.

본 차량은 다음의 시판 차량의 엔진을 직류 모터로 교체해 전동화한 오토바이입니다.

시판 차량 : 49cc 2스트로크 가솔린 엔진을 탑재한 미니 바이크(CR-PBR01)

항목		개요
차명·형식		POKE-DEGO1
총 길이(mm)		1,000
총 너비(mm)		550
총 높이(mm)		600
축간 거리(mm)		730
최저 지상고(mm)		120
시트 높이(mm)		440
차량 중량(kg)		20
승차 정원(명)		1
최소 회전 반경(m)		0.800
엔진 형식		MY1016Z2
엔진 종류		전동 직류 모터(24V)
총 배기량·출력(kw)		0.250
배터리		납축전지 12V9Ah 2개를 직렬 접속
구동 방식		체인
❼ 보안 장치	전조등	LED 1등(키 ON으로 상시 점등)
	미등	LED 1등(키 ON으로 상시 점등)
	제동등	LED 4등(전후 브레이크 어느 쪽의 파악으로 점등)
	방향 지시기	차량 전후에 좌우 LED 1등씩(스위치로 점멸)
	번호등	LED 1등(키 ON으로 상시 점등)
	경음기	있음(방범 부저로 자작)
	제동장치(브레이크)	전후 독립 디스크 브레이크
	후면 반사판	있음(자전거용을 전용)
	후사경	있음(자전거용을 전용)
	속도계	사이클 컴퓨터(자작)

본 차량의 최고 속도는 시속 20km 미만으로 법규상 미등, 제동등, 방향 지시기, 속도계 장치는 면제되지만 안전을 배려해 탑재했습니다.

주요 제원표

❻ 별지로 제원표를 준비. 자작 바이크가 원동 장치의 조건을 충족하는지 확인할 수 있도록 기재한다. 각종 크기 및 엔진 출력 등의 사양을 기재한다.

❼ 보안 장치의 유무와 원동 장치로서 부족한 부분은 없는지 확인하는 중요한 항목이다. 방향 지시기나 속도계 등은 자작 바이크의 최고 속도가 시속 20km 미만인 경우 면제되기 때문에 없어도 무방하지만 있는 편이 더 좋다. 순조롭게 처리될 가능성이 높다.

Memo :

Chapter 02

금단의 캐넌학

이그저스트 캐넌 입문 공압계 폭음 발생 장치

럽처 캐넌을 만들어보자!

⊙ text by Pylora Nyarogi

공작 레벨 ★★★★★

압축공기의 위력을 손쉽게 체험할 수 있는 폭음 발생 장치. 이그저스트 캐넌보다 제작하기 쉬워 공압계 공작 입문으로 제격이다. 일단 이것부터 시작해보자!

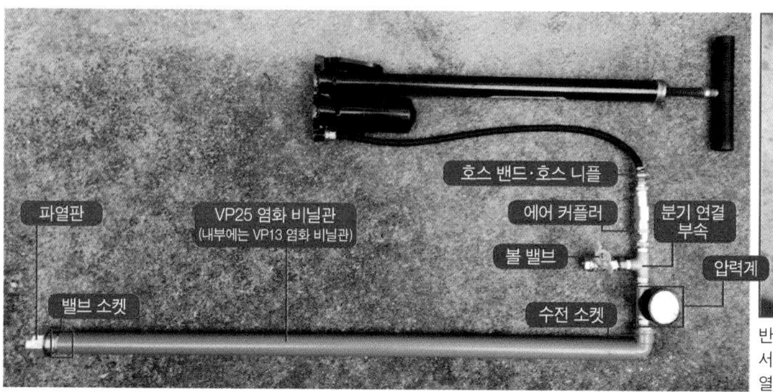

반드시 압력계로 내부의 압력을 확인하면서 실험할 것. 대체로 5기압 정도에서 파열했다.

폭음 발생 장치의 재료
●염화 비닐관(VP13, VP25)
●밸브 소켓(VP13)
●에어 커플러
●호스 밴드
●볼 밸브
●자전거용 공기 주입기
●수전 소켓(VP13)
●유니온(1/2)
●호스 니플
●압력계
●각종 연결 부속
●파열판

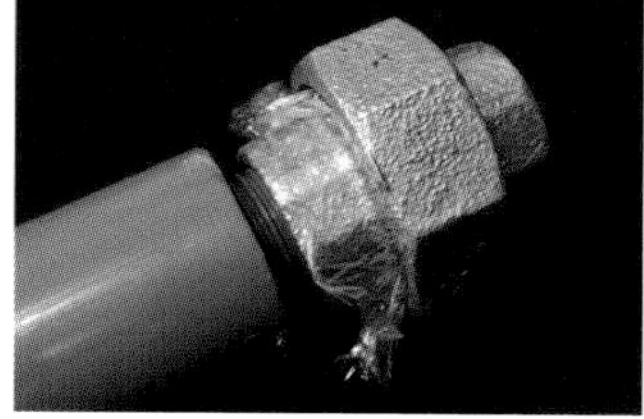

파열판
VP13 염화 비닐관 끝에 유니온이라는 수도관 부품을 접속해 파열판을 끼워 넣는다. '파열판'이란 설정 압력으로 작동하는 압력 안전장치를 말한다.

호스 니플
호스를 접속하기 위한 연결 부속. 공기 주입기 호스의 내경에 맞는 크기를 선택한다. 홈 센터 등에서 저렴하게 구입할 수 있다.

자전거용 공기 주입기와 염화 비닐관 그리고 수도관 연결 부속으로 만드는 폭음 발생 장치 '럽처 캐넌'. 구조가 단순한 만큼 제작도 '이그저스트 캐넌'에 비해 간단하다.

먼저 '밸브 소켓'의 육각형 모서리를 줄 등으로 깎아 VP25 염화 비닐관을 끼울 수 있게 만든다. 다음은 수전 소켓과 밸브 소켓을 전용 접착제로 고정. 마지막으로 VP25 염화 비닐관을 자른다. 이것은 내부에 넣을 VP13 염화 비닐관이 파열되었을 경우에 대비한 설계이다. 본체를 끼웠을 때 유니온을 접속하기 위한 밸브 소켓의 나사가 노출되는 정도의 길이로 절단한다(상단의 전체 사진 참조).

이상으로 재료의 가공을 마쳤다. 나머지는 각각의 부품을 연결하기만 하면 된다. 수전 소켓의 나사는 '파이프용 테이퍼 나사'라고 불리며, 에어 공구나 금속제 수도관에 쓰이는 나사와 규격이 같다. 공압계 공작에서 염화 비닐 부품을 사용할 때 편리하다. VP25에 연결한 수전 소켓 나사의 지름은 1/2이기 때문에 이것을 기준으로 연결 부속의 굵기를 선택한다. 또 안전을 위해 '분기(分岐) 연결

Memo :

01·02 : VP25 염화 비닐관 내경에 맞게 각진 모서리를 깎아낸다.
03 : 파이프와 연결 부속을 접속한다. 볼 밸브를 연결한다. 내부의 압력을 뺄 수 있는 수단이 없으면 굉장히 위험하다.
04 : 알루미늄 증착 필름은 대략 5기압 정도에서 파열했다.

부속'을 이용해 압력계와 볼 밸브를 설치한다(자세한 내용은 뒤에서 다시 설명).

VP25 염화 비닐관에 본체를 삽입하고 밸브 소켓에 유니온을 접속해 '럽처 디스크(파열판)'를 끼워 넣는다. 그리고 동력원이 될 공기 주입기는 호스 내경에 맞는 부속을 호스 밴드를 이용해 호스 니플로 연결했다. 공기가 샐 염려 없이 확실히 접속할 수 있다. 이제 파이프용 암나사가 달린 커플러 소켓을 통해 공기를 주입할 수 있다.

파열판에 대한 연구

파열판의 소재는 폴리염화비닐리덴 소재의 식품용 랩(다른 소재는 소리가 약했다)과 과자 봉지 등에 주로 사용되는 알루미늄 증착 필름을 이용했다. 알아보니 이 알루미늄 증착 필름은 PET 등 여러 종류의 플라스틱을 적층해 만든 것으로 입수성, 가공성, 강도가 최적이었기 때문에 채용했다. 참고로, 최강의 폭음 장치 '디젤링 블래스터'에 사용된 파열판은 PET 소재의 창문용 방범 필름이었지만 이번 간이식 장치로는 운용 압력이 부족해 파열되지 않았다. 비슷한 소재인 알루미늄 증착 필름이 그나마 강도가 낮고 낮은 압력에도 파열하기 쉬워 제격이다.

이번에는 내압을 높여 파열시키기 때문에 파열판의 강도가 폭음의 크기에 반영된다. 식품용 랩과 알루미늄 증착 필름을 비교하면, 강도가 높은 알루미늄 증착 필름의 소리가 더 컸다. 또 강도가 너무 높은 소재는 쉽게 파열되지 않고 내압만 점점 높아져 굉장히 위험할 수 있다. 알루미늄 증착 필름은 대체로 5기압 정도에서 파열했다.

기압 조정이 중요

파열판을 장치한 후 자전거용 공기 주입기로 염화 비닐관 안에 공기를 주입하면 내부의 압력이 높아져 파열판이 파열되면서 폭음이 발생한다. 반드시 압력계로 내부의 압력을 확인하며 실험해야 하며, 압력이 예상 수치를 넘었을 때는 볼 밸브를 열어 공기를 한 번 배기한 후 파열판을 다시 부착해 공기를 충전하도록 한다. 급수용 염화 비닐관의 내압은 1MPa이지만 이 수치를 목표로 설정하는 것은 금물이다. 위험하다.

이번 폭음 발생 장치에는 공압계 공작의 중요한 요소가 포함되어 있다. '자전거용 공기 주입기', '수도관 연결 부속', '염화 비닐관'이라는 애초에 접속을 상정하지 않는 부품들을 연결하는 방법을 배울 수 있다. 예상치 못한 방식으로 사용하게 되는 경우에는 내압 등을 철저히 확인해 사고를 미연에 방지하는… 안전 관리의 중요성도 배울 수 있을 것이다.

자전거용 공기 주입기를 동력원으로 이용하면 컴프레서가 없어도 실험할 수 있고, 파이프용 나사 사용법에 익숙해지면 수도관을 압력 용기로 사용할 수 있다. 파열판을 고르는 것은 간단치 않다. 소재에 따라 완전히 다른 결과가 나오기도…. 흔히 구할 수 있는 소재로 다양하게 시도해보는 것도 재미있을 것이다.

소화기를 마(魔)개조한 새로운 폭음 발생 장치
격막식 충격파 캐넌 제작

⊙ text by Pylora Nyarogi

공작 레벨 ★★★★★

가압식 소화기를 본체로 사용한 새로운 캐넌이 탄생했다. 파열판을 물리적으로 파괴하는 시스템을 도입해 압도적인 폭음을 발생시킨다! 충격파를 체감해보자!!

데토네이션이나 디젤링 등의 충격파를 생성하는 여러 방법 중 공기압을 이용하는 것이 '이그저스트 캐넌'이다. 피스톤으로 탱크 내부의 압축공기와 대기를 가로막고 그 피스톤을 구동해 순간적으로 압축공기를 개방함으로써 충격파를 발생시킨다.

충격파의 강도에 영향을 미치는 것은 '압축공기를 개방하는 속도'이다. 단시간에 탱크 내부의 공기를 배기해 큰 에너지를 얻을 수 있는 것이다. 그리고 이 점에 유리한 것이 '파열판'이다. 소재만 잘 고르면 파열판이 순식간에 파괴되면서 고속 배기를 실현할 수 있다. '디젤링 블래스터'처럼 실린더 내부에서 폭발을 일으켜 파열판을 파괴하는 것도 가능하지만 이번에는 기계적으로 파열판을 파괴하는 구조를 트리거로 이용한 새로운 폭음 발생 장치를 만들어 본다.

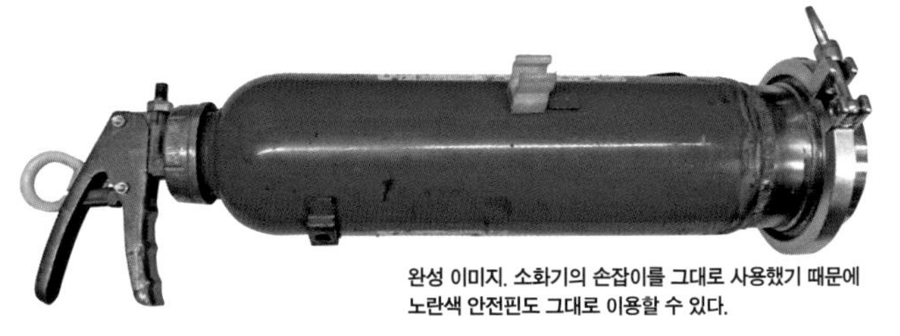

완성 이미지. 소화기의 손잡이를 그대로 사용했기 때문에 노란색 안전핀도 그대로 이용할 수 있다.

격막식 충격파 캐넌 제작에 필요한 주요 재료

●가압식 소화기 ●페룰 소켓 ●클램프 밴드 ●개스킷 ●긴 니플·마개 ●미국식 밸브 ●철 파이프 ●철판 ●나사류 ●창문용 방범 필름

파열판을 고속으로 파괴해 폭음을 발생시킨다! 니들로 파열판(방범 필름)을 파괴하자 산산조각 났다. 소재를 재검토할 여지가 있을 듯하다.

가압식 소화기를 개조

신형 캐넌은 가압식 소화기를 본체로 사용한다. 가압식 소화기는 손잡이와 연동된 니들로 내부의 이산화탄소 봄베의 마개를 파괴해 분사하는 구조이다. 이 니들을 연장해 소화기 바닥면에 장치한 파열판을 파괴하는 것이다. 니들 바깥쪽에는 누출 방지용 오링이 끼워져 있으므로 간단한 가공만으로 파열판을 파괴하는 구조로 만들 수 있다.

니들의 연장에는 M5 규격의 전나사를 사용했다. 니들에 M5의 긴 너트를 납땜하고 거기에 끝을 뾰족하게 깎은 전나사를 끼우면 OK. 장기적인 운용을 생각하면 끝 부분에 담금질한 금속을 덮어주는 식의 가공이 필요할지 모른다.

계속해서 이산화탄소 봄베가 고정되어 있던 부분에 파이프용 나사를 잘라 니플을 부착한다. 전나사와 같은 구경의 구멍을 뚫어준 마개와 결합하면 니들이 흔들리는 것을 방지할 수 있다.

압축공기를 공급하기 위한 밸브는 소화제 분출구에 장착했다. 구멍을 뚫은 볼트와 미국식 밸브를 납땜하고 오링을 끼워서 고정하면 완성이다.

Memo :

가압식 소화기의 개조 순서

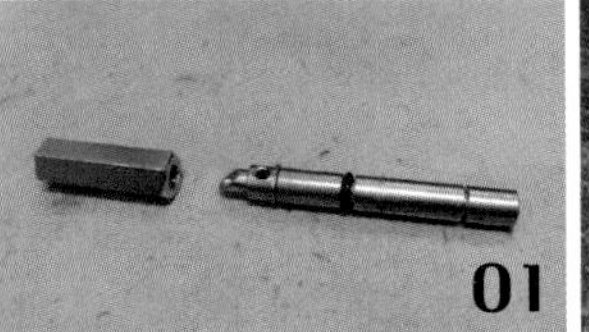

01 : 니들에 맞는 크기의 너트라면 납땜으로도 강력히 접합할 수 있다.
02 : 니들의 길이는 전나사를 긴 너트에 끼울 때 정도로 약간의 조정이 가능하다.
03 : 원래 있던 나사 구멍을 그대로 이용했다.
04 : 호스를 고정한 나사와 크기가 같은 볼트를 준비하면 작업이 편해진다.
05 : 니들이 흔들리면 불발의 원인이 되므로 확실히 고정한다.

파열판 고정부의 제작 순서

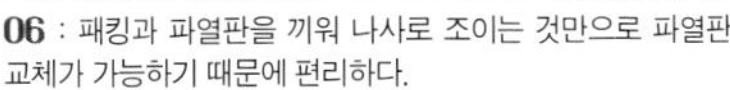

06 : 패킹과 파열판을 끼워 나사로 조이는 것만으로 파열판 교체가 가능하기 때문에 편리하다.
07 : 선반기로 작업. 전용 패킹을 부착할 수 있도록 시판 제품과 같은 치수로 가공한다.
08 : 공기가 누출되지 않도록 용접한다. 용접 후 전체적으로 납땜하면 확실하다.
09 : 파열판이 닿는 부분이므로 스토퍼는 깔끔하게 완성한다.

파열판을 고정할 부속 제작

파열판은 창문용 방범 필름을 사용했다. 이번 설계는 구경이 크기 때문에 기존의 장치보다 낮은 압력에서의 운용을 상정했다(5~6기압).

파열판을 고정할 때는 플랜지나 유니온 소켓 등을 사용하기도 하지만 이번에는 '페룰 소켓'을 채용했다. 플랜지보다 작은 데다 구경도 크게 만들 수 있어 배기 속도 향상에 도움이 될 것이다. 페룰 소켓은 소화기 지름에 맞는 크기를 선택한다. 또 한쪽을 소화기 바닥에 용접해야 한다. 시판 제품은 모두 스테인리스제로, 소재가 다른 금속의 용접은 난이도가 높기 때문에 용접하는 쪽의 소켓을 선반기를 이용해 제작하기로 했다. 둥근 봉을 깎아서 만들어도 되지만 형태 면에서 재료의 낭비가 많기 때문에 철 파이프와 철판을 용접한 것을 절삭하기로 했다. 클램프 밴드와 접속할 부분을 테이퍼 가공하면 단단히 고정할 수 있다. 선반 가공을 마치면 소화기 바닥면에 구멍을 뚫고 용접한다.

참고로, 가압식 소화기 니들의 스트로크는 약 10mm로 짧기 때문에 공기압을 가했을 때 파열판이 팽창하면 니들이 파열판에 닿지 못하는 경우가 있다. 그래서 바깥쪽 페룰 소켓에 사진[09]와 같은 스토퍼를 부착했다.

완성되었으면 작동시켜보자. 파열판을 장착하고 압축공기를 주입한 후 손잡이를 힘껏 쥐면 니들이 파열판을 파괴하면서 폭음이 발생한다. 꼭 시도해보기 바란다!

충격파 연구에서는 금속 파열판에 수백 기압을 가해 파열시키는 등의 초강력 실험이 이루어진다.
주변에서 쉽게 구할 수 있는 소재도 파열판이 될 수 있으므로 다양하게 시도해보자.

강렬한 폭음과 충격파 실현을 위한 진화의 과정

이그저스트 캐넌 연구 백서

⦿ text by yasu

공작 레벨 ★★★★★

DIY 수준으로는 최고 수준의 출력을 지닌 '이그저스트 캐넌'. 세상에 나온 이래 많은 엔지니어들의 마음을 빼앗으며 끊임없는 개량을 거듭해왔다. 그 기술 개발의 역사를 정리했다.

『과학실험 이과』 시리즈를 대표하는 초강력 무기 '이그저스트 캐넌'. 『도해 과학실험 이과 공작』(2007년)에 처음 등장한 이래 10년이 넘은 시간 동안 수많은 신기술이 개발되고 성능도 향상되었다. 이번에는 이그저스트 캐넌에 쏟아 부어진 그간의 기술을 소개한다.

기술적인 해설을 시작하기 전에 먼저, 이그저스트 캐넌의 구조와 동작을 간단히 소개한다. 이그저스트 캐넌은 압축공기의 압력으로 구동하는 밸브를 이용해 대용량의 압축공기를 순간적으로 배기(Exhaust)하는 공기포이다. 가장 단순한 '단관식'이라고 불리는 구조는 아래의 그림 [01]과 같다. 주로 노즐, 트리거 밸브, 코어가 될 피스톤 유닛으로 구성된다. 압축공기를 충전한 후, 트리거 밸브로 백 체임버를 감압하면 피스톤 유닛이 구동해 노즐에서 고속의 압축공기가 발사되는 구조. 이 세 가지 요소에 초점을 맞추고 각각에 담긴 기술을 해설한다.

Chapter1 '노즐'의 최신 기술
■고무 패킹 ■오링

Chapter2 '트리거 밸브'의 최신 기술

1단식 트리거 밸브		2단식 트리거 밸브
■에어 블로어	■에어 커플러	■AEV
■밸런스 밸브	■미국식 밸브	■REV

Chapter3 '피스톤 유닛'의 최신 기술
■SEV

이그저스트 캐넌은 매우 강력한 공기포이다. 개인적으로는 충전 압력의 고압화에 새로운 가능성이 있지 않을까 생각하지만 그 구조는 아직 미지의 상태이다.

이그저스트 캐넌의 기본 구조와 동작

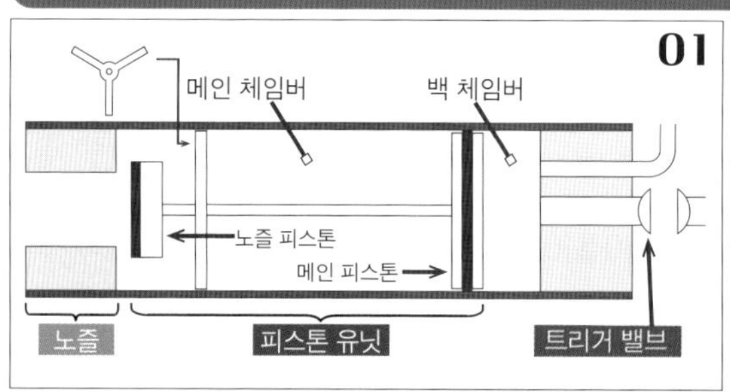

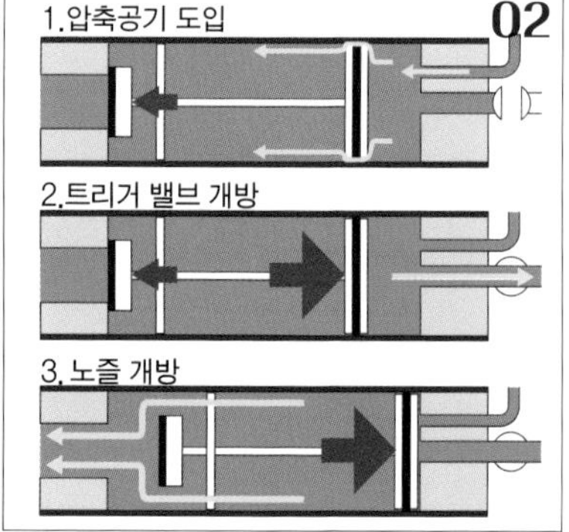

01 : 이그저스트 캐넌의 기본 구조. 트리거 밸브, 피스톤 유닛, 노즐로 구성된다.
02 : 압축공기를 충전한 후, 트리거 밸브로 백 체임버를 감압하면 피스톤 유닛이 구동해 노즐에서 고속의 압축공기가 발사된다.

Memo :

Chapter1 노즐의 최신 기술

노즐은 압축공기가 발사되는 포트로, 발사 대기 시에는 노즐 봉인 피스톤에 의해 닫혀 있다. 이 피스톤 구조의 변천사에 대해 해설한다.

고무 패킹

초대 이그저스트 캐넌에 채용된 방식으로, 고무판이 눌리면서 노즐을 봉인한다. 구조는 간단하지만, 충전 압력이 낮으면 노즐을 누르는 힘이 부족해 틈새로 공기가 새어나와 충전이 잘되지 않는 단점이 있었다.

오링

고무 패킹의 단점을 해소한 것이 오링을 이용한 봉인이다. 오링은 단면이 둥근 고리 모양의 고무로, 홈이 있는 봉재(棒材)에 끼우면 고성능 피스톤을 만들 수 있다. 압력차에 의해 고무가 실린더 안쪽으로 눌리기 때문에 높은 압력은 물론 비교적 낮은 압력에도 확실한 봉인이 가능하다.

참고로, 오링을 이용한 노즐 봉인 피스톤에만 구축할 수 있는 구조가 있다. 바로 피스톤의 조주(助走) 구간이다. 노즐부에 피스톤의 조주 구간을 설계해, 피스톤이 노즐이 완전히 닫히는 위치에 닿기 전에 충분히 가속시킴으로써 노즐이 완전히 닫히는 시점부터 완전히 열리는 시점까지 소요되는 시간을 크게 단축시킬 수 있다. 노즐에서 배기되는 압축공기의 위력이 더욱 강력해지면서 귀청이 떨어질 듯한 날카로운 파열음을 발생시킨다.

03 : 고무패킹을 이용한 노즐 피스톤. 공기가 새어나오기 쉽다는 단점이 있다.

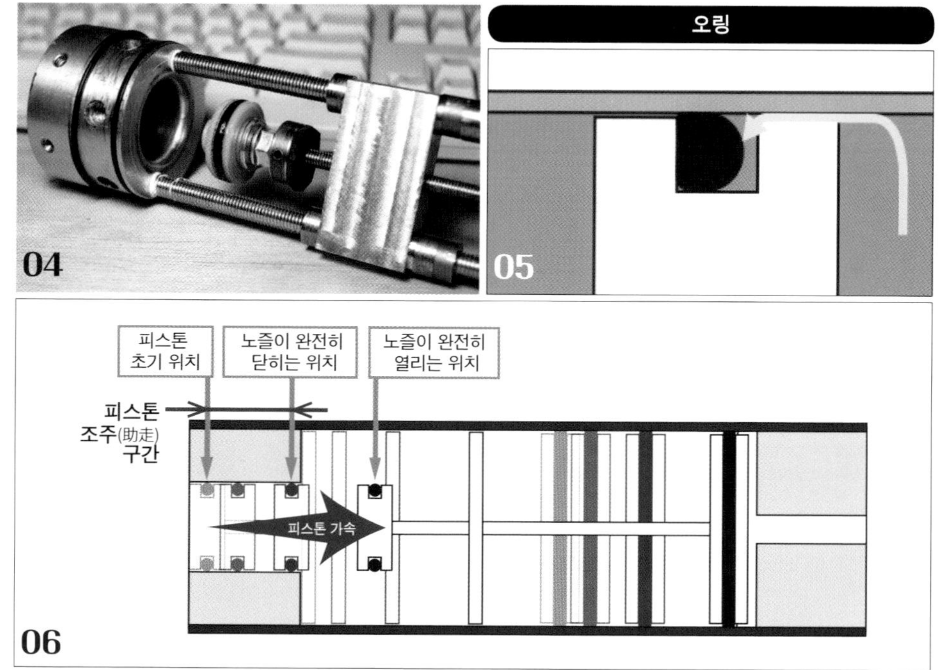

04 : 오링을 이용한 노즐 피스톤 05 : 오링의 봉인 원리. 둥근 고리 모양의 고무가 압력차에 의해 실린더 안쪽으로 눌리면서 확실히 봉인된다.
06 : 노즐이 열리기 전에 피스톤을 가속시켜 노즐이 완전히 닫히는 시점부터 완전히 열리는 시점까지의 시간을 대폭 단축할 수 있다.

Chapter2 '트리거 밸브'의 최신 기술

이그저스트 캐넌의 발사 트리거로 이용되는 '트리거 밸브'. 피스톤 유닛 뒤쪽의 백 체임버를 감압해 피스톤 유닛을 구동한다. 백 체임버의 감압 속도가 빠를수록 메인 피스톤의 구동 속도가 빨라지고 노즐이 완전히 닫히는 시점부터 완전히 열리는 시점까지의 시간이 단축되어 더욱 빠른 노즐 배기를 실현할 수 있다. 백 체임버를 고속으로 감압한다는 관점에서 트리거 밸브에는 '고속', '대용량'의 배기 능력이 요구된다. 이그저스트 캐넌의 고성능화의 역사는 이 트리거 밸브 개발의 역사라고 해도 과언이 아니며 현재까지도 다양한 기구가 고안되고 있다. 이 기구는 크게 '1단식'과 '2단식'으로 나뉜다.

1단식 트리거 밸브 : 개발 여명기

가장 역사가 긴 기구가 바로 '1단식 트리거 밸브'이다. 백 체임버에 연결한 1개의 밸브를 사격수가 조작함으로써 백 체임버를 감압해 메인 피스톤을 구동한다. 현재까지 적용된 4개의 밸브에 대해 해설한다. 유로(流路) 면적, 배기 속도, 조작성, 안정성 등 각각에 특징이 있다.

에어 블로어

『도해 과학실험 이과 공작』에서 소개된 초대 이그저스트 캐넌에 채용되었다. 빨간색 손잡이를 누르면 밸브가 열리며 공기가 유입되는 구조이다. 트리거에 딱 맞는 형태로 조작성도 뛰어나지만 개방 시 형성된 유로 단면적이 대략 10㎟ 정도로 유량이 너무 적은 것이 단점이다.

에어 커플러

에어 블로어를 능가하는 유로 면적을 지닌 배기 도구로, 이것도 『도해 과학실험 이과 공작』에 실린 소화기 캐넌에 사용되었다. 백 체임버에

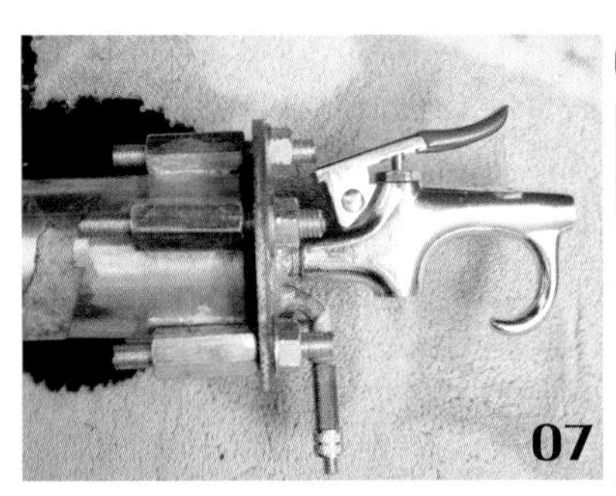

에어 블로어

07 : 초대 이그저스트 캐넌에 채용되었던 에어 블로어
08 : 에어 블로어의 단면도. 유량이 적은 것이 단점

에어 커플러

09 : 에어 커플러를 떼어내 배기한다. **10** : 캐넌 뒤쪽에 플러그를 연결해 커플러를 접속한다.
11 : 에어 커플러에는 표준 크기와 대형 크기가 있다.

Memo :

에어 커플러의 플러그를 연결해 압축공기의 공급과 배기를 한 번에 할 수 있는 매우 합리적인 방식이다.

커플러를 연결해 공기를 충전하고 커플러를 떼어내면 배기가 이루어진다. 이렇게 형성된 유로의 단면적은 50㎟로 앞선 에어 블로어의 5배나 되기 때문에 메인 피스톤의 구동 속도를 더욱 높일 수 있다. 대형 에어 커플러 시리즈의 유로 단면적은 130㎟에 이른다. 대형 피스톤 유닛을 이용하는 경우 이 커플러를 채용하면 더욱 강력한 성능을 얻을 수 있다.

다만 이 커플러는 발사 시 한쪽 팔로만 본체를 지지해야 하기 때문에 안정감이 떨어지는 단점이 있다. 장치가 점점 크고 무거워질수록 캐넌을 한 팔로만 지지해야 하는 이 구조는 채용하기 어려워졌다.

밸런스 밸브

조작 시 양손으로 지지할 수 없는 에어 커플러의 문제점을 해소하고, 안정적인 대용량 배기를 실현한 것이 '밸런스 밸브'이다. 이 밸브는 실린더와 직결된 2개의 피스톤으로 구성된다. 그림 [14]의 오렌지색으로 나타낸 공간이 압축공기, 파란색으로 나타낸 공간이 대기압이다. 두 피스톤 면적이 같기 때문에 피스톤에 작용하는 힘은 '밸런스'를 유지하며 공기도 새어나오지 않는다. 이 피스톤을 오른쪽으로 밀어 넣으면 압축공기가 급속히 방출된다. 실린더의 내경을 크게 만들면 대유량을 제어할 수 있기 때문에 이그저스트 캐넌의 트리거로는 최적이다.

측면에 장착하면 마치 권총의 방아쇠처럼 본체를 양손으로 고정한 채 사격이 가능하다.

미국식 밸브

마지막으로 독특한 종류를 소개한다. '미국식 밸브'는 주로 자동차 타이어에 쓰이는 역류 방지 밸브로 중앙의 핀을 눌러 내부의 압축공기를 배기할 수 있다. 이 구조를 이그저스트 캐넌의 트리거로 응용한 것이다. 핀을 눌렀을 때 형성되는 유로의 단면적은 매우 작지만 충전 용량이 작은 캐넌의 트리거로 사용하기에는 충분하다. 또 뒤에서 이야기할 'AEV'라고 불리는 시스템을 결합하면 대형 이그저스트 캐넌의 구동도 가능하다.

밸런스 밸브

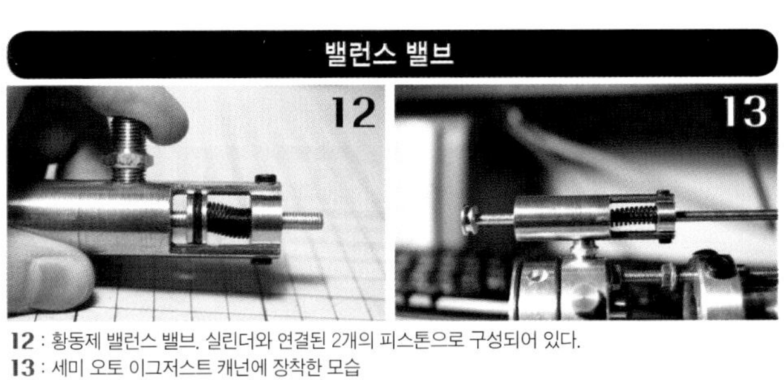

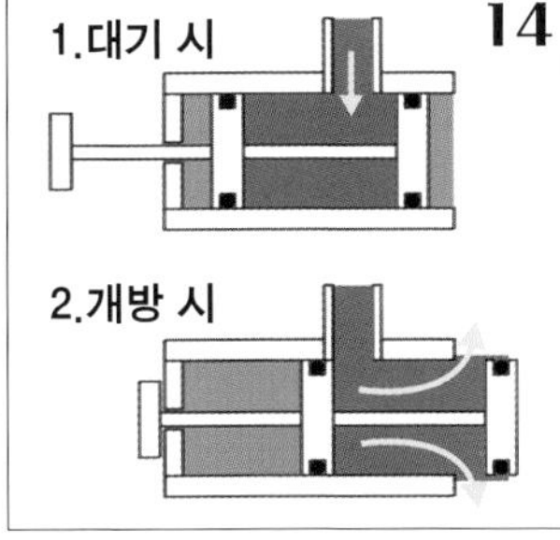

12 : 황동제 밸런스 밸브. 실린더와 연결된 2개의 피스톤으로 구성되어 있다.
13 : 세미 오토 이그저스트 캐넌에 장착한 모습
14 : 밸런스 밸브의 구조. 두 피스톤의 면적이 동일한 것이 포인트

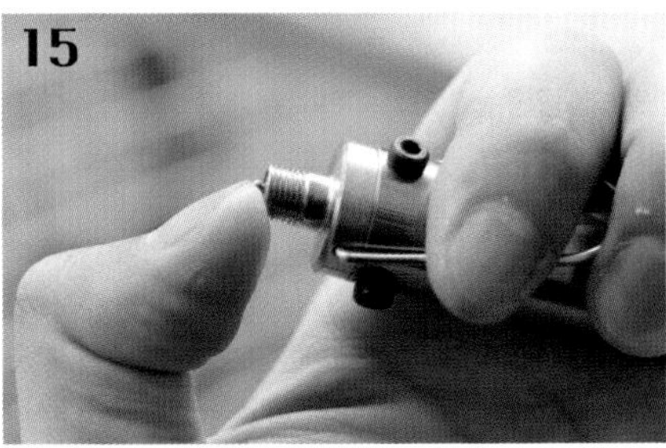

미국식 밸브

15 : 소형 캐넌에 부착한 미국식 밸브. 중앙에 있는 밸브 코어라는 부품으로 내부의 압축공기를 배기할 수 있다.
16 : 미국식 밸브를 이용하면 이론상 연필 크기로 소형화하는 것도 가능하다.

2단식 트리거 밸브 : 진화 · 발전기

이그저스트 캐넌의 고속 구동 및 대형화를 시도할수록 트리거 밸브에 요구되는 배기 성능이 점점 높아져 트리거 밸브 한 개만으로 대응하기가 어려워졌다. 그래서 고안된 것이 '2단식 트리거 밸브'이다. 앞서 소개한 트리거 밸브를 1단, 그리고 이것에 의해 구동되는 2단의 수동 밸브로 고속 대용량의 배기가 가능한 방식이다. 구조는 복잡해졌지만 비약적인 성능 향상을 이루었다. 이 2단식 트리거 밸브는 'AEV'와 'REV'의 두 종류가 있다.

AEV의 구조

AEV(Augmented Exhaust Valve)는 '확장형 배기 밸브'를 뜻한다. 트리거 밸브의 용량을 늘리는 데 그치지 않고 이그저스트 캐넌의 배기 속도를 대폭 향상시킨 밸브 시스템을 고안했다. AEV의 구조는 그림 [20]과 같다. 메인 피스톤 후미에 새로운 피스톤이 추가된 형태로 이것을 편의상 'AEV 피스톤'이라고 부른다.

AEV의 동작 시퀀스

① 압축공기 도입

흡기 밸브를 열어 압축공기를 도입. 백 체임버에 압축공기가 채워지면서 메인 피스톤과 AEV 피스톤에는 각각 좌우 방향의 힘이 작용한다. 이때는 메인 피스톤의 면적이 더 크기 때문에 피스톤 유닛에는 왼쪽 방향의 힘이 작용하지만 노즐에 닿아 있어 움직이지 않는다.

② 압축공기 충전

압축공기는 메인 피스톤과 실린더의 틈새를 통해 체임버 전체로 퍼져나간다. 이때 노즐 봉인 피스톤과 AEV 피스톤에 힘이 가해지는데 이번에도 노즐 봉인 피스톤의 면적이 크고 피스톤 유닛에 왼쪽 방향의 힘이 작용해 움직이지 않는다. 압축공기를 충전한 후 흡기 밸브를 닫으면 발사 대기 상태가 된다.

③ 트리거 밸브 개방

트리거 밸브를 개방하면 발사 시퀀스가 시작된다. 트리거 밸브에서 유출된 압축공기의 유량은 작지만 백 체임버의 압력이 약간 낮아지기

AEV(Augmented Exhaust Valve)

17

18

19

20

21

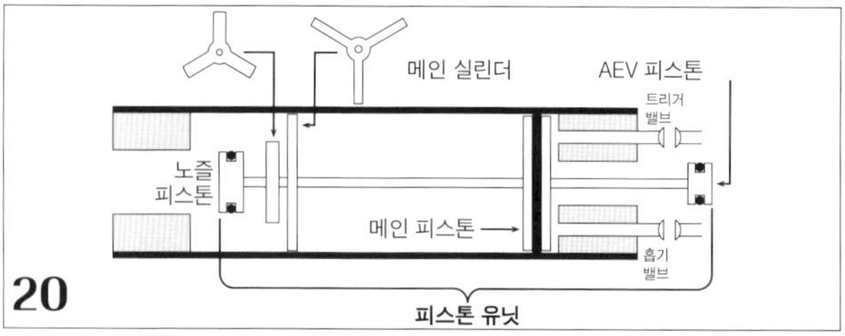

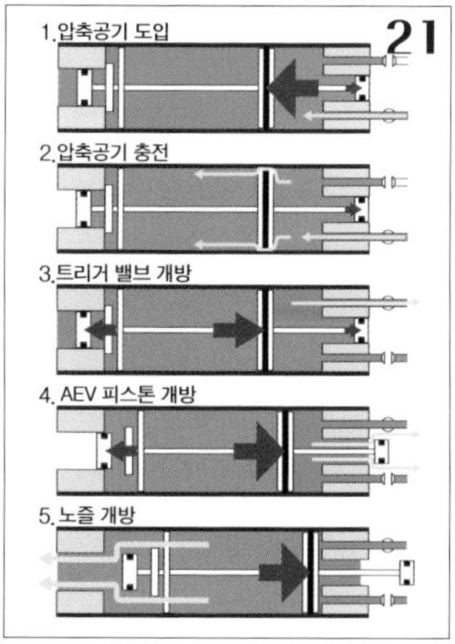

17 : 이그저스트 캐넌의 배기 속도를 대폭 향상시킨 'AEV'
18 : '이그저스트 캐넌 Mk.13'에 탑재한 대형 AEV 피스톤
19 : 미국식 밸브의 핀을 누르면 메인 피스톤이 고속으로 구동한다.
20 : AEV의 구조. 메인 피스톤 후미에 피스톤을 추가했다.
21 : AEV의 동작 시퀀스. 피스톤 유닛이 오른쪽으로 맹렬히 가속하면서 노즐이 고속으로 개방되어 압축공기를 발사한다.

Memo :

때문에 메인 피스톤의 좌우에서 압력 차가 발생해 피스톤 유닛 전체가 오른쪽으로 구동력을 받게 된다. 이 구동력에 의해 피스톤 유닛은 오른쪽으로 가속을 개시한다.

④ 백 체임버 개방

메인 피스톤이 오른쪽으로 이동하면 백 체임버를 막고 있던 AEV 피스톤이 개방된다. 백 체임버가 순간적으로 개방되면서 메인 피스톤에 작용하는 구동력이 크게 증가한다. 그 결과, 피스톤 유닛에는 1단식 트리거 밸브와는 비교도 안 될 정도의 맹렬한 가속도가 발생한다.

⑤ 노즐 개방

맹렬한 가속도를 받은 피스톤 유닛이 오른쪽 방향으로 급가속하면서 노즐이 고속으로 개방된다. 개방된 노즐을 통해 강력한 압축공기가 발사된다.

AEV의 특징

AEV의 가장 큰 특징은 백 체임버의 감압 속도이다. AEV 피스톤이 개방되면서 형성된 배기 포트의 단면적은 종래의 에어 더스터나 에어 커플러 등에 비해 압도적으로 크기 때문에 순식간에 백 체임버를 감압할 수 있다. 그 때문에 메인 피스톤의 구동 속도가 매우 빨라져 강력한 배기를 실현할 수 있게 된 것이다.

또 종래의 이그저스트 캐넌은 트리거로 이용되는 밸브가 백 체임버를 감압하는 역할을 했기에 피스톤 유닛을 고속 구동하려면 고속·대용량 밸브를 선정해야 했다. 반면에 AEV 시스템은 백 체임버 압력을 약간 낮춰주기만 하면 AEV 피스톤이 개방되어 순식간에 백 체임버가 대기압 상태가 된다. 그렇기 때문에 발사 트리거로 용량이 작은 밸브를 사용해도 메인 피스톤을 고속 구동할 수 있는 것이다.

가장 적절한 예가 AEV를 채용한 '이그저스트 캐넌 Mk.17'이다. 이 캐넌은 1단식 트리거 밸브에 미국식 밸브를 사용했다. 보통 이 정도 크기의 캐넌은 트리거로 미국식 밸브와 같은 극소유량 밸브를 채용하면 피스톤 유닛이 거의 가속하지 않을 것이다. 그러나 AEV 피스톤이 있기 때문에 백 체임버의 약간의 감압만으로 피스톤 유닛을 가속시켜 강력한 배기를 실현할 수 있는 것이다.

단, 결점도 있다. 피스톤 유닛에 AEV 피스톤을 추가하기 때문에 질량 증대에 따른 가속도 저하를 고려

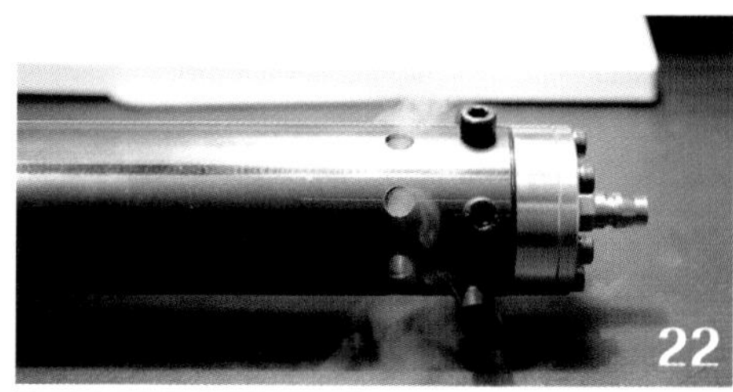

REV(Radial Exhaust Valve)

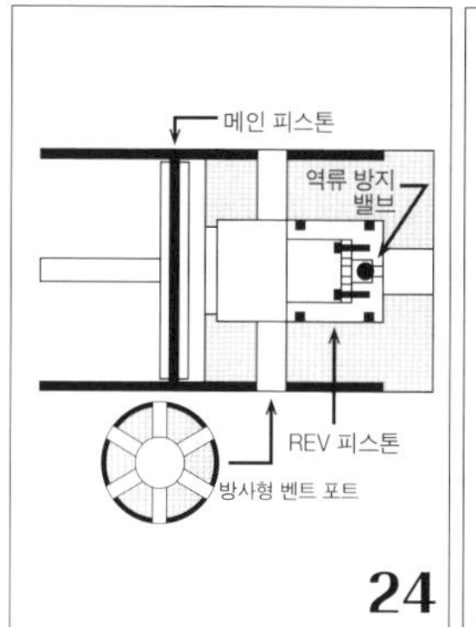

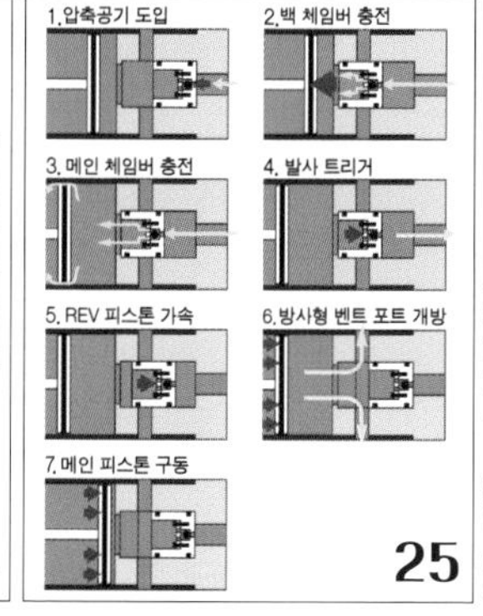

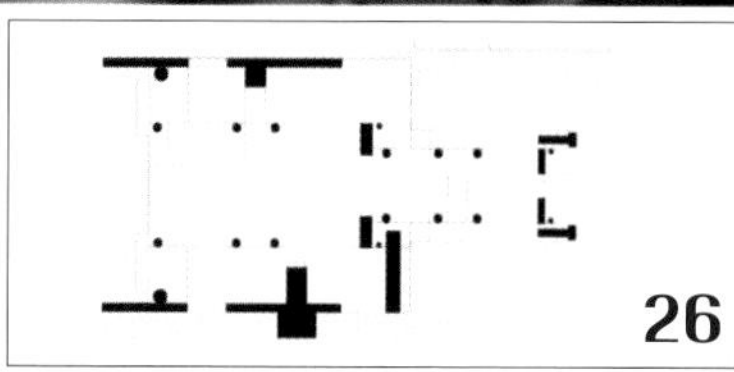

22 : REV를 처음으로 채용한 'Mk.14'
23 : POM 소재 REV 피스톤
24 : REV의 구조(메인 피스톤의 좌측은 생략). 메인 피스톤 후미에 작은 피스톤을 추가했다. 피스톤 내부에 역류 방지 밸브가 달려 있어 압축공기가 오른쪽에서 왼쪽으로만 흐르게 되어 있다.
25 : REV의 동작 시퀀스. REV 피스톤의 백 체임버가 배기되면서 발사 트리거가 작동한다.
26 : 과거에 설계했으나 계획이 중단된 3단식 이그저스트 캐넌의 개념도

할 필요가 있다는 것이다. 단순한 운동 방정식에 의하면 질량은 가속도에 1승, 획득 속도에 1/2승으로 영향을 미친다. 예컨대, 단관식을 채용한 캐넌은 처음부터 피스톤 유닛이 길고 무겁기 때문에 AEV 피스톤 추가로 인한 가속도 저하가 크지 않지만 이중 원통식 소형·경량 피스톤 유닛에 AEV 피스톤을 추가하면 생각만큼 효과를 발휘하지 못할 가능성이 높다.

REV의 구조

배기 속도를 가장 중시한 이그저스트 캐넌을 설계할 때는 피스톤 유닛을 가볍게 유지하면서 백 체임버를 고속으로 감압하는 시스템이 요구된다. 그런 요구를 충족하기 위해 내가 개발한 것이 'REV'이다. 'Radial Exhaust Valve'의 약자로 우리말로 옮기면 '방사형 배기 밸브' 정도가 될 것이다. 이 시스템을 도입함으로써 메인 피스톤의 형태는 그대로 둔 채 백 체임버를 초고속으로 감압할 수 있게 되었다. 특히 원래부터 경량인 이중 원통식 캐넌에 응용하면 비약적인 성능 향상이 예상된다.※1

REV의 구조는 그림 [24]와 같다. 백 체임버 뒤에 실린더와 소형 피스톤(REV 피스톤)을 추가한 구조로 실린더에는 방사형(Radial)으로 뻗어 있는 배기구(방사형 벤트 포트)가 접속되어 있다.

REV의 동작 시퀀스

① REV 피스톤 구동

오른쪽 포트로 압축공기를 도입하면 REV 피스톤에는 왼쪽 방향의 힘이 작용하면서 왼쪽으로 이동을 개시한다.※2

② 백 체임버 충전

REV 피스톤이 왼쪽 끝까지 도달하면 이번에는 역류 방지 밸브를 통해 압축공기가 백 체임버에 충전된다. 백 체임버 압력이 증가함에 따라 메인 피스톤에는 왼쪽 방향으로의 구동력이 발생해 왼쪽으로 이동을 개시한다.

③ 메인 체임버 충전

왼쪽 끝까지 이동한 메인 피스톤이 정지하고, 압축공기는 메인 피스톤과 실린더의 틈새를 지나 메인 체임버에 충전된다.

④ 발사 트리거

REV 피스톤의 백 체임버를 배기하면 발사 트리거가 된다. REV 피스톤에 압력차에 의한 구동력이 발생하면서 오른쪽으로 이동을 개시한다.

⑤ REV 피스톤 가속

압력차에 의한 구동력을 받아 REV 피스톤이 가속한다. 여기서 주목해야 할 점은 방사형 벤트 포트가 여전히 REV 피스톤에 의해 닫혀 있는 상태라는 것이다.

⑥ 방사형 벤트 포트 개방

계속해서 가속한 REV 피스톤이 방사형 벤트 포트를 완전히 개방하면서 백 체임버와 대기가 급격히 만난다. 벤트 포트의 합계 단면적은 AEV와 같이 매우 크기 때문에 백 체임버 압력은 빠르게 저하된다. 그 결과, 메인 피스톤에는 오른쪽 방향으로의 순간적인 가속도가 작용한다.

⑦ 메인 피스톤 구동

메인 피스톤이 고속으로 구동하며 노즐이 개방된다. 압축공기가 발사된다.

REV의 특징

REV의 가장 큰 특징은 시스템 전체의 구동 속도가 AEV를 능가한다는 점이다. 백 체임버를 빠르게 감압하려면 구경이 큰 벤트 포트를 장착해야 한다는 생각은 AEV와 REV 방식 모두에서 공통적이며 실제 REV 벤트 포트의 단면적은 AEV 피스톤의 경우와 거의 같다. AEV와 다른 것은 피스톤의 질량이다. REV는 메인 피스톤과 REV 피스톤이 독립되어 있으며 AEV에서 문제가 되었던 메인 피스톤의 질량 증대가 없다.

또 REV 피스톤도 폴리아세탈 등의 경량 수지를 사용해 속이 빈 원통형으로 가공하는 등 최대한 가볍게 만들어 구동 시 가속도를 대폭으로 높였다. 그 때문에 AEV 이상의 고속 배기가 가능해진 것이다. 특히 이중 원통식 등 작고 가벼운 메인 피스톤을 사용하는 기구와의 궁합이 좋다. 배기 속도의 고속화가 목표라면 이 기구를 채용하는 것이 최고의 방법이라고 생각한다.

Memo : ※1 여담이지만 REV는 '압축공기의 압력으로 구동되는 밸브로 압축공기를 고속 배기하는' 이그저스트 캐넌의 기본 구조 그 자체이다. 즉, 위에서 해설한 REV를 탑재한 이그저스트 캐넌은 '2단식 이그저스트 캐넌'이라고도 할 수 있다. 또 2단, 3단…으로 REV를 직렬 접속하면 대형 메인 피스톤도 고속 구동이 가능한 다단식 기구도 만들 수 있을 것이다.

Chapter3 '피스톤 유닛'의 최신 기술

'피스톤 유닛'은 이그저스트 캐넌의 가장 핵심적인 기구임에도 오랫동안 구조의 변화 없이 볼트와 피스톤만으로 제작되어왔다. 이번 초고속 배기& 초고속 연사 방식의 달성을 목표로 한 차세대 캐넌 개발을 계기로 다시금 피스톤 유닛의 가장 이상적인 구조에 대해 생각해보았다. 그렇게 찾아낸 것이 'SEV 시스템'이다. 'Sleeve Exhaust Valve'의 약자로, 이중 원통식을 개량한 이그저스트 캐넌의 새로운 배기 기구이다. 내통(內筒)과 그 안에서 왕복 운동하는 피스톤 유닛으로 구성된다.

SEV의 동작 시퀀스

① 충전 조작 : 공기 도입→백 체임버 압력 상승→피스톤 전진&정지→메인 체임버 압력 상승

압축공기의 충전 조작은 종래의 이그저스트 캐넌과 큰 차이 없다.

② 노즐 개방 조작 : 백 체임버 감압→피스톤 가속→노즐 개방

SEV의 진가가 발휘되는 단계이다. 트리거에 의해 백 체임버가 감압되면 피스톤 유닛은 오른쪽 방향으로의 구동력을 받아 가속한다. 이때도 내통은 피스톤 유닛의 오링으로 봉인되어 있기 때문에 노즐에서 압축공기가 새어 나올 일이 없으며, 피스톤 유닛은 압축공기에 의해 계속해서 가속한다.

그 결과, 노즐이 개방되기 직전 피스톤 유닛의 획득 속도는 30m/s을 넘고※3 내통과 메인 체임버는 불과 1ms 이내로 완전히 접속된다. 그야말로 '순간적'으로 압축공기가 대기에 개방되는 것과 같은 성능이다. 노즐에서는 기존의 이그저스트 캐넌과는 완전히 다른 극도로 날카로운 파열음이 발생한다.

SEV의 특징

SEV를 탑재한 캐넌은 경량성에 기인한 높은 가속도와 조주 구간이 합쳐지며 경이적인 노즐의 개방 속도를 얻을 수 있다. 같은 크기의 단관식 캐넌과 비교하면, 지근거리에서 폭약이 폭발하는 듯한 강력한 폭음이 발생한다. 더욱 놀라운 것은 SEV 방식의 메인 체임버의 용량은 단관식의 60%밖에 되지 않는다는 점이다. 압축공기가 만들어내는 음향에 가장 큰 영향을 미치는 것은 용적이 아니라 기동이었던 것이다.

피스톤 유닛의 경량화로 가속도는 향상되었지만 동시에 피스톤이 정지할 때 그에 상응하는 격렬한 충격이 발생한다. 실제 일부 단관식의 경우 피스톤이 정지할 때 생기는 변형이 문제가 되기도 했다. 더 큰 충격이 발생하는 SEV 피스톤에는 모든 부품을 두랄루민 소재의 얇은 원통으로 구성하는 모노코크 구조를 채용해 강도와 경량성을 양립시켰다.

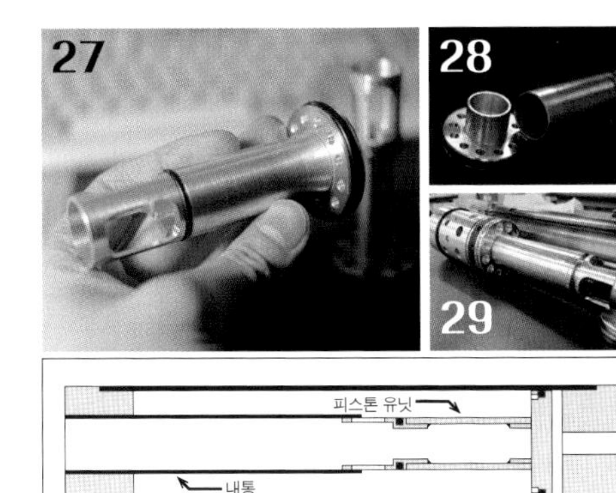

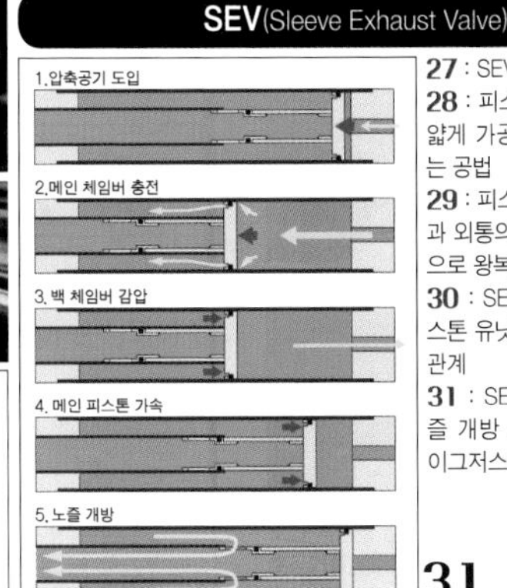

27 : SEV 피스톤 유닛
28 : 피스톤과 내통을 최대한 얇게 가공해 접착제로 접합하는 공법
29 : 피스톤 유닛은 항상 내통과 외통의 유도에 따라 안정적으로 왕복 운동을 한다.
30 : SEV의 구조. 내통과 피스톤 유닛은 칼과 칼집과 같은 관계
31 : SEV의 동작 시퀀스. 노즐 개방 시의 동작이 종래의 이그저스트 캐넌과 다르다.

※2 역류 방지 밸브에 대한 설명에서 압축공기가 오른쪽에서 왼쪽으로 흐른다고 말했는데 실제로는 압축공기가 통과할 때 압력 손실이 있기 때문에 REV 피스톤을 구동하는 데 충분한 압력차가 발생한다.

※3 외통 내경 48.6mm/ 내통 지름 23.4mm/ 가속 길이 50mm/ 피스톤 질량 0.05kg/ 충전 압력 0.7MPa 조건 시

[완전판] 코드 네임 '어설트!'

초고속 자동 연사 이그저스트 캐넌

⦿ text by yasu

공작 레벨 ★★★★★

2단식 트리거 밸브와 SEV 기구로 이루어낸 초고속 배기가 이그저스트 캐넌의 새로운 시대의 막을 열었다. 신기술을 아낌없이 담아 개발한 최상급 기종을 소개한다.

01 : 설계 콘셉트

2단식 트리거 밸브의 발명으로 대형 이그저스트 캐넌을 구동하는 방법이 확립되었다. 그것은 소형 이그저스트 캐넌의 초고속 배기가 가능해지는 것과 마찬가지로 신시대의 개막을 상징하는 기술이었다. 지금까지 개발된 모든 신기술과 신기구를 추가해 역대 최고 성능의 '이그저스트 캐넌 어설트'를 개발했다. 설계 콘셉트는 다음의 세 가지이다.

- 초고속 충전
- 초고속 배기
- 초고속 연사

02 : SEV와 REV로 초고속 배기

'초고속 배기'를 실현하기 위해 기구는 물론 이중 원통식을 개량한 SEV(Sleeve Exhaust Valve)를 채용했다. 트리거 밸브에는 백 체임버의 고속 감압이 가능한 이단식 REV(Radial Exhaust Valve)를 장착해 노즐의 개방 시간(완전히 닫힌 상태에서 완전히 열리기까지 걸리는 시간)을 최소화했다.※1

03 : ARREV로 고속 충전&연사

또 초고속 충전과 초고속 연사를 실현하기 위해 앞서 이야기한 REV에 세미 오토매틱 기능을 추가한 새로운 기구 'ARREV'를 개발했다.

ARREV란 'Automatic Returning Radial Exhaust Valve'의 약자로 '자동 복귀 방사형 배기 밸브'라고 옮길 수 있다. 종래의 REV와 동일한 피스톤과 실린더로 구성되며 다른 것은 압축공기의 도입 경로이다. ARREV는 트리거 밸브의 개폐만으로 대유량 압축공기를 고속으로 급배기할 수 있는 반자동 시스템이다. 이 대용량, 고속, 반자동 ARREV와 개방 시간을 최소화하는 SEV를 결합해 초고속 충전과 배기 그리고 연사를 실현하는 것이 이번 작전이다[02].

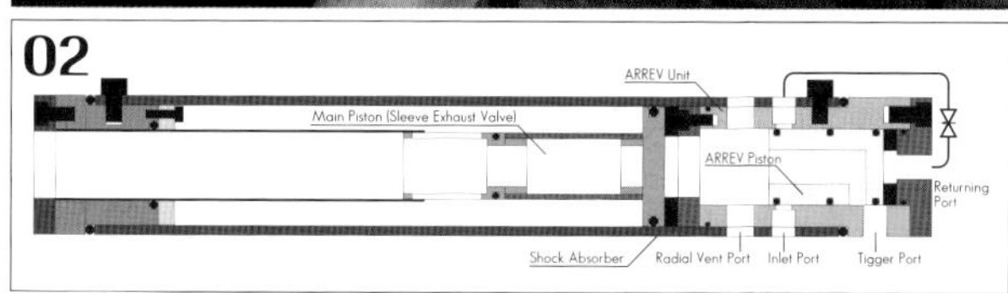

01 : 신기술을 가득 담아 초강력 충격파를 자유롭게 방출할 수 있게 된 이그저스트 캐넌 어설트
02 : 이그저스트 캐넌 어설트의 구조도

Memo : ※1 이번 체계에서는 1ms(1/1000초) 이하. 이 찰나의 시간에 순간적으로 지름 23.4mm의 포트가 형성되면서 강렬한 충격파를 동반한 압축공기가 노즐을 통해 배기된다.

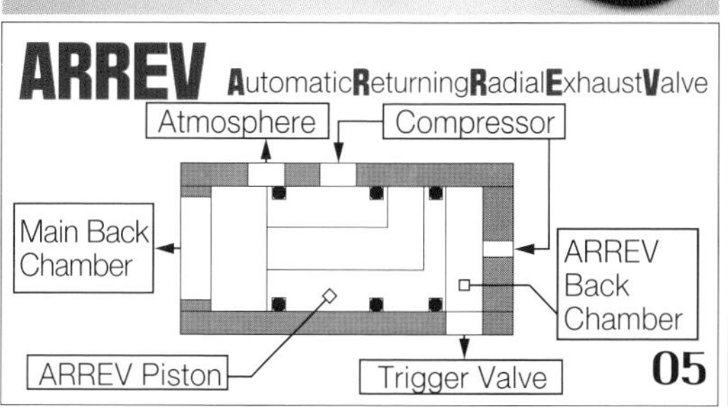

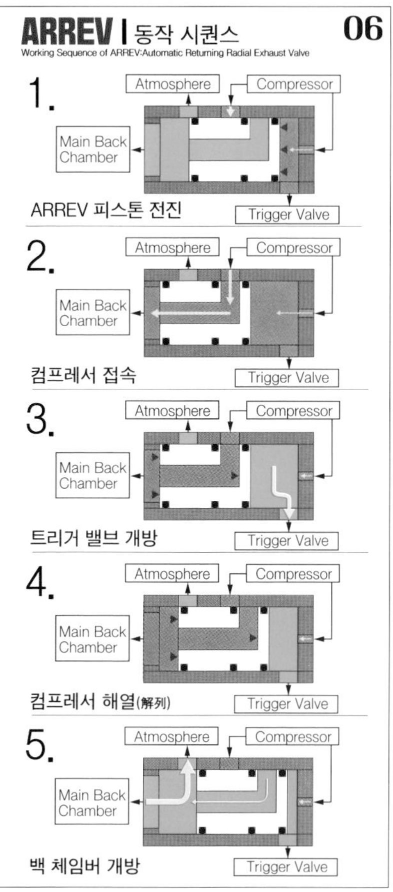

03 : ARREV 외관 **04** : 부품 별로 분해. 피스톤 이외에는 모두 두랄루민 소재 **05** : 복잡한 ARREV의 구조도
06 : 반자동 ARREV의 동작 시퀀스. 트리거 밸브의 유량을 압축공기의 도입 유량보다 크게 설정한 것이 포인트

04 : 각 유닛의 소개

ARREV 유닛

이번 반자동 동작의 핵심이 이 ARREV 유닛이다. 방사형 벤트 밸브와 각종 포트가 결합된 복잡한 형상이다. 구성 부품인 실린더나 플랜지 등은 모두 두랄루민 소재를 사용했으며 ARREV 피스톤은 폴리아세탈 수지를 채용했다. 폴리아세탈은 'POM', '듀라콘' 등으로 불리며 가볍고 단단하며 금속과 접촉했을 때 마찰계수가 매우 낮은 자기 윤활성을 지닌 것이 특징이다. 고속으로 왕복하는 피스톤에 안성맞춤인 소재이다. 피스톤은 왕복할 때마다 실린더 끝 부분에 충돌하기 때문에 완충용 고무를 끼워 파손을 방지했다[03~06].

SEV 유닛

고속 배기 동작의 핵심인 SEV 유닛. 메인 피스톤은 늘 내 · 외통과 접촉한 상태로 잦은 왕복 운동에도 안전성을 유지하는 것이 특징이다. 사격 시 압축공기는 메인 피스톤 끝에 설계된 3개의 창을 통해 노즐로 배출된다. 메인 피스톤은 당초 폴리아세탈 수지로 제작했지만 사격 시 발생한 충격으로 파괴되었기 때문에

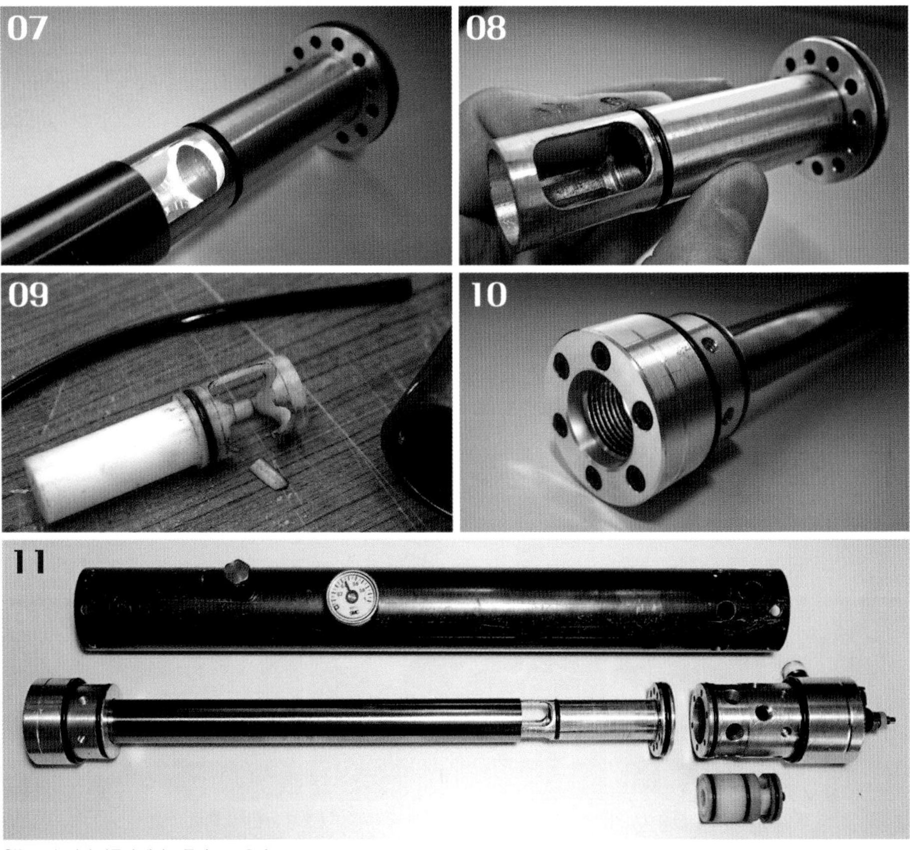

07 : 고속 배기 작동의 핵심 부품인 SEV 유닛
08 : SEV 유닛의 메인 피스톤. 끝 부분에 설계한 3개의 창을 통해 압축공기가 노즐로 배출된다. 당초의 POM 소재가 파손되었기 때문에 두랄루민으로 다시 만들었다.
09 : 발사 충격을 버티지 못한 POM 수지 소재로 만든 메인 피스톤
10 : 암나사를 설계한 노즐. 라발 노즐이나 곧은 관을 부착하는 것도 가능하다.
11 : 노즐-SEV-ARREV로 모든 유닛이 동일 축상에 아름답게 배치되어 있다.

전부 두랄루민 소재로 다시 만들었다. 금속 재료를 채용하면서 경량성은 희생했지만 얇고 속이 빈 원통 구조로 강도와 경량성을 양립시켰기 때문에 은 총 중량은 50g을 넘지 않는다[07~09].

●노즐 유닛

노즐부에는 확장성을 위해 암나사를 설계했다. 라발 노즐이나 곧은 관을 연결해 초음속 풍동이나 충격 파관으로 응용이 가능하다. 암나사부는 강도가 높은 탄소강을 사용했으며 그 이외에는 두랄루민으로 구성했다[10].

●전체 구성

이상의 각 유닛과 외통을 조립 위치로 배열했다[11]. 모든 부품이 동일 축상에 배열되어 공간의 낭비가 없고 기능미가 느껴진다.

05 : 본격적인 사격 실험

밸런스 밸브를 트리거 밸브로 장착해 작동시켜보았다[12]. 컴프레서를 연결하면 충전이 완료된다. 밸런

Memo :

스 밸브의 방아쇠를 당기는 순간, 방사형 벤트 포트에서 여섯 줄기의 흰 연기가 뿜어져 나오고, 노즐에서는 이제껏 들어본 적 없는 날카로운 파열음이 발생했다[01]. 음압이라기보다는 충격파라고 하는 편이 적절할 것이다. 더욱 놀라운 것은 연사 속도. 충전 시 압력 손실을 최대한 억제한 유로 설계 덕분에 사격 완료 후 바로 재충전이 완료되었다. 방아쇠를 당기면 당기는 족족 사격이 가능했다.

어설트의 연사 성능은 인간의 능력을 초월한 듯하다. 그렇다면 그 한계 성능을 끌어내보고 싶은 것이 개발자의 습성일 것이다.

06 : 연사, 그리고 전자동화

전자동화 기구를 장착해 연사의 신시대를 열어보자! 전자동화를 달성하기 위해 필요한 기능은 단 하나. '충전이 완료되는 즉시 자동으로 방아쇠를 당기는' 것이다.

여기서 말하는 충전 완료란 '메인 체임버의 압력이 컴프레서의 압력과 같아지는' 시점이다. 또 방아쇠를 당기는 것은 ARREV의 백 체임버를 '배기'하는 것이라고 할 수 있다. 즉 '메인 체임버와 컴프레서의 압력이 같아졌을 때 열리는 밸브'를 추가하는 것이다. 그렇게 개발한 기구가 '콤퍼레이터 밸브 유닛(Comparator Valve Unit)'이다.

이 유닛에는 기준 압력 포트(Reference Pressure Port), 입력 압력 포트(Input Pressure Port), 출력 포트(Output Port) 등 3개의 포트가 존재한다[13, 14]. 또 유닛은 트리거에 연결된 입력 밸브(Input Valve)와 독립된 피스톤인 콤퍼레이터 밸브(Comparator

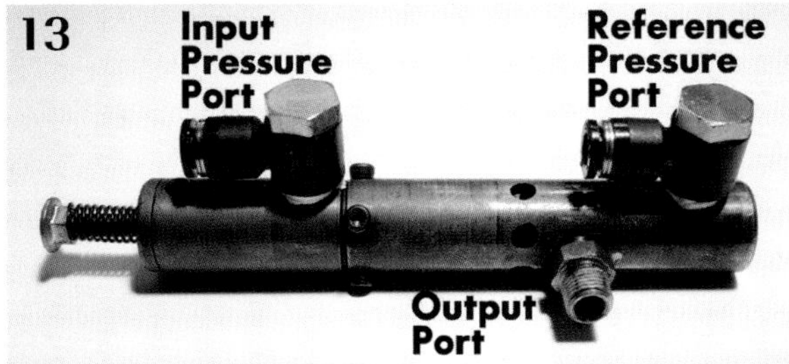

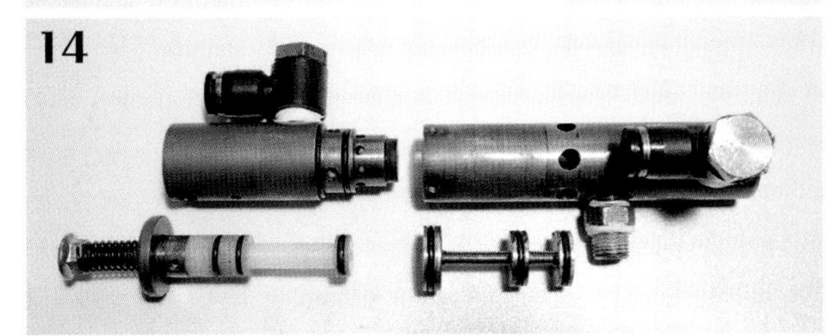

12 : 밸런스 밸브를 1단의 트리거 밸브로 장착. 컴프레서로 충전해 실제 발사한 모습이 80쪽의 사진이다[01].
13 : 3종류의 포트가 설계된 콤퍼레이터 밸브 유닛의 외관
14 : 유닛에는 입력 밸브와 콤퍼레이터 밸브가 들어 있다.

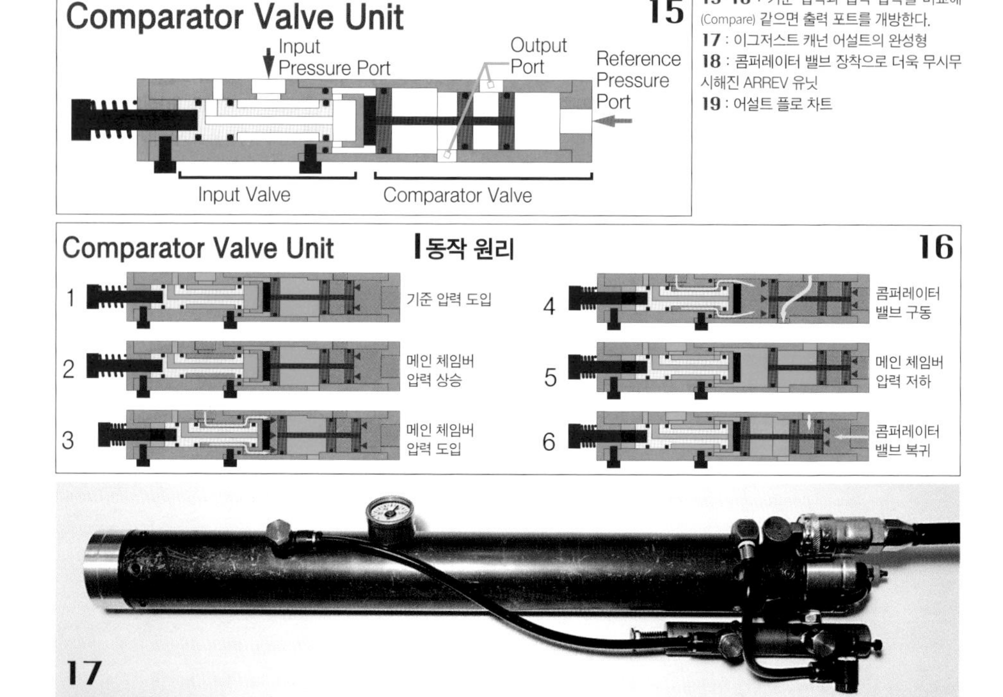

15·16 : 기준 압력과 입력 압력을 비교해(Compare) 같으면 출력 포트를 개방한다.
17 : 이그저스트 캐넌 어설트의 완성형
18 : 콤퍼레이터 밸브 장착으로 더욱 무시무시해진 ARREV 유닛
19 : 어설트 플로 차트

Valve)로 구성된다[15]. 이 유닛의 역할은 입력 압력과 기준 압력이 같아졌을 때 출력 포트를 여는 것이다. 이 동작의 핵심은 콤퍼레이터 밸브 피스톤의 단면적이다. 입력 압력 쪽 면적이 기준 압력보다 크기 때문에 두 압력이 같아졌을 때 피스톤은 입력 압력 쪽에서 기준 압력 쪽으로 힘을 받아 구동되는 것이다[16].

나머지는 잘 알다시피 입력 압력 쪽에 메인 체임버, 기준 압력 쪽에 컴프레서를 연결하고 출력 포트에 ARREV의 백 체임버를 연결하면 OK. 입력 밸브를 조작해 메인 체임버의 압력을 콤퍼레이터 밸브에 인가하면 압력의 비교가 이루어지며 자동적으로 ARREV의 트리거가 작동한다.

07 : 어설트의 위력을 해방

전자동화가 완료된 이그저스트 캐넌 어설트를 구동해보자. 콤퍼레이터 밸브의 트리거를 당기는 순간 흡사 어설트 라이플을 연사하는 듯한 초고속 반동 충격과 날카로운 파열음이 강타했다[20]. 뭐야, 이거… 완전 재밌잖아!! 실외에서 발사하자 폭음과 연사 과정에서 비롯된 지나

Memo :

20 : 어설트 라이플을 연사하는 듯한 반동 충격과 날카로운 파열음에 감동!

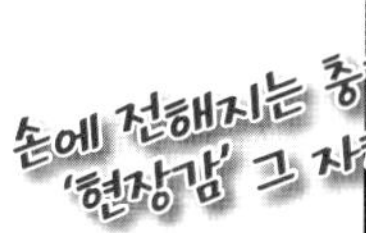

21 : 어설트 캐넌을 응용해 노즐에 물을 공급할 수 있도록 개조했다. 물탱크와 에어탱크를 등에 짊어지면…

22 : 최신 기술을 가득 담은 이그저스트 캐넌 어설트의 각 유닛

친 '현장감'에 주위가 일순 분쟁 지역으로 변했다. 사격음의 연사 주파수를 측정하자 무려 16Hz. 그토록 복잡한 사격 시퀀스가 1초에 16회나 반복되다니 설계한 본인도 놀라지 않을 수 없는 성능이다. '어설트'라는 이름에 걸맞은 배기, 충전, 연사의 모든 속도가 기존의 상식을 뛰어넘는 차세대 이그저스트 캐넌이다.

08 : 끝으로

최신 기술을 가득 담아 완성한 이그저스트 캐넌 어설트[17~19]. 그 성능은 설계자의 예상을 한참 뛰어넘었다. 이번에는 충전 속도를 중시한 소형 기구로 설계했지만 이것을 대형·고압화했을 때 눈앞에서 어떤 장관이 펼쳐질지 생각만으로도 가슴이 뛴다. 제작 난이도는 『과학실험이과』 시리즈 중에서도 최고 수준이 되고 말았지만 도전을 겁내지 말고 더욱 강력해진 이그저스트 캐넌의 신시대를 함께 만끽하기 바란다.

절삭 난이도가 높은 소재의 가공 기술을 해설

스테인리스 소재 캐넌 개발

◉ text by POKA

공작 레벨 ★★★★★

이번 편에서는 이그저스트 캐넌의 '소재'에 포커스를 맞춘다. 쉽게 녹슬지 않고 단단하며 가솔린 등을 연료로 사용할 수 있는 스테인리스제 캐넌의 제작 방법을 해설한다.

스테인리스는 이상적인 금속 소재로, 커트러리나 주방 싱크대 등 우리 주변의 다양한 제품에 사용되고 있다. 가장 큰 특징은 'Stain Less'라는 이름 그대로 녹슬지 않는다는 점이다. 주성분인 철에 크롬을 첨가해 녹의 진행을 방지했다. 또 내식성, 내열성은 물론 강도도 높아 관리가 편하다. 그렇다면 '이그저스트 캐넌'의 소재로서도 이상적이라고 할 수 있다. 물에 담가도 되고 어느 정도 거칠게 다루어도 큰 문제없다. 가솔린을 주입해 화염을 방사하는 것도 가능하다.

다만 한 가지 문제가 있다. 가공 난이도가 높다는 점이다. 강도가 높다는 것은 그만큼 가공도 어렵다는 뜻이다. 특히 구멍을 뚫거나 자르는 등의 절삭 작업은 상당한 노력이 필요하다. 반면에 용접은 쉽다. 열이 잘 전달되고 산화에도 강하기 때문에 아름다운 외관을 얻을 수 있다.

이번에는 스테인리스의 가공 기술과 함께 스테인리스제 이그저스트 캐넌의 제작 포인트를 정리해보았다.

스테인리스 가공의 포인트

절단 시의 포인트①

날이 잘 드는 공구로 한 번에 완성한다

스테인리스는 수공구로 자르기 매우 어렵기 때문에 마력이 있는 전동 공구를 사용해야 한다.

문제는 스테인리스 특유의 '가공 경화'라는 현상이다. 스테인리스는 가공할 때 강한 스트레스를 가하면 금속이 단단해져 이후의 가공이 힘들어진다. 이 가공 경화를 막으려면 날이 잘 드는 공구로 한 번에 완성하는 것이 포인트이다. 잘 들지 않는 공구로 무리하게 가공하면 금속에 지나친 부하가 가해져 가공 경화가 일어난다.

특히 주의해야 할 것은 드릴 가공 후 탭 가공을 하는 경우이다. 절단하는 것뿐이라면 설령 가공 경화가 일어나도 디스크 그라인더의 숫돌 같은 더 단단한 도구로 대응할 수 있다. 하지만 경화된 상태에서 나사를 깎는 탭 가공을 하게 되면 공구가 안에서 부러질 수 있으니 특히 주의해서 작업해야 한다.

스테인리스의 특징
장점
쉽게 녹슬지 않는다
강도가 높다
내열성이 있다
용접성이 뛰어나다
관리가 쉽다
단점
절단·절삭 가공이 어렵다

스테인리스 가공에는 수공구가 아닌 전동 공구를 사용한다. 그라인더, 선반기, 보링 머신, 용접기 등이 필요하다.

Memo :

스테인리스제 이그저스트 캐넌

이그저스트 캐넌의 구조나 개발사에 대해서는 yasu 씨의 해설을 참조하기 바란다(72~79쪽 등). 여기서는 스테인리스 가공 방법에 초점을 맞춰 설명한다. 거의 모든 부품을 스테인리스로 만들었기 때문에 꽤 무겁고 단단하다.

금단의 화염 방사도!

비에 젖거나 물속에서도 확실히 작동한다. 내식성도 있어 가솔린을 연료로 사용해 화염 방사!!!!도 가능하다. 화염 방사식 캐넌으로 응용하는 방법은 다음 기회에 소개한다(사진은 이미지 : 화염 방사식 이그저스트 캐넌).

절삭 시의 포인트②

절삭 도구와 절삭제 선택이 중요

절단된 재료를 원하는 모양으로 만들려면 선반기 등으로 가공한다. 효율적으로 절삭하려면 다음의 두 가지를 기억해두자.

첫 번째는 절삭 도구의 선택. 스테인리스의 선반 가공에는 고속도강이나 초경 공구를 사용하게 된다. 보통은 고속도강으로 충분하지만…. 고속도강은 주축의 회전 속도를 높이지 못하는 단점이 있다. 길이가 긴 가공물이나 대량 가공이 필요한 경우 또는 회전 속도를 높이고 싶을 때는 초경 공구를 이용한다. 일반적으로 고속도강보다 절삭력이 떨어지기 때문에 초경 공구를 사용할 때는 공작 기계의 마력과 강성이 요구된다.

두 번째는 절삭용 케미컬제이다. 스테인리스를 가공하는 경우, 일반적인 광물유만으로는 문제를 일으킬 가능성이 높기 때문에 전용 절삭제를 사용하도록 한다. 염소계나 유황계 등의 극압 첨가제라고 불리는 성분이 함유되어 있어 절삭 등의 강한 부하가 가해지는 작업에는 필수품이다.

특히 나사를 깎는 탭 가공은 작업이 어렵기 때문에 고성능 전용 절삭제를 원액 그대로 사용하는 것이 일반적이다. 최악의 경우, M8 크기의 탭이라면 망가뜨려 빼낼 수 있지만 구경이 작은 탭은 그런 방법도 어렵기 때문에 가공물을 못 쓰게 될 가능성도 있다. 나사를 깎을 때는 고품질 절삭제를 아낌없이 충분히 사용하도록 한다.

접합 포인트③

접합 방법은 세 가지

위에서 말했듯이 스테인리스의 접속은 비교적 쉽기 때문에 크게 걱정할 필요 없다. 용접, 납땜, 경납땜 등이 일반적인 방법으로 강도가 필요한 경우는 용접이나 경납땜, 간단한 가공이라면 납땜만으로도 가능하다.

스테인리스 가공의 요점을 짚어 보았으니 88쪽부터는 스테인리스를 가공해 캐넌을 완성하기까지의 각종 제작 기술을 더욱 구체적으로 해설한다. 이번에 사용할 스테인리스는 가장 일반적인 'SUS 304'이다. 크롬과 니켈을 함유한 오스테나이트계로 뛰어난 방녹성과 내열성을 갖춘 것이 특징이다.

스테인리스제 이그저스트 캐넌의 제작 포인트

오링용 홈 가공

이그저스트 캐넌은 고압의 공기를 다루기 때문에 밀폐 기술이 매우 중요하다. 이번 캐넌 제작에는 일반적인 오링을 채용했다. 70mm가량의 스테인리스강 안쪽에 홈 바이트를 이용해 저속으로 홈을 깎는다. 이런 가공에는 날이 잘 드는 공구를 사용하는 것이 중요하므로 초경 공구보다는 고속도강이 적합하다. 홈의 깊이는 오링의 굵기보다 0.1~0.3mm 정도 남는 것이 좋다.

공기 누수를 막기 위해 오링으로 봉인. 홈 바이트를 사용해 선반기로 홈을 깎는다.

내측 인장에 의한 밀봉 구조

캐넌을 조립할 때는 파이프 바깥쪽에서 나사로 고정하는 것이 아니라 안쪽에서 서로 잡아당기는 식으로 조립한다. 파이프 안쪽에 4개의 긴 너트를 달아 잡아당기는 구조이다. 너트에는 공기압에 의한 큰 힘이 가해지기 때문에 전면을 용접해 원통 안쪽에 완전히 고정한다.

참고로 '분할대'라고 불리는 부속을 사용하면 균일하게 구멍을 뚫을 수 있다. 플랜지 등의 구조에는 필수적인 아이템이다.

큰 부하가 가해지는 부분은 용접이나 경납땜으로 접합한다. 납땜은 강도가 부족해 적합지 않다. 위험하다.

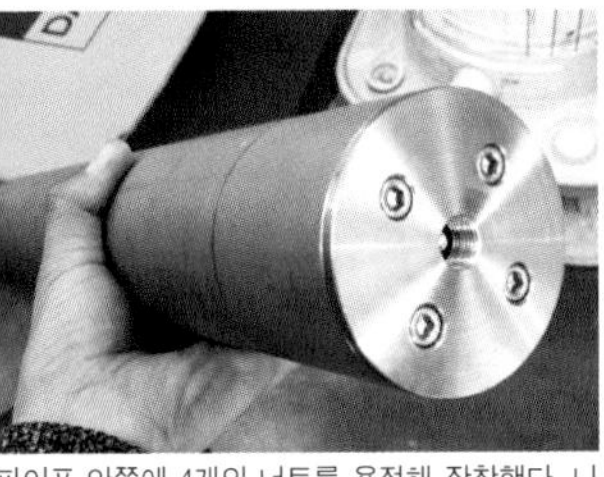

파이프 안쪽에 4개의 너트를 용접해 장착했다. 나사와 너트의 위치가 정확히 맞지 않으면 뚜껑이 닫히지 않는다.

이것이 분할대. 회전반에 달아 원형 가공물을 균등 분할하는 도구이다.

그립 가공

그립은 스테인리스가 아니라 알루미늄으로 제작했다. 물결 모양이라 나는 '넘실넘실 그립'이라고 부른다(웃음). 생산성이 높고 단시간에 만들 수 있는 것이 특징이다. 보통 알루미늄 봉은 '총형 바이트'로 가공하지만 날의 너비가 2cm 정도라 진동에 의한 변형이 발생하기 쉽다. 그래서 '스프링 바이트'라는 R자 형태의 특수한 바이트를 이용해 초저속으로 가공했다. 윤활유를 아낌없이 사용해 한 번에 완성하는 것이 비결이다.

그립감이 뛰어난 넘실넘실 그립. 스프링 바이트로 가공하면 변형을 방지할 수 있어 아름답게 완성된다.

Memo :

각종 나사 가공

스테인리스에 나사를 깎을 때는 상당한 부하가 가해지기 때문에 전용 절삭제를 원액 그대로 사용한다. 또 액상보다는 페이스트형 절삭제를 추천한다. 도포할 때 절삭제가 흘러내리지 않고 절삭 시에는 열에 의해 액화되어 흘러내리기 때문에 사용하기 편하다.

그립부 등 일부는 접시 나사 형태로 가공했다. 고정은 실 테이프가 편리하고 간단하다. 오링으로 밀폐하는 것이 이상적이지만 다시 풀어낼 일이 없는 부분은 실 테이프나 나사 고정제로 영구 고정해도 무방하다.

피스톤에 고무판을 고정할 때는 나사와 볼트에 구멍을 뚫어 가는 철사로 묶었다. 나사로 고정하는 방법도 생각했지만 공기가 흐르는 통로이기 때문에 피스톤은 최대한 가볍게 만드는 것이 좋다.

스테인리스에 나사를 깎을 때는 절삭제를 아낌없이 도포하는 것이 중요하다. 절삭제가 마르지 않도록 듬뿍 바른다.

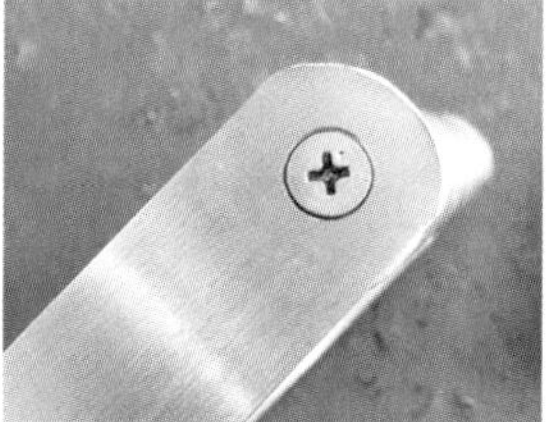

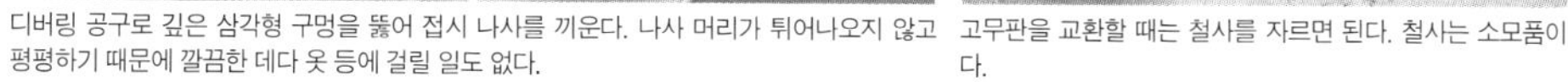

디버링 공구로 깊은 삼각형 구멍을 뚫어 접시 나사를 끼운다. 나사 머리가 튀어나오지 않고 평평하기 때문에 깔끔한 데다 옷 등에 걸릴 일도 없다.

고무판을 교환할 때는 철사를 자르면 된다. 철사는 소모품이다.

배기 트리거의 구조

단순한 구조를 위해 배기 트리거는 공기 주입부와 일체형으로 설계했다. 주입 밸브는 황동제 미국식 밸브를 채용했다. 개방 기구도 같은 황동 소재로 실린더를 잘라 만들었다.

자동차나 산악자전거의 타이어 등에 사용되는 미국식 밸브를 트리거로 채용했다.

와이어 컵 브러시로 본체를 연마

본체인 스테인리스 파이프의 마감에는 선반기를 이용해 전체를 연마해 광택을 내는 버프 연마나 샌드 블라스트 등도 생각했지만 와이어 컵 브러시로 조연마하는 방법을 택했다. 와이어 컵 브러시 가공은 사용하는 재료의 처리에 따라 외관이 달라진다. 이번에 사용한 산세척한 일반 스테인리스 파이프의 경우, 매트하고 독특한 질감으로 완성되었다. 완전한 경면 연마도 가능하지만 흠집이 눈에 잘 띄는 단점이 있다. 조연마라면 흠집도 크게 눈에 띄지 않기 때문에 편하게 사용하기에는 이 방법이 적당하다.

디스크 그라인더와 와이어 컵 브러시로 연마했다. 왼쪽이 연마 전, 오른쪽이 연마 후의 모습. 조연마로도 꽤 깔끔하게 완성되었다.

정수기 하우징과 자전거용 공기 주입기로 만드는 실전형 초강력 물대포

⦿ text by Pylora Nyarogi

공작 레벨 ★★★★★

2020년 여름 불시에 개최된 '자작 물대포 콘테스트'에서 Maker의 피가 끓어올라 자립형 초강력 물대포를 만들어보았다. 비거리도 충분한 실전형으로 완성되었다!

2020년 여름 트위터상에서 열린 '자작 물대포 콘테스트'에 나도 참가했다. 내가 만든 것은 정수기 하우징을 본체로 활용한 공기 펌프 빌트인형 물대포이다. 정수기의 하우징은 나사 1개만 풀면 뚜껑과 탱크를 분리할 수 있는 구조로 물을 재충전하기 쉽다. 또 10기압 이상의 내압 시험을 거쳤기 때문에 강도도 충분한데다 스테인리스 소재라 내식성도 뛰어나다. 물대포로 개조하기에는 최적의 소재라고 할 수 있다. 자립형으로 동작하기 때문에 실전에서 사용하기에도 손색이 없다.

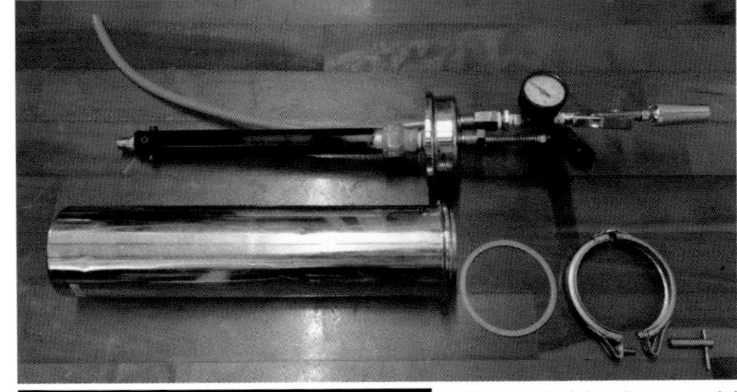

주요 재료

- 정수기 하우징
- 역류 방지 밸브
- 에어 더스터
- 자전거용 공기 주입기
- 소켓류
- 호스

자작 물대포의 길이는 약 70cm. 스테인리스제 정수기의 하우징을 본체로 활용하고, 내부에는 자전거용 공기 주입기를 넣었다.

초강력 물대포의 제작 방법

먼저, 공기 펌프의 실린더와 물을 빨아올리는 호스를 하우징 뚜껑에 접속하기 위한 나사를 깎는다. 이번에 사용한 정수기 하우징의 뚜껑 안쪽에는 약 15mm의 구멍 2개가 뚫려 있었다. 이 구멍을 그대로 활용해 3/8 파이프용 테이퍼 나사를 깎는다. 스테인리스 소재라 가공이 다소 까다롭지만 절삭제를 듬뿍 발라가며 신중히 작업한다. 애초에 선반기를 이용해 뚜껑을 만들면 장치의 성능을 향상시키는 것도 가능하다.

다음은 하우징 안에 넣을 공기 펌프를 가공한다. 이번에는 자전거용 공기 주입기를 가공해 사용하기로 했다. 실린더를 하우징에 수납이 가능한 길이로 자르는데, 너무 짧으면 공기를 충전하기 힘들 수 있으니 적당히 자르도록 한다. 동시에 피스톤과 핸들을 부착할 샤프트의 길이도 조절해둔다. 이 샤프트는 앞서 뚜껑에 뚫어놓은 구멍에 통과시킨다. 길이를 조절한 실린더 한쪽에는 선반기로 내경을 조절한 수도관용 이경 소켓을 납땜한다. 피스톤이 지나갈 실린더와 소켓을 같은 축상에 배치한다. 이제 뚜껑에 낸 3/8 나사 구멍에 실린더를 고정하면 된다.

계속해서 실린더의 다른 한쪽에 역류 방지 밸브를 장치한다. 역류 방지 밸브는 시판 제품을 이용했다. 선반기로 실린더 지름에 맞는 마개를 가공하고 밀폐용 오링을 끼울 홈을 깎는다. 이제 역류 방지 밸브를 부착하기 위한 파이프용 나사와 마개를 고정할 나사를 내면 OK.

뚜껑에 낸 나머지 나사 구멍에는 탱크에서 물을 빨아올릴 호스를 연결한다. 뚜껑 바깥쪽에는 파이프와 접속할 G1/2(파이프용 평행 나사)의 암나사가 용접되어 있다. 공기 주입기를 부착한 쪽 나사에는 샤프트의 진동으로 공기가 새는 것을 막기 위해 가운데 샤프트가 통과할 구멍을 낸 마개를 부착한다. 또 총구 방향의 나사에 파이프용 평행 나사와 파이프

Memo :

01 : 뚜껑에 나사를 깎을 때는 고속도강 탭을 사용한다.
02 : 보링 공구로 나사산을 가공한다.
03 : 납땜할 때는 실린더의 도장을 제거하고 탈지 작업도 철저히 하면 완성도를 높일 수 있다. 같은 철 소재끼리 납땜할 때는 플럭스를 사용한다.
04 : 탱크 안의 물이 실린더로 들어가지 않도록 신중히 작업한다.
05 : 심압대로 탭을 고정하면 나사를 깎기 쉽다.
06 : 이런 형태의 마개는 파이프를 밀폐하고 확장성을 높일 수 있기 때문에 다양한 공작에 사용할 수 있다.
07 : 파이프용 나사 + 실 테이프로 충분히 밀폐한다.

용 테이퍼 나사의 변환 소켓을 부착하면 에어 더스터 등을 트리거로 사용할 수 있다. 이것으로 작업 완료이다.

물과 공기를 충전해 발사!

완성되었으니 실제 발사해볼 차례이다. 탱크에 물을 절반 정도 넣고 10기압 미만으로 공기를 충전한다. 사람이 직접 공기를 넣기 때문에 기본적으로는 안전하지만, 공기 펌프로 200기압 이상이 들어가는 에어 라이플용 핸드 펌프 등을 사용하면 폭발한다. 무리한 개조는 절대 금물이다.

충전할 액체는 일부 부식성이 높은 종류 이외에는 물과 똑같이 사용할 수 있다. 모 슈팅 게임처럼 도료를 발사한다거나 실리콘 오일을 사방에 뿌리는 장난용 장치로 만드는 것도 가능하다. 뭐가 됐든 공기압으로 액체를 발사하는 장치의 활용법은 무한대이다. 뭐든 본인이 하기 나름(웃음). 쉽게 구할 수 있는 소재를 결합해 간단히 만들 수 있으므로 독자 여러분도 시도해보기 바란다.

공기압에 의해 뿜어져 나온 물이 10m나 분사! 외형도 무시무시하다. 이게 바로 성인용 물대포!!

이그저스트 캐넌에 물탱크를 합체!
물 덩어리를 사출하는 물대포의 설계와 시제품

⦿ text by 데고치

공작 레벨 ★★★★★

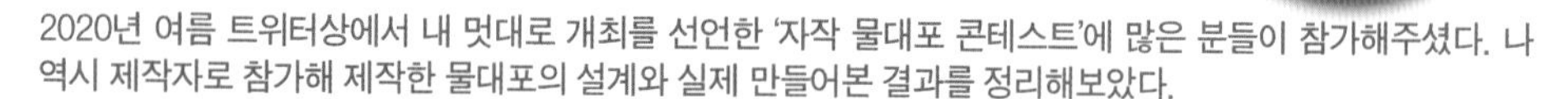
2020년 여름 트위터상에서 내 멋대로 개최를 선언한 '자작 물대포 콘테스트'에 많은 분들이 참가해주셨다. 나 역시 제작자로 참가해 제작한 물대포의 설계와 실제 만들어본 결과를 정리해보았다.

내 목표는 압축공기로 물을 '덩어리' 상태로 발사해 대상물에 충격을 가하는 물 폭탄을 제작하는 것이었다. 이를 실현하기 위해 압축공기를 발사하는 '이그저스트 캐넌'과 급수 기구를 결합했다.

물 덩어리를 사출하려면?

압축공기를 이용해 물을 사출할 때 고려해야 할 두 가지 포인트가 있다.

첫 번째는 압축공기로 물을 사출할 때 총신을 기울여도 물이 새어나오지 않게 하는 것이다. 물을 발사할 정도로 강력한 압축공기이기 때문에 총구에서 물이 새지 않게 기계식 밸브를 달면 밸브가 풀렸을 경우 압축공기와 함께 밸브가 날아가 위험할 수 있다. 총구에 홈 가공된 고무막을 달면 물의 표면장력으로 어느 정도 물이 새는 것을 방지할 수 있다[01]. 소방 작업에 이용되는 임펄스 방수총도 같은 방식의 누수 방지 기구를 채용한다. 다만 이 방식은 고무막에 의한 사출 에너지 손실을 피할 수 없다. 마개를 부착하지 않고도 누수를 방지할 수 있는 방법을 강구할 필요가 있다.

두 번째는 압축공기의 유속이 너무 빠르면 사출되는 물이 안개 형태로 변해버린다는 점이다. 압축공기의 흐름이 수면을 휘저어 물을 확산하고 공기와 물이 섞여버리면 물을 덩어리 상태로 발사할 수 없게 된다. 압축공기로 물을 서서히 가속시키듯 밀어내야 한다.

이런 문제를 해결하기 위해 사출되는 물을 일시적으로 모아두는 사출수 탱크를 설치하는 사이펀 원리를 이용한 급수 기구를 검토했다[02, 03]. 급수 탱크에 물을 넣으면 사이펀 작용으로 일정량의 물이 사출수 탱크에 모인다.

사출수 탱크 안에 배치한 사출관은 물대포를 기울이면 탱크 안의 물이 닿지 않는 위치가 되기 때문에 기울여도 사출관에서 총구로 물이 새어나오지 않는다. 또 발사 시 주입되는 압축공기도 사출수 탱크 안의 공간이 완충 영역이 되어 탱크 안의 사출수 수면에 균일한 압력을 가하기 때문에 물은 층류를 유지하며 사출관(총신) 내에서 가속되어 물의 덩어리를 사출할 수 있게 된다.

01

주요 재료

- 염화 비닐관(VP13, VP40)
- 접착제(세메다인사의 염화 비닐관용)
- 접착제(세메다인사의 EP001N)

주요 공구

- 톱
- 목공용 원통 톱

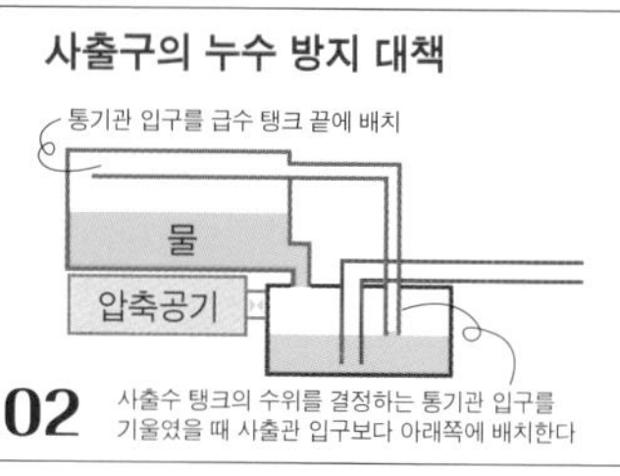

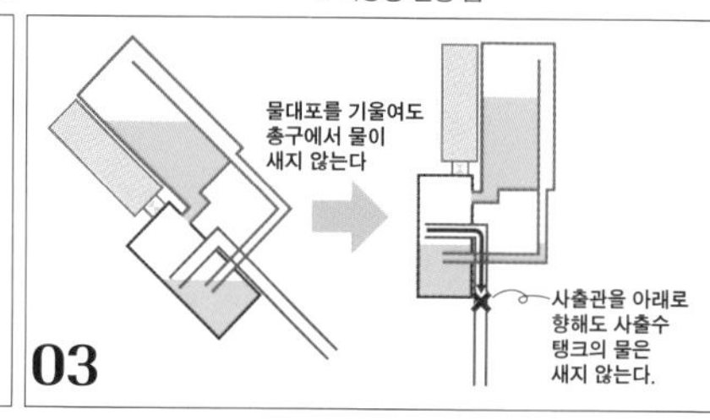

01 : 총구에 실리콘 고무막을 달아 테스트했다. 어느 정도는 물의 표면장력으로 유지되지만 100ml 이상이 되자 물이 새기 시작했다.

02 : 급수 탱크의 물은 수면이 통기관 입구에 닿을 때까지 사출수 탱크로 흘러 들어간다.

03 : 물대포를 기울여도 통기관 입구가 수면에 닿지 않기 때문에 급수 탱크에서 물이 흘러나오지 않는다. 사출수 탱크의 사출관 입구도 수면에 닿지 않아 물이 새지 않는다.

Memo :

04~06 : 염화 비닐관을 결합해 사출수 탱크를 제작. 염화 비닐관용 접착제로 부품을 고정한 후 에폭시 수지 접착제를 덧발라 수밀성과 기밀성을 높였다.
07 : 물대포로 사용하기 위해 이그저스트 캐넌의 총신을 약간 짧은 파이프로 변경했다.
08 : 이그저스트 캐넌에 사출수 탱크를 결합하면 물 덩어리 사출 물대포가 완성된다.

재료의 선정과 제작

이 물대포는 압축공기를 이용하기 때문에 내압이 높은 금속 등을 사용해 안전성을 높이는 것이 제일이다. 그러나 이번에는 성능을 약간 낮춰 제대로 된 동작이 가능한지 확인하는 것이 목적이므로 염화 비닐수지(PVC) 파이프를 사용해 만들었다. 이거라면 녹슬 걱정도 없다.

검토했던 구조대로 사출수 탱크는 굵은 염화 비닐관에 구멍을 뚫고 가는 파이프를 넣어 조립한다. 사출수 탱크 아래쪽에 급수관의 입구를 배치하고 염화 비닐관용 접착제로 고정한다. 접합부는 기밀성을 유지하기 때문에 에폭시 수지를 덧바른다[04~06]. 압축공기를 발사하는 이그저스트 캐넌은 짧은 파이프를 사용해 소형으로 개조했다[07]. 급수 탱크는 약간 조잡하긴 하지만 페트병을 활용하기로 했다. 급수 탱크 접합부에 비닐 튜브를 끼워 일정량의 물이 사출수 탱크에 모이면 비닐 튜브를 막아 공기구멍이 없어지면서 급수가 멈추는 구조. 이것으로 물대포의 기구가 완성되었다[08].

물 덩어리가 발사될까?!

우선 물대포를 기울였을 때 물이 새지 않는지를 확인한다. 급수관 끝에서 물방울이 약간 떨어지긴 했지만 콸콸 새는 정도는 아니니 넘어가기로 했다.

실제 발사해보니 일정량의 물 덩어리가 철벙 소리를 내며 사출! 다만 총신이 짧으면 공기압이 물을 밀어낼 시간이 짧아 위력이 크지 않다. 공기압이 제대로 전달되도록 총신을 긴 파이프로 바꾸었다. 시험 발사해 본 결과, 공기압만으로도 충분히 물대포를 발사할 수 있을 듯했다. 더 간편히 사용할 수 있도록 꾸준히 개량할 생각이다.

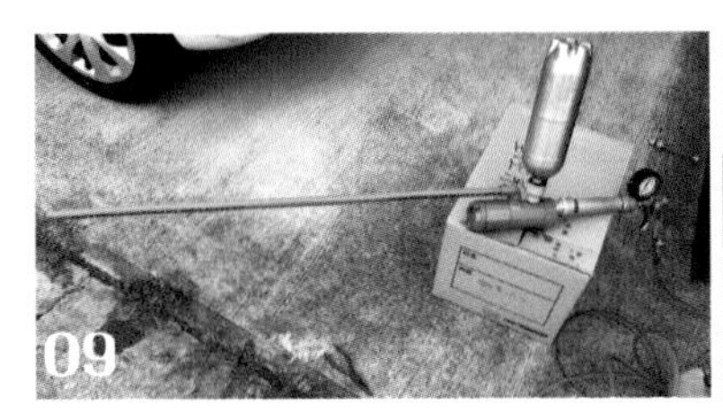

09 : 위력을 높이기 위해 총신을 길게 변경
10 : 발사 시험 결과, '굳이 이그저스트 캐넌을 사용하지 않아도 될 것 같은데?' 하는 생각이 들었다. 시판용 에어 건처럼 스프링으로 피스톤을 밀어내는 구조가 적합할 수도.

고교 물리 학습의 진정한 위력을 보여준다!

휴대형 초고압 워터 제트 건

⊙ text by yasu

공작 레벨 ★★★★★

고등학교 물리 시간에 배운 '파스칼의 원리'. 이 원리에는 실로 엄청난 위력이 숨어 있다. 이 원리를 응용한 압력 변환 기구를 만들어 물대포의 새로운 경지를 개척한다.

2020년 7월 말 트위터에 '사회인이라 여름방학은 없지만 여름방학 공작 숙제만은 하고 싶다…!!'라고 올린 트윗이 어느새 다 같이 '물대포'를 만드는 기획으로 커지고 말았다(자세한 사정은 『라디오 라이프』 2021년 1월호 참조). 발기인이 되어버린 이상 진지하게 임하지 않을 수 없었다. 이그저스트 캐넌의 구조를 봉인한 채 완전히 새로운 타입의 '휴대형 초고압 워터 제트 건'을 자작하기로 했다.

휴대가 가능할 만큼 작은 초고압 워터 제트 건은 에어 호스만 연결하면 완벽히 작동한다.

이 물대포의 콘셉트는 '고압'과 '압력 변환'이다. 이그저스트 캐넌으로 물을 발사하는 물대포의 특징이 '대유량'이라면 이번 목표는 '고압' 물대포이다. 오이 정도는 간단히 자를 수 있는 초고압 워터 제트를 만들고 싶다.

이런 고압 워터 제트를 만들어내는 메커니즘이 이번 개발의 핵심이다. 잠시 학창 시절로 돌아가 그 원리를 복습해보자.

파스칼의 원리와 하중 변환

여기에서 고등학교 물리 시간에 배운 파스칼의 원리를 설명한 그림이 등장한다[02]. 면적비가 다른 피스톤과 실린더가 유체적으로 접속된 모식도. 당시에는 건성으로 들었던 그 원리가 실은 고에너지 공작에 커다란 가능성을 시사하는 구조였던 것이다.

수업 시간에 배운 것은 '면적이 A1인 피스톤에 F1의 하중을 가하면, 면적이 A2인 피스톤에는 A2/A1×F1이라는 압력이 발생한다'는 무미건조한 내용이었다. 예컨대 A1보다 A2를 크게 설계하면 A2에는 A1에 가한 하중보다 훨씬 큰 하중을 발생시킬 수 있다. 그렇다, 이 모식도는 사실 훌륭한 하중 증폭 기구였던 것이다. 이 원리를 응용한 것이 유압 장치이다. 인력으로 자동차를 들어 올릴 수 있는 유압 잭도 작은 피스톤을 밀어 커다란 피스톤을 움직이는 구조이다.

여기서 잠깐 이 식의 형태를 바꾸어보자. 그러면 압력을 매개로 한 하중 변환 기구로도 볼 수 있다. 더 구

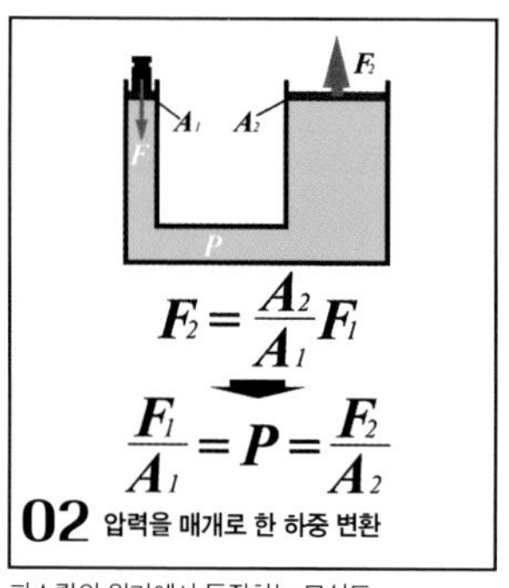

파스칼의 원리에서 등장하는 모식도

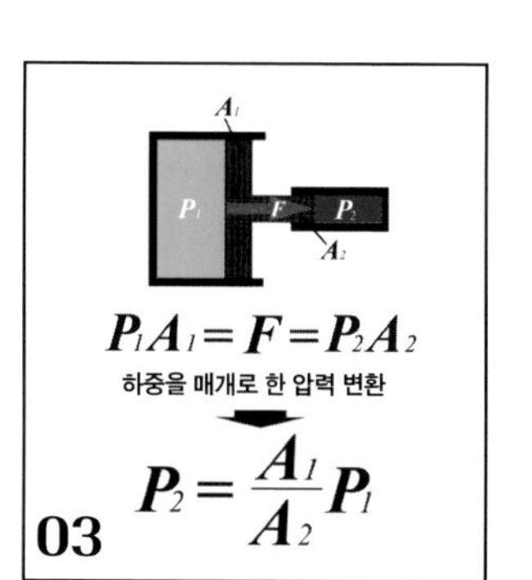

압력 변환에 착목한 모식도

Memo :

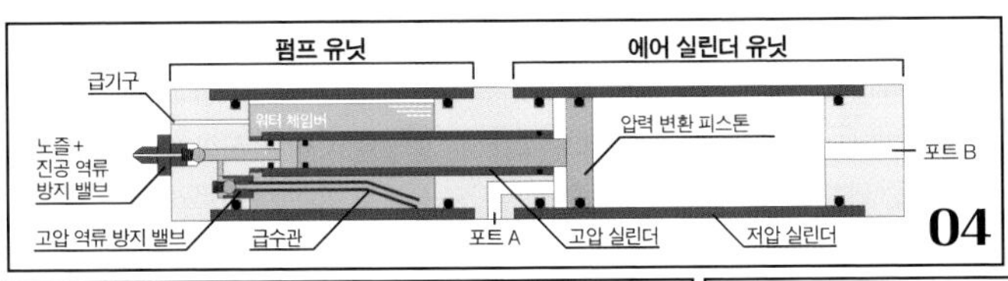

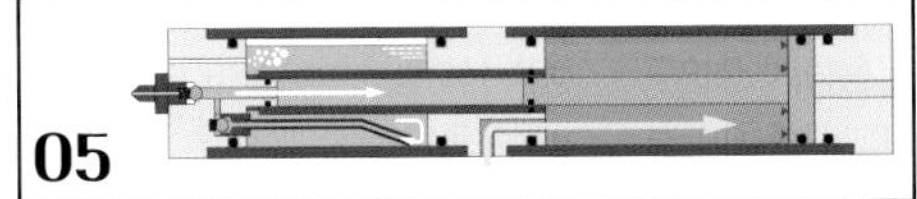

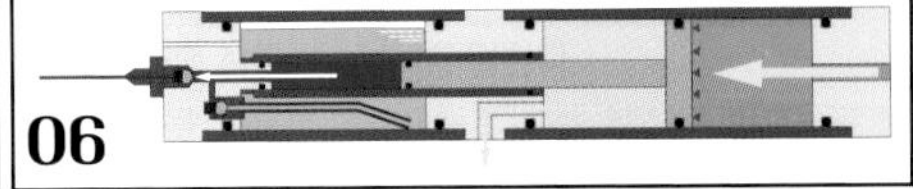

04 : 휴대형 초고압 워터 제트 건의 설계도
05 : 물 충전 시의 동작. 노란색 화살표는 공기, 흰색 화살표는 물의 움직임을 나타낸다.
06 : 포트 A를 개방하고 포트 B에서 압축공기를 도입하면 고압 실린더 내에 초고압이 발생한다. 가압된 물이 워터 제트로 발사된다.

체적으로 설명하면 'A1에 가해진 하중은 압력으로 변환되고 유체를 통해 A2에 전달되어 다시 하중으로 변환된다. 이때 발생하는 하중은 A1과 A2의 비율에 따라 변화한다'는 것이다.

하중을 매개로 한 압력 변환?

이번에는 면적이 서로 다른 피스톤을 연결한 장치를 살펴보자. 위와 같이 A, F, P에 대한 식을 세우면 그림 [03]과 같다. 앞의 구조가 '압력을 매개로 한 하중 변환 기구'였다면 이 구조는 '하중을 매개로 한 압력 변환 기구'인 것이다. P1이라는 압력원이 있다고 할 때 그림과 같은 기구를 이용하면 A1/A2의 면적비에 따른 임의의 압력 P2를 만들어낼 수 있다.

예컨대 대형 피스톤의 지름을 5cm, 소형 피스톤의 지름을 1cm라고 하면 면적비는 25 : 1이다. 대형 피스톤에 자전거 타이어 정도의 압력인 4기압을 가해주면 어떻게 될까. 계산하면, 소형 피스톤에서 발생하는 압력은 무려 100기압이다! 고등학교 1학년 수준이면 구축할 수 있는 이 압력 변환 기구가 얼마나 강력한지 이제 이해했을 것이다.

다음은 누구나 예상할 수 있을 것이다. 이 압력 변환 기구를 응용해 강력한 초고압 물대포를 만드는 것이다.

자작 물대포의 구조

그럼 이제 잡다한 설계 검토는 건너뛰고 구조도를 체크해보자.

주요 장치는 펌프 유닛과 에어 실린더 유닛으로 구성되며 각종 포트와 역류 방지 밸브 그리고 중심부에는 앞에서 설명한 압력 변환 기구를 배치했다. 즉, 에어 컴프레서로 생성한 압축공기로 큰 피스톤을 밀어내 작은 피스톤에 충전한 물을 가압한다. 면적비는 16 : 1로 설정했다. 압축공기의 압력이 최대 1MPa일 때 얻을 수 있는 물의 압력은 최대 16MPa(약 160기압!)에 달한다. 이렇게 생성된 고압수를 가느다란 노즐로 분사함으로써 휴대가 가능할 정도의 작은 기계로 초강력 워터 제트를 발생시킬 수 있는 것이다.

그 원리는 다음과 같다.

① 물 충전

포트 A에서 에어 실린더로 압축공기를 도입하면 압력 변환 피스톤은 오른쪽 방향으로 힘을 받아 밀려난다. 그로 인해 고압 실린더가 감압되지만 노즐에 진공 역류 방지 밸브가 장착되어 있기 때문에 실린더 안으로 외기가 유입되지 않고 대신 워터 체임버 안의 물이 급수관, 고압 역류 방지 밸브를 거쳐 고압 실린더로 도입된다. 동시에 워터 체임버에는 급기구를 통해 자동으로 외기가 유입되면서 공기압이 유지된다.

② 물 가압 & 워터 제트 생성

포트 A를 개방하고 포트 B로 압축공기를 도입하면 고압 실린더 안에 압력 변환 피스톤의 면적비에 상응하는 초고압이 발생한다. 그 압력으로 고압 역류 방지 밸브가 닫히면서 물은 좁은 노즐로 향할 수밖에 없다. 그 결과, 초고속 워터 제트가 사출되는 구조이다.

급수 방식은 모두 반자동식! 공기 제어 밸브만 있으면 마음껏 발사할 수 있다!

물대포의 가공 공정

이번에는 그 어느 때보다 본격적인 공작이다. 지금까지 익힌 모든 지식과 도구를 총동원해 제작에 돌입했다.

압력이 1MPa 이하의 에어 실린더 유닛에는 3D 프린터를 전면 활용

07 : 에어 실린더 유닛의 부품은 내압 3D 프린트 설정을 활용해 출력. 완성 치수보다 1mm 정도 여유 있게 출력한다.
08 : 3D 프린트로 출력한 부품 표면은 선반기로 가공한다. 보기엔 평범한 수지제 가공품 같지만 내부에 에어용 배관을 장착한 고도의 설계이다. 3D 프린트가 있어 제작 가능한 부품이다.

했다. 내압 3D 프린트 설정으로 실제 크기보다 약간 크게 출력하고 부품 표면은 선반기로 가공했다. 정확한 치수로 내부에 에어용 배관을 장착한 고도의 설계가 가능하다. 선반기로 윤활·냉각하며 표면을 가공하면 3D 프린터로 만든 것이라고는 생각되지 않을 만큼 아름답고 매끈한 절삭 부품을 얻을 수 있다.

16MPa라는 초고압이 가해지는 펌프 유닛은 알루미늄 합금을 사용해 강도를 확보했다. 전동 활톱으로 원형 봉을 절단한 후 선반기로 외경을 다듬고 각종 구멍과 탭 가공을 거쳐 부품을 완성한다.

노즐부는 특히 세밀한 가공이 많아 주의를 기울여야 하는 작업이다. 고압이 가해지는 압력 변환 피스톤에는 가공성이 높고 강도가 뛰어난 황동을 채용했다. 끝 부분에는 오링과 백업 링을 끼울 홈을 깎는다. 100기압 이상의 고압이 가해졌을 때 오링이 변형되어 틈새가 생기는 것을 방지하기 위해서이다. 보통 7MPa 이상이면 백업 링을 사용하는 것이 좋다. 급수관은 동 파이프를 적절히 구부려 만들고 본체에 압입했다.

부품이 전부 준비되면 드디어 조립이다. 알루미늄 합금으로 만든 부품에는 역류 방지 밸브를 구축하는 스프링, 스테인리스 구, 오링, 연결 부속 등을 장착하기 때문에 꽤 복잡하다. 부품의 틈새에는 실링재를 감거나 도포해 누출을 방지한다.

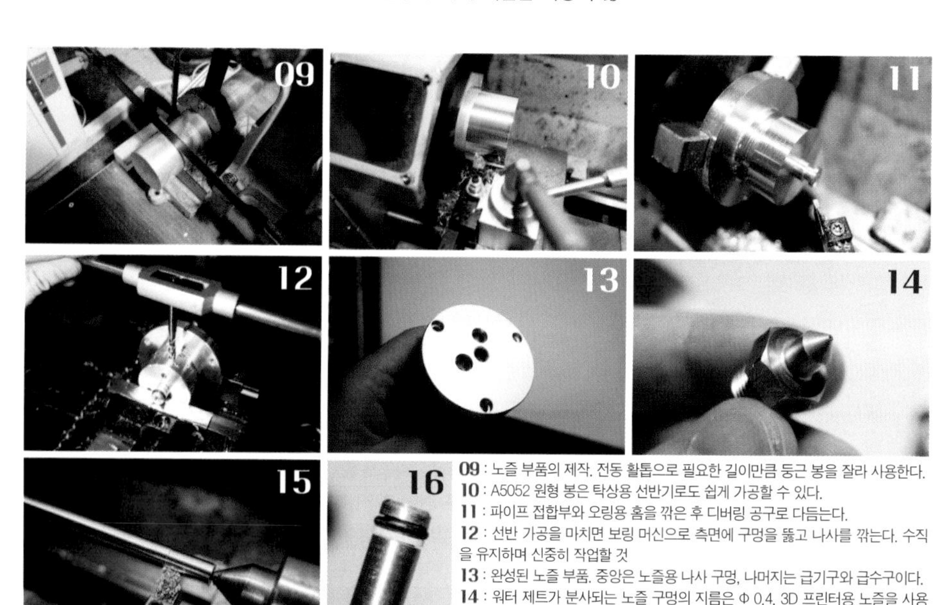

09 : 노즐 부품의 제작. 전동 활톱으로 필요한 길이만큼 둥근 봉을 잘라 사용한다.
10 : A5052 원형 봉은 탁상용 선반기로도 쉽게 가공할 수 있다.
11 : 파이프 접합부와 오링용 홈을 깎은 후 디버링 공구로 다듬는다.
12 : 선반 가공을 마치면 보링 머신으로 측면에 구멍을 뚫고 나사를 깎는다. 수직을 유지하며 신중히 작업할 것
13 : 완성된 노즐 부품. 중앙은 노즐용 나사 구멍, 나머지는 급기구와 급수구이다.
14 : 워터 제트가 분사되는 노즐 구멍의 지름은 Φ 0.4. 3D 프린터용 노즐을 사용해 만들었다.
15 : 고압 피스톤은 황동을 가공해 만들었다. 절삭성이 뛰어나기 때문에 고정도 부품을 만드는 데 적합하다.
16 : 검정색이 고무 오링, 흰색이 테플론 백업 링이다. 함께 사용하면 내압성이 향상된다.

Memo :

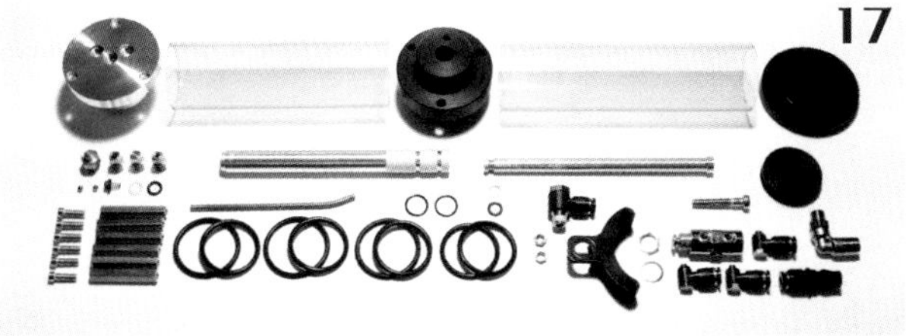

17 : 워터 제트 건의 전체 부품. 가공 기간은 2주 정도 소요되었다.
18 : 조립을 마친 각각의 유닛. 완성 직전
19 : 장치의 핵심인 노즐 부품
20 : 내부에 장착한 스프링과 스테인리스 볼이 역류 방지 밸브의 역할을 한다.
21 : 고압 역류 방지 밸브 가공 후, 필요 없어진 구멍을 고정 나사와 에폭시 접착제로 메운다.

발사 시험으로 성능 검증

'휴대형 초고압 워터 제트 건'이 완성되었다. 실제 체임버에 물을 넣고 컴프레서를 연결해 발사해보자. 방아쇠를 누르자 '치이익!!' 하는 독특한 작동음과 함께 워터 제트가 작렬했다. 가느다란 선처럼 뿜어져 나온 물이 물체에 닿아 기세 좋게 흩어졌다. 오오… 대단하다! 방아쇠에서 손을 떼면 자동으로 실린더가 복귀해 급수가 이루어진다. 사이클당 3초 정도가 걸렸다.

위력을 검증하기 위해 근처 마트에서 구입한 오이로 실험해보았다. 입력 압력 0.9MPa로 워터 제트를 발사하자 순식간에 오이를 관통! 훌륭하다. 워터 제트를 몇 번 움직이자 완전히 두 동강으로 잘렸다. 잘린 오이는 굉장히 촉촉하고 맛있었다. 워터 제트 오이, 술안주로 적극 추천한다(웃음).

무사히 초강력 물대포가 완성되었다. 당초의 계획도 달성할 수 있었지만 정말 무서운 것은 아직도 면적비를 증대할 수 있는 여지가 남아 있다는 것이다. 다음은 25배? 아니면 50배 증압? 어떤 세계가 펼쳐질지 벌써부터 가슴이 뛴다. 고등학교 물리 시간에 배운 F, A, P의 세 가지 변수만으로 이런 공작이 가능하다니! 이게 바로 공학의 묘미가 아닐까.

22 : 마침내 완성! 모든 기구를 동일 축상에 배치해 단순한 구조로 만들었다!
23 : 위력을 검증하기 위해 오이를 준비. 초강력 워터 제트로 오이를 두 동강 냈다!

장난용 이외의 용도를 생각해보자!
초강력 블루 레이저로 납땜

⊙ text by POKA

일본에서 판매되는 레이저 포인터는 소비생활용제품안전법에 의해 최대 출력이 1mW 이하로 규정되어 있다. 하지만 소지 자체가 위법은 아니기 때문에 AliExpress 등의 해외 온라인 쇼핑몰에서 1W가 넘는 강력한 제품을 입수할 수 있다.

그리하여 'DANGER' 마크가 붙은 중국산 레이저 포인터를 입수했다. 표시된 출력은 4,000mW··· 즉, 4W의 고출력이다. 당연하지만 실수로라도 불빛을 직시해서는 안 되는 수준. 장난용 이외의 다른 용도가 없을까 생각하다 문득 땜납 정도는 간단히 녹일 수 있지 않을까? 하는 생각이 들어 바로 검증해보기로 했다.

그 전에 소비 전력을 측정해보자. 이런 고출력 타입은 초강력 18650 리튬 이온 전지 2개로 구동하는 제품이 많기 때문에 18650의 전압 3.6V의 두 배인 7.2V를 안정화 전원으로 만들기로 했다. 전류량을 측정하자 1.76A, 약 13W의 소비 전력이 있다는 것을 알았다. 알칼리 건전지라면 4개 이상의 출력이다.

그럼 납땜이 가능할지 실험해보자. 만능 기판에 약 2mm로 자른 땜납 와이어를 올리고 레이저를 대자 수 초 만에 녹았다. 납땜이 '가능'하다는 결론을 얻었다.

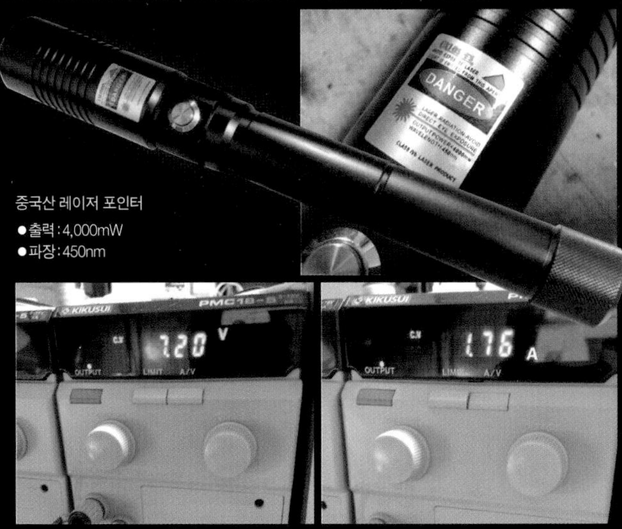

중국산 레이저 포인터
- 출력 : 4,000mW
- 파장 : 450nm

안정화 전원으로 7.2V를 만들고 흐르는 전류를 측정했다. 1.76A×7.2V로 소비 전력은 약 13W이다.

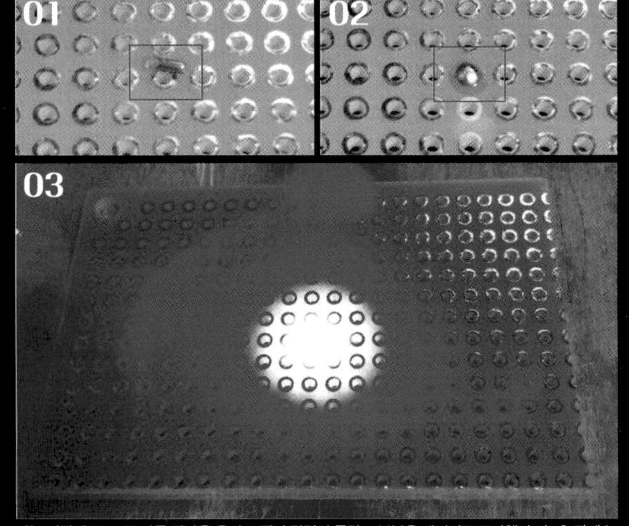

만능 기판에 2mm로 자른 땜납을 올리고 땜납 단면의 플럭스 부분을 레이저로 조사했다. 수 초 만에 녹았다. 레이저 포인터로 납땜이 가능하다.

Memo :

Chapter 03
흉전 공작의 추천

파워… 에너지란 무엇인가

흉전을 위한 역학

⊙ text by 시라노

레일 건이나 테슬라 코일과 같이 큰 에너지를 다루는 '흉전(凶電) 공작'에는 그 운동량을 가시화하는 '역학'이 필수 과목. 혹시 모를 큰 사고를 방지하기 위해서라도 복습해두자.

취급하는 전기량이 적고 감전사의 위험성이 없는 통신 기술의 전자 회로 설계 등을 '약전(弱電) 공작'이라고 한다. 한편 잘못 건드리면 그 자리에서 감전사할 가능성까지 있는 고전압을 다루는 분야를 흔히 '강전(強電) 공작' 등으로 부르는데, 강전 정도로는 부족하다. 흉전(凶電)이라고 해야 한다. 흉전이야말로 파워의 경지이자 극강의 에너지인 것이다.

아직도 어리둥절해 있는 사람이 있다면 그런 사람이야말로 꼭 읽어야 할 내용이다. 흉전 공작에 가장 중요한 에너지에 관한, 즉사를 면하기 위한 기초 지식이라고 할 수 있다.

예컨대 직접 설계한 레일 건을 만들었다고 하자. 그 자작 레일 건을 발사했을 때 어느 정도의 반동을 받게 될지 등을 사전에 계산하고 파악해두어야 한다. 이때 필요한 것이 에너지에 관한 지식. 그리고 그런 에너지와 깊이 연관된 분야가 바로 역학이다.

힘이란 무엇인가?

본론으로 들어가기 전에 역학에 대해 해설한다. 일정 속도로 움직이는 물체는 힘이 가해지지 않는 한 계속해서 일정 속도로 움직인다. 상태를 유지하는 것이다. 물체를 가속시키는 즉, 상태를 변화시키는 행위에는 힘(Force)이 필요하다.

물체의 상태를 나타내기 위해 운동량 p를 이용해보자. 운동량은 우리가 보는 물체의 운동 상태, 다시 말해 운동의 정도를 나타내는 양으로 질량과 속도의 곱($p=mv$)으로 나타낸다. 물체가 무거우면 무거울수록, 움직임이 빠르면 빠를수록 운동량이 커진다. 참고로 이 운동량은 각 방향에 따른 성분을 갖는데 뒤쪽 방향으로 움직이면 음의 값, 앞쪽 방향으로 움직이면 양의 값을 갖게 된다.

힘을 가했을 때의 물체의 움직임은 그 유명한 뉴턴의 운동 방정식에 의해 나타낸다. 그것이 수식 [1]이다. 미분을 배우지 않으면 이해하기 힘든 식이지만 요컨대 어떤 힘을 가하면 그 힘과 같은 양만큼 시간당 운동량이 변화한다는 의미이다.

예를 들어 건물 옥상에서 물체가 낙하하는 모습을 떠올려보자. 물체에는 늘 중력이 가해지고 있기 때문에 물체는 점점 더 빠르게 낙하한다. 바꿔 말해 운동량이 점점 커진다. 건물 1층에서 떨어질 때와 고층 빌딩 옥상에서 떨어질 때를 비교하면 고층 빌딩 쪽이 더 긴 시간 힘이 가해지기 때문에 지면과 충돌할 때의 충격이 격렬하다.

이 법칙은 가속도를 지닌 물체에 작용하는 힘을 '정의하는' 것이 아니다. 뉴턴의 법칙과 관계없이 존재하는 여러 힘의 벡터가 합성된 결과가

〈그림 1〉

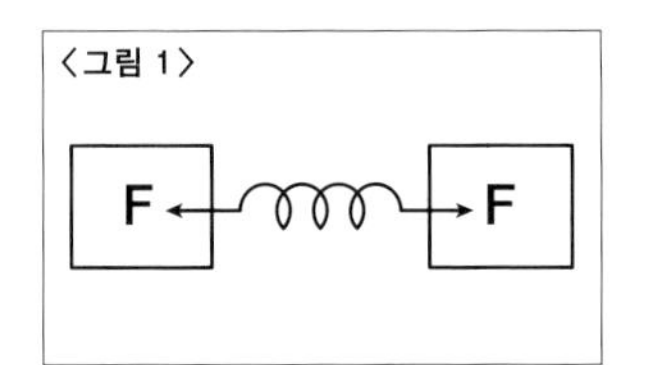

뉴턴의 제3법칙은 작용·반작용의 법칙으로도 불린다.

수식[1] 운동 방정식

$$\sum F_i = \frac{d}{dt}p$$

Memo :

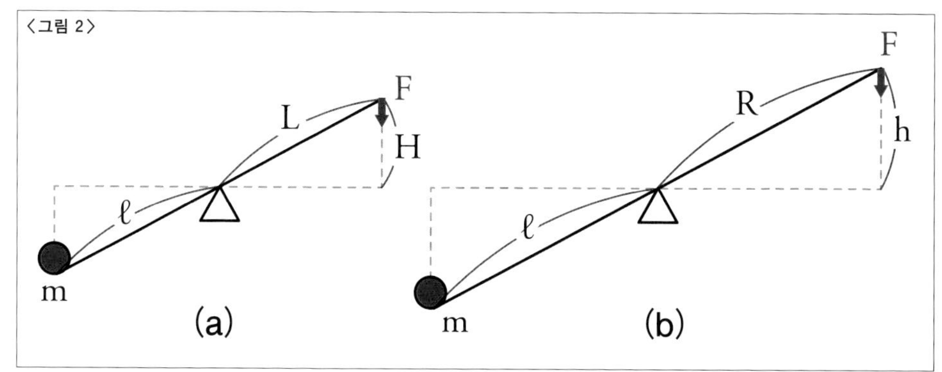

일의 양은 '무엇을 했는가'라는 결과를 나타내는 것이므로 길이가 다른 (a)와 (b)이지만 일의 양이라는 점에서는 같다.

운동량의 변화량과 같다고 생각해두자.

본래 자연계에 존재하는 힘은 '중력', '전자기력', '강력', '약력'의 네 가지로 이런 힘이 존재한 경우 성립하는 것이 이 법칙이다. 손으로 힘을 가하는 행위도 실은 손바닥의 양자와 전자가 밀어내는 힘과 전자기력에 의해 반발함으로써 힘이 가해지는 것이다. 우리가 일상생활에서 느끼는 힘은 거의 모두 전자기력이다.

참고로, 위에서 이야기한 방정식은 뉴턴의 제2법칙이다. 뉴턴의 운동 법칙은 총 세 가지로 제1법칙은 '물체에 힘을 가하지 않는 한 운동량은 변화하지 않는다'는 것이다. 주행 중인 차 안과 같이 관측자 자체가 가속하는 등의 물리 세계를 배제한다. 관측자 자체가 가속하면 정지해 있는 물체도 가속하는 것처럼 보이기 때문이다.

예컨대 자신이 건물 옥상에서 낙하하고 있다면 지면이 엄청난 가속도로 다가올 것이다. 흡사 지구 자체의 운동이 격렬해진 것처럼 보이겠지만 실제 지구에 어떤 힘이 가해진 것은 아니다. 이처럼 힘이 가해져 운동량이 변화하고 있는 사람의 물리 세계는 전혀 다른 모습일 것이다. 아무런 힘이 가해지지 않고 운동량의 변화가 없는 사람의 시각으로 세계를 보고 방정식을 세워보자.

뉴턴의 제3법칙은 작용과 반작용의 법칙이다. '물체 A가 물체 B에 힘을 가했을 때 물체 B도 물체 A의 반대 방향으로 힘을 가한다'는 것이다. 바닥이 기름투성이인 곳에서 씨름을 한다고 생각해보자. 상대를 강하게 밀면 자신도 강한 힘을 받아 뒤로 밀려난다. 이것을 수식 [1]로 생각하면 운동량의 변화량이 힘과 같으므로 '힘을 가한다'는 행위는 '운동량을 교환한다'는 의미로도 볼 수 있다. 즉, 서로 힘을 주고받는 물체 간의 운동량은 늘 같다. 즉, 보존된다는 것이다. 다시 말해 같은 양의 운동량만 교환할 수 있기 때문에 씨름에서는 체중이 무거운 쪽에 가해지는 속도가 적다. $p=mv$에서도 p가 일정할 때 m이 커지면 v는 작아진다.

에너지와 일이란?

서론이 길어졌는데 이제부터 본격적으로 '에너지'에 대해 해설한다. 에너지라는 말은 일상적으로 많이 쓰이지만, 물리학적으로 어떤 존재인지에 대해서는 잘 알려져 있지 않다.

그것을 설명하기 위해 먼저 일의 양 W라고 하는, 힘과 그 힘이 가해진 거리의 곱으로 정의되는 물리량을 도입한다. 그런 물리량이 어떤 의미를 갖는지 지렛대를 예를 들어 생각해보자. 〈그림 2〉의 (a)와 같은 상황에서 지렛대의 원리를 이용해 무게 m의 물체를 h만큼 들어 올리려면 $F=mgl/L$만큼의 힘이 필요하다. 이것을 (b)와 같이 각각의 길이를 바꾸면 $F=mgl/R$만큼의 힘이 필요하다. 각각의 힘이 담당하는 일은 $W=mglH/L$과 $W=mglh/R$과 같다. 물체를 들어올리기 위해 각각의 힘이 가해진 거리는 서로 비슷한 두 삼각형을 통해 $H \cdot R=h \cdot L$, 즉 $H/L=h/R$의 관계라는 것을 알 수 있으며 그것을 일의 양에 대입하면 각각의 힘이 한 일은 같아진다. 양쪽의 결과(물체를 얼

수식 【2】 운동 에너지

$$U = \frac{1}{2}mv^2$$

수식 【3】 열 에너지

$$\Delta U = C\Delta Q$$

수식 【4】 콘덴서에 저장되는 에너지

$$U = \frac{1}{2}CV^2 = \frac{1}{2}QV$$

수식 【5】 인덕터에 저장되는 에너지

$$U = \frac{1}{2}LI^2$$

수식 【6】 줄 열

$$W = I^2R = VI$$

수식 【7】 전하가 지닌 에너지

$$U = QV$$

수식 【8】 용수철의 탄성 에너지

$$U = \frac{1}{2}kx^2$$

마만큼 들어 올렸는지)가 같기 때문에 일의 양이라는 것은 얼마만큼의 '일'을 했는지에 관한 양이라고 할 수 있다. 10톤의 철근을 1mm 들어 올리는 것과 10kg의 돌을 1m 들어 올리는 것은 같은 '일'이라는 것이다. 도르래는 이 일의 양이 균형을 이루기 때문에 적은 힘으로 무거운 물건을 들어 올릴 수 있는 것으로 실제 일의 양은 같다. 어렴풋이 이미지가 그려졌을 것이다.

실은 이 일의 양 W가 다름 아닌 '에너지'인 것이다. 서로 힘을 가해 에너지를 교환함으로써 물체를 가속하거나 가열한다. 그리고 단위 시간 내에 얼마만큼의 일을 했는가를 '일률(Power)로 나타내는데 이것이 바로 동력의 본질이다. 레일 건의 경우, 순간적으로 탄환에 엄청난 일을 하는 만큼 동력도 굉장하다.

네 종류의 에너지

에너지에는 다양한 형태가 있다. 여기서는 흉전 공작에 주로 이용되는 전기 에너지, 열 에너지, 운동 에너지, 일 에너지에 대해 소개한다.

먼저 운동 에너지부터. 이것은 질량이 m, 속도가 v인 물체가 가진 에너지로 수식 [2]와 같이 나타낸다. 레일 건이나 코일 건 등의 탄환의 에너지를 측정하는 데 사용할 수 있다. 빠르면 빠를수록, 무거우면 무거울수록 강력하다.

열 에너지는 말하자면 온도에 의존하는 것이다. 열용량 C의 물체에 Q의 에너지를 가하면 수식 [3]으로 구할 수 있는 T만큼의 온도가 상승한다. 이 수식은 유도 가열 장치로 대상물에 가한 에너지를 측정하는 데 사용할 수 있다.

전기 에너지의 대표적인 예로 콘덴서가 지닌 에너지가 있다. 전기 용량 C의 전위를 V라고 하면 수식 [4]만큼의 에너지를 모을 수 있다. 또 인덕턴스 L로 전류 I가 흐르는 코일은 수식 [5]만큼의 에너지를 모을 수 있다. 저항의 단위 시간에 소비되는 에너지는 흐르는 전류를 I, 저항 값을 R이라고 하면 수식 [6]과 같이 나타낼 수 있다(옴의 법칙을 이용). 또 전위 V에 있는 전하 Q가 지닌 에너지는 수식 [7]과 같이 나타낸다.

위치 에너지는 의식하기 힘든 에너지 중 하나이다. 질량 m의 물체를 높이 h만큼 들어 올릴 때 필요한 일은 중력 가속도 g에서 mgh가 되고 이때 물체가 지닌 에너지도 mgh가 된다. 무거운 물체가 더 강력한 것은 망치와 종이컵이 떨어질 때 어느 쪽이 더 아플지를 생각하면 이해가 쉽다.

마지막은 용수철의 탄성 에너지이다. 용수철의 신장을 x, 탄력 계수를 k라고 하면 그 용수철이 지닌 에너지는 수식 [8]로 나타낼 수 있다. 용수철을 힘껏 늘렸다 놓았을 때의 강력한 탄성이 떠오를 것이다.

이렇게 물리 현상을 '에너지'로 이해하면 기기가 지닌 위력을 예측하거나 수치화할 수 있다. 실제 수치를 확인해 '위험도'를 파악하는 것은 흉전 공작의 가장 중요한 필수 지식이다.

그런 의미에서 문제를 하나 준비했으니 자신이 얼마나 이해했는지 확인해보자.

Memo :

흉전 검정 시험

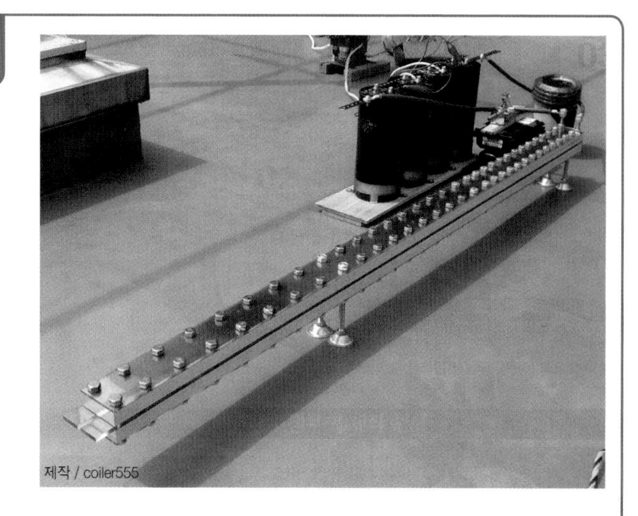
제작 / coiler555

문제 1 반동력을 구하라

길이가 L, 질량이 m인 탄환을 발사하면 속도 v로 날아가는 레일 건이 있다고 하자. 투입 에너지는 전기 용량 C의 콘덴서를 전압 V까지 모은 양이다. 레일 건을 쏘았을 때의 반동력 그리고 그 에너지 효율을 구해보자. 레일 건이 탄환에 가한 힘은 탄환이 발사될 때까지 늘 일정하다고 가정한다.

[풀이] 레일 건이 받는 반동력은 레일 건이 탄환에 가한 힘의 반작용에 의한 것이다. 일의 정의는 '일(W) = 힘(F)×거리(L)' 이다. 레일 건에 힘이 가해진 거리는 총신의 길이 L을 이미 알고 있기 때문에 레일 건이 한 일을 구하면 힘 F를 도출할 수 있다. 먼저, 레일 건이 탄환에 한 일(W)은 탄환에 가해진 운동 에너지와 일치하므로 수식[9]와 같다. 힘이 늘 일정한 것으로 가정했으므로 이 식에 대입하면 레일 건이 탄환에 가한 힘은 수식[10]이 된다. 따라서 반동력은 그 값과 같고 역방향이 된다. 또 투입한 에너지 중 어느 정도의 에너지가 탄환의 에너지로 바뀌었는지를 생각하면 효율은 수식[11]이 된다. 레일 건을 만들면 예로 든 식에 실제 수치를 대입해 에너지 효율을 구해보자.

수식 【9】

$$W = \frac{1}{2}mv^2$$

수식 【10】

$$FL = \frac{1}{2}mv^2 \rightarrow F = \frac{1}{2}\frac{mv^2}{L}$$

수식 【11】

$$\text{효율} = 100 \times \frac{\text{탄환 에너지}}{\text{투입 에너지}} = 100 \times \frac{\frac{1}{2}mv^2}{\frac{1}{2}CV^2} = 100 \times \frac{mv^2}{CV^2}$$

고에너지 암흑 공작을 정복하기 위한 필수 지식

콘덴서의 기본 지식

⦿ text by 시라노

'콘덴서'라고 하면 흔히 전기를 모아 한 번에 방출하는 전자 부품이라고 알고 있을 것이다. 다만 위험천만한 고에너지 공작을 실천하려면 더욱 깊은 개념을 이해할 필요가 있다.

콘덴서는 고에너지 공작에 필수적인 장치이다. 레일 건, 코일 건, 테슬라 코일… 이런 매력적인 고전압 장치를 만들려면 그 목적에 맞는 고성능 콘덴서를 찾아야 한다. 고에너지 공작을 시작하려면 가장 먼저 마스터해야 할 개념이라고 생각한다.

고등학교 물리 수업 등에서 기본을 익히지 않고 고에너지 공작에 뛰어든 야생의 엔지니어의 경우 '전기를 모아 한 번에 방출해주는 편리한 장치' 정도로만 인식하는 사람들이 많은 듯하다. 물론 맞는 말이다. 다만 조금 더 정확히는 '전하를 모으는 장치'이다.

그리고 무엇이든 콘덴서가 될 수 있다. 두 개의 도체가 존재할 때, 그 두 도체 간에 전하를 모을 수 있기 때문이다. 이렇게 전하를 모을 수 있는 용량을 '커패시티' 또는 '전기 용량'이라고 하며 단위는 '패럿(F)'으로 나타낸다. 이것이 콘덴서가 지닌 물리적 성질이다. 그러므로 부품이나 장치라기보다는 이런 물리적 성질을 지니고 있다는 인식이 적합할지 모른다.

이런 구조를 이해하는 데 도움을 주는 여섯 가지 키워드 ① 쿨롱의 법칙 ② 전계 ③ 전위 ④ 전류 ⑤ 전기력선 ⑥ 가우스의 법칙을 통해 전자기학의 기본을 순서대로 확인해보자.

① 쿨롱의 법칙

'전하'가 무엇인지를 설명하기 위해서는 먼저 '쿨롱의 법칙'을 이해해야 한다. 간단히 설명하면 다음과 같다.

두 전하가 서로에게 미치는 힘은 두 전하의 곱에 비례하고 그 거리에 반비례하며, 다른 전하끼리는 서로 끌어당기고 같은 전하끼리는 반발한다.

수식[1]과 같이 나타낼 수 있다. k는 비례 정수, Q1과 Q2는 하전 입자의 전하, r은 입자 간의 거리이다. 어렵게 느껴진다면 두 전하가 있으면 위와 같은 식으로 나타내는 힘이 가해진다…는 정도로 인식해도 좋다.

② 전계

'전계(Electric Field)'란 어떤 공간이 지닌 능력과 같은 것으로 이 능력은 전하를 움직이는 힘이다. 그 능력을 E라고 하면 [2]라는 수식이 성립한다. 이것을 [1]의 식과 비교하면 전하 Q1이 거리 r의 장소에 $E=k \cdot Q1/(r^2)$라는 전계를 만든다는 것을 알 수 있다.

이 전계는 실재하는 것으로 임의로 만든 것이 아니다. 전하로부터 이 전계가 천천히 퍼져나가는(광속과 같은 속도이지만) 덕분에 전자파가 먼 곳까지 도달하는 것이다. 실재하기 때문에 에너지를 가지고 있으며(공간이 에너지를 가지고 있는 느낌) 그 에너지의 밀도는 수식[3]으로 나타낼 수 있다.

또 전계에는 '중첩의 원리'가 성립한다. 수많은 전하가 만드는 전계는

수식 【1】 쿨롱의 법칙

$$F = k\frac{Q_1 Q_2}{|r|^2}$$

수식 【2】 전계와 힘의 관계

$$F = QE$$

수식 【3】 에너지 밀도

$$u = \frac{1}{2}\varepsilon E^2$$

Memo :

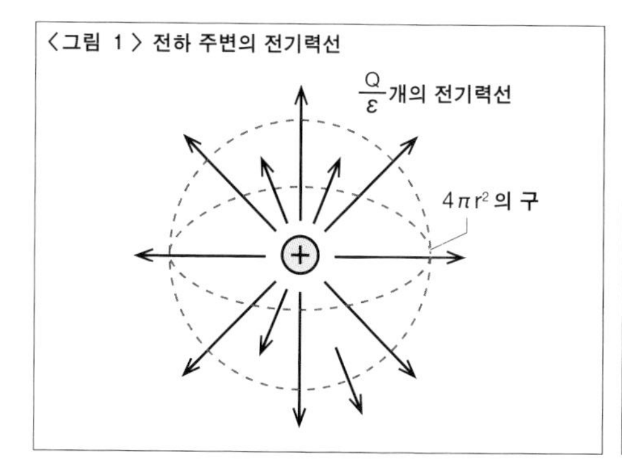
〈그림 1〉 전하 주변의 전기력선

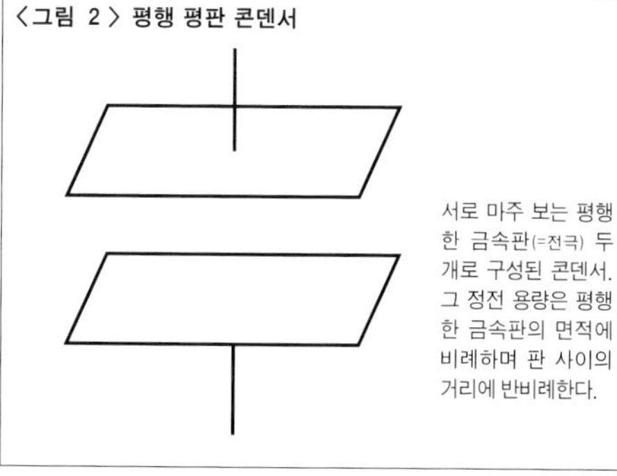
〈그림 2〉 평행 평판 콘덴서

서로 마주 보는 평행한 금속판(=전극) 두 개로 구성된 콘덴서. 그 정전 용량은 평행한 금속판의 면적에 비례하며 판 사이의 거리에 반비례한다.

각각의 전하가 만드는 전계의 총합과 같다는, 굉장히 중요한 원리이므로 반드시 기억해두자(그림5도 함께 체크!).

③ 전위

이른바 전압이다. '전위'란 양전하가 불편한 위치에 머물러 있는 듯한 것으로 본래 양전하는 전위가 낮은 곳으로 가고 싶어 한다. 반대로 음전하의 입장에서는 편안한 장소이기 때문에 전위가 높은 곳으로 가고 싶어 한다. 이것은 대부분의 물질이 에너지가 낮은 쪽으로 이동하려 한다는 물리적인 개념에 의한 것이다. 자세한 내용은 물리학 분야로 넘어가야 하므로 다음 기회에….

역학을 공부한 사람에게는 '전자기학의 위치 에너지와 같은 것'이라고 설명하면 이해가 쉬울지 모른다. 어느 한 점에서 다른 점까지 움직이는데 필요한 일의 양이라는 정의 역시 동일하다. 예컨대 Q [C]의 전하가 A [V]의 전위차가 있는 점까지 움직이려면 QA [J]만큼의 일이 필요하다…는 것이다.

④ 전류

'전류'란 전자의 흐름이다. 전류에 관한 유명한 법칙으로 V=IR이라는 '옴의 법칙'이 있다. 이것은 다음의 두 가지 방식으로 설명된다.

- I [A]의 전류가 저항 R [Ω]에 흐르면 그 저항의 양 끝에는 IR [V]만큼의 전위차가 나타난다.
- V [V]의 전압을 저항 R [Ω]에 가하면 V/R [A]의 전류가 흐른다.

이 두 가지 방식은 그 주체를 전류로 볼 것인지 전압으로 볼 것인지의 차이이다.

⑤ 전기력선

여기서부터는 약간 어렵게 느껴질 수도 있다. '전기력선'이란 영국의 물리·화학자 패러데이에 의해 고안된 개념으로 ②에서 설명한 전계를 가시적으로 이해하기 쉽게 만든 것이다. 다음과 같이 정의된다.

1. 전기력선은 양전하에서 나와 음전하로 들어간다.
2. 전기력선의 접선이 그 점에서의 전계 방향이 된다.
3. 단위 면적당 전기력선의 수는 그 장소의 전계와 같다. 예컨대 5 [V/m]의 전계가 있는 장소에는 1 [m2]당 5개의 전기력선이 있다.

여기서 k=1/4π ε이라는 ε를 가져오면 수식[1]은 [4]로 변형된다. 4πr2는 구의 표면적이기 때문에 전하 Q에서는 Q/ε개의 전기력선이 나온다는 것을 알 수 있다. 〈그림 1〉도 확인해보자.

수식 【4】 전기력선

$$F = \frac{1}{4\pi\varepsilon}\frac{Q_1 Q_2}{|r|^2}$$

수식 【5】 전기력선의 밀도

$$E = \frac{Q}{2S\varepsilon}$$

수식 【6】 콘덴서 간의 전계

$$E = \frac{Q}{\varepsilon S}$$

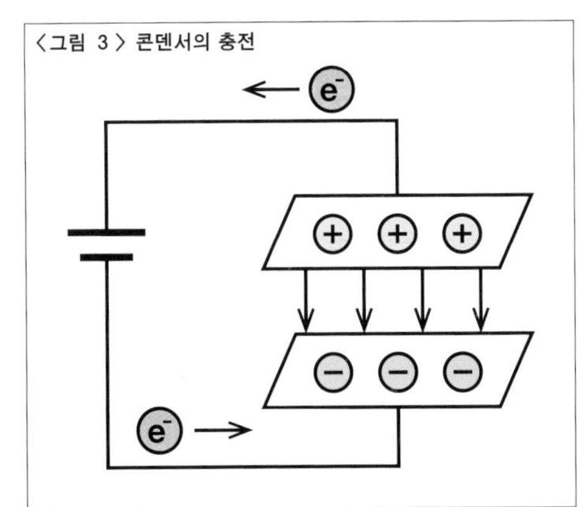

〈그림 3〉 콘덴서의 충전

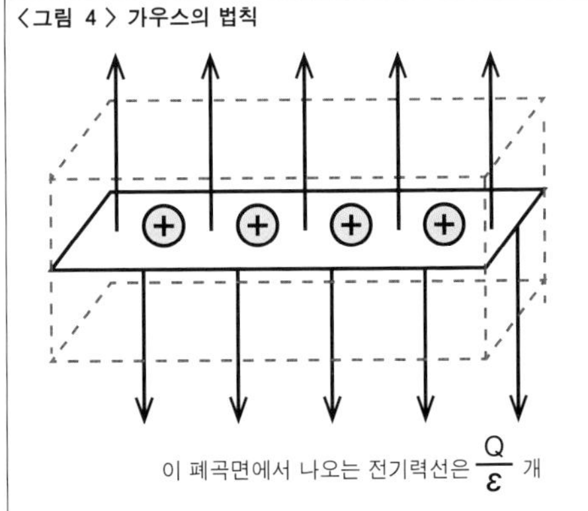

〈그림 4〉 가우스의 법칙

⑥ 가우스의 법칙

전하와 전기장의 관계를 나타내는 방정식이다. 구체적으로는 전기력선에서 설명한 전하 Q에서 Q/ε개의 전기력선이 나와 있다는 것을 일반화. 다수의 전하를 둘러싼 폐곡면을 통과하는 전기력선의 수는 그 폐곡면 안의 전하를 ε라는 상수로 나눈 것과 같다는 법칙이다.

콘덴서의 구조

콘덴서를 이해하기 위해 필요한 전자기에 관한 기초 지식을 간단히 살펴보았다. 지면 사정상 최대한 요약해 설명했기 때문에 이것으로 완벽히 이해하기는 힘들 수 있다. 여기서부터는 구체적인 예를 들어가며 위에서 설명한 지식을 복습해보자.

애초에 물리학이란 천재가 경험칙을 추상적으로 일반화해 정리한 학문이기 때문에 이론만 바라볼 것이 아니라 실제 어떤 현상이 일어나고 어떤 식으로 적응되어가는지를 살펴보는 편이 이해하기 쉽다.

그런 의미에서 콘덴서 중에서도 가장 단순한 '평행 평판 콘덴서'(그림 2)에 대해 생각해보기로 한다. 이 콘덴서의 모양으로 전압을 걸었을 때 축적할 수 있는 전하를 구하는 것이다.

전기를 모으는 장치인 콘덴서를 충전하면. 전자가 아래쪽 극판에서 위쪽 극판으로 이동하고 두 극판의 전위차는 전지와 같은 전위차가 된다. 여기까지는 이미지 그대로이다(그림 3).

그럼 충전을 마친 후 콘덴서에서는 어떤 일이 일어날까. 먼저, 전하 Q가 축적된 한 장의 극판이 어떤 전계를 만드는지 생각해보자. 대칭적인 상하 극판의 위쪽과 아래쪽에는 동일한 전계가 만들어진다.

여기서 ⑥의 가우스의 법칙을 떠올려보자. 극판을 둘러싼 직방체의 폐곡면을 생각해보면(그림 4) 이 폐곡면에서 나오는 전기력선의 수는 내부의 전하가 Q이므로 Q/ε개가 된다. 극판의 면적은 S, 위아래 전기력선의 수가 같다는 것을 생각하면 이 콘덴서 주변에 생긴 전계는 수식[5]가 된다. 전기력선이 나오는 부분의 폐곡면 면적이 2S라는 것에 주의하며 전기력선의 밀도를 구한다.

또 한 장의 극판에서도 중첩의 원리에 의해 콘덴서 간의 전계는 수식[6](그림 4·5)이 된다. 두 전계는 동일하며 전계 안에서 양전하(q)를 아래쪽 극판에서 위쪽 극판으로 이동시킬 때 필요한 일은 전하에 가해진 힘이 F = qE이므로 qEd [J]가 된다.

Q [C]의 전하가 A [V]의 전위차가 있는 지점을 움직이는 경우, QA [J]

수식 [7] 콘덴서의 양 끝 전압

$$V = \frac{Qd}{\varepsilon S}[V]$$

수식 [8] 콘덴서의 전압

$$Q = \frac{\varepsilon S}{d}V\{C\}$$

수식 [9] 콘덴서의 전압

$$Q = CV$$

Memo :

〈그림 5〉 콘덴서의 전계

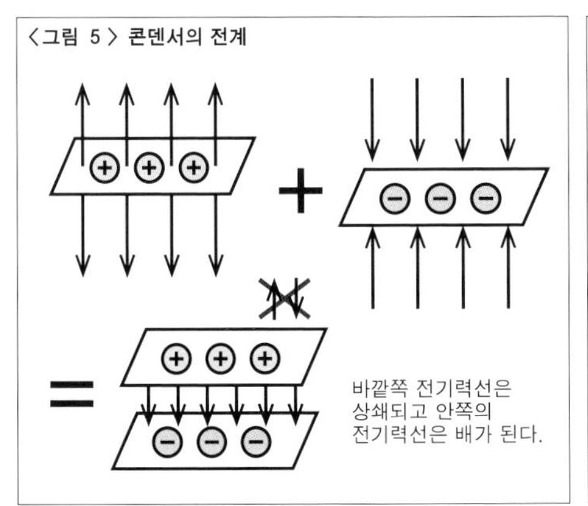

〈그림 6〉 콘덴서와 원통 용기의 유사점

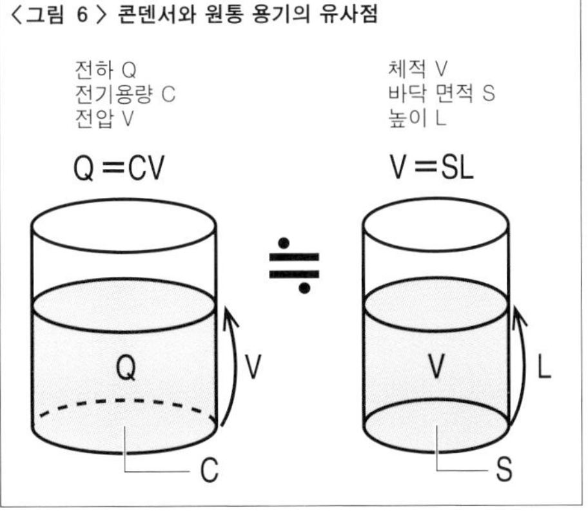

만큼의 일이 필요했다. 이 경우, 극판 간의 전위차는 일의 양에서 알 수 있듯 Ed [V]. 그러므로 콘덴서 양 끝의 전압 V는 수식[7]로 나타낼 수 있다. 변형하면 수식[8], εS/d=C로 바꾸면 [9]가 되는데 이 식이 의미하는 것은 무엇일까?

비슷한 식으로 생각해보자. 원통 용기에 든 물의 양(V), 높이(L), 바닥 면적(S)의 관계식인 V=SL. 또 열역학의 열용량에 관한 식인 Q=C△T(C는 비열, △T는 상승 온도, Q는 온도를 높이기 위해 필요한 열량) 등이 있다.

이런 식의 유사점을 통해 Q=CV라는 식은 전하 Q를 물이라고 생각하고 C는 전하를 모으는 원통 용기의 바닥 면적, V는 축적된 높이라고 생각할 수 있다(그림 6). 이런 유사점을 바탕으로 생각하면 수식[8]이 의미하는 바를 조금은 쉽게 이해할 수 있지 않을까.

이상으로 콘덴서의 형태를 통해 전압을 걸었을 때 축적할 수 있는 전하를 구해보았다. 이제 콘덴서의 기본적인 원리는 어느 정도 이해했을 것이다.

보강 : 에너지를 구하는 방법

콘덴서에 축적된 에너지를 구하는 방법을 해설한다. 전계가 가진 에너지는 수식[3]으로 체적×에너지 밀도를 계산하면 수식[10]을 도출할 수 있다. 이것이 콘덴서가 가진 에너지이다.

[10]의 식을 이용해 d와 S의 값을 직렬·병렬로 바꾸면 콘덴서를 직렬·병렬했을 때 그 합성된 용량을 계산할 수 있다. 예컨대 같은 콘덴서를 직렬로 연결하면 d가 바뀌기 때문에 각 d를 d1, d2라고 하면 C=εS/d1+d2가 되고 이때의 합성 용량은 C=1/C1+1/C2. 또 병렬 시에는 바닥 면적이 바뀌기 때문에 C=C1+C2가 되는 것이다.

콘덴서의 기초 지식은 이 정도로 마친다. 전자기에 관해서는 앞으로도 자주 사용하기 때문에 반드시 복습해두자.

수식 [10] 콘덴서의 에너지

$$U=\frac{1}{2}\varepsilon E^2\cdot Sd=\frac{1}{2}\varepsilon\frac{Q^2}{\varepsilon^2S^2}Sd=\frac{1}{2}\frac{d}{\varepsilon S}Q^2=\frac{1}{2}\frac{Q^2}{C}=\frac{1}{2}QV=\frac{1}{2}CV^2\left(\because E=\frac{Q}{\varepsilon S},C=\frac{\varepsilon S}{d},Q=CV\right)$$

도쿄대학교 입시 문제도 풀 수 있다?!

콕크로프트·월턴 회로 이론

⦿ text by 시라노

공작 레벨

간단히 고전압을 얻을 수 있는 콕크로프트·월턴 회로는 레일 건이나 스턴 건 등에도 사용되는 흉전 공작의 필수 회로. 이 회로를 이해하면 도쿄대학교 입시에 도움이 될지도?!

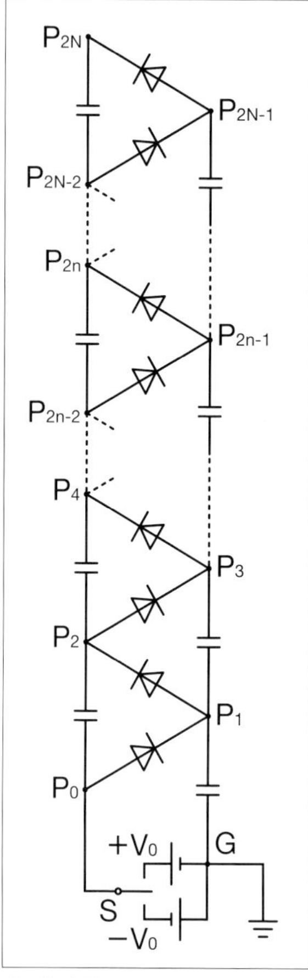

〈그림 1〉콕크로프트·월턴 회로

콘덴서와 다이오드를 결합해 고전압을 발생시키는 승압 회로를 구성. 교류 전압×단 수의 2배의 전압을 출력할 수 있기 때문에 다양한 흉전 공작에 필수적인 회로이다.

고전압 발생 회로로 유명한 '콕크로프트·월턴 회로'(이하, CW 회로). 단순한 회로이지만 손쉽게 고전압을 얻을 수 있기 때문에 스턴 건 제작부터 레일 건의 전계 변형 스위치, 오존 발생기 등에도 폭넓게 이용된다. 흉전계 공작에는 필수적인 회로라고 할 수 있다.

우리에게도 익숙한 이 CW 회로는 노벨상 수상으로 이어지는 공적을 남길 정도의 역사가 있는 굉장한 회로이다. CW 회로는 존 콕크로프트(John Douglas Cockcroft)와 어니스트 월턴(Ernest Thomas Sinton Walton)이라는 두 명의 물리학자가 고안했다. 제작이 쉽고 매우 높은 전압을 얻을 수 있는 특성이 있었기 때문에 당시에는 입자 가속기의 전원으로 이용되었다. CW 회로를 이용한 입자가속기는 1932년 리튬에 충돌시킬 전자를 가속하는 데 사용되었으며 그 결과 원자 핵 변환에 성공했다. 세계 최초로 인공적으로 원소를 변환하는 데 성공한 실험이었다. 그 공적으로 두 사람은 1951년 노벨 물리학상을 수상했다.

CW 회로의 원리는 의외로 간단하다. 콘덴서와 다이오드의 성질을 알면 금방 이해할 수 있다. 다이오드는 순방향으로 전압을 가했을 때 전류가 흐르고, 역방향으로 전압을 가하면 전류가 흐르지 않는 소자이다. 콘덴서는 전기 용량이 C일 때 전하 Q를 축적하면 양 끝에 $V=Q/C$만큼의 전위차를 만드는 소자이다. 이 정도 지식만 가지고 도쿄대학교 입시 문제를 예로 들어 CW 회로의 원리를 살펴보기로 한다.

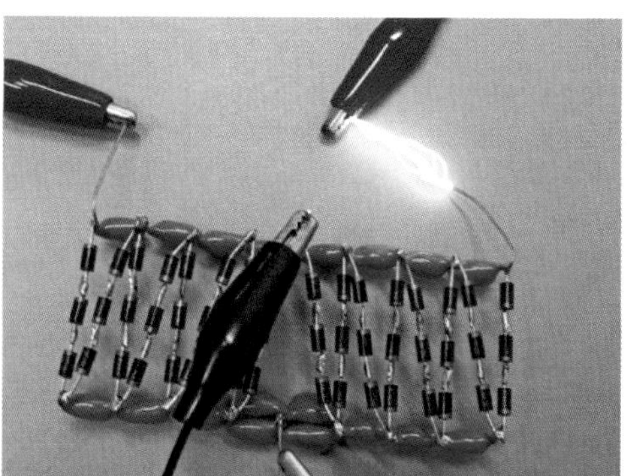

실제 CW 회로의 제작 예. 여기서는 특성을 고려해 다이오드 3개를 직렬 연결해 사용했다
(사진/ 레너드 3세)

Memo :

2011년 도쿄대학교 전기 입시 물리 문제

전기 제품에 주로 사용되는 다이오드를 이용한 회로를 생각해보자. 간단화하기 위해 다이오드는 <그림 2-1>과 같은 스위치 Sd와 저항을 직렬 연결한 회로와 등가이며, P의 전위가 Q보다 높거나 같을 때에는 Sd가 닫히고 낮을 때에는 Sd가 열린다고 하자. 또한 전지의 내부 저항, 회로 배선에 이용한 배선의 저항, 회로의 자기 인덕턴스는 고려하지 않아도 된다.

Ⅰ <그림 2-2>와 같이 용량 C의 콘덴서 2개, 다이오드 D_1, D_2, 스위치 S 및 기동력 V의 전지 2개를 접속했다. 일단 스위치 S는 +V와 -V 어느 쪽에도 접속하지 않고 콘덴서도 전하가 축적되지 않은 상태이다. 점 G를 전위의 기준점(전위 0)이라고 했을 때의 점 P_1, P_2 각각의 전위를 V_1, V_2로 다음에 제시된 문제에 답하시오.

1) 먼저 스위치 S를 +V에 접속했다. 이때의 V_1, V_2를 구하시오.
2) (1) 이후, 회로 내의 전하 이동이 없어질 때까지 기다렸다. 이때의 V_1, V_2 및 콘덴서 1에 축적된 정전 에너지 U를 구하시오. 또 전지가 한 일 W를 구하시오.
3) (2) 이후, 스위치 S를 -V로 바꾸었다. 이때의 V_1, V_2를 구하시오.
4) (3) 이후, 회로 내의 전하 이동이 없어졌을 때의 V_1, V_2를 구하시오.

Ⅱ <그림 2-2> 회로에 다수의 콘덴서와 다이오드를 결합한 <그림 2-3>의 회로는 콕크로프트·월턴 회로라고 불리며 고전압을 얻는 목적으로 사용된다. 현재의 콘덴서 용량은 모두 C, 스위치 S는 +V나 -V 어느 쪽에도 접속되어 있지 않고 콘덴서도 전하가 축적되어 있지 않은 상태이다.

스위치 S를 +V, -V에 여러 번 반복해 바꾼 결과, 회로 내에서의 전하 이동이 일어나지 않게 되었다. 이 상황에서 스위치 S를 +V에 접속했을 때 점 P_{2n-2}와 점 P_{2n-1}의 전위는 같다(n=1, 2, 3⋯N). 또 스위치 S를 +V에 접속했을 때 점 P_{2n-2}의 전위 V_{2n-2}, V_{2n}을 N과 V로 나타내시오. 또한 점 G를 전위의 기준점(전위 0)으로 한다.

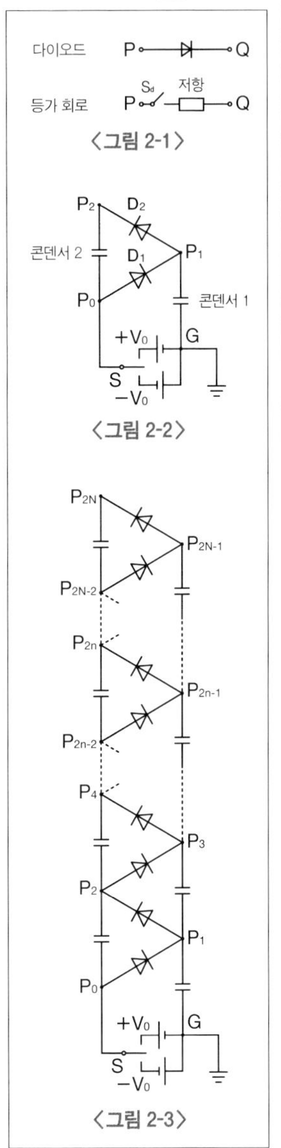

<그림 2-1>
<그림 2-2>
<그림 2-3>

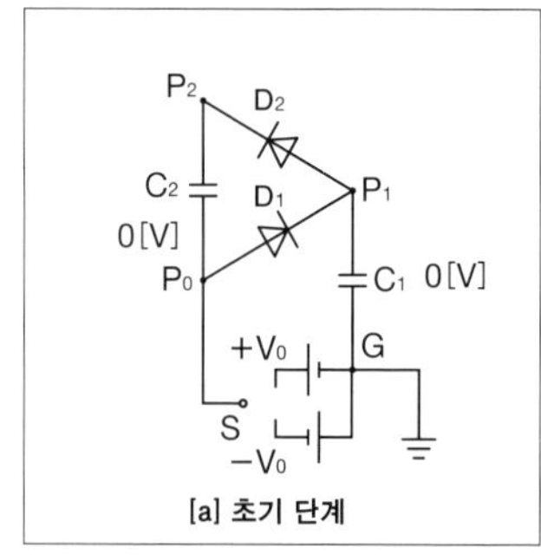

[a] 초기 단계

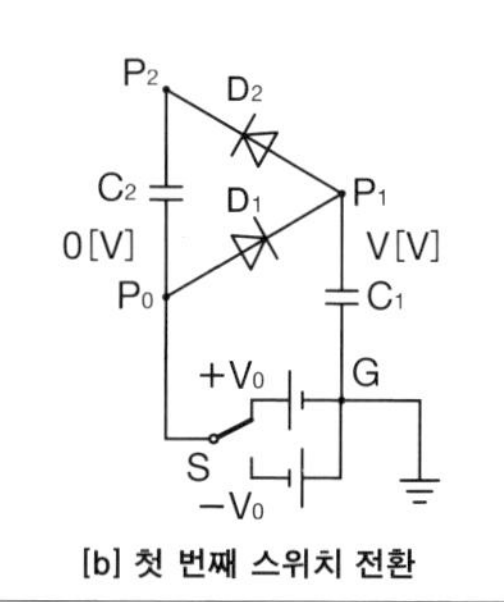

[b] 첫 번째 스위치 전환

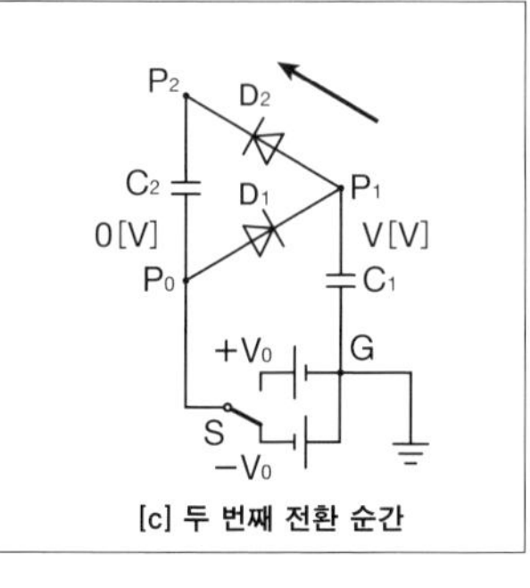

[c] 두 번째 전환 순간

〈표〉 CW 회로의 전압 전이표

	C_1	C_2	P_0	P_1	P_2
[a]	0	0	0	0	0
[b]	V	0	V	V	V
[c]	V	0	−V	V	−V
[d]	0	V	−V	0	0
[e]	V	V	V	V	2V
[f]	V/2	3V/2	−V	V/2	V/2

도쿄대학교 과거 입시 문제

일본의 최고 학부인 도쿄대학교 입학시험에 CW 회로에 관한 문제가 출제된 적이 있다(2011년 전기 물리). 109쪽에 실린 문제로, 문제의 설명과 유도 순서 역시 뛰어났다.

그럼 본격적으로 이 문제를 풀어볼 준비를 해보자. 인간은 동시에 많은 것을 생각하는 것이 서툴다. 공기놀이나 저글링을 할 때도 숫자가 늘수록 어려워지는 것처럼 말이다. 하지만 처리해야 할 작업을 하나로 줄이면 간단해진다. 물리 현상도 마찬가지이다. 여러 요소가 있어 복잡해 보이는 것도 일부에만 집중하면 사고하기 쉽다. 그런 방법을 '요소 분해(要素分解)'라고 한다.

또한 인간은 추상적인 개념을 떠올리는 것이 서툴다. 중학교 수학에서 방정식이나 함수가 어렵게 느껴지는 것은 'x'라는 숫자의 추상적인 개념 때문이라고 생각한다. 그럴 때는 x에 구체적인 숫자를 넣어 생각하면 된다. y=2x가 어떤 의미인지 생각해보자. x가 2일 때 y는 어떻게 될까? x=1이라면? x=0이라면?… 이렇게 생각하면 금방 이해가 될 것이다. 이렇게 '구체적으로 생각하는' 사고 절차는 다양한 분야에 응용된다.

이번 목표인 CW 회로는 콘덴서와 다이오드를 여러 단으로 구성한 단순한 회로이지만 어떻게 움직이는지를 생각하면 약간 어렵게 느끼는 사람도 많다. 그도 그럴 것이 〈그림 1〉의 회로도를 보면 알 수 있듯 콘덴서와 다이오드의 개수가 n이라는 추상적인 숫자로 쓰여 있는 데다 그 n이 10이나 20처럼 큰 숫자인 경우가 많기 때문이다. 거기에 교류 전원까지 연결되어 장시간 구동되는 모습을 상상하면 머릿속이 뒤죽박죽되며 이해하기 힘들어지는 것이 아닐까 생각한다.

그런 경우, 위에서 이야기한 것처럼 구체적으로 n이 1일 때를 생각해 보는 것이다. 교류 전원은 스위치 전환이라고 생각하고 스위치를 전환할 때마다 어떻게 바뀌는지를 요소별로 분해해 살펴보는 것이다.

n=1이라고 생각한다

n=1이라고 했을 때 콘덴서의 용량은 C로 콘덴서에는 전하가 축적되어 있지 않은 상황(그림의 [a])을 생각한다. 다이오드의 성질상 스위치를 눌렀을 때 P_0의 전위가 P_1의 전위보다 높으면 D_1이 도전되고, P_1의 전위가 P_2보다 높으면 D_2가 도전해 각각의 점의 전위가 같아질 때까지 전류가 흐른다. 간략히 설명하기 위해 P_n의 전위를 $V(P_n)$로 나타낸다.

이제 +가 된 전지에 스위치를 연결한다. 콘덴서에는 전하가 축적되어 있지 않고 양 끝의 전위차는 0으로 $V(P_1)$가 0인 곳에 전지를 연결했기 때문에 $V(P_0) > V(P_1)$이 되고 D_1에 전류가 흘러 $V(P_1)=V(P_0)$이 될 때까지 전류가 흐르기 때문에 최종적으로 콘덴서 1의 양 끝에 V만큼의 전위차가 생긴다(그림 [b] 참조).

이번에는 스위치를 -쪽에 연결

Memo :

[d] 전하가 이동한다.

[e] 세 번째 스위치 전환 직후

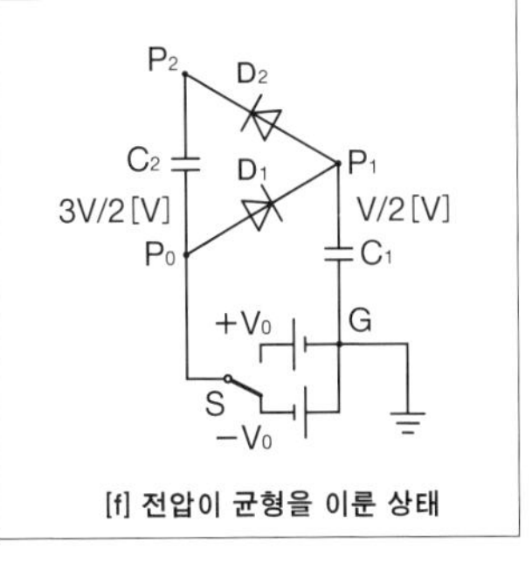

[f] 전압이 균형을 이룬 상태

한다. 스위치를 누르는 순간(아직 전하의 이동이 시작되기 전) 그림 [C]와 같아지면서 $V(P_1) > V(P_2)$가 되고 다이오드 2에는 순방향의 전압이 가해져 전류가 흐른다. C_1에 저장된 전하가 C_2로 이동해 표 [d]와 같이 된다.

여기서 다시 한 번 스위치를 +쪽에 연결한다. 이번에는 D_1이 도전하며 C_1이 충전된다(그림 [e]). 또다시 -쪽으로 전환한다. 이번에는 D_2에만 도전해 전원 전압과 콘덴서 양 끝의 전압의 합이 균형을 이룰 때까지 전류가 흘러 그림 [f]와 같은 상태가 된다.

이제 어느 정도 법칙성이 눈에 들어올 것이다. 스위치를 +쪽에 연결하면 C_1에 전하가 충전되고 -쪽으로 전환하면 C_2에 그 전하를 나눠주는 듯하다. 그리고 이것을 여러 번 반복하다 보면 최종적으로 C_2가 C_1에 전하를 나눠주지 않게 되는 때가 온다. 스위치를 +쪽으로 전환하는 순간 C_2에 가해진 전압과 C_2가 전하를 축적할 때 발생한 전압이 같아질 때 즉, C_2에 2V만큼의 전압이 가해질 때이다.

그 결과, 전원 전압 이상의 전압이 발생해 승압할 수 있게 된다. 아직 잘 모르겠다면 전압 전이표와 그림을 음미하며 각각의 동작을 꼼꼼히 살펴보기 바란다. 눈에 보이지 않는 전기의 움직임을 서서히 파악할 수 있을 것이다.

일반화와 추상화

이 CW 회로는 각 콘덴서 간의 스위치 전환으로 전하의 교환이 일어나지 않을 때까지 승압되다 최종적으로는 전하의 교환이 일어나지 않게 된다고 생각하면 된다. 그 상태는 각 콘덴서에 V만큼의 전압이 가해진다고 가정하고 스위치를 +쪽, -쪽으로 각각 전환할 때 어떻게 될지를 떠올려 변화하지 않는 V를 구하면 된다. 이번에는 n=1로 실험해 C_2에 2V가 가해질 때까지 승압된다는 것을 알았으므로 n단일 때에도 마찬가지로 C_2~Cn에 모두 2V만큼의 전압을 가했을 때를 생각해본다. 그러면 +쪽, -쪽으로 각각 스위치를 전환했을 때에도 C_2~Cn까지의 콘덴서에서 전하의 교환은 일어나지 않는다. 즉, 승압이 완료된다는 것이다.

이 회로는 다이오드로 각각의 콘덴서에 번갈아가며 전하를 모아 승압하고 최종적으로 C_2~Cn까지 2V의 전위차로 축적된다는 것을 알았다. 이 결과를 통해 CW 회로의 승압 전압도 알 수 있다.

문제를 풀어보자

이상의 이론을 바탕으로 109쪽의 도쿄대학교 입시 문제를 풀 수 있을 것이다. Ⅰ는 n=1일 때의 전압의 전이, Ⅱ는 일반화와 추상화의 부분에 해당된다는 것을 알 수 있다. 흥미가 있다면 꼭 도전해보기 바란다. 해답도 지금까지 해설한 결과와 같으므로 분명 풀 수 있을 것이다. CW 회로를 이해하면 도쿄대학교 입시 문제도 풀 수 있는 것이다.

강력한 흉전 공작에 필수!!

처음 만드는 CW 회로

⦿ text by 시라노

공작 레벨 ★★★★★

전기 충격기나 폭음 트랩 등 고전압을 이용한 공작에 필수적인 CW 회로를 만들어보자. 부품선택 방법부터 조립 비결, 더 나아가 응용 및 강화 방법에 대해서도 해설한다.

지금까지 콘덴서의 기초 지식과 콕크로프트·월턴 회로(CW 회로)의 원리 등을 해설했다. 이제 남은 것은 실천뿐. CW 회로를 자작해보자.

존 콕크로프트와 어니스트 월턴이라는 두 물리학자가 만들어 노벨상을 수상한 당시의 회로는 감히 엄두도 낼 수 없는 초대형 규모이다. 하지만 전기충격기에 사용할 정도의 회로라면 허들이 낮은 편. 초등학생이라도 꽤 본격적인 회로를 만들 수 있을 정도이다.

이번에는 일반적인 전자부품 매장 등에서 구입할 수 있는 부품으로 최대한 저렴하고 간단한 CW 회로를 만들어보자.

무엇을 만들든 시작은 사양을 결정하는 일이다. 이번에 만들 회로는 약 10kV 출력으로 설계했다. 다음은 교류 전원을 준비한다. 아키즈키전자에서 구입한 '냉음극관 인버터(K-G00-500-A11)'를 선택했다. CW 회로는 콘덴서와 다이오드를 결합한 승압 회로인 만큼 이 부품들이 특히 중요하다. 각각의 선정 방법을 살펴보자.

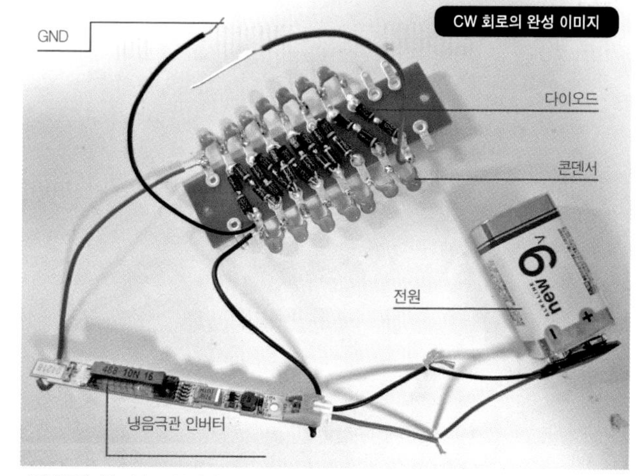

세라믹 콘덴서와 다이오드를 결합해 만든 단을 단자판에 설치. 전원은 006P형 전지를 사용했다. 다양한 흉전 공작에 이용할 수 있다. 간이 전기충격기 자작도 가능하다!

콘덴서의 선정

① 내전압

CW 회로는 각 콘덴서에 교류 전원의 Vp-p(사인파 교류의 최댓값과 최소값의 차이)만큼의 전압을 축적해 승압하기 때문에 콘덴서의 내전압은 전원 출력의 Vp-p만큼만 되면 된다. 이번에는 인버터의 출력이 1,100V이므

〈그림 1〉 CW 회로도

LTspice
https://www.analog.com/jp/
무료로 사용할 수 있는 시뮬레이션 소프트웨어. 회로도를 입력해 전류나 전압 등을 파형으로 시뮬레이션할 수 있다.

Memo :

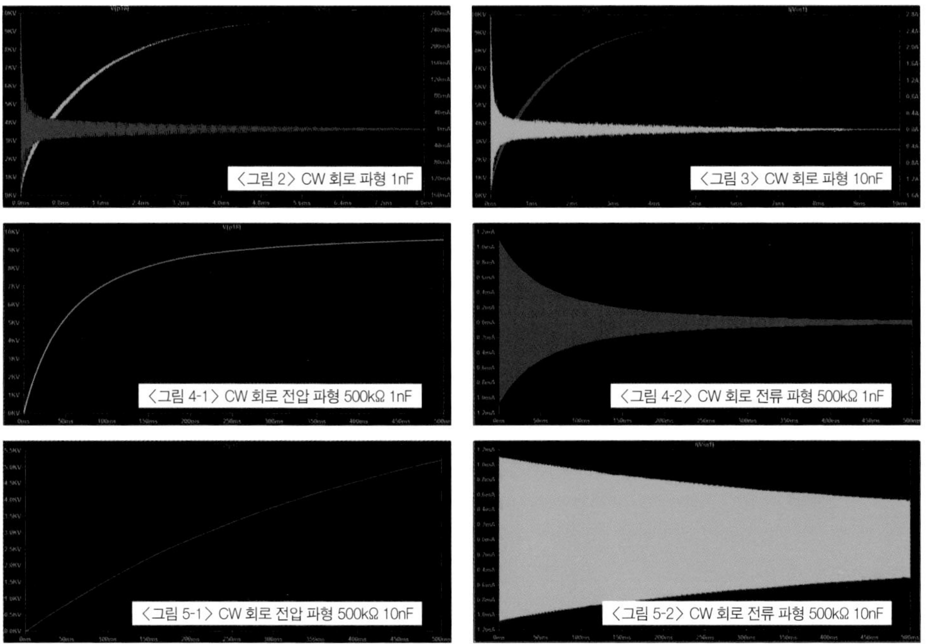

〈그림 2〉 CW 회로 파형 1nF

〈그림 3〉 CW 회로 파형 10nF

〈그림 4-1〉 CW 회로 전압 파형 500kΩ 1nF

〈그림 4-2〉 CW 회로 전류 파형 500kΩ 1nF

〈그림 5-1〉 CW 회로 전압 파형 500kΩ 10nF

〈그림 5-2〉 CW 회로 전류 파형 500kΩ 10nF

CW 회로를 만들 때는 콘덴서의 정전 용량을 결정하는 것이 중요하다. 1nF와 10nF를 비교하는 등 적절한 용량을 LTspice로 시뮬레이션했다. 그 결과, 1nF의 용량으로 정했다.

로 그 이상의 내압을 선택한다.

② 종류

종류가 많아 초심자들은 당혹스러울 수 있다. 세라믹 콘덴서, 전해 콘덴서, 필름 콘덴서 등등 다양한 종류가 있다. 이런 이름들은 재질의 차이에서 기인된 것이다.

세라믹 콘덴서는 세라믹, 오일 콘덴서는 말 그대로 오일을 사용한 콘덴서 같은 식이다. 각각의 특성이 다른데 일일이 설명하면 이야기가 길어지므로 생략하기로 한다. CW 회로 제작에는 다음 두 종류의 차이만 기억하면 된다.

바로 극성의 유무이다. 극성이 있는 콘덴서로서 유명한 것은 전해 콘덴서이다. 극성이 있다는 것은 +단자에는 +전하, - 단자에는 -전하만 저장하는 성질을 지녔다는 것이다. 이번처럼 교류 전압을 가하는 경우는 적합하지 않다.

그 밖에는 어떤 종류든 사용할 수 있다. 다만 비용이나 입수 난이도 면에서 고내압 세라믹 콘덴서가 주로 사용된다. 그런 이유로 이번에도 고내압 세라믹 콘덴서를 사용한다. 만약 더 싸고 성능이 좋은 필름 콘덴서 등이 있다면 그것을 사용해도 좋다.

③ 정전 용량의 결정

다음으로 콘덴서의 정전 용량을 정한다. CW 회로를 만들 때 특히 고민되는 부분이다. 원래는 전원의 전류 용량이나 주파수 등으로 결정하지만 꽤 귀찮은 부분이라 대충 1~100nF 정도의 콘덴서를 사용하면 된다. 다만 어떤 식으로 정하는지는 알아두어야 한다. 직접 계산해도 되지만 보통 일이 아니므로 무료 시뮬레이션 소프트웨어 'LTspice'를 사용했다.

LTspice에 〈그림 1〉과 같이 부품을 배열한다. 왼쪽 상단의 Run 버튼을 눌러 측정하고 싶은 부분을 클릭하면 전압을 확인할 수 있다. 〈그림 2〉와 같은 파형으로 약 10kV의 전압을 확인할 수 있다. 파란색이 전

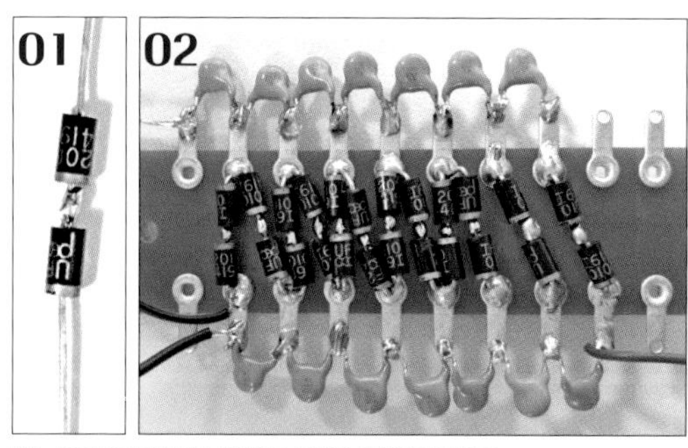

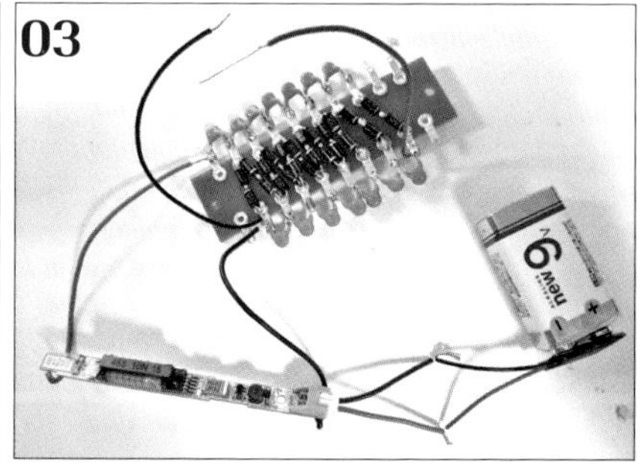

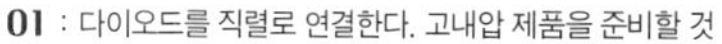

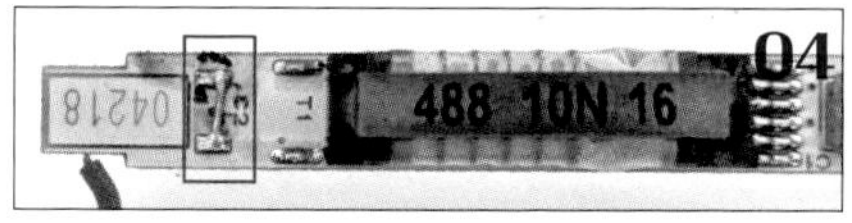

01 : 다이오드를 직렬로 연결한다. 고내압 제품을 준비할 것
02 : <그림 1>의 회로도를 참고로 다이오드와 콘덴서를 배열해 납땜해 연결한다.
03 : 냉음극관 인버터와 006P형 전지를 단자판에 접속한다.
04 : 냉음극관 인버터의 밸러스트 콘덴서를 제거해 단락시킨다. 이것으로 일단 완성

압, 녹색이 전류의 파형이다.

이렇게 CW 출력 전압은 서서히 증가해 최종적으로 10kV에 도달한다. 콘덴서에 저장되는 용량이 적기 때문에 10kV에 도달해 방전이 일어나면 단번에 전압이 내려가고 또다시 전압을 올리는 동작이 반복된다. 연속적으로 방전하는 것처럼 보이지만 실제로는 일정 간격으로 되풀이되는 간헐 방전이 일어나는 것이다. 그렇기 때문에 이 파형이 나타날 때의 속도가 방전음의 주파수에 영향을 미치기도 한다.

콘덴서의 용량이 크면 한 번에 방출할 수 있는 에너지가 커지고 용량이 작으면 작아진다는 것은 이미 알고 있을 것이다. 그럼 콘덴서의 용량이 크면 클수록 유리한 것이 아닐까? 이렇게 생각할 수 있지만 실제로는 그렇지 않다.

<그림 2>의 정전 용량 1nF를 용량을 바꾸어 비교해보자. <그림 3>의 10nF와 비교하면 전압 파형이 완전히 똑같다! CW 회로가 어떻게 동작하는지를 알면 콘덴서의 용량에 관계없이 교류 전원의 양음으로 전환된 횟수만큼 전압이 바뀐다는 것을 알고 있을 테니 당연하다면 당연한 결과이지만….

다만 자세히 보면 10nF의 콘덴서에는 2A 정도의 전류가 흐른다. 이번에 사용할 전원은 2A나 되는 전류를 흐르게 할 능력이 없다. 이런 한계가 있기 때문에 콘덴서의 전압을 크게 높일 수 없는 것이다. 그럼 그 영향은 어떻게 나타날까. 그 영향을 살펴보기 위해 이번에는 전원에 500kΩ가량의 저항을 직렬 접속해 시뮬레이션해보았다. 흐르는 전류에 제한을 설정하는 것이다.

1nF와 10nF로 시뮬레이션한 것이 <그림 4>와 <그림 5>이다. 시간 축을 보면 전압이 10kV에 도달하는 시간이 압도적으로 느려진 것을 알 수 있다. 특히 10nF에서 그 결과가 현저하게 나타났으며, 심지어 시뮬레이션 시간 내에 10kV에 도달하지 못했다.

이런 결과만 보아도 콘덴서의 용량이 지나치게 크면 방전 간격이 너무 더디거나 <그림 5-2>에서 알 수 있듯 과도한 전류가 흘러 전원에 부담을 줄 수 있다. 그렇기 때문에 전원의 용량을 고려해 설계할 필요가 있다.

이상의 시뮬레이션을 이용해 용량은 방전 간격이 적당하고 과도한 전류가 흐르지 않는 1nF로 설정했다. 아키즈키전자에서 판매되는 2kV1nF의 '중고압 세라믹 콘덴서 2kV1000pF'를 선택했다.

다이오드의 선정

<그림 2>의 시뮬레이션으로 다이오드에 가해지는 전압과 전류를 파악할 수 있었지만 애초에 전압은 Vp-p 정도밖에 걸리지 않는 데다 전류도 전원의 용량으로 볼 때 많아야 수십 mA 정도라는 것을 알게 되었다. 그래서 선택한 것이 아키즈키전자의 '고내압 정류용 다이오드 UF2010'으로 이것을 직렬 연결해 사용하기로 했다.

CW 회로에 사용하는 경우, 범용

Memo :

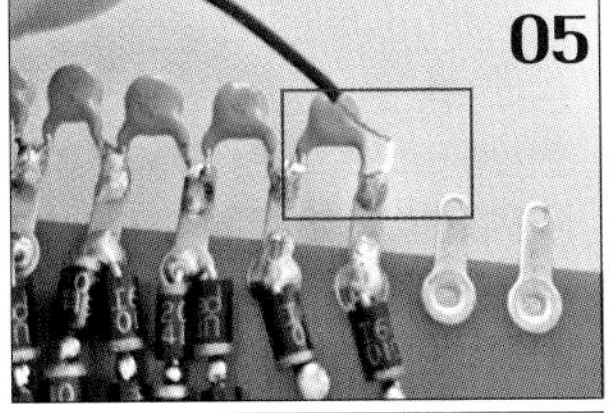

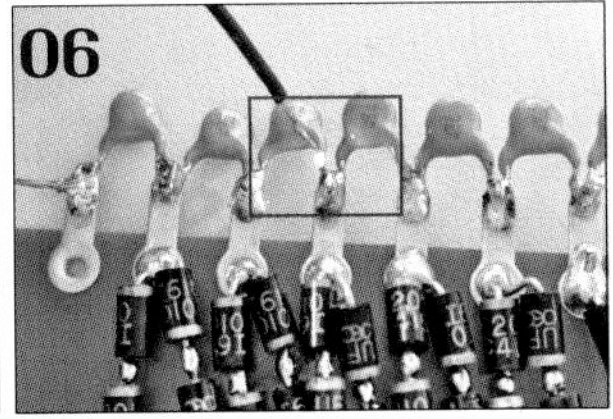

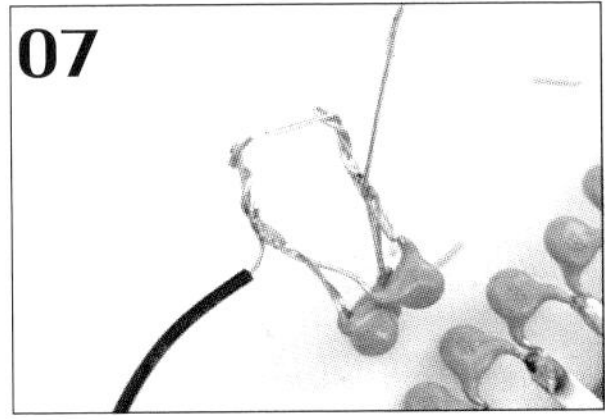

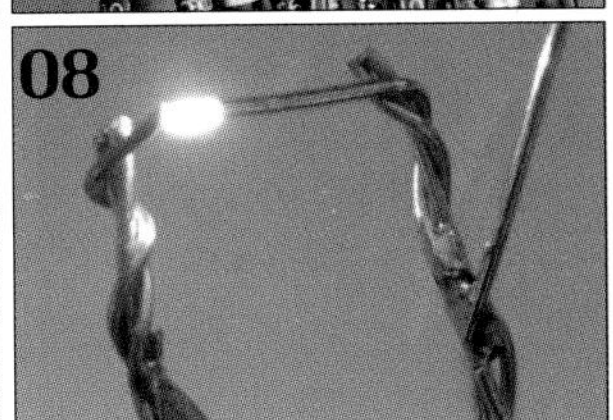

주요 재료		
부품명	품번/사양	개수
●냉음극관 인버터	K-G00-500-A11	1개
●중고압 세라믹 콘덴서	2kV/1000pF	10개 이상
●고내압 정류용 다이오드	UF2010/ 1000V2A	20 이상
●전지 박스	006P용/ 9V	1개
●단자판	10열~	1개
●전지	006P형/ 9V	1개

05 : GND를 출력 단자에 가까이 대면 방전을 확인할 수 있다.
06 : 앞쪽 단에 GND를 가까이 대면 방전이 작아진다. 전압이 낮다는 것을 알 수 있다.
07·08 : GND와 출력 단자부 사이에 콘덴서를 병렬 연결해보았다. 강력한 방전을 확인할 수 있다!

정류용 등의 50/60Hz로 만들어진 느린 다이오드는 NG이다. 80kHz의 고주파 전원을 이용하기 때문에 '고속'이라고 표시된 제품을 고른다.

조립 비결

적합한 재료가 준비되었으면 드디어 조립할 차례이다. 유니버설 기판에 배치하면 랜드(동박) 사이에 방전이 일어날 수 있으므로 점 대 점 방식으로 배선하는 등의 궁리가 필요하다. 더 간단히 만들기 위해 이번에는 단자판을 사용했다. [01]과 같이 먼저 다이오드를 직렬 연결한다.

다음은 다이오드와 콘덴서를 회로도와 같이 배치해 납땜한다[02]. 사진에서는 마지막 2단을 배치할 공간이 빠듯해 단자판 뒤쪽에 다이오드를 설치했다. 이제 교류 전원과 단자판을 연결하면 완성[03].

여기서 기억해둘 포인트가 있다. 냉음극관 인버터에는 냉음극관을 사용할 때 전류가 끝없이 흐르지 않도록 밸러스트 콘덴서(기판상의 C2)가 부착되어 있는데 이것은 냉음극관을 사용하지 않을 때에는 필요 없다. 제거한 후 단락한다[04].

교류 전원의 전원은 12V이지만 9V에서 동작하기 때문에 006P형 전지를 사용한다. 휴대가 가능해 다양하게 응용할 수 있다. GND(그림 1 회로도의 P0 부분)를 출력 단자(회로도의 P18 부분)에 가까이 대면 방전을 확인할 수 있다[05].

응용 실험

이 CW 회로는 간단히 망가지는 것이 아니므로 대담하게 실험해도 괜찮다. 이를테면 더 앞쪽 단자에 GND를 가까이 대거나 하면 [05]보다 더 작은 방전을 확인할 수 있다[06]. 이 단순한 테스트로 CW 회로의 단 수가 높아질수록 전압이 상승한다는 것을 이론만이 아니라 직접 눈으로 보고 이해할 수 있게 된다.

또 오리지널 전기충격기에 사용하기에는 위력이 부족할 수 있다. 그런 경우, 출력에 콘덴서를 추가해 한 번 방전하는 데 사용할 수 있는 에너지를 늘려주기만 하면 된다. 시험 삼아 콘덴서를 출력 단자 부분에 병렬 연결해보았다.

이 콘덴서는 내압이 부족해 금방 망가지겠지만 어차피 테스트이니 파손을 각오하고 실행…. 전보다 강한 섬광의 방전을 확인할 수 있었다[08].

이런 식으로 CW 회로를 응용하면 어느 정도 위력을 지닌 전기충격기를 자작할 수 있다. 뻔한 말이지만 악용은 절대 금물!

흉전 공작의 기초… 고전압 발생장치를 배운다

테슬라 코일 재입문[전편]

⦿ text by Liar K

공작 레벨 ★★★★★

흉전 공작의 기본이라고 할 수 있는 테슬라 코일(STCC)의 제작 방법과 설계의 포인트를 복습한다. 강력한 방전음과 함께 보랏빛 번개를 발생시키는 로망이 가득한 장치를 직접 만들어보자.

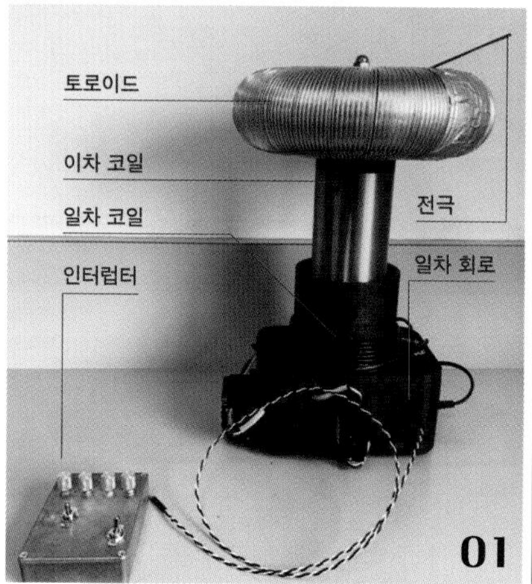

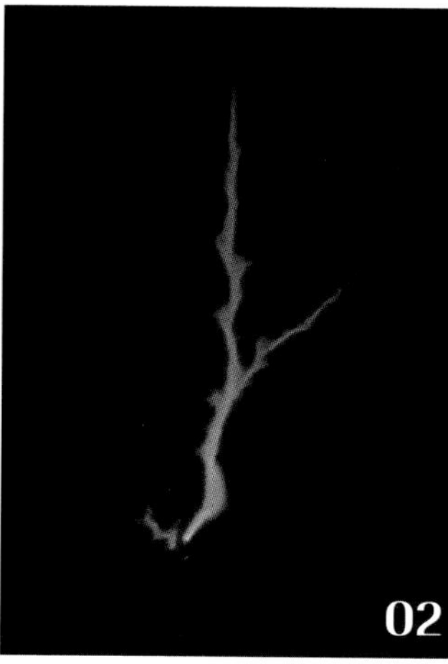

필요한 재료
- 오실로스코프
- 납땜인두
- 신호 발생기(함수 발생기 등)
- 테스터
- LCR 미터 등

주요 재료
- MOSFET이나 IGBT
- 게이트 드라이버 IC
- 에나멜선
- 도선
- 알루미늄 덕트

01 : 테슬라 코일의 전체 모습. 토로이드는 알루미늄 덕트 대신 스테인리스 볼로도 만들 수 있다.
02 : 방전 모습. 격렬한 방전음과 함께 보랏빛 번개가 발생한다.

방전… 그것은 남자의 로망. 지금까지 『과학실험 이과』에서는 수많은 '테슬라 코일'을 만들어왔다. 다시 한 번 기본으로 돌아가 그 제작 방법과 설계 포인트를 전편과 후편의 2회에 걸쳐 해설한다.

이번에 제작하는 것은 반도체 제어 테슬라 코일 'STCC(Solid State Tesla Coil)'이다. 격렬한 방전음과 함께 번개를 발생시키는 SSTC는 주로 일차 코일과 이차 코일로 구성된다. 에나멜선을 파이프 등에 수백~수천 회 감아 공심 코일을 만든다. 이것이 이차 코일이다. MOSFET나 IGBT의 스위칭으로 코일을 공진시키는 주파수의 전류를 발생시켜 이차 코일 둘레에 수 회 감은 일차 코일에 흐르게 하면 이차 코일을 공진 변압기로 구동해 고전압을 얻는다.

이차 코일의 설계

SSTC를 만들 때 일차 회로부터 만드는 방법과 이차 코일부터 만드는 방법이 있는데 이차 코일부터 만드는 편이 간단하다.

물론 회로도를 그리는 것도 어느 정도 지식이 없으면 어려울 것이다. 처음 도전한다면 인터넷 등에서 선인들의 발명을 찾아보고 참고하는 것이 현명하다. 'Tesla Coil', 'SSTC' 등으로 검색하면 회로도를 찾을 수 있을 것이다. 회로도에는 이차 코일을 감는 횟수 등의 데이터도 실려 있으므로 그대로 따라 만들면 된다.

이차 코일을 아예 처음부터 만드는 경우에는 먼저, 원하는 코일의 크기를 상상해 토로이드의 크기를 결정한다. 그것을 바탕으로 전기 용량을 계산한다. 토로이드는 스테인리스 볼이나 알루미늄 덕트로 만든다. 그리고 방전이 빠져나갈 출구로 압

Memo :

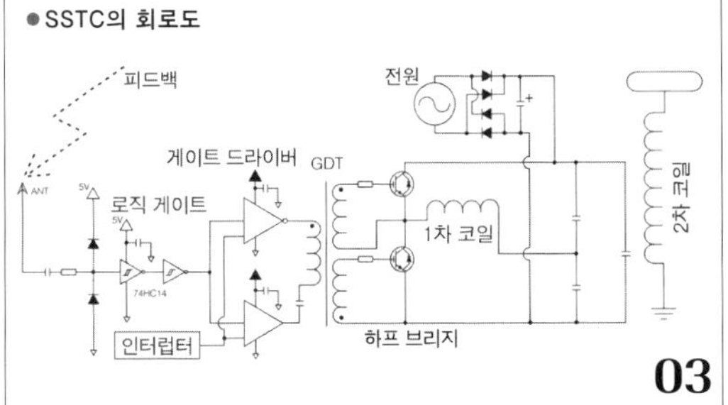

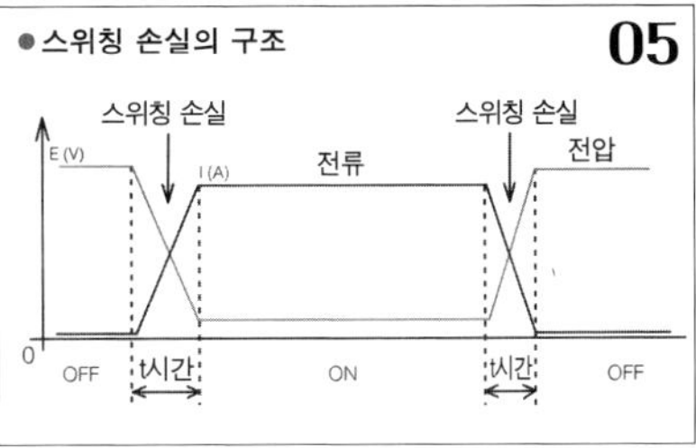

03 : SSTC 회로를 대강 그리면 이런 느낌. 자세한 회로도는 'Steve's High Voltage' (https : //www.steve-hv.4hv.org/) 등에서 확인할 수 있다.
04 : 일차 회로의 조립. 소형 SSTC는 일차 회로도 작게 수납된다.
05 : 전력은 전압×전류이므로 어느 한쪽이 0이 아니면 전력이 발생한다. 갈 곳을 잃은 전력은 열로 소비된다.

침과 같이 끝이 뾰족한 물체를 부착한다. 이렇게 하면 방전이 발생하는 지점에서 전자 주입이 일어나 공기 중에 번개가 발생하기 때문에 이차 코일 내에서의 예기치 않은 방전을 막을 수 있다.

다음은 코일의 전체 길이, 와이어의 굵기, 지름을 결정한다. 코일을 감는 횟수가 500~2,000회 정도가 되도록 에나멜선의 굵기를 산출한다. 굵은 와이어로 감으면 Q 인자가 증가해 방전 길이가 늘어나지만 감는 횟수가 적어 공진 주파수가 높아진다. 테스트해가며 적당한 수치를 찾는다. 지름이 클수록 Q 인자를 높일 수 있다.

각각의 수치가 정해졌으면 인덕턴스를 계산한다. 끝으로 토로이드의 전기 용량과 코일의 인덕턴스로 공진 주파수를 산출한다. 이것으로 설계는 완료되었다. 나머지는 설계한 대로 코일을 감아 공진 주파수를 측정해 계산한 수치가 나오면 OK.※1

완성된 코일은 와이어가 풀어지지 않도록 우레탄 니스나 에폭시 접착제 등을 덧발라 고정한다. 또 이차 코일은 회로도와 같이 GND를 접지한다. 땅에 구리 막대나 동판을 묻고 거기에 접속하는 것이 이상적이지만 가전제품 콘센트의 접지 단자를 대용해도 된다.

공진 주파수의 측정

이차 코일을 감았으면 공진 주파수를 측정한다. 일차 코일을 수 회 감아 신호 발생기에 연결한다. 일차 코일에 단형파(정현파도 가능)를 입력하고 오실로스코프가 신호를 포착할 수 있게 이차 코일의 토로이드에 프로브를 가까이 가져간다. 오실로스코프에 파형이 나타나면 신호 발생기의 주파수를 조정해 파형의 진폭이 최대가 되는 주파수를 찾는다. 이것이 공진 주파수이다.

이때 측정자는 토로이드와 최대한 멀리 떨어져서 작업하고 프로브도 너무 가까이 대지 않도록 한다.※2

트랜지스터의 선정

SSTC에는 MOSFET나 IGBT와 같은 바이폴라 트랜지스터를 사용한다. 이런 트랜지스터는 게이트~소스(IGBT의 경우는 게이트~이미터) 간에 전압을 가하면 드레인~소스 간(콜렉터~이미터 간)에 전류가 흐른다(이하 게이트=G, 드레인=D, 소스=S로 표기). 이런 구조를 이용해 게이트에 전압을 가하면 켜지는 스위치로 사용할 수 있다. 그렇기 때문에 MOSFET이나 IGBT는 스위칭 소자라고도 불린다.

SSTC는 이 스위칭 소자를 고속으로 ON/OFF(고속 스위칭)시켜 이차 코일의 공진 주파수의 교류 전류를 발생시킨다. 이 공진 주파수가 높으면 높을수록 스위칭 속도가 빠른 트랜지스터를 사용해야 한다. 스위칭 속도가 느린 트랜지스터로 반도체 스위치를 고주파로 구동하면 스위칭

※1 'JAVATC'(http : //classictesla.com/java/javatc/javatc.html) 코일의 데이터를 입력하면 자동으로 시뮬레이션해볼 수 있으므로 활용해보자.
※2 공진 주파수는 환경에 따라 바뀔 만큼 까다롭다. 또 프로브를 토로이드에 너무 가까이 대 방전이 일어나면 오실로스코프의 고장 원인이 된다. 프로브는 신호를 포착한 위치에서 움직이지 않도록 고정하는 것이 가장 좋다.

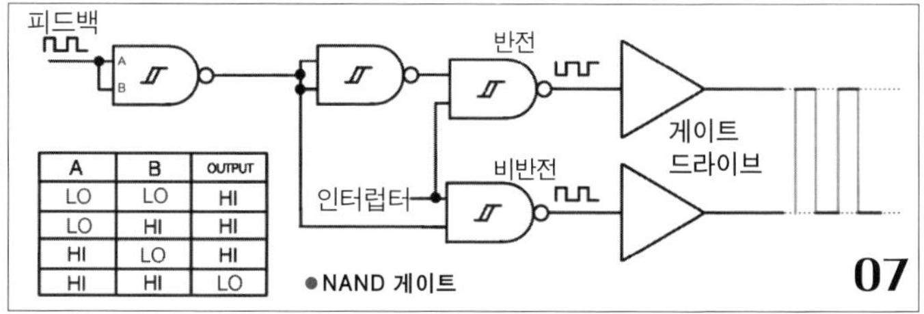

A	B	OUTPUT
LO	LO	HI
LO	HI	HI
HI	LO	HI
HI	HI	LO

06 : 변류기는 코어 주변 자계의 변화를 통해 신호를 전달한다. 안테나 방식보다는 안정적이지만 신호를 정확히 포착하려면 양질의 코어를 사용해야 한다. 테슬라 코일이 구동하지 않는 경우에는 GND 선이나 일차 코일의 방향을 변경해보자.
07 : 슈미트 트리거 NAND 회로를 이용한 NAND 게이트의 예. 왼쪽 하단은 NAND의 진리값표

손실이 커진다.

그럼 '스위칭 손실'이란 무엇인가에 대해 간단히 보충한다. 앞서 이야기했듯 MOSFET의 게이트에 전압을 가하면 D~S 간에 전류가 흐른다. 이것이 ON 상태이다. 이때 D~S 간에 가해진 전압은 0V가 된다. 게이트에 전압이 가해지지 않은 경우는 D~S 간에 전류가 흐르지 않는다(0A). 이것이 OFF 상태이다. 이런 식으로 ON에서 OFF 또는 OFF에서 ON으로 이행할 때 다소 시간이 걸린다. 예컨대 OFF에서 ON으로 이행할 때 t시간이 걸린다고 하자. 전류는 t시간에 걸쳐 0A에서 IA까지 상승한다. 그 동안 전압은 EV에서 0V로 하강한다. t시간 동안 전류나 전압 모두 0이 아니기 때문에 전력 손실이 발생한다. 이것이 스위칭 손실이다. 노이즈나 발열로 이어지기 때문에 스위칭 손실은 최대한 줄여야 한다.

스위칭 손실은 다음의 식으로 구할 수 있다.

$$P_{sw} = \frac{1}{6} I_{DMAX} V_{DSMAX} \times (T_R + T_F) \times f_{sw}$$

- ***I DMAX* : 트레인 전류 iD의 최대치**
- ***V DSMAX* : 드레인~소스 간 전압 VDS의 최대치**
- ***TR* : MOSFET ON 시의 구동 시간**
- ***TF* : MOSFET OFF 시의 구동 시간**
- ***fsw* : 스위칭 주파수**

일반적으로 내전압, 내전류가 높은 스위칭 소자는 스위칭이 느리다. 강한 스위칭 소자를 사용하려면 코일의 공진 주파수를 낮출 필요가 있다. 테슬라 코일을 처음 만든다면 이차 코일을 크게 만들어 공진 주파수를 최대한 낮추고 강력한 IGBT 모듈을 사용하는 것이 무난하다. 참고로 내가 만든 SSTC에는 'HGTG-30N60A'나 'FGH40N60'을 채용했다.

스위칭 소자의 사망

SSTC를 처음 만드는 경우라면, 스위칭 소자의 사망은 피할 수 없을 것이다. 사망 원인은 두 가지 정도가 있다.

첫 번째는 회로의 서지 전압이 소자의 D~S 간의 내압을 넘어 파괴되는 유형. 이 경우, 소자의 몰드가 터지거나 균열이 생기기 때문에 육안으로도 확인이 가능하며 모든 핀에 전류가 흐른다. 테스터를 이용해 통전 여부를 확인한다. 이때 소자의 상태를 정확히 측정하려면 반드시 기판에서 떼어내야 한다. 대처 방법은 하프 브리지의 서지 전압을 억제하는 것이다. 자세한 내용은 후편에서 해설하기로 한다.

두 번째는 드레인의 전류 초과로 D~S 간에 전류가 흘러 파괴되는 유형. 테스터로 측정했을 때 D~S만 통전 상태라면 이 유형일 것이다. 대처 방법은 소자의 내전류 용량이 높은 것을 사용하거나 소자를 병렬로 접속하는 방법이 있다. 병렬로 접속할 때에는 게이트 저항을 하나로 합치지 말고 소자의 발열과 배선 패턴으로 인한 부유 인덕턴스에 주의한다.

피드백 신호

SSTC는 스위칭 소자를 코일의 공진 주파수로 작동시켜야 하는데 이때 제어 회로에 직접 공진 주파수 신호를 입력해 소자를 움직이는 방법이 있다(타려식). 하지만 현재는 이차 코일에서 신호를 포착해 제어 회로에 입력하는 자려식이 주류이다. 자려식은 공진 주파수를 맞출 필요

Memo : '블로그 조치대학교 일렉트로닉스 라보' https : //selelab.hatenablog.com/entry/2018/09/22/015653
●「DRYROOM」 http : //dry-room.net/doku.php?id=other : fet : fet_burned
●「leneoceans Laboratories」 https : //www.loneoceans.com/labs/sstc2/

없이 항상 적절한 신호가 제어 회로에 입력된다. 이 신호를 '피드백 신호'라고 한다.

피드백 신호를 얻기 위해 주로 사용되는 두 가지 방식이 있다. 첫 번째는 안테나를 이용하는 방법. 이차 코일에서 수 cm 떨어진 곳에 길이 15cm가량의 금속 와이어를 수직으로 놓는다. 이 와이어가 안테나로 기능해 이차 코일에서 발생한 전자파를 포착한다. 와이어 한 개만 있으면 되는 간단한 방법이지만 안테나를 배치하는 것이 다소 어렵고 동작이 불안정하다는 단점도 있다.

두 번째는 변류기를 이용해 이차 코일에 흐르는 전류에서 피드백을 얻는 방법. 소형 페라이트 코어에 30~50회 정도 전선을 감아 이차 코일의 GND 선을 1회 통과시키면 된다. 안테나 방식보다 신뢰성이 높고 드라이버 회로에서 손상되기 쉬운 와이어를 노출시킬 필요가 없다는 장점이 있다.

피드백 신호는 '1N4148' 등의 다이오드 클램프 회로에 의해 입력 단자의 전압을 GND(0V)~5V로 제한한 후 논리 회로부에 공급된다.

논리 회로부

안테나나 변류기로 얻은 피드백 신호는 '74HC14' 등의 슈미트 트리거 NOT 회로에 입력하면 깨끗한 신호가 되어 출력된다. 안정된 동작을 원한다면 장착해야 하지만 없어도 일단 동작은 한다.

'74LS132' 등의 슈미트 트리거 NAND 회로를 사용하면, 게이트 드라이브 IC에 이네이블 핀이 없는 경우에도 피드백 신호를 인터럽터 신호로 변조할 수 있다. 또 여기서 게이트 드라이버에 입력되는 신호의 위상을 반전, 비반전으로 나눠 각각의 게이트 드라이브 IC로 사용할 수 있다.

인터럽터

인터럽터는 피드백 신호를 변조하기 위해 이용되는 차단기이다. 피드백 신호가 끊임없이 게이트 드라이버에 입력되면 결과적으로 스위칭 소자가 계속 구동한다. 스위칭 소자에 가해지는 지나친 부담을 억제하기 위해 인터럽터로 피드백 신호를 정기적으로 차단하는 것이다. 또 인터럽터의 주파수는 방전의 ON/OFF를 제어하는 역할도 한다. 인터럽터 신호의 주파수로 ON/OFF를 반복하면 방전 시 공기가 진동하면서 주파수 음이 발생한다.

테슬라 코일에 인터럽터를 연결할 때는 출력이 적절한 펄스 폭과 펄스 주파수인지를 확인한다. SSTC의 경우, 처음에는 펄스 주기 0㎲~1,000㎲ 정도, 듀티 비(=펄스 폭÷펄스 주기)는 10% 이하로 테스트하는 것이 적절하다.

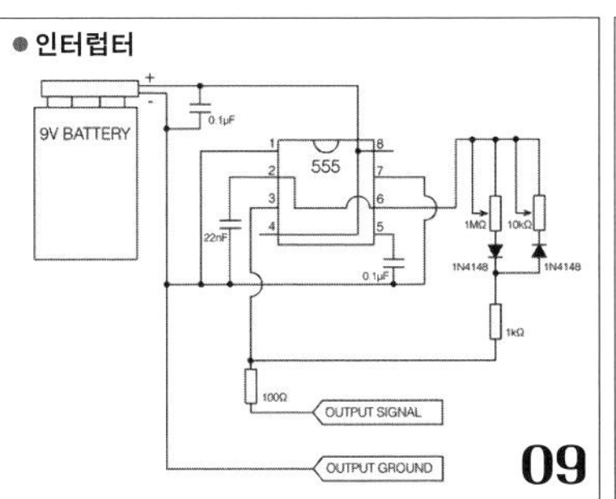

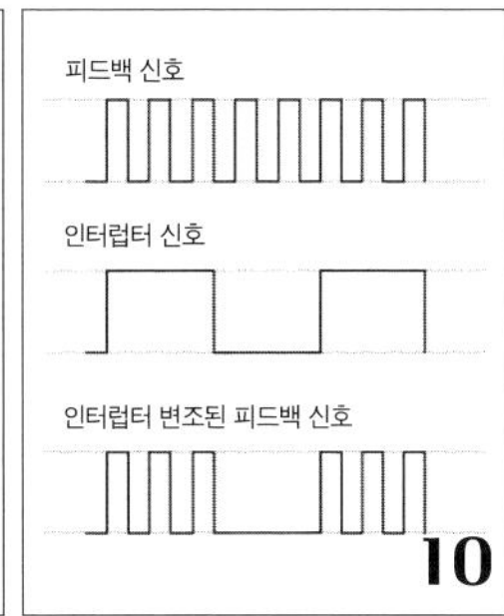

08 : 테슬라 코일의 노이즈로 인터럽터가 손상될 가능성이 있으므로 알루미늄 케이스에 넣거나 광섬유를 이용하면 좋다.
09 : 타이머 IC '555'를 사용한 인터럽터. 고장을 방지하기 위해 설치했다.
10 : 피드백 신호와 인터럽터 신호의 관계. 인터럽터에서 출력이 있을 때만 피드백 신호가 출력된다.

●「Tesla CoilRu」 http : //teslacoil.ru/
●'전기 갈매기.net' http : //kamomesan.hatenablog.jp/entry/2018/06/18/124156 등

게이트 드라이버, GDT, 하프 브리지, 일차 코일…

테슬라 코일 재입문[후편]

⊙ text by Liar K

공작 레벨 ★★★★★

이차 코일, 논리 회로, 인터럽터 등 전편의 제작 포인트를 바탕으로 완성 단계에 돌입한다. 전원 회로와 일차 코일을 조립해 아름다운 '퍼스트 라이트'를 관측해보자.

01·02 : 이차 코일을 공진시키는 주파수의 전류를 MOSFET나 IGBT의 스위칭으로 발생시켜 이차 코일 둘레에 감은 일차 코일에 흐르게 한다. 그리고 이차 코일을 공진 변압기로서 구동해 고전압을 얻는 구조이다.

전편에 이어 테슬라 코일 'SSTC (Solid State Tesla Coil)' 제작의 기본 지식을 해설한다. 이차 코일, 트랜지스터, 공진 주파수 측정, 피드백 회로, 논리 회로, 인터럽터의 설계 포인트에 대해서는 116~119쪽을 확인하기 바란다.

게이트 드라이버 회로

논리 회로부에서 출력된 신호는 게이트 드라이버 IC에 입력된다. 그 신호를 증폭시켜 스위칭 소자를 구동할 수 있는 신호로 변환하는 것이 게이트 드라이버의 역할이다. 'UCC27425'를 예로 들어 해설한다.

UCC27425는 반전 및 비반전형 드라이버를 8핀 칩 하나에 결합한 게이트 드라이브 IC이다. SSTC 회로에는 반전형과 비반전형 IC를 한 개씩 사용하는 경우가 많은데 IC를 2개 사용하면 회로가 복잡해진다. 그렇기 때문에 소형 SSTC를 만드는 경우에는 반전형과 비반전형이 하나로 결합된 IC를 사용하는 것이 가장 좋다. 다만 공급 전류가 줄어든다는 점을 기억해두자.

[03]의 회로도와 같이 UCC27425는 6번 핀의 VDD가 전원 입력 핀이며 그 입력 전원이 그대로 출력 전압이 된다. 그리고 2와 4에 피드백 신호가 입력되어 1과 8에 인터럽터 신호를 입력. 2번 핀에는 NOT 회로가 연결되어 있어 피드백 신호가 LO일 때 7번 핀에서 출력되고 HI일 때는 출력되지 않는다. 5번 핀은 그 반대로 4번 핀이 버퍼에 연결되어 있기 때문에 HI일 때 출력되고 LO일 때는 출력되지 않는다. [03]의 왼쪽 하단과 같은 피드백 신호가 입력되면 그 신호의 HI와 LO에 맞춰 7번 핀과 5번 핀이 교대로 출력되기 때문에 피드백 신호와 동일한 주파수로 그보다 높은 전압·전류의 신호를 출력할 수 있는 것이다.

SSTC에 이용되는 게이트 드라이브 IC는 대전류(1~9A)를 공급할 수 있어야 한다. 전편의 트랜지스터 선정에 대해 해설한 것처럼 스위칭 소자는 OFF/ON, ON/OFF 시 어느 정도 시간이 걸린다. 스위칭 소자의 G~S 간이 절연되어 있어 콘덴서가 생기는 것인데 이 콘덴서가 충방전되면 소자는 OFF/ON, ON/OFF가 가능하고 충방전에 시간이 걸리면 스위칭 손실이 일어난다. 그렇기 때문에 전류를 많이 공급해 콘덴서를 빠르게 충전해야 하는 것이다.

Memo : ※1 예를 들면 Ferroxcube사의 3F35, 3F4, 3F45나 Epcos사의 N30, N45, T57, T38 정도를 이용할 수 있다.

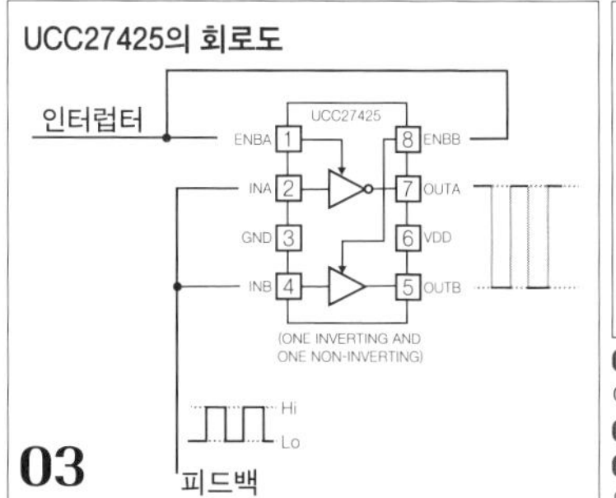

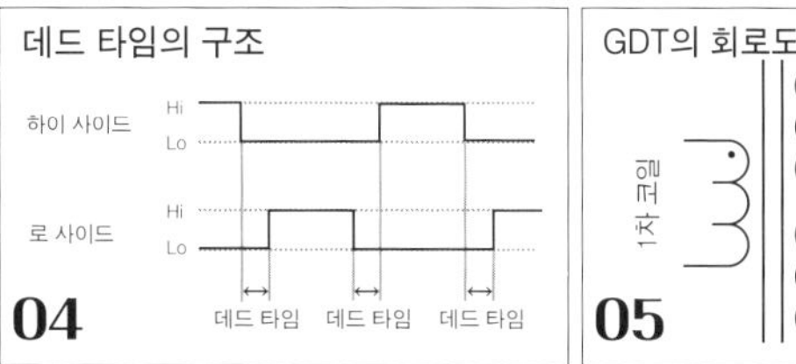

03 : 'UCC27425' 하나면 게이트 드라이버를 만들 수 있다. 처음 만드는 SSTC에 최적. 그 밖에 MCP1407, UCC27332, IR4427 등도 사용할 수 있다.
04 : 소자의 소손을 방지하기 위해 데드 타임은 3㎲ 이상으로 한다.
05 : 이차 측의 한쪽을 반대로 감으면 신호를 반전, 비반전으로 나눠 하이 사이드와 로 사이드의 소자를 교대로 구동할 수 있다.

데드 타임이란?

'데드 타임'이란 하이 사이드(전원 측)와 로 사이드(GND 측)의 소자가 모두 OFF인 상태를 가리킨다. 데드 타임이 짧으면 하이 사이드와 로 사이드의 소자가 합선해(암 단락) 과전류로 소자가 타버릴 가능성이 있다. 따라서 스위칭 소자의 데드 타임은 3㎲ 이상이 추천된다.

데드 타임은 논리 회로부의 NAND 회로나 다음에 설명할 GDT로 생성할 수 있다.

GDT의 설계

SSTC를 동작시키려면 'GDT'를 정확히 설계해야 한다. GDT는 이른바 펄스 변압기로 게이트 드라이브 IC로 증폭된 신호를 전기적으로 절연하면서 스위칭 소자에 전달하는 역할을 한다. 그 밖에도 GDT를 이용해 입력된 전압을 변압해 게이트를 안전히 구동할 수 있는 전압으로 승압·강압하는 것도 가능하다. 또 풀 브리지나 하프 브리지 회로에서는 인접한 스위칭 소자를 제어하기 위해 역위상 신호가 필요한 경우가 종종 있기 때문에 GDT를 사용해 신호의 위상을 간단히 반전시킬 수 있다. 데드 타임도 확보해준다.

GDT는 회로도에 [05]와 같이 그린다. 코일 사이의 이중선은 코어를 의미하며 코일에 찍힌 점은 코일을 감기 시작한 위치이다. GDT 제작에는 일반적으로 피복선과 페라이트 코어가 사용되며 페라이트 코어는 양질의 제품을 고르는 것이 포인트이다.※1

재료가 준비되었으면 코어에 피복선을 수 회 감아 테스트한다. GDT에 신호 발생기로 이차 코일의 공진 주파수와 동일한 주파수의 단형파를 입력하고 출력 파형을 관측한다. 깔끔한 파형이 나오지 않더라도 단형파로 출력되면 문제없다. 깔끔한 파형이 출력되도록 조절한다. 또 전선을 최대한 꼼꼼히 감아 결합계수를 높이는 것이 포인트이다. 결합계수를 높이면 GDT의 출력 파형이 고르지 못한 요인이기도 한 인덕턴스 누출을 방지할 수 있지만 감는 횟수를 너무 줄이면 코어가 포화해 일차에서 이차 쪽으로 에너지가 전송되지 않을 수 있으니 주의한다.

아래의 수식을 이용해 이상적인 횟수를 구할 수 있으니 시험 삼아 계산해보자(소수점 이하는 올림한다).※2

$$N \geqq \frac{E \times T_{on}}{A_e \times \Delta B} \times 10^3$$

$$T_{on} = \frac{1}{2 \times \frac{f_r}{10}}$$

- **N : 감는 횟수**
- **E : 펄스 전압[V]**
- **Ton : ON 시간[㎲]**
- **Ae : 코어 단면적[㎟]**
- **ΔB : 포화 자속 밀도 [mT]**
- **fr : 공진 주파수 [Hz]**

하프 브리지 제작※3

123쪽의 사진 [10]은 내가 처음으로 만든 하프 브리지이다. 얼핏 보기엔 깔끔하지만 부유 인덕턴스가 커서 스위칭 소자 OFF 시에 서지 전압이 발생한다. 서지 전압은 스위칭 소자가 망가지지는 않더라도 소음의 원인이 되어 동작에 악영향을 미친다.

부유 인덕턴스는 회로도에는 나타나지 않는 인덕턴스로 주로 배선

※2 펄스 전압이란 입력인 일차 측은 게이트 드라이브 IC에서 출력되는 전압, 출력인 이차 측은 스위칭 소자를 구동하기 위한 게이트 전압이다. 게이트 전압은 대체로 ±15V 정도가 적당하다. 또 포화 자속 밀도는 사용하는 코어의 데이터시트의 'Flux density'의 항을 참조한다. 페라이트 코어의 경우 300mT 정도일 것이다.
※3 하프 브리지는 스위칭 전원 방식의 하나. 2개의 TR을 교대로 ON시킨다.

06 : 내가 만든 GDT. 출력의 권수를 늘려 게이트 전압을 높였다.
07 : GDT가 준비되었으면 오실로스코프로 출력 파형을 측정한다.
08 : GDT에 파형을 입력한 모습. 위쪽이 입력, 아래쪽이 출력된 파형
09 : 시험 삼아 저렴한 페라이트 코어에 파형을 입력해보았다. 출력 파형이 깔끔하지 않다. 이런 것은 사용할 수 없다.

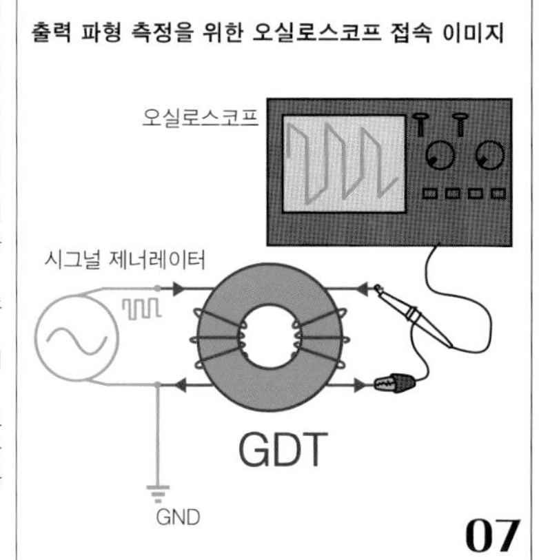

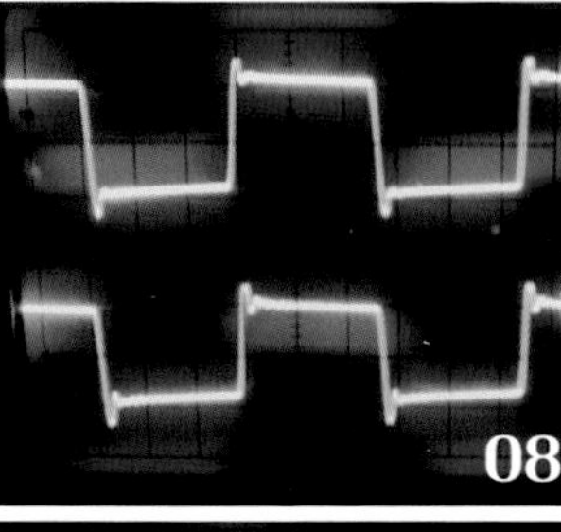

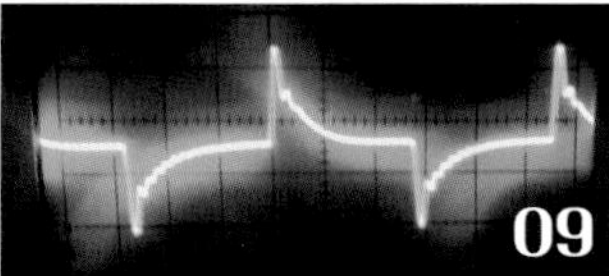

의 인덕턴스를 의미한다. 배선에 사용하는 전선도 권수(捲數)가 1인 코일이기 때문에 자속이 발생해 인덕턴스를 갖게 된다. 그렇기 때문에 하프 브리지의 부유 인덕턴스를 억제하기 위해 배선 패턴은 최소로 해야 한다. 가능하면 유니버설 기판보다 인덕턴스가 낮은 적층 기판을 사용한다. 점 대 점 배선이나 양면 유니버설 기판을 사용하는 방법도 있다.

또 서지 전압으로부터 소자를 보호하는 방법으로 두 가지를 생각할 수 있다. 첫 번째는 스너버 회로를 이용하는 방법. 스너버 회로에는 다양한 종류가 있는데 내가 추천하는 것은 콘덴서만 사용한 'C 스너버 회로'이다. 'RC 스너버 회로'와 'RCD 스너버 회로'는 정확히 설계하지 않으면 오히려 소자를 망가뜨릴 우려가 있으므로 피하는 것이 좋다. C 스너버 회로를 부착하는 방법은 간단한데 하이 사이드 측 드레인(콜렉터)과 로 사이드 측의 소스(이미터)에 콘덴서를 연결하기만 하면 된다. 테슬라 코일의 회로도에는 쓰여 있지 않은 경우가 많지만 부착하는 편이 무난하다.

두 번째는 스위칭 소자 게이트에 큰 저항을 연결해 서지 전압을 억제하는 방법이다. 게이트 저항이 크면 스위칭 속도가 느려져 스위칭 손실이 증가하기 때문에 서지 전압을 억제하면서도 스위칭 속도가 지나치게 저하되지 않는 적당한 값을 찾는다.

일차 코일

일차 코일은 3~10회 정도로 감은 코일을 사용한다. 권수가 많을수록 자화 전류가 작아지고 결합 계수가 높아진다. 결합 계수가 너무 높으면 일차 코일과 이차 코일 사이나 이차 코일 내부에서 스파크가 발생하기 때문에 적당한 권수를 찾아야 한다.

또 일차 코일과 이차 코일이 너무 가까워도 스파크가 발생하기 때문에 코일과 코일 사이는 최소 1cm 정도 간격을 두거나 절연물을 끼우는 등의 조치가 필요하다.

코일의 소재는 큐 인자를 높이기 위해 최대한 굵고 전도성이 뛰어난 종류를 선택한다(14AWG 이상). 필수는 아니지만, 일차 코일에 DC 저지 콘덴서를 직렬 연결하면 브리지부의 고장을 막을 수 있다. 양질의 메탈라이즈 폴리프로필렌 콘덴서로 1~6.8 μF를 이용할 수 있다.

정류 회로를 고려

전원에서 공급된 전류는 전파 정류 회로에서 직류 전류로 변환되어 하프 브리지에 입력된다. 하프 브리지에 공급되는 전압이 크면 강력한 방전이 일어나므로 배전압 정류해도 될 것 같다.

전원부의 설계

전원부에는 안전을 고려해 퓨즈 차단기, 폴리 스위치 등을 이용해 회로에 과전류가 흐르지 않도록 방지

Memo :

한다. 노이즈 필터는 특히 중요하다. 노이즈 필터가 없으면 콘센트에 잡음이 들어가 콘센트에 연결된 가전제품이 고장 날 가능성이 있다.

동작 테스트를 할 때는 전압 조정기나 강압 트랜스 등으로 하프 브리지의 입력 전압을 낮추는 등 과전류가 흐르지 않도록 주의한다. 또 하프 브리지의 전원과 별도로 로직 IC나 게이트 드라이버 IC 등에 공급하는 전원이 필요하다. AC 100V를 강압한 후 3단자 레귤레이터로 안정화시켜 원하는 전압의 전원을 만든다.

동작 테스트

회로가 완성되었으면 동작 테스트를 한다. 하프 브리지의 입력 전압을 전압 조정기를 이용해 0V부터 서서히 높인다. 이때 전압 조정기에서 웅웅거리는 소리가 나는 등의 이상이 발생하면 바로 전원을 차단하고 회로에 문제가 없는지 확인한다.

코일에서 방전이 일어나면 회로가 정상적으로 기능한다는 지표이다. 이것을 테슬라 코일러들 사이에서는 '퍼스트 라이트'라고 부른다고 한다.

응용편 : DRSSTC화

'DRSSTC(Double Resonant Solid State Tesla Coil)'는 이중 공진 반도체 구동 테슬라 코일이라는 의미이다. 이차 코일과 일차 코일을 모두 공진시킴으로써 일차 코일에 공급되는 전압이 상승하고 일차 회로와 이차 코일의 임피던스 정합이 향상된다. 일차 코일에 흐르는 전류도 수백~수천 A까지 증가해 더욱 강력한 방전이 발생한다.

SSTC에서 DRSSTC로 업그레이드하는 방법은 단순하다. 일차 코일에 콘덴서를 직렬 연결하면 된다. 다만 공진시켜야 하므로 일차 코일의 인덕턴스를 측정해 그 인덕턴스와 이차 코일의 공진 주파수로 공진 콘덴서의 용량을 결정한다. 공진 콘덴서의 내압은 최소 5kV는 필요하기 때문에 필름 콘덴서를 직렬 연결해 내압을 확보하고 그것을 병렬로 연결해 공진에 필요한 용량을 얻는다. 이 콘덴서는 ESR(전극이나 리드선 등에 의한 전기 저항)값이 낮고 전류가 잘 흐르는 양질의 제품을 사용해야 한다. CDE사의 백색 콘덴서 등을 추천한다.

공진 주파수는 환경에 따라 변동하는 불안정한 것이기 때문에 일차 코일과 이차 코일의 공진 주파수를 맞춰줄 필요가 있다. 일차 코일에 연결한 도선의 위치를 바꿀 수 있도록 해두고 그 위치를 변경해 일차 코일의 인덕턴스를 조정하는 식으로 공진 주파수를 맞춘다. 일차 코일에 연동선을 사용한 경우, 퓨즈 홀더를 사용하면 편리하다.

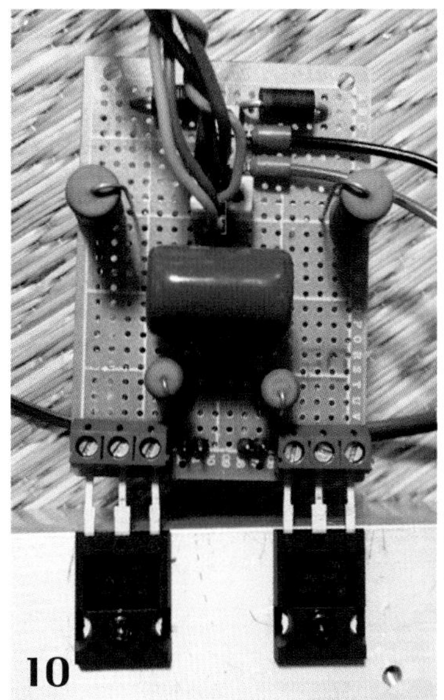

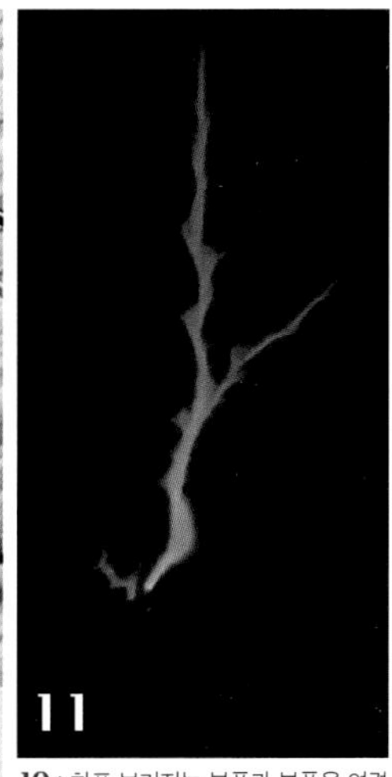

10 : 하프 브리지는 부품과 부품을 연결하는 리드선을 최대한 짧게 하는 것이 포인트

11 : 이번에 제작한 SSTC로 관측한 퍼스트 라이트. 음, 나쁘지 않다.

참고 사이트 ●「Steve's High Voltage」 https : //www.stevehv.4hv.org/
●「Страничка эмбеддера」 https : //bsvi.ru/raschet-i-primenenie-gdt
●「Electrical Information」 https : //detail-infomation.com/mosfet-switching-loss/

블랙라이트를 비추면 음산한 빛을 발한다…!

간단히 만드는 형광 유리

⊙ text by POKA

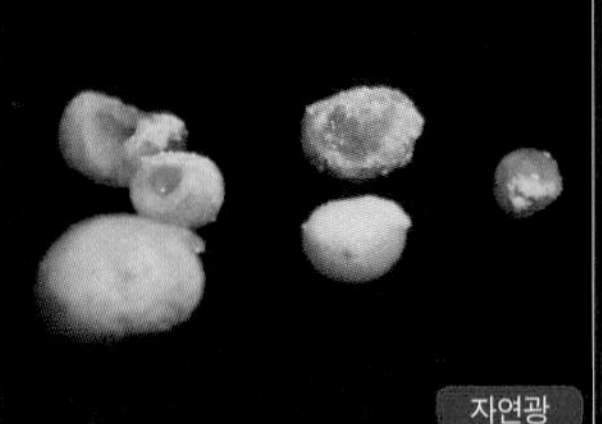

블랙라이트를 비추면 선명한 형광 빛을 낸다. 우라늄이 들어간 쪽은 황록색, 유로퓸이 들어간 쪽은 오렌지색으로!

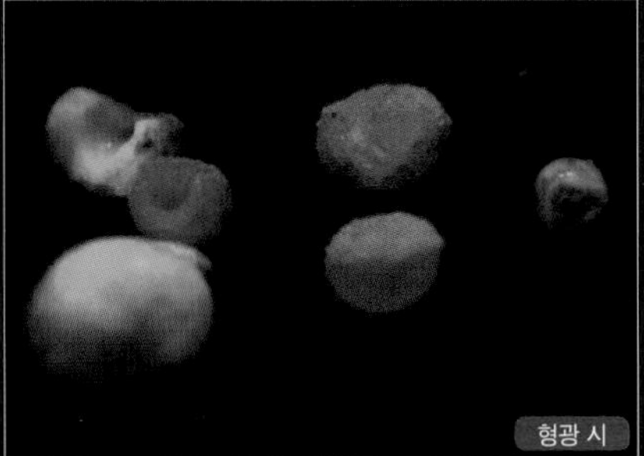

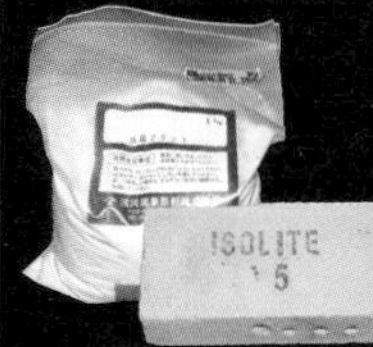

주요 재료
●무연 프릿
●내화 벽돌
●우라늄 광석
●유로퓸 시약

프릿에 우라늄 광석 등의 활성화 물질을 넣어 혼합한다. 소량부터 시작하는 것이 비결

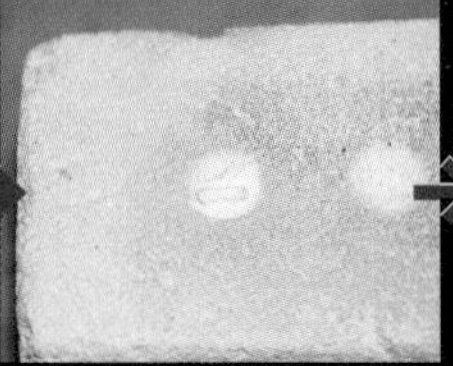

시험관 바닥으로 내화 벽돌을 움푹한 요철을 만들고 원료 가루를 넣는다. 요철 바깥으로 넘치지 않을 정도로만 채운다.

가스버너로 거품이 나지 않을 때까지 가열한다. 휴대용 가스버너를 이용하면 좋다.

유리구슬이 내화 벽돌에 달라붙어 있는 경우가 많으므로 식을 때까지 그대로 방치한다.

유리에 극미량의 활성화 이온을 첨가하면 블랙라이트에 빛나게 만들 수 있다. 우라늄과 유로퓸을 이용해 형광 유리구슬을 만들어보자.

유리를 원료 단계에서부터 조정하려면 보통 힘든 일이 아니므로 '프릿(frit)'이라는 저융점 소재를 사용한다. 프릿은 유리를 가루로 만든 것과 같은데 유약으로 사용되기 때문에 도예용품점에 가면 구입할 수 있을 것이다. 납이 함유된 제품과 그렇지 않은 제품이 있는데 기본적으로 납은 형광을 방해하는 경우가 많으므로 납이 첨가되지 않은 제품을 고른다.

또 고온에서 작업하기 때문에 열에 견딜 수 있는 내화 벽돌이 필요하다. 이것도 도예용품점에서 입수 가능. 부드러운 다공질의 벽돌을 선택한다. 시험관의 바닥 등으로 눌러 요철을 만들기 때문에 가공하기 쉬운 것이 좋다.

다음은 원료를 준비한다. 이번에는 활성화 물질로 피치블렌드(우라늄 광석)와 유로퓸 시약을 사용한다. 프릿에 넣고 잘 혼합해 원료로 사용한다. 활성화 물질은 전체 양의 1% 이하의 소량으로도 형광을 확인할 수 있다. 너무 많으면 형광이 약해지는 경우가 있으므로 적은 양부터 시험해본다.

내화 벽돌을 오목하게 만든 부분에 원료 가루를 담는다. 이때 오목한 부분 밖으로 넘치지 않을 정도로만 채운다. 너무 많이 넣으면 구슬 모양이 깔끔하게 완성되지 않는다.

이제 가스버너로 가열한다. 가열하면 프릿의 성분이 끓어올라 거품이 나는데 이 거품이 없어지고 작은 구슬 모양이 만들어지면 가열을 멈춘다.

작은 구슬이 만들어진 것이 확인되면 만질 수 있을 정도가 될 때까지 그대로 식힌다. 남은 것은 이 구슬을 블랙라이트로 비춰보는 것이다. 우라늄 특유의 황록색과 유로퓸 특유의 오렌지색 형광으로 빛날 것이다.

Memo :

Chapter 04
3D 프린터 실천학

가정용 기기도 이렇게 진화했다!
최신 3D 프린터의 기초 지식

⊙ text by yasu

공작 레벨 ★★★★★

가정용 3D 프린터의 성능이 대폭 향상되면서 공작에 혁명을 가져온 그야말로 마법의 기계가 되었다. 그 매력과 활용법을 소개하기에 앞서 기본 지식을 배워보자.

2010년 무렵부터 가정용 3D 프린터가 출시되기 시작했다. 당시 출시된 제품은 혁명을 가져올 만한 수준은 아니었지만 그건 과거의 이야기이다. 지금은 3만 엔 이하의 3D 프린터도 30분이면 설치가 가능하고 10분 만에 조정해 필라멘트를 장착하면 누구나 실패 없이 프린트할 수 있다. 소프트웨어가 충실하고 모델링에 필요한 3D CAD나 CAM도 무상으로 입수할 수 있으며, 전 세계 이용자들이 올린 튜토리얼을 검색하면 즉각적으로 문제해결이 가능하다! 시대가 완전히 바뀐 것이다.

제거 가공과 부가 가공

먼저 3D 프린터의 가공 기술에 대해 간단히 설명한다. 종래의 공작기계가 드릴 등의 절삭 공구를 이용해 소재를 제거해 원하는 형상을 얻는 '제거 가공'이라면 3D 프린터는 필라멘트나 파우더 등의 소재를 결합해 입체 구조물을 얻는 '부가 가공'으로 분류된다. 최근에는 다양한 방식의 3D 프린팅을 총괄해 AM(Additive Manufacturing), 즉 적층 가공이라고도 부른다. 이 특징에 기인해 지금까지 제거 가공으로는 얻을 수 없었던 다양한 제조상의 이점이 탄생하면서 산업계의 각광을 받게 되었다.

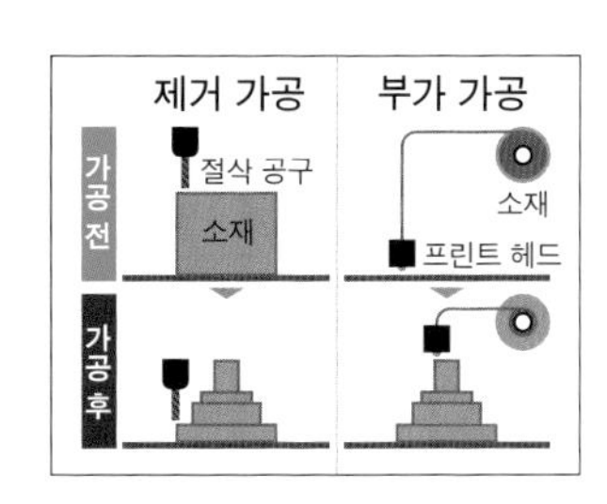

기본편 프린트 방식은 주로 3종류

프린트 방식 ① 열 용해 적층 방식 (FDM : Fused Deposition Modeling)

3D 프린트 방식의 종류 중 가정용 기기에 가장 많이 보급된 방식이다. 프린터 헤드에 공급된 수지제 필라멘트를 헤드 내부의 히터로 가열한 후 녹인 필라멘트를 케이크에 휘핑크림을 올리듯 임의의 형상을 적층해 출력한다.

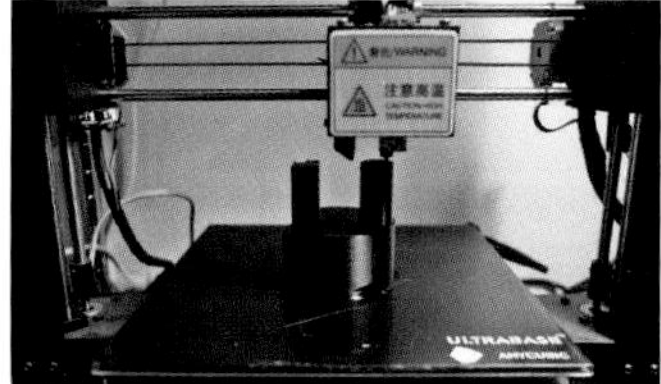

애용하고 있는 'Anycubic i3 Mega'. 아마존에서 3만 엔 정도에 구입 가능. 출력 크기는 210W×205H×210D mm

이점

조형 크기를 크게, 프린트 속도를 고속으로 설정할 수 있는 것이 특징. 필라멘트 소재도 다양해 기본 PLA(폴리유산)부터 ABS, PETG, 폴리카보네이트 등을 선택할 수 있다. 또 탄소 가루를 섞은 고강도 필라멘트나 금속 가루가 80% 섞인 종류 등 기능성 필라멘트의 종류도 다양하다. 출력 후 특별한 뒤처리가 필요하지 않아 프린트가 완료되면 조형물을 그대로 프린트 헤드에서 떼어내기만 하면 된다. 고속으로 시제품을 제작할 때 크게 활약한다.

결점

간단하고 빠른 조형이 특기인 반면 표면에 적층 흔적이 남아 정밀한 조형에는 적합지 않다.

Memo :

프린트 방식 ❷ 광 조형 방식 (DLP : Digital Light Processing)

바닥부에 자외선을 방출하는 액정 디스플레이 패드가 있으며 거기에 액상의 자외선 경화 수지를 주입한다. 플랫폼 시트를 바닥부 가까이 내린 후 액정 디스플레이에 임의의 도형을 출력하고 수지에 자외선을 조사하면 수지가 경화하며 플랫폼 시트에 정착한다. 플랫폼 시트가 서서히 올라가며 층층이 수지가 경화되어 임의의 형상을 적층해 출력하는 구조이다.

광 조형 방식을 채용한 'Anycubic Photon'. 조형 크기는 65W×165H×115Dmm

이점

액정 디스플레이와 같은 고해상도로 조형할 수 있기 때문에 세밀하고 매끄러운 고품질 프린트가 가능. 적층된 층이 완전히 밀착하기 때문에 구조에 이방성(異方性)이 없고 기밀성을 갖춘 부품도 출력할 수 있다. 정밀한 기계 부품을 만들거나 피규어 조형에는 안성맞춤인 조형 방법이다.

결점

조형이 복잡하다는 것이 최대의 단점. 패드에서 떼어낸 조형물에 액상 수지가 부착되어 있기 때문에 그대로는 사용하지 못한다. 알코올로 씻어내거나 이차 경화 처리로 자외선을 조사할 필요가 있다. 또 조형 속도가 느리고 FDM에 비해 강도도 떨어진다.

프린트 방식 ❸ 레이저 용융 방식 (SLM : Selective Lase Melting)

금속 조형물을 출력할 수 있는 최강의 3D 프린터. 원리는 광 조형 방식과 비슷하다. 금속 분말을 얇게 깐 베드에 고출력 레이저를 조사해 부분 용해한 후 이 레이저를 주사해 임의의 단면을 용융·결합시킨다. 그 위에 다시 금속 분말을 덮고 레이저 주사를 반복함으로써 원하는 형상의 금속 부품을 출력한다.

이점

종래의 제조 기술의 상식을 완전히 뒤엎을 만한 잠재력을 지녔다. 다양한 종류의 금속을 가공할 수 있는데 알루미늄이나 스테인리스는 물론 일반적인 제거 가공이 힘든 티타늄이나 인코넬도 간단히 원하는 형상으로 가공할 수 있다. 뛰어난 강도와 내열성을 지녔기 때문에 항공 우주용 유체 부품 등과의 궁합이 우수하다. 실제 항공·우주 기업들이 3D 프린터 기술을 선도하며 로켓 엔진 부품이나 가스터빈 엔진의 블레이드 등에 3D 프린터로 제작한 부품들이 적용되고 있다.

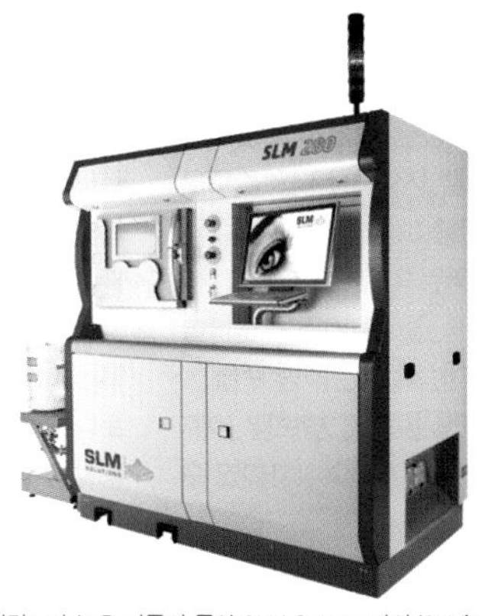

가장 지명도가 높은 기종이 독일 SLM Solution사의 'SLM' 시리즈. 초고가의 완전한 업무용 제품

결점

가장 이상적인 3D 프린터이지만 아직은 도저히 손을 뻗을 수 없는 초고가의 기업용 대형 제품만 있고 가정용은 존재하지 않는다. 하지만 앞으로 폭발적으로 보급될 것이 분명한 장치이므로 머지않아 손에 넣을 수 있을지도…?

실천편 3D 프린터로 벤딩 지그 제작

여기서부터는 더 구체적으로 이해할 수 있도록 실제 제작 예를 통해 설명하려고 한다.

3D 프린터의 공정은 오른쪽 플로 차트에 있는 그대로이다. 아이디어 스케치를 바탕으로 3D CAD로 모델링한 후 '슬라이서'라고 불리는 소프트웨어를 이용해 3D 모델을 프린트하기 위한 프로그램을 작성한다. 이렇게 만든 프로그램을 3D 프린터로 출력하고 마지막으로 필요한 기계 가공을 거쳐 완성하는 흐름이다.

포인트는 출력 결과를 바탕으로 한 피드백이 필요하다는 것. 아무리 3D 프린터 기술이 진보했다고는 해도 단 번에 CAD로 모델링한 규격 그대로 출력할 수 있는 것은 아니다. 어떤 기계든 특성이 있으므로 그 특성에 대한 이해를 바탕으로 원하는 형상을 얻기 위한 설정을 해줄 필요가 있다. 출력품의 치수, 강도, 기능을 확인하고 필요한 경우 슬라이서의 설정이나 모델링 단계로 돌아가 적절한 출력 결과를 얻을 수 있도록 설정을 수정한다.

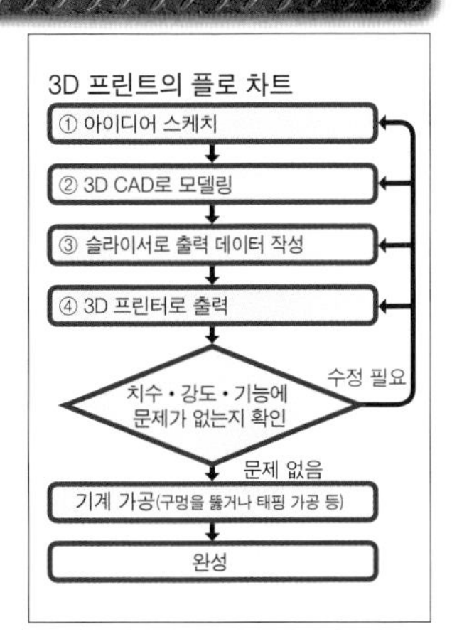

STEP❶ 아이디어 스케치

여기서부터는 '벤딩 지그' 제작을 예로 들어 3D 프린터의 기본적인 작업 공정을 살펴본다. 증기 냉각용 코일을 만들 때, 연동선을 감아 만드는데 수작업으로 깔끔하게 구부리는 것은 한계가 있다. 완성도 높은 벤딩 가공을 목표로 3D 프린터를 이용해 전용 지그를 만들기로 했다. 우선 아이디어 스케치부터. 작업성을 고려하며 원하는 코일 형상을 얻기 위해 필요한 구조를 스케치한다.

아이디어 스케치가 가장 즐거운 단계가 아닐까.

STEP❷ 3D CAD로 모델링

다양한 CAD 소프트웨어 중 가장 대표적인 것이 Autodesk사의 'Fusion360'이다. 개인이나 스타트업 기업이라면 무료로 이용할 수 있다. 무료이지만 그 기능은 설계업계에서 사용하는 고가의 3D CAD에 필적한다! 온라인상에 수많은 이용자들이 올리는 해설 기사 및 동영상들이 매일 같이 올라오기 때문에 검색만 하면 대부분의 문제는 즉시 해결 가능하다. 격세지감이 아닐 수 없다.

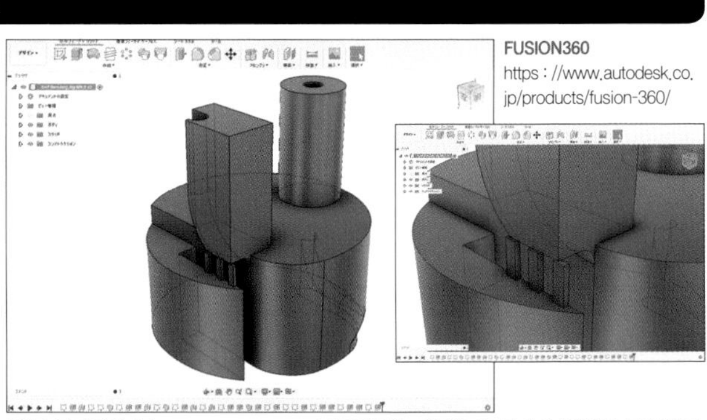
FUSION360
https : //www.autodesk.co.jp/products/fusion-360/

왼쪽 사진이 전체 모습(사용법은 뒤에서 설명한다). 부품 일부에는 오른쪽 사진과 같이 보강재를 모델링했다. FDM 방식 프린터의 기능상, 수지를 적층할 수 없기 때문이다. 기본적으로는 STEP ③의 슬라이서 프로그램이 자동으로 보강재를 배치해주지만 원하는 대로 되지 않을 경우는 직접 모델링한다.

Memo :

STEP❸ 슬라이서로 출력 데이터 작성

모델이 완성되었으면 'STL 파일'이라는 폴리곤 형식으로 데이터를 출력해 슬라이서 프로그램으로 세부 설정을 작성한다. 3D 프린터의 품질과 속도는 모두 이 슬라이서의 설정에 의해 결정된다. 예컨대 Infill Density의 값을 조정하면 내부의 프린트 밀도를 조정할 수 있으며 20% 정도로 낮추면 필요한 강도는 그대로 유지하면서 출력 시간과 소재 사용량을 줄일 수 있다. 그 밖에도 적층 두께, 노즐 온도, 헤드의 이동 속도, 외부 두께, 조형 보강재의 추가 등의 상세한 지표를 어떻게 설정하는지가 3D 프린팅의 핵심이다.

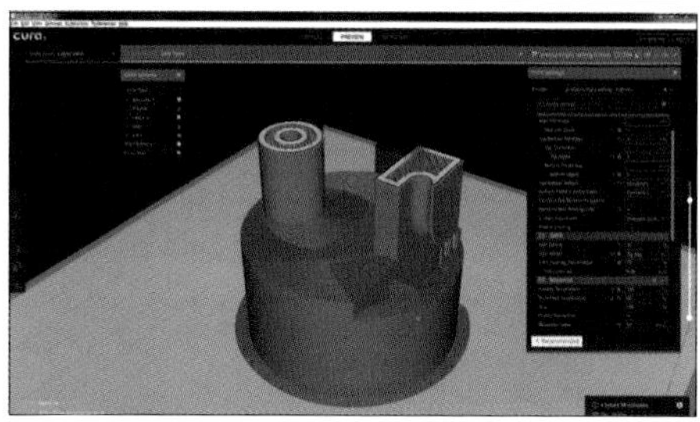

Cura https : //ultimaker.com/software/ultimaker-cura
슬라이서도 기본적으로는 무료로 이용이 가능하다. 여기서는 ultimaker사의 'Cura'를 사용했다.

STEP❹ 3D 프린터로 출력

슬라이서로 작성한 출력 프로그램을 USB 메모리나 SD카드에 복사한 후 3D 프린터에 입력해 출력한다. 기본적으로 프린터에서 따로 설정할 필요가 없으며 슬라이서에서 설정한 그대로 출력한다. 이번 모델의 경우 프린트하는 데 1시간쯤 걸렸다. 머리로 그린 형태가 눈앞에서 그대로 입체적으로 출력되는 모습은 아무리 봐도 질리지 않는다.

헤드가 종횡무진 하며 벤딩 지그를 프린트하고 있다.

3D 프린터로 만든 벤딩 지그의 완성

벤딩 지그의 사용 방법. 먼저 연동선을 1m가량 잘라 지그 내부에 끼운다. 반대 방향으로 가이드에 따라 코일을 구부린다. 이렇게 깔끔한 곡률은 지그 없이는 실현할 수 없을 것이다. 다 감은 후 코일을 빼내면 아름다운 냉각 코일이 완성된다. 양산도 가능하다.

세상에 하나뿐인 코일 벤딩 지그가 완성!

1시간가량의 프린트로 완성된 벤딩 지그는 표면이 무척 매끄럽고 강도도 충분했다. 이런 형태를 절삭 가공으로 만들려면 굉장히 복잡한 공정이 필요했을 것이다. 그야말로 3D 프린터라 가능한 공작이라고 할 수 있다.

당연하지만 이런 형태로 완성하기까지 많은 시행착오가 있었다. 이를테면 구경이 너무 작아 연동선이 들어가지 않거나, 곡률이 너무 심해 파이프가 깔끔하게 구부러지지 않는 등 수차례 모델링이나 슬라이서 설정을 조정한 끝에 원하는 형태로 완성할 수 있었다.

완성된 벤딩 지그를 실제로 사용해보았다. 가이드를 따라 완벽한 형태로 구부러진 아름다운 냉각 코일이 완성되었다! 이렇게 정밀한 3차원 형상을 개인이 만들어낸다는 것은 불가능에 가까운 일일 것이다. 그야말로 3D 프린트가 가져온 혁명이라고 해도 과언이 아니다.

가정용 3D 프린터로 3MPa에도 견딜 수 있는 부품을 만든다!

내압 3D 프린트의 비법

⦿ text by yasu

공작 레벨 ★★★★★

가정용 3D 프린터에 가장 많이 쓰이는 열 용해 적층 방식(FDM 방식). 이 방식에 정통하면 고압에도 견딜 수 있는 부품을 출력할 수 있다는 것을 알았다. 이 노하우를 응용하면…?!

126~129쪽에서는 3D 프린터를 이용한 출력의 기본 지식으로 벤딩 지그의 제작 공정을 소개했다. 여기서부터는 금단의 영역에 돌입해 내압 부품을 만들어보자.

솔직히 내가 3D 프린터를 구입했을 당시에는 '지그나 이그저스트 캐넌의 그립이나 외장 정도만 만들 수 있으면 좋겠다'고 생각했을 뿐 압축 공기나 물 등의 고압 유체를 취급하는 내압 부품을 출력하는 것은 불가능하다고 여겼다. 가정용 3D 프린터에 주로 쓰이는 열 용해 적층 방식(FDM 방식)의 최대 단점이 강도 이방성(힘을 가하는 방향에 따라 강도가 다른 성질)이라고 알고 있었기 때문이다. 이것은 적층 사이의 완벽한 밀착이 어려운 특성에서 기인한 것이다. 일반적인 설정으로 출력한 부품 내부에 고압 유체를 도입하면 적층 사이의 틈새로 유체가 새어나와 내압 부품으로 사용할 수 없다.

열 용해된 필라멘트가 노즐을 통해 압출되어 임의의 형상을 적층해 출력하는 열 용해 적층 방식. 가정용 기계로도 설정에 따라 내압 부품을 출력할 수 있다.

그러나 이런 상식은 한 기사를 접한 후로 완전히 뒤집어졌다. 'FennecLabs'라는 사이트에 게시된 'FDM 방식 3D 프린터로 광학 렌즈를 출력하자'라는 프로젝트였다. 일반적인 설정으로는 투명한 필라멘트를 사용해도 적층 사이에 미세한 틈이 생기고, 그 틈새로 빛이 난반사해 렌즈가 하얗게 변해버린다고 한다. 그렇기 때문에 투명한 렌즈를 출력하려면 출력된 수지의 층과 층 사이가 완벽히 밀착되어야 한다. 이 '층과 층 사이의 완벽한 밀착'이라는 조건은 내압 부품을 출력할 때 필요한 조건이기도 하다. 즉, 이 렌즈를 출력하기 위한 노하우를 내압 부품 출력에 그대로 활용할 수 있는 것이다!

그 기사에 따르면 포인트는 다음의 네 가지이다.

- **출력 속도를 최대한 늦춘다.**
- **적층 두께를 최대한 얇게 한다.**
- **노즐 온도를 최대한 높인다.**
- **수지의 토출량을 표준보다 많게 한다.**

노즐 온도를 높이는 한편 노즐의 이동 속도를 느리게 설정했다. 또 하층부와 노즐의 거리를 가깝게 해 이미 프린트된 하층부의 수지를 강하게 가열해 재용해되도록 했다. 그 위에 새롭게 용해된 수지가 적층되면서 층과 층 사이가 완전히 밀착된다. 수지의 토출량도 표준보다 많게 설정해 미세한 틈새까지도 완벽히 메울 수 있도록 했다. 일반적인 프린트 설정이 각 층의 표면을 '납땜'해 붙이는 것이라면 이번 개량된 설정은 각 층을 강력히 '용접'하는 것이라고 할 수 있다. 그렇게 출력된 부품은 사출 성형된 치밀한 수지 부품과 어떤 차이도 없었다. 강도 이방성도 대폭 개선되었으며 무엇보다 누출이 없는 내압 부품을 출력할 수 있게 되었다.

Memo :

내압 3D 프린트 설정 방법

'FennecLabs'의 기사를 참고해 내가 평소 사용하는 PLA(폴리유산) 필라멘트에 특화된 3D 프린트의 파라미터를 조정했다. 시행착오 끝에 얻은 파라미터는 다음과 같다. 참고로, 각 파라미터의 명칭은 내가 사용하는 슬라이서 소프트웨어 'CURA'를 기준으로 했다. 다른 슬라이서에도 상응하는 파라미터가 있을 것이니 본인이 사용하는 프로그램에 맞춰 설정하기 바란다.

FennecLabs A homepage section About Blog

3D Printing Transparent Parts

3D Printing Transparent Parts Using FDM/FFF Printer

60 Comments / 3D printing / By gluck

Ever since I got my 3D printer, I have been wondering whether it was possible to produce transparent parts. While there are plenty of transparent filaments sold on the market, they typically do not produce transparent prints, but rather translucent ones.

FennecLabs : 3D Printing Transparent Parts Using FDM/FFF Printer
http : //fenneclabs.net/index.php/2018/12/09/3d-printing-transparent-parts-using-fdm-fff-printer/
3D 프린터로 광학 렌즈를 출력하는 방법이 내압 프린트의 힌트가 되었다.

이 기술을 응용하면 누구나 FDM 방식의 3D 프린터로 복잡한 유체 부품을 간단하고 저렴하게 만들 수 있다. 지금까지 내압 부품을 만들 수 있는 3D 프린터는 금속 3D 프린터 정도로 일반인이 사용할 수 있는 제품은 존재하지 않는다고 해도 과언이 아니었다. 이거야말로 혁명의 도래가 아닐까. 3D 프린터로 이그저스트 캐넌도 만들 수 있다. 더 나아가 3D 프린터만의 부가 가공을 활용해 완전히 새로운 복잡한 밸브 기구도 구축할 수 있을 것이다.

132쪽부터는 '가정용 3D 프린터로 3MPa 내압'이라는 놀라운 실적을 공개한다.

■ PLA에 특화된 내압 3D 프린트 설정

Layer Height : 0.05~0.15mm
경험상 0.15mm로도 문제없었지만 고압을 상정하면 더 얇아도 좋을 듯하다.

Wall Line Count : 5 mm 정도의 셸에서 얻을 수 있는 레이어 수
이 셸이 치밀한 내압부가 되기 때문에 충분한 두께를 얻을 수 있게 적절한 셸 수를 설정한다. 이 설정만 완벽하면 Infill의 충전률도 낮출 수 있어 효율적인 프린트가 가능하다.

Printing Temperature : 220~230℃
하층부의 재용해가 가능하도록 PLA의 추천 온도 내에서 높게 설정한다.

Flow : 108%
치밀한 내압층이 형성되도록 평소보다 많은 양의 필라멘트를 토출한다.

Print Speed : 30 mm/s
노즐에서 하층부로 열을 전달해 재용해가 가능하도록 최대한 느린 속도를 선택한다. 다만 경험상 60mm/s 정도의 비교적 고속으로도 문제없이 내압 프린트가 가능했다. 신중을 기하고 싶다면 더 낮게 설정하는 편이 좋을 듯하다.

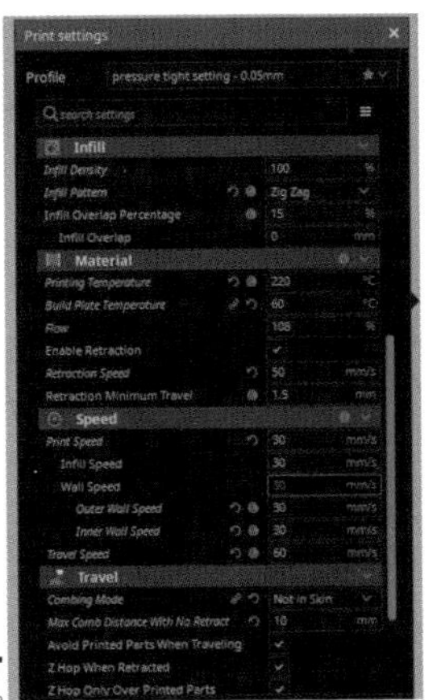

무료 슬라이서 소프트웨어 'CURA'
https : //ultimaker.com/ja/software/ultimaker-cura

실천편 내압 사양의 파이프용 소켓 제작

STEP❶ 모델링

내압 프린트의 실력을 측정하기 위해 3D 프린터로 가장 단순한 내압 부품인 파이프용 소켓을 만들어보자.

먼저 3D CAD 소프트웨어인 'Fusion 360'을 사용해 한 변이 13mm인 장방형 부품을 만든다. 내부에 구멍을 뚫고 '나사 툴'로 나사산을 만든다.

01 : 'Fusion 360'으로 5분이면 모델링 완료
02 : 설정 도구의 '모델화'를 선택하면 간단히 규격 나사를 모델링할 수 있다.

STEP❷ 슬라이스

모델 완성 후 출력한 STL 파일을 바탕으로 슬라이스를 실행한다. 131쪽의 '내압 3D 프린트 설정'에 있는 그대로 Layer Height, Wall Line Count, Printing Temperature, Flow, Print Speed의 5개 항목을 설정. 저속에 적층 피치가 얇기 때문에 출력에 시간이 걸린다.

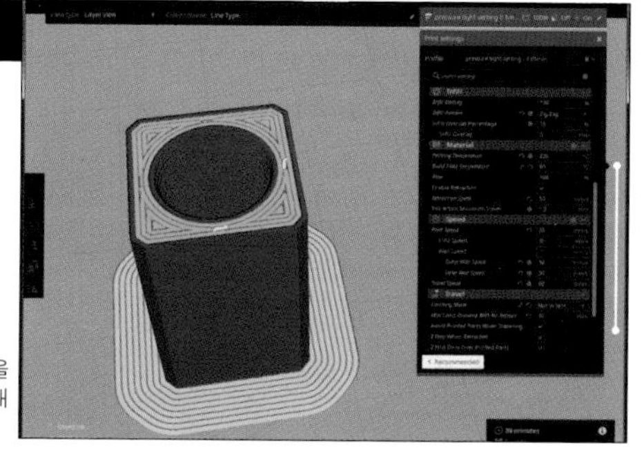

'CURA'를 사용해 실행한 슬라이스. 각 층이 용접을 한 것처럼 완벽히 밀착되도록 설정한다. 이것이 내압 프린트의 핵심이므로 꼼꼼히 작업한다.

STEP❸ 3D 프린트

작성한 데이터를 3D 프린터에 입력해 출력한다. 프린터는 가정용 AnyCubic 'i3 Mega', 필라멘트는 PLA를 사용했다.

출력 완료 후 표면을 관찰하면 수지의 층과 층 사이가 완벽히 밀착되어 있는 모습을 확인할 수 있을 것이다. 이런 '용접'과 같은 프린트가 가능하기 때문에 유체적 성능도 뛰어날 뿐 아니라 강도 이방성도 대폭 개선된 것으로 생각된다.

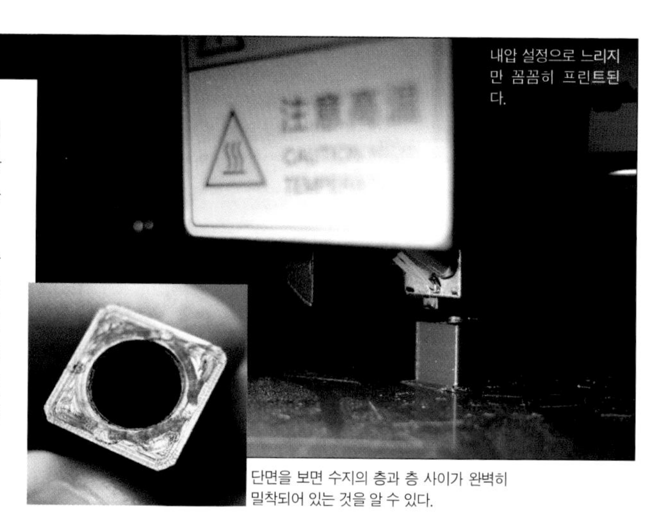

내압 설정으로 느리지만 꼼꼼히 프린트된다.

단면을 보면 수지의 층과 층 사이가 완벽히 밀착되어 있는 것을 알 수 있다.

Memo :

STEP❹ 후 가공(태핑)

1/8 파이프용 나사의 PT(오른쪽)와 PS 탭(왼쪽)을 준비한다.

PLA는 열을 가하면 금방 연화되기 때문에 절삭제로 습윤·냉각해가며 가공하는 것이 비결. 이번에는 에탄올 수용액을 절삭제로 사용해 깔끔한 가공 면을 얻을 수 있었다.

출력 후 후 가공으로 탭을 이용해 1/8의 파이프용 암나사를 깎는다. 모델링으로 암나사를 만들었지만 프린트 후에 축소되는 경향이 있기 때문에 기본적으로 그대로 사용할 수 없다. 그런데도 굳이 모델링을 하는 이유는 탭 가공을 할 때 가이드로 삼기 위해서이다. 3D 프린트한 암나사를 가이드로 탭 가공을 하면 자연히 탭이 수직이 되어 간단히 완벽한 암나사를 깎을 수 있다.

태핑 가공에는 PT 탭(테이퍼형)과 PS 탭(스트레이트형)을 모두 가지고 있으면 편리하다. PT 탭은 끝부분이 가늘기 때문에 가이드 삼아 프린트한 암나사의 입구를 다듬을 때 사용하고 마지막에 PS 탭을 이용해 최종 형태를 얻는 식의 역할 분담이다.

완성! 그리고 경이로운 내압 시험 결과…

마지막으로 내압 시험을 실시한다. 이번에는 사용 압력을 1MPa 이하로 상정하고 그 2배인 2MPa까지 견디면 합격이다. 폭발 방지를 위해 소켓의 본체와 접속 튜브 내부에는 미리 물을 채우고 혹시 몰라 소켓 자체도 물통에 담가두었다.

준비를 마쳤으면 튜브에 다단 고압 플로어 펌프를 접속해 천천히 가압한다. 1MPa는 간단히 넘어 목표했던 2MPa에 도달! 그대로 잠시 방치해도 압력은 저하되지 않았다. 내압 시험은 합격!

여기서부터는 추가 실험. 압력을 더 높여 3MPa에도 파손이나 누출이 발생하지 않는 것을 확인했다. 상용하기엔 무리가 있지만 간헐적이라면 3MPa까지 견딜 수 있는 놀라운 성능이다. 이것은 '모든 수지 층을 용접하듯 적층하는 방식'으로 얻어낸 치밀하고 강고한 조성 덕분이다.

❍표면을 다듬고 실 테이프를 감은 원터치 소켓을 끼우면 완성. 설계 착수부터 완성까지 걸린 시간은 불과 1.5시간 정도.

❍❍내압 시험 준비. 3MPa(30기압)라는 경이로운 기록을 세웠다.

3D 프린터로 오리지널 기구를 만들어보자!

수류식 진공 펌프 제작

◉ text by yasu

공작 레벨 ★★★★★

고내압을 실현한 내압 3D 프린트를 활용해 유수식 진공 펌프를 자작했다. 기계공작으로는 상당한 노력과 시간이 소요되는 복잡한 형태의 아스피레이터도 3D 프린터로 간단히 출력할 수 있다.

130~133쪽에서 가정용 3D 프린터로 내압성을 갖춘 기계 부품을 출력하는 금단의 기술 '내압 3D 프린트' 비법을 소개했다. 내압 3D 프린트로 만든 소켓은 3MPa의 고압에도 견딜 수 있었으니 그 반대도 가능할 것이다. 내압 3D 프린트 부품은 진공에도 내누출성을 지녔다. 그래서 만들어본 것이 수류식 진공 펌프 '아스피레이터'이다.

아스피레이터란 '벤튜리 효과'를 이용해 진공을 만드는 가장 단순한 구조의 진공 펌프이다. 특수한 형상의 T자형 소켓과 같은 것으로, 구동부가 전혀 없는 견고한 구조가 특징이다. 구체적인 제작에 앞서 그 원리를 유체역학적인 관점에서 살펴보자.

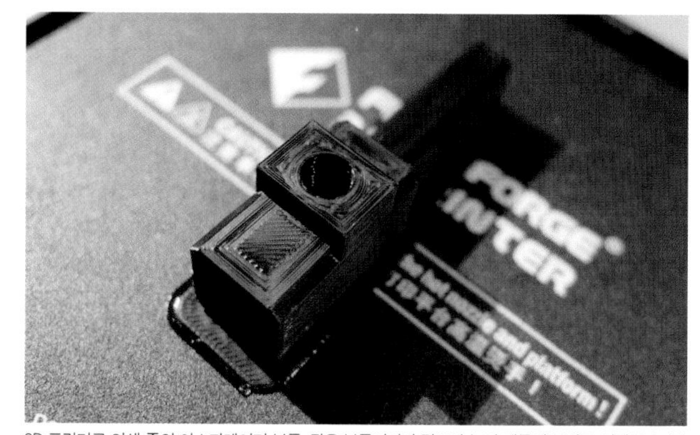

3D 프린터로 인쇄 중인 아스피레이터 부품. 작은 부품이지만 밀도가 높기 때문에 프린트 시간은 2시간가량 걸렸다.

베르누이의 식이란?

아스피레이터의 원리를 이해하는 데 필수적인 것이 다음에 나타낸 '베르누이의 식'이다.

$$\frac{1}{2}\rho v^2 + P + \rho g z = \text{constant}$$

ρ [kg/㎥]는 유체의 밀도, v [m/s]는 유속, P [Pa]는 유체의 압력, g [m/s²]는 중력 가속도, z [m]은 기본 위치로부터의 높이를 나타낸다. 베르누이의 식은 고등학교 물리 시간에 배운 어떤 질점의 운동 에너지와 위치 에너지의 합은 일정하다는 에너지 보존의 법칙을 유체에 적용한 것이다. 제1항은 유체의 운동 에너지, 제3항이 위치 에너지에 해당하며, 제2항은 유체가 가진 압력 에너지를 나타낸다. 이들의 합이 유체가 지닌 에너지로 그것은 동일한 유선 상에서 늘 일정하다는(constant) 것을 나타낸다.

$$\frac{1}{2}\rho v^2 + P = \text{constant}$$

제1항의 운동 에너지와 제2항의 압력 에너지에 착목하면, 유체의 유속이 느려지면 압력은 상승하고 유속이 빨라지면 유체의 압력이 그만큼 저하된다는 것을 알 수 있다. 이 관계가 곧 앞에서 이야기한 벤튜리 효과라고 불리는 것이다.

그럼 유속을 변화시키려면 어떻게 해야 할까. 방법은 단순하다. 유로의 단면적을 바꾸면 되는 것이다. 예컨대 정원 잔디에 호스로 물을 뿌릴 때 호스 끝을 손으로 누르면 물이 멀리까지 뿜어져나가는데 이것과 똑같은 원리이다.

베르누이의 식을 통해 알 수 있듯 축류부에서는 유속이 빠르기 때문에 유체의 압력은 저하하게 된다. 단면적을 점점 줄이면 축류부의 압력은

Memo :

대기압 이하까지 낮아진다.

이때 축류부 측면에 구멍을 뚫으면 어떻게 될까? 축류부는 진공 상태이기 때문에 구멍을 통해 서서히 공기를 빨아들인다!! [02]

이 같은 단면적 축소→유속 증대→압력 효과→공기 흡입이라는 일련의 현상이야말로 앞서 이야기한 '아스피레이터'라는 진공 펌프의 원리인 것이다.

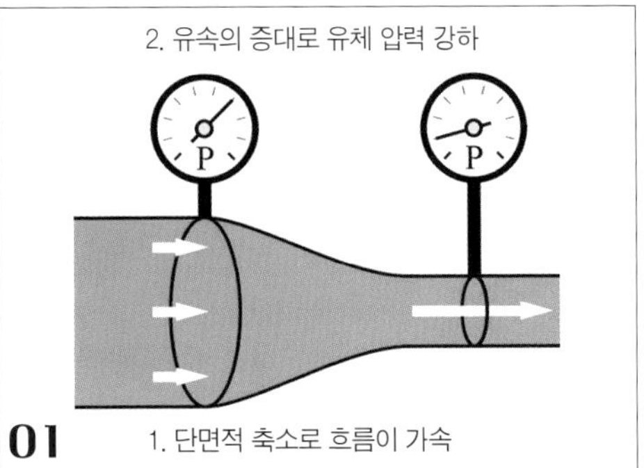

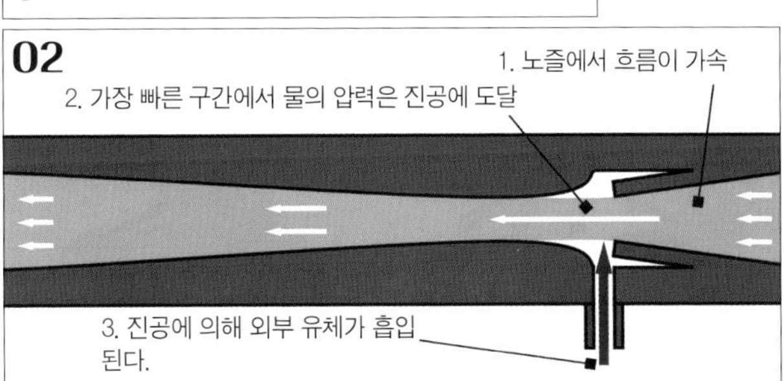

01 : 벤튜리 효과의 모식도. 단면적이 축소되면서 압력 차가 발생한다.
02 : 아스피레이터의 모식도. 벤튜리 효과로 압력이 저하하면서 외부 유체를 빨아들인다.

아스피레이터의 구조와 원리

아스피레이터의 그림 [02]를 보면 앞서 이야기한 모식도 그대로라는 것을 알 수 있다. 1. 노즐에서 유속을 빠르게 만들고 2. 유속이 가장 빠른 지점에서 진공 상태에 도달하면 3. 튜브를 연결해 외부 유체를 빨아들임으로써 진공 펌프를 구성하는 것이다.

이 아스피레이터에는 다음과 같은 이점이 있다.

- **구조가 매우 단순해 관리가 필요 없다.**
- **전원이 필요 없고 수돗물만 있으면 비교적 높은 진공도를 얻을 수 있다.**
- **공기나 물 심지어 고체 입자도 빨아들일 수 있다.**

이 아스피레이터를 한마디로 정의하면 '수도만 있으면 동작하는 단순 견고한 진공 펌프'이다. 하지만 진공 펌프로서 충분한 성능을 갖추었으며 작동 유체로 20℃의 물을 사용하는 경우에는 이론상 약 0.02기압까지 감압이 가능하다! 이것은 물이 진공을 만들어내기 위해 스스로 감압 비등하면서 수증기가 발생하기 때문이다. 예컨대 레진의 탈포나 감압 증류 또는 흡인 여과 등의 용도로는 사양이 충분하므로 하나쯤 가지고 있으면 요긴히 쓸 수 있다.

아스피레이터 제작

아스피레이터는 쉽게 입수할 수 있다. 하지만 시판 제품은 접속장치가 다소 빈약하다는 결점이 있다. 대표적인 금속제 아스피레이터의 물 포트와 진공 포트가 모두 불편한 호스 니플이라는 점이 마음에 들지 않는다. 배관 부품을 직접 아스피레이터에 접속할 수 있으면 좋을 텐데… 하는 생각을 해왔다. 여기서 3D 프린터의 등장이다!

나만의 오리지널 아스피레이터를 'Fusion 360'으로 모델링해보았다. [05]와 같이 아스피레이터의 물 포트에는 1/4 파이프용 암나사, 진공 포트에는 1/8 파이프용 암나사를 설계했다. 여기에 다양한 부속을 연결해 활용도 높은 아스피레이터를 구축했다. 또 유수부로 연결되는 매끄러운 R자 형태의 설계로 유체의 분리를 방지하고 배기의 효율성을 높였다. 3D 프린터로 출력하기 때문에 노즐 하부에 보강 구조를 구축해 프린트 도중 발생할 수 있는 변형을 방지했다.

이런 기능성에 특화된 유연한 설계는 3D 프린터이기 때문에 가능한 것이다. 이런 부품을 기계 가공으로 만들려면 부품을 여러 개로 분할해

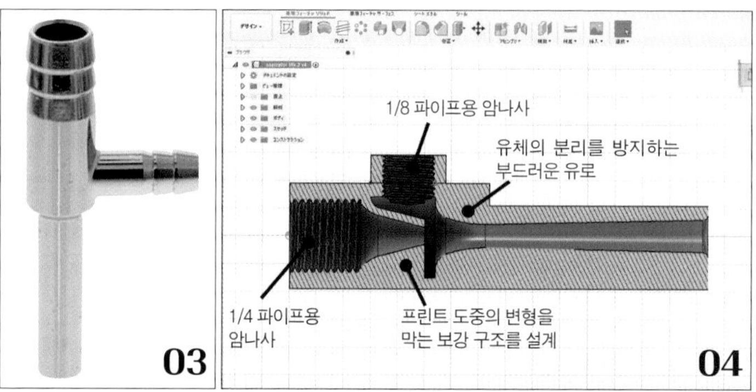

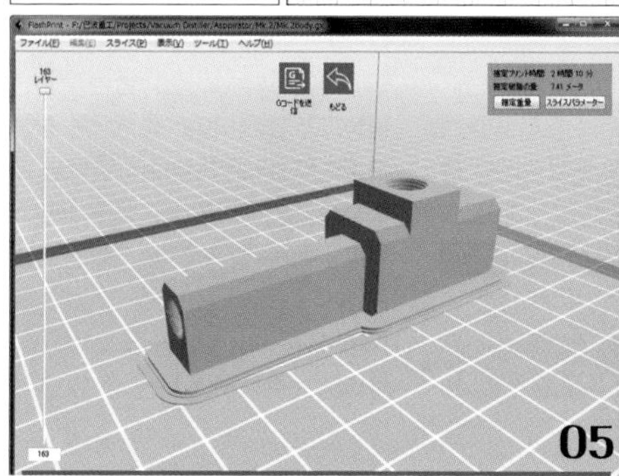

03 : 시판되는 금속제 아스피레이터는 호스 니플인 것이 결점

04·05 : 오리지널 아스피레이터 의 3D 모델. 내가 원하는 설계대로 맞춤 제작했다! 호스 니플 대신 암나사를 내기로 했다.

06 : 3D 프린트 중. 기계공작으로는 이렇게 복잡한 구조를 만들기 어렵다. 3D 프린터이기에 가능한 설계이다.

제작하거나 테이퍼 가공을 하는 등 방대한 시간과 노력이 들 것이다.

3D 프린터로 출력되는 모습을 보면서 새삼 이런 복잡한 형상은 3D 프린터이기에 제작 가능한 것이라는 생각을 했다. 프린트에는 2시간 남짓한 시간이 걸렸다. 층과 층 사이를 강력하고 치밀하게 용접하는 내압 3D 프린트 설정을 적용해 견고하게 완성했다.

태핑 후 완성

미리 설계해둔 암나사에 파이프용 탭으로 태핑한다. 나사를 깎을 때는 적절한 절삭제를 사용해 냉각과 윤활을 계속해주는 것이 포인트이다. 그러지 않으면 가공할 때 발생한 열에 의해 연화된 수지가 탭에 들러붙어 깔끔하게 완성되지 않는다. 이번에는 알코올 스프레이를 절삭제로 사용했다.

태핑을 마치면 아스피레이터가 완성된다. 물 포트에는 [10 튜브용 원터치 소켓, 진공 포트에는 Φ6 튜브용 역류방지 밸브를 달았다. 역류방지 밸브는 아스피레이터에서 진공 용기로 물이 역류하는 것을 방지하기 위한 설계로, 이 밸브가 없으면 물 공급을 멈추었을 때 아스피레이터 내부에 남아 있는 물이 진공 용기 내부로 역류한다.

마지막으로 수도에 연결해 구동했는데 뿜어져 나오는 워터제트의 기세가 워낙 격렬해 물이 사방으로 튄다는 문제점이 드러났다. 그래서 전용 케이스를 만들기로 했다. 사진과 같이 유리병 뚜껑에 4개의 구멍을 뚫고 그중 하나에 아스피레이터, 다른 하나에는 격벽 소켓을 끼워 진공 라인을 접속한다. 뚜껑을 닫으면 완성이다. 아스피레이터에는 샤워 호스를 연결하고, 격벽 소켓에는 피감압 용기를 접속하면 준비 OK. 물을 공급하면 진공이 발생하고 물은 보존 용기 내부에서 감속해 뚜껑의 구멍으로 부드럽게 흘러넘치는 구조이다.

Memo :

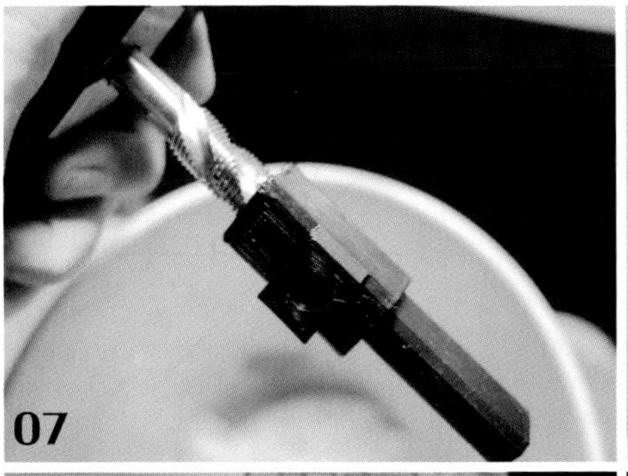

07 : 프린트가 완료되었으면 암나사를 태핑한다. 가공할 때 열에 의해 수지가 연화되기 때문에 절삭제를 이용할 것

08 : 오리지널 아스피레이터 완성

09 : 구멍을 뚫은 보존 용기에 아스피레이터를 고정한다.

10 : 뚜껑을 닫으면 간편한 아스피레이터 유닛이 완성된다. 싱크대에서 사용하자.

11 : 압력이 -0.095MPa까지 도달했다. 놀라운 배기 성능!

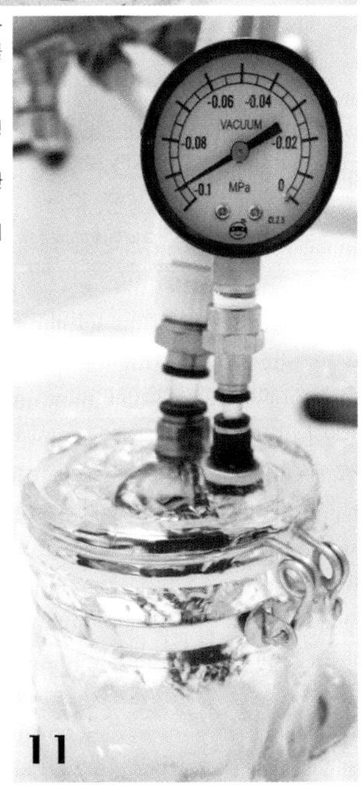

본격적인 진공 실험!

이제 본격적으로 진공도를 측정해보자. 수온을 최저로 설정하고 밸브를 완전히 열면 압력계 바늘이 급격히 회전한다. 수치는 -0.095MPa, 절대압으로 바꾸면 0.062기압. 흠잡을 데 없이 완벽한 성능이다! 수온을 낮추면 진공도는 더 올라갈 것이다. 배기 속도도 적당해 간단한 실험을 보조하기에 충분한 성능이라고 할 수 있다.

이렇게 3D 프린터를 활용해 나만의 고성능 오리지널 아스피레이터를 자작할 수 있었다. 이 아스피레이터는 견고한 내압 프린트와 3D 프린트의 유연한 설계가 합쳐진 좋은 예이다. 아스피레이터 내부의 유로 구조를 연구하면 임의의 장소에서 배관을 끌어낼 수도 있을 것이다. 혹은 아스피레이터 내부에서 유로 구조를 병렬화해 유량을 늘리는 것도 가능하다. 유체기계와 3D 프린트는 정말 최고의 궁합이 아닐 수 없다.

자작 맥주를 자작 서버로 제공한다!
3D 프린터로 만든 맥주 서버

⦿ text by yasu

공작 레벨 ★★★★★

3D 프린터를 이용해 두 가지 맥주를 동시에 제공하는 공랭식 맥주 서버를 만들었다. 자작 맥주 서버에 자작 맥주를 채워 따라 마시는 그 맛이란, 진짜 끝내준다!

나는 맥주를 무척 좋아한다. 일본에서는 알코올 도수가 1% 미만이면 제조 면허 없이도 맥주 제조가 가능하다. 최근 시작한 나의 라이프워크 중 하나가 바로 이 자가 양조이다. 직접 만든 맥주를 맥주 서버로 따라 마신다면 그야말로 최고가 아닐까. 그래서 이번에는 내압 3D 프린트 기법을 응용해 휴대용 맥주 서버를 자작해보았다.

자작 맥주 서버로 연출한 최고의 시간

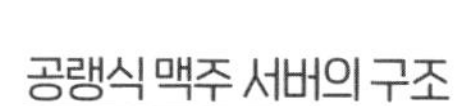

공랭식 맥주 서버의 구조

맥주 서버라고 하면 대부분 술집에 놓여 있는 생맥주 서버를 떠올릴 것이다. 업계에서는 '맥주 디스펜서'라고 불리는 장치로, 맥주가 나오는 탭과 맥주를 순간적으로 냉각하는 열교환기가 결합되어 있는 구조이다. 거기에 탄산가스 봄베를 연결한 맥주 통을 접속해 통 내부를 이산화탄소로 가압하면 맥주가 디스펜서로 보내져 열교환기에 의해 냉각된 맥주가 탭을 통해 나오는 것이다. 이런 '냉각 기능'을 갖춘 서버를 '순랭식 맥주 서버'라고 하며 다양한 맥주 서버 중에서도 고급형으로 취급된다.

이런 순랭식 맥주 서버를 만드는

순랭식 맥주 서버

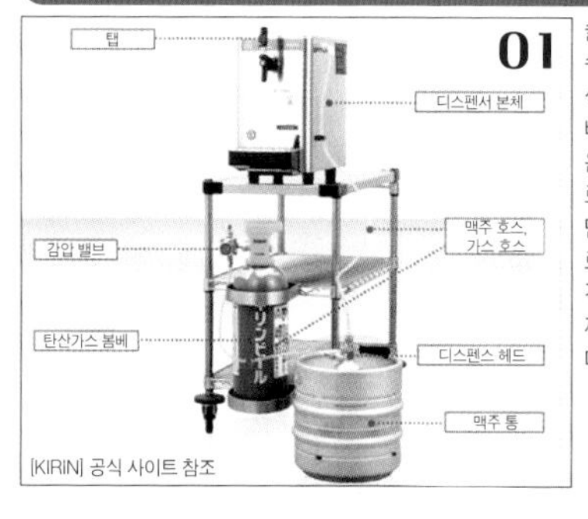

술집에서 볼 수 있는 순랭식 맥주 서버. 맥주 통은 상온 상태로 방치되지만 열교환기로 차갑게 냉각된 맥주를 제공할 수 있다.

공랭식 맥주 서버

이번에 채용한 것은 공랭식 맥주 서버 시스템이다. 탄산가스 봄베, 맥주 통, 탭의 세 가지로 구성된다.

Memo : 사진 출전

●KIRIN 공식 사이트 : 기린맥주 서버 문제 해결 Q&A

http : //www.kirin.co.jp/products/beer/taruzumenama/ryointen/FAQ/

것은 현실적으로 쉽지 않으므로 기능을 줄여 단순화한 맥주 서버를 만들어보기로 했다. 최소 구성의 맥주 서버 시스템은 그림 [02]와 같다. 탄산가스 봄베, 맥주 통, 탭의 세 가지로 구성된다. 탄산가스 봄베에서 공급된 탄산가스의 압력으로 압송된 맥주를 탭으로 제어한다. 맥주의 냉각은 이 시스템 자체를 냉장고에 넣으면 된다.

이렇게 압송과 냉각이 구분된 시스템을 '공랭식 맥주 서버'라고 한다. 시스템이 단순하고 운용상 맥주 통은 늘 냉장 환경에 보관되기 때문에 맥주 통을 상온에 방치하는 순랭식에 비해 품질 유지의 관점에서 유리하다. 그렇기 때문에 높은 품질과 다양한 품종에 주력하는 맥주 바 등에서는 대형 냉장고 안에 이 공랭식 시스템을 갖추는 경우가 많다.

서론이 길어졌지만 요컨대 냉각을 냉장고에 아웃소싱하면 맥주 서버를 아주 단순하게 구축할 수 있다는 것이다. 그런 의미에서 이번에 만들 휴대용 맥주 서버의 콘셉트는 다음과 같이 설정했다.

- **구조가 단순한 공랭식 맥주 서버 시스템을 채용한다.**
- **공간 절약을 위해 소형화한다.**
- **2종류의 맥주를 제공할 수 있도록 설계한다.**

맥주 서버의 마개부. 연결 부속, 튜브, 페트병 본체와 연결된 접속 부품(분홍색)과 이 접속 부품을 페트병에 고정하기 위한 유니온 너트(노란색)로 구성된다.

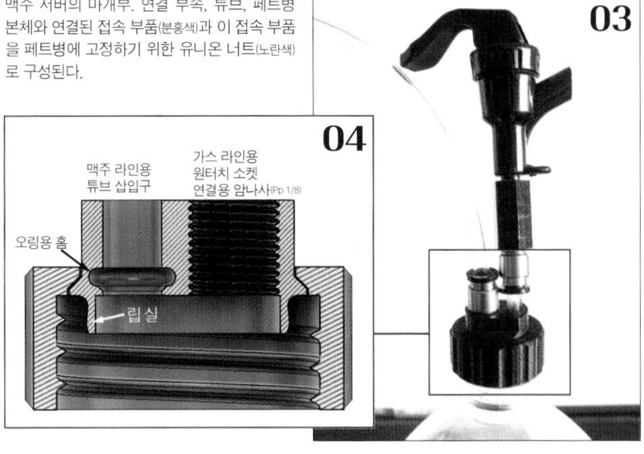

소형화를 위해 맥주 통은 1.5L의 페트병을 사용했다. 사용 후 바로 버릴 수 있는 것이 장점이다. 페트병을 맥주 서버로 이용하기 위한 가장 중요한 설계가 바로 전용 마개이다. 이 마개에는 탄산가스 주입 라인과 맥주 추출 라인을 장착한다. 각각의 라인을 액체나 가스의 누출 없이 3D 프린터로 구축하는 것이 이 장치 제작의 핵심이다.

마개부의 설계

완성된 페트병 마개부가 [03]의 사진이다. 왼쪽에는 가스 튜브를 연결해 페트병에 탄산가스를 공급한다. 오른쪽에는 맥주 추출용 튜브를 연결해 끝에 달린 소형 탭으로 맥주를 따르는 구조이다. 얼핏 보기엔 간소해 보이지만 실제로는 많은 고민과 연구 끝에 탄생한 부품이다.

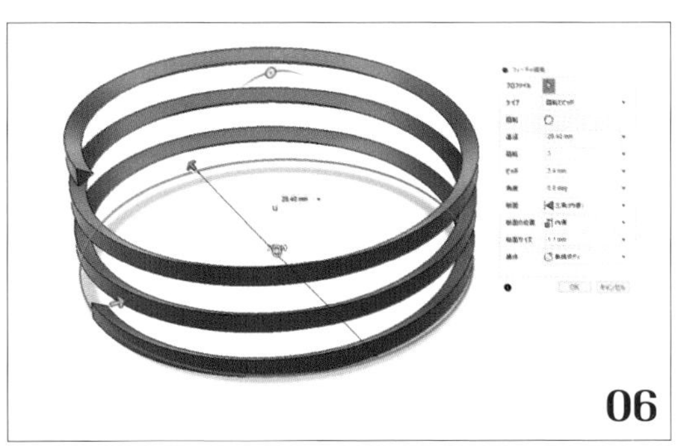

05 : 3D 프린터로 출력한 유니온 너트
06 : Fusion 360의 '코일 도구'를 이용해 페트병의 수나사에 맞는 암나사를 모델링했다.

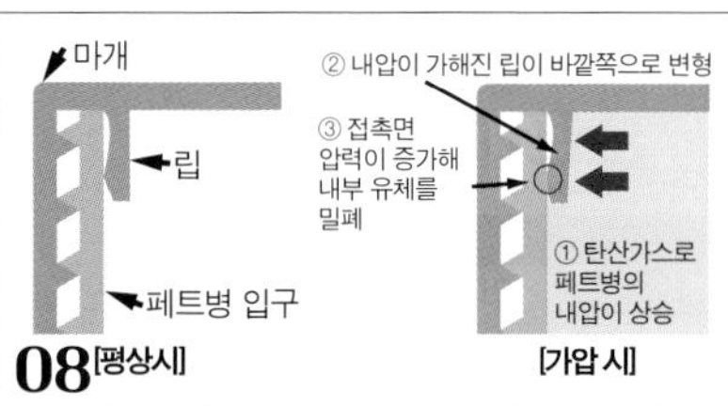

07 : 자작 맥주 서버의 가장 중요한 부품인 접속용 부품. 가스와 맥주 라인용 튜브를 연결한다.
08 : 립 실의 개념도. 공업 분야에서는 회전축의 관통부를 밀폐하기 위한 오일 실에 광범위하게 이용된다.
09 : 페트병 마개의 실물을 자세히 보면 안쪽에 원 모양의 돌기가 있는 것을 알 수 있다.
10 : 3D 프린터로 출력한 립 실
11 : 3D 프린트 특유의 문제에 대응한 오링용 홈의 모델링

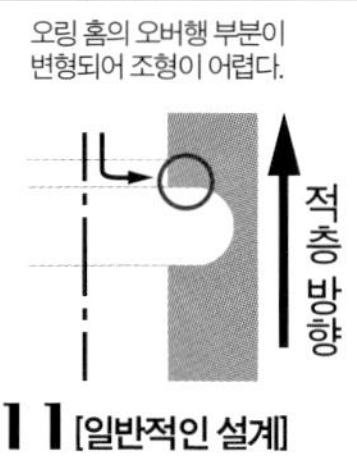

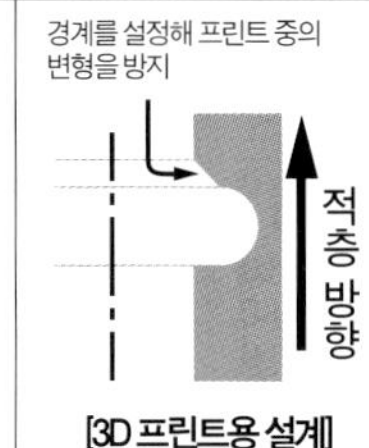

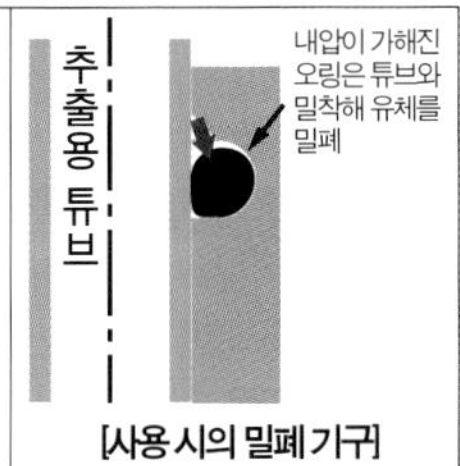

마개의 단면도 [04]를 보면 알 수 있듯 마개부는 접속용 부품과 유니온 너트의 두 가지 부품으로 구성되어 있다. 이 중 시간이 걸리는 내압 3D 프린트가 필요한 것은 접속용 부품으로 유니온 너트는 간단한 고속 출력으로도 충분하다.

유니온 너트

접속용 부품을 페트병에 고정하는 기능을 하는 '유니온 너트' 내부에는 페트병 입구의 수나사에 맞게 암나사를 설계하고, 바깥쪽은 미끄럼 방지를 위해 요철을 만들었다. 중요한 것은 암나사의 모델링이다. 3D CAD 소프트웨어 'Fusion 360'의 '코일 도구'를 이용해 출력한다. 일반적인 페트병에 적합한 암나사의 프린트 설정은 다음과 같다.※1

- **타입 : 회전과 피치**
- **지름 : 28.4mm**
- **회전 : 3**
- **피치 : 3.4mm**
- **각도 : 0.0deg**
- **단면 : 삼각**(내부)
- **단면의 위치 : 안쪽**
- **단면 크기 : 1.1mm**

접속용 부품

가장 중요한 접속용 부품을 설계할 때의 포인트는 '페트병 입구의 밀폐 기구 구현'과 '오링용 홈의 형성 방법'의 두 가지이다.

먼저 '페트병 입구의 밀폐 기구 구현'부터 알아보자. 흔히 사용하는 페트병 마개는 사실 굉장히 복잡한 구조로 이루어져 있다. [08]의 왼쪽 그림으로 나타낸 마개의 단면도를 보면, 마개 안쪽에 있는 '립'이라고 불리는 구조를 확인할 수 있다.

립 바깥쪽은 산 모양으로 약간 솟아 있어 페트병에 끼우면 수지의 탄성으로 안쪽 면이 균일하게 눌리게 되어 있다. 내압이 상승하면 립 안쪽 면에 압력 차에 의한 하중이 발생해 바깥쪽으로 변형된다. 그 결과 립은 페트병 입구에 강하게 눌리며 접촉면의 압력이 증가하고 내부 유체의 누출을 막는다. 페트병 내부의 압력을 이용해 내부 유체를 밀폐하기 때문에 내압이 높을수록 밀폐 성능은 향상된다. 어린아이 정도의 힘만으

Memo : ※1 프린트 환경에 의해서 생기는 불편은, 적절히 파라미터를 수정해 대응하자.

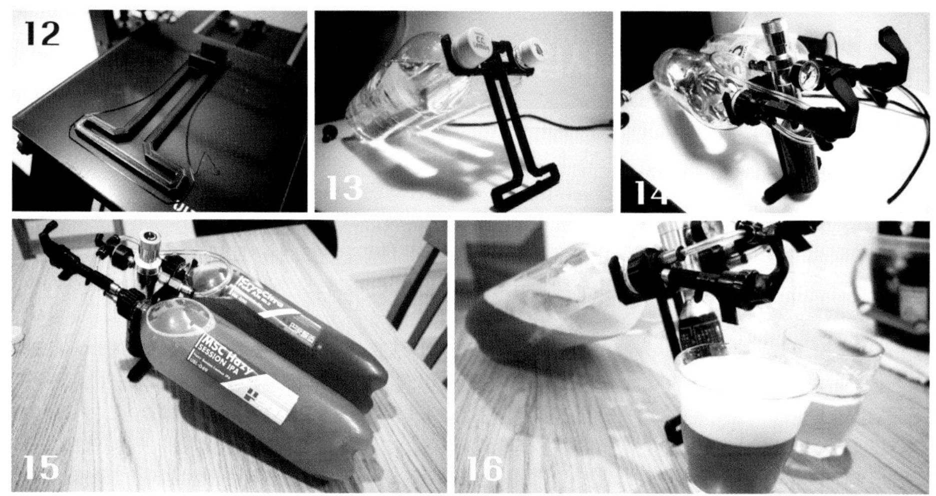

12 : 페트병 거치대도 3D 프린터로 만들었다. 필요 최소한의 단순한 형태로 출력했다.
13 : 제작한 거치대에 1.5L 페트병 2개를 장착했다.
14 : 레귤레이터를 연결해 테스트. 느낌이 좋다!
15 : 탭을 열면 맥주가 나온다. 탭을 여는 정도에 따라 맥주나 거품의 양도 조절할 수 있다.
16 : 자작 맥주를 자작 맥주 서버로 따라 마시다니 굉장하다!

로도 0.5MPa 이상의 압력에 견딜 수 있다. '립 실'이라고 불리는 이런 밀폐 기구를 3D 프린터로 재현할 수 있다. 내압 3D 프린트 설정으로 출력한 후 페트병 입구와의 접촉면을 적절히 가공해 요철을 만들면 완벽한 밀폐 성능을 얻을 수 있다.

다음은 오링용 홈의 설계 방법이다. 맥주 추출용 튜브를 꽂는 구멍에는 밀폐를 위해 오링을 끼울 홈을 만들어야 하는데, 여기에도 3D 프린트 특유의 문제에 대한 대처 방법이 있다. 그림 [11]을 보자. 왼쪽 그림은 일반적인 오링용 홈의 설계로, 아래쪽에서부터 위쪽으로 수지를 적층하는 FDM식 3D 프린터로는 그 원리상 오버행이 되는 홈 상부를 정상적으로 출력하지 못한다.

그래서 홈 상부에 가운데 그림과 같은 경계를 설정해 오버행 부분을 모델에서 제거했다. 이런 방식으로 FDM식 3D 프린터로도 오링용 홈을 형성할 수 있게 되었다. 사용할 때는 이 홈에 오링을 끼우고 맥주 추출용 튜브를 삽입한다. 상부에서 내압이 작용하면 오링이 튜브에 밀착하며 밀폐되는 구조이다.※2

맥주 서버의 완성

가장 중요한 내압부가 완성되면 나머지 부재를 만든다. 두 개의 페트병을 동시에 운용할 수 있는 전용 거치대를 만들었다. 수지의 탄성을 활용해 페트병의 목 부분을 끼운 후 비스듬히 기울인 상태로 유지할 수 있다.

부품이 완성되면 이제 모든 부품을 접속한다. 소형 탄산가스 레귤레이터를 중앙에 놓고 T자형 조인트로 두 개의 페트병에 접속한다. 내압을 0.3MPa 정도로 높여도 누출 없이 성공했다.

직접 만든 무알코올 맥주를 페트병에 넣고 제작한 마개와 거치대 그리고 탄산가스 레귤레이터를 연결하면 탁상용 미니 맥주 서버가 완성! 오링용 홈이며 립 실 등 유체기계의 중요 요소를 다수 적용한 설계였지만 적절한 연구를 바탕으로 3D 프린트에 성공할 수 있었다. 이번 맥주 서버의 성공으로 다양한 유체기계의 자작 가능성을 기대할 수 있게 되었다고 해도 과언이 아니다. 향후의 발전이 기대된다.

※2 반대로 하부로부터의 압력에 대해서는 밀폐 기구가 발현되지 않기 때문에 설계 시 꼭 확인할 것

가정용 세탁기를 실험 기기로 활용!

단순한 구조의 원심분리기 제작

⦿ text by yasu

공작 레벨 ★★★★★

요리나 칵테일 제조에 원심분리기를 사용하면 어떨까… 그렇다고 대용량 실험 기기를 사자니 워낙 고가라 엄두가 나지 않는다. 이번에는 3D 프린터로 만든 전용 부품과 세탁기를 활용한 원심분리기 제작 방법을 소개한다.

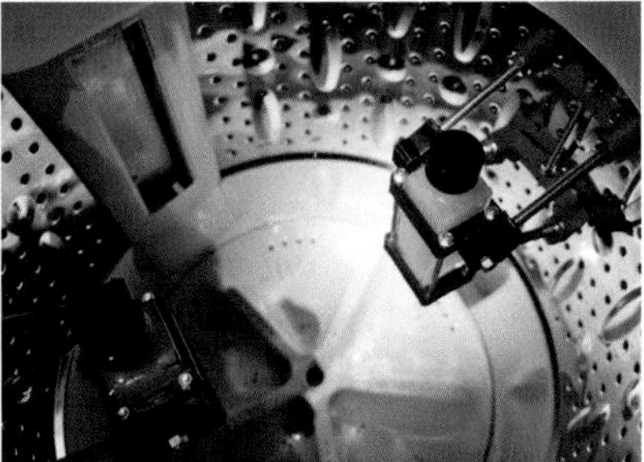

이번에 제작한 원심 분리용 버킷. 프레임(검은색)과 받침대(빨간색)를 3D 프린터로 출력해 볼트로 연결했다. 이것을 세탁기에 장착해 탈수 모드로 돌리면 원심 분리가 가능하다. 가정용 세탁기가 원심분리기로 탈바꿈한다!

생물이나 화학 실험에 주로 쓰이는 원심분리기. 최근에는 요리나 칵테일 제조에까지 활용되는 등 하나쯤 가지고 있으면 활용도가 꽤 높은 편리한 도구이다. 다만 새 제품은 가격도 매우 비싸고, 특히 대용량 원심분리가 가능한 본격적인 제품은 수천만 원을 호가한다. 원심분리기의 원리 자체는 단순하기 때문에 모터, 프레임, 버킷만 있으면 자작도 가능하지만 부피가 커지는 단점이….

여기서 잠시 주변을 한번 둘러보자! 대부분의 가정에 이미 원심분리기가 갖추어져 있다. 다름 아닌 '세탁기'이다.

세탁 공정의 마지막 과정인 '탈수'는 원심력으로 의류와 수분을 분리하는 원심 분리 그 자체로 세탁기 역시 어엿한 원심분리기이다. 그런 세탁기를 활용하지 않을 이유가 없다. 이번에는 세탁기에 별도의 유닛을 추가해 원심분리기로 만드는 마(魔) 개조를 해설한다.

제작 과정은 크게 ① 세탁조 내부에 부착할 2개의 버킷을 만들고 ② 이 버킷에 유리병을 고정해 임의의 시료에 원심력을 가한다. 버킷을 부착한 후 세탁기를 탈수 모드로 돌리면 원심분리기가 되는 것이다. 원심분리기를 사용할 때는 불균형에 대처할 방법을 강구할 필요가 있는데 세탁기는 탈수 시 기본적으로 세탁물이 한쪽으로 치우치는 것을 전제로 설계되어 있기 때문에 약간의 불균형이 있어도 안전히 가동할 수 있다. 마음 놓고 개조해도 될 듯하다.

① 전용 버킷 제작

전용 버킷의 제작에는 최근 공작의 필수 도구가 된 3D 프린터를 십분 활용한다. 이번 공작에서는 원심력에 의해 발생한 100kg가량의 하중을 고려해야 한다. 강도가 필요한 부분은 볼트 등의 금속 부품을 중심으로 구성한다. 3D 프린터로는 그런 부품들을 접속할 수 있는 버킷의 기능을 만드는 식으로 역할을 분담했다.

먼저 병을 거치할 프레임을 설계한다. 3D 프린트한 프레임에 병을

Memo :

① 전용 버킷 제작

버킷 부품은 3D 프린터로 출력. 강도를 확보하기 위해 인필은 100%로 설정했다.

유리병을 거치할 프레임. 3D 프린트한 프레임과 볼트, 스페이서로 구성된다. 병이 흔들리지 않고 딱 맞았다.

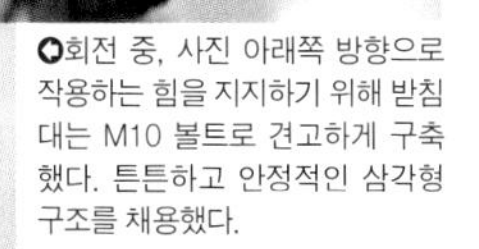

회전 중, 사진 아래쪽 방향으로 작용하는 힘을 지지하기 위해 받침대는 M10 볼트로 견고하게 구축했다. 튼튼하고 안정적인 삼각형 구조를 채용했다.

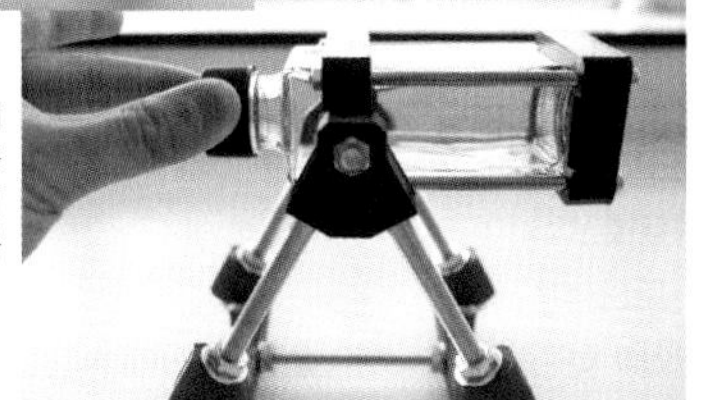

받침대 구멍에 황동 스페이서를 끼워 프레임이 자유롭게 회전하도록 만들었다.

② 세탁기에 설치

버킷 바닥 부분에 돌기가 있다. 세탁조 구멍에 딱 맞게 설계해 간단히 고정할 수 있다.

버킷을 세탁기에 장착한다. 불균형을 최소화하기 위해 180° 방향으로 서로 마주 보도록 설치한다.

2개의 병에 같은 양의 임의의 시료를 넣어 버킷에 장착했다. 탈수 모드를 선택해 세탁조를 회전시키면 원심 분리가 시작된다. 탈수 시간을 임의로 설정할 수 있어 편리하다!

거치하고 볼트와 스페이서로 강력히 고정한다. 흔들림 없이 단단히 고정된다.

빨간색 필라멘트로 프레임을 세탁조 안에 고정하기 위한 받침대를 출력하면 버킷이 완성된다. 이 받침대는 프레임에 가해진 원심력을 세탁조에 전달하는 중요한 역할을 하는 만큼 튼튼하고 안정적인 삼각형 구조를 채용했다. 각 변은 볼트로 구성하고, 꼭짓점만 프린트 부품을 사용해 3D 프린트 부품의 출력 시간을 최소한으로 줄이고 강도도 확보하는 합리적인 설계 방식이다.

프레임은 받침대 구멍에 꽂아서 고정한다. 프레임이 자유롭게 회전하도록 받침대 구멍에는 황동 파이프를 끼워 축과의 마찰을 최대한 줄였다.

② 세탁기에 설치

버킷식은 버킷 바닥에 만든 돌기를 세탁조 표면에 있는 구멍에 걸어 간단히 고정할 수 있도록 했다. 또 최대한 진동을 방지하기 위해 2개의 버킷은 서로 마주 보도록 설치했다. 남은 것은 2개의 병에 같은 양의 시료를 넣고 버킷에 거치한 뒤 세탁기 뚜껑을 닫고 탈수 모드로 돌리면 원심 분리가 시작된다!

실험실용 원심분리기에 비하면 분당 900회 정도로 회전수가 적지만 회전 반경의 크기로 보완할 수 있다. 가동 시간을 늘리면 간단한 원심 분리 정도는 충분히 가능하다. 우리 집에서는 과일 리큐같이 여과지가 막혀 거를 수 없는 여과 공정에 충분한 위력을 발휘하고 있다. 크기가 작아 수납성도 뛰어나다.

감압 탈기 기능을 추가해 잠재력을 끌어낸다!
초음파 세정기의 진공화

⊙ text by yasu

공작 레벨 ★★★★★

안경 세척 등에 사용되는 초음파 세정기가 지닌 본래의 능력을 충분히 활용하려면 약간의 궁리가 필요하다. 간단한 개조로 초음파 세정기의 세정 효과를 대폭 강화해보자.

강의편 초음파 세정의 구조와 개조 방침에 대하여

초음파 세정과 캐비테이션

초음파 세정기라고 하면 초음파가 오염을 제거해준다고 생각하는 사람도 많을 것이다. 하지만 이 초음파 세정기의 본질은 '캐비테이션(Cavitation)'이라는 물리 현상에 기인한다. 초음파는 이 이 캐비테이션을 발생시키기 위한 '도구'에 지나지 않는다. 초음파 그리고 캐비테이션에 의한 세정 기구는 다음과 같다.

① 조밀한 종파(縦波)인 초음파가 수중에 입사되면 물의 압력은 저압에서 고압의 순으로 주기적으로 진동한다.
② 저압일 때 물의 압력이 그 온도에서의 포화 증기압보다 낮으면 국소적으로 감압 비등이 발생한다.
③ 압력이 계속 낮아져 감압 비등으로 발생한 증기가 증기 거품을 형성한다.
④ 마침내 고압의 파동이 도래하면 압력이 회복되면서 주변 수압에 눌린 수증기 거품이 급격히 붕괴한다. 이때 국소적으로 강력한 충격파가 발생한다.

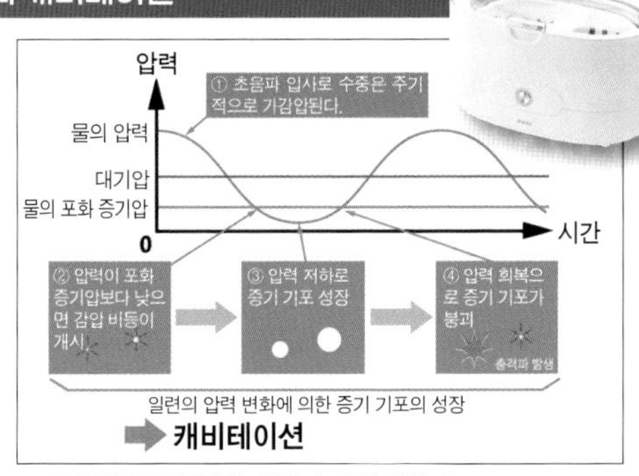

이 같은 압력 변화에 의한 증기 기포의 성장→붕괴 현상을 캐비테이션이라고 한다. 이 붕괴 시 발생한 강력한 충격파가 물체 표면에 작용하면서 오염 물질을 제거하는 것이다.※1

캐비테이션 기포의 비구형 붕괴

캐비테이션 기포가 붕괴할 때 세정 면 주위에서는 더욱 흥미로운 현상이 눈에 띈다. 오른쪽 그림①에서는 기포 주위가 균질하기 때문에 기포는 구형을 그대로 유지한 채 압축→붕괴한다. 그러나 세정 면 주변 기포의 경우, 세정 면 측에서는 물이 공급되지 않고 반대쪽으로부터 일방적으로 물이 밀려들어 결과적으로 세정 면을 향하는 고속의 워터 제트가 형성된다.

이 빠르고 국소적인 워터 제트가 앞선 과정을 통해 발생한 충격파와 함께 세정 면을 강타해 강력한 세정 효과를 발휘하는 것이다.

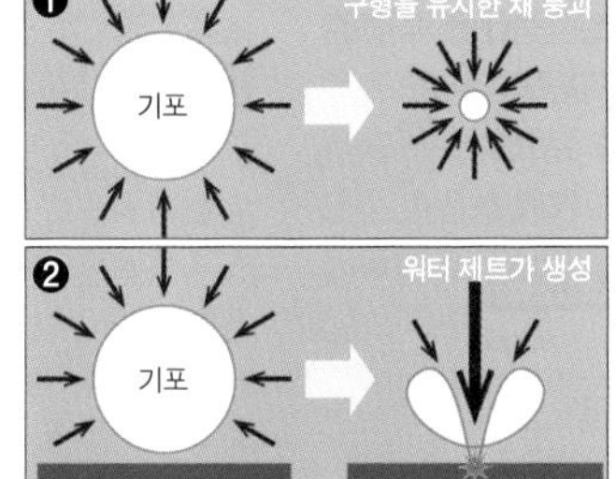

파란색 화살표는 물의 흐름을 나타낸다. 균질한 공간에서의 캐비테이션 기포 붕괴

세정 면 주변에서의 캐비테이션 기포 붕괴

Memo : ※1 초음파 세정기를 작동할 때 발생하는 부글부글 끓는 듯한 소음은 초음파가 아니라 이 캐비테이션 현상으로 발생한 충격파가 가청음이 되어 들리는 것이다.

캐비테이션 세정을 저해하는 요인

감압 비등과 마찬가지로 초음파를 입사했을 때 기포를 발생시키는 요인 중 하나로 용존 가스의 방출이 있다. 초음파 입사로 물의 압력이 낮아지면 수중에 녹아 있던 공기로부터 유래된 산소나 질소 등이 기포로 나타나는 것이다. 이 기포는 앞서 설명한 증기 거품과 달리 비응축성이기 때문에 압력이 회복되어도 붕괴하지 않고 서로 달라붙어 더 크게 성장해 수중에 남는다. 이런 용존 가스의 기포는 이를테면 스피커의 흡음재처럼 작용해 초음파 진동자로부터 입력된 소밀파를 감쇄시킨다. 그 때문에 캐비테이션 발생이 억제되어 결과적으로 세정 효과도 낮아진다. 즉, 초음파 세정기에 공기를 잔뜩 포함한 일반 수돗물을 넣고 사용하면 에너지 손실이 크다. 그렇다면 이런 에너지 손실을 발생시키는 용존 가스를 제거, 즉 '탈기(脫氣)'하면 투입된 에너지는 온전히 캐비테이션 생성에 주력하게 되고 결과적으로 세정 성능도 크게 증가할 것이다. 자, 그럼 초음파 세정기에 탈기 기능을 추가해보자.

감압 & 초음파 입사에 의한 탈기

탈기 방법은 몇 가지가 있는데※2 이번에는 감압&초음파 입사로 탈기하는 방법을 채용했다.

방법은 단순하다. 초음파 세정기의 세정 용기를 덮을 뚜껑을 준비하고 거기에 진공 펌프를 달아 감압하는 것이다. 또 감압 중에도 계속해서 초음파를 입사해 앞서 설명한 감압 작용에 의한 용존 가스의 기포화를 촉진한다. 진공 펌프에 의한 대규모 감압과 초음파에 의한 소규모의 강력한 감압으로 빠른 탈기 조작이 가능하다. 참고로, 작고 복잡한 부품을 세정할 때는 부품 사이사이에 포함된 공기가 세정에 방해가 되는데, 부품과 물을 한 번에 탈기하면 이 공기도 함께 제거할 수 있기 때문에 부차적인 세정 기능 향상도 기대할 수 있다.

이상을 참고해 설계·제작한 것이 '감압 탈기 기능을 갖춘 초음파 세정 시스템'이다. 진공 펌프는 3D 프린터로 출력한 수압 구동 아스피레이터를 사용했다. 이 아스피레이터를 샤워 호스에 연결해 진공을 발생시킨다. 세정 용기의 물을 감압 탈기할 때 대량의 수증기가 배출되기 때문에 이런 수증기를 빨아들여도 문제없는 아스피레이터가 최적이다. 로터리 펌프나 다이어프램 펌프 등의 진공 펌프는 수증기를 흡입하면 고장 날 수 있으므로 주의한다.

다음 장에서는 진공 펌프를 접합할 초음파 세정기 뚜껑의 구체적인 제작 순서를 해설한다.

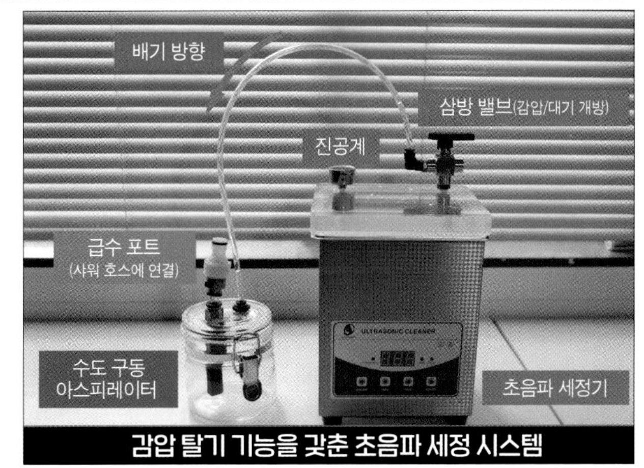

감압 탈기 기능을 갖춘 초음파 세정 시스템의 전체적인 모습. 초음파 세정기와 진공 펌프를 연결할 뚜껑은 자작했다. 구조는 단순하지만 효과는 크다. 수압 구동 아스피레이터의 제작 방법은 134쪽을 참조하기 바란다.

주요 재료와 기재		
●초음파 세정기	●아크릴판(15mm 두께)	●실리콘 고무 시트
●진공계	●밸브	●아스피레이터 등

※2 가열에 의한 탈기도 선택지가 될 수 있다. 가스의 용존량은 온도에 따라 변화하며 온도가 높을수록 그 양은 감소한다. 물을 한번 끓여 탈기한다. 다만 물을 끓여 탈기한 후 실온 온도까지 물을 식혀야 하므로 작업이 번잡해진다는 단점이 있다.

제작편 감압 탈기 기능을 추가하기 위한 뚜껑을 제작한다

두꺼운 아크릴판 가공은 전문 업체에 의뢰

탈기 조작 중인 내부의 모습을 볼 수 있으면 재미있을 듯해 뚜껑의 소재는 투명 아크릴을 선택했다. 진공에 의해 발생한 큰 하중을 견딜 수 있도록 두께는 15mm로 했다. 이렇게 두꺼운 아크릴판을 깔끔하게 가공하는 것은 쉽지 않기 때문에 전문 업체에 가공을 의뢰했다.※3 배관을 연결해야 하므로 파이프용 암나사를 내야 하지만 나사 가공은 직전에 하기로 하고 구멍만 미리 뚫어두었다.

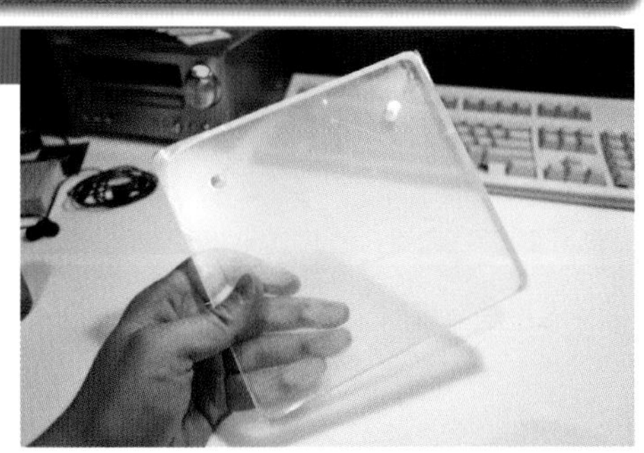
완성된 아크릴 부품. 두께 15mm의 아크릴판 모서리는 R자 가공, 나사를 낼 구멍을 뚫었다.

태핑으로 암나사 가공

아크릴판에 1/8인치 파이프용 탭을 이용해 나사를 깎는다. 태핑할 때는 보링 머신에 탭을 장착해 부재에 대고 수동으로 회전시키면 직각으로 깎기 쉽다. 어느 정도 깎으면 보링 머신에서 떼어내고 탭 핸들을 끼워 끝까지 깎는다.

아크릴은 가공할 때 발생하는 마찰열에 의해 탭에 용착되기 쉽기 때문에 물로 식히면서 작업하는 것이 깔끔하게 완성하는 비결이다.

탭 가공을 마치면 면취 공구인 카운터 싱크를 이용해 가장자리를 다듬는다. 이것으로 암나사 가공이 완료되었다.

물로 식히면서 신중히 태핑한다.

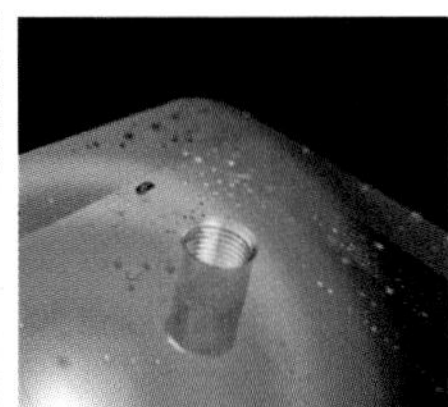
카운터 싱크를 이용해 나사 구멍의 가장자리를 깨끗이 다듬는다.

진공계와 밸브 장착

나사를 깎았으면 진공계와 밸브를 장착한다. 밸브를 조작해 세정 용기의 접속부를 진공 펌프와 대기 개방으로 바꿀 수 있다. 뚜껑과 세정 용기 사이에 끼울 패킹은 3mm가량의 두꺼운 실리콘 고무 시트를 잘라 직접 만들었다. 세정 용기 표면에 굴곡이 있기 때문에 확실히 밀착하려면 어느 정도 두께가 필요하다.

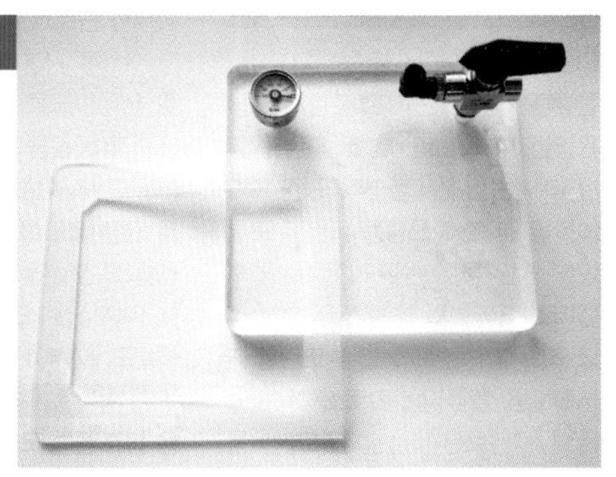
완성된 전용 뚜껑과 패킹. 이것을 초음파 세정기에 설치하면 완성이다.

Memo : ※3 「하자이야」(https//www.hazaiya.co.jp). Web상의 폼에 세정조의 치수에 맞추어 두 변의 치수와 모서리를 R가공, 배관 설치용 홀을 지정하면 자동으로 견적을 얻을 수 있다. 가격이 저렴하고 품질도 좋아 편리하다.

실천편 감압 탈기 기능을 갖춘 초음파 세정 시스템의 실력은?

감압 실험

패킹과 뚜껑을 덮고 아스피레이터로 진공 상태를 만든다. 뚜껑에 약간의 하중이 가해지면 세정 용기와 패킹이 밀착되고 그대로 두면 압력이 낮아진다. 패킹의 밀착성은 문제없었다. 밸브를 잠그고 방치해도 누수 없이 진공 용기로서 완벽히 작동했다. 이날은 아스피레이터를 구동하는 수온이 높아 -85kPa(0.16기압) 정도의 진공을 얻는 데 그쳤지만 초음파 탈기 목적으로는 충분하다.

용존 가스의 기포화

수조 바닥에서 용존 가스가 기포로 성장하기 시작하는 모습이 확인되지만 아직 충분치 않다. 더 강력한 감압 작용을 위해 초음파 입사 버튼을 누르면…

격렬한 발포 확인

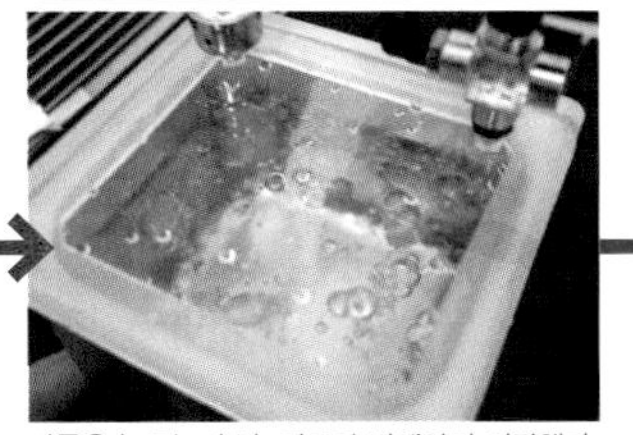

버튼을 누르는 순간, 기포가 발생하기 시작했다. 아스피레이터와 캐비테이션에 의한 감압의 상승 효과로 빠르게 탈기가 진행된다. 탈기 장치로서는 대성공!

거센 파동

10여 분의 탈기를 마친 후, 뚜껑을 열어 초음파를 입사하자 수면에 지금껏 본 적 없는 거센 파동이 일었다. 끓어오르는 듯한 소리도 한층 묵직해진 느낌

탈기 시간이 세정에 미치는 영향을 검증

알루미늄 포일을 세정 용기에 매달고 초음파 입사로 어느 정도의 이로전(Erosion) 부식이 발생하는지를 통해 탈기가 세정 효과에 미치는 영향을 확인해보았다. 탈기 시간은 0에서 1분씩 늘려가며 각각 1분간 세정했다. 실험 결과를 보면, 탈기로 말미암아 이로전 부식이 강화되었으며, 특히 탈기 시간이 4~5분일 때 가장 심해진다는 것을 알았다. 이것으로 '탈기로 세정 효과를 향상시킨다'는 당초의 목적을 달성했다.

흥미로운 것은 탈기 시간이 6분이 넘으면 오히려 세정 효과가 떨어진다는 점이다. 이것은 용존 가스의 양에 최적치가 존재한다는 뜻이었다. 조사해보니 캐비테이션 생성에는 기포 성장에 핵심적인 존재가 필요한데 알고 보니 용존 가스가 그 역할을 한다는 것이다. 다시 말해 과도한 탈기는 오히려 캐비테이션 생성을 억제하는 듯하다.

알루미늄 포일은 초음파 캐비테이션에 의해 이로전 부식이 일어나기 쉬워 비교 실험에 적합한 소재이다.

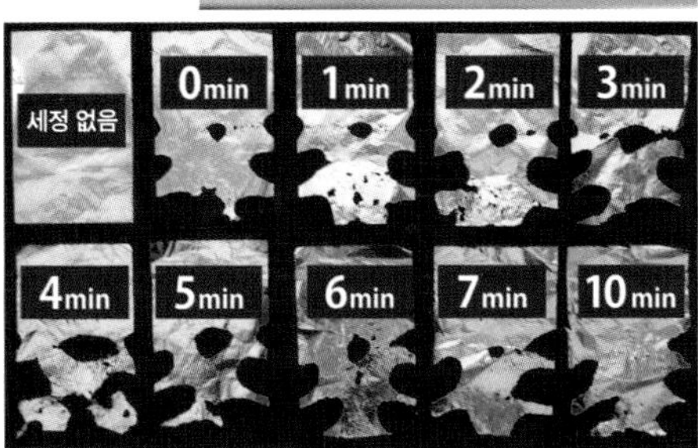

탈기 시간과 이로전 부식의 관계. 4~5분에 이로전 부식이 가장 심했다.

염가 제품을 개조해 궁극의 바나나 오레를 만들어보자!

진공 믹서의 제작

⦿ text by yasu

공작 레벨 ★★★★★

3D 프린터로 만든 아스피레이터를 활용해 중국산 믹서를 차세대 주방 가전으로 진화시켰다. 진공 믹서로 궁극의 바나나 오레를 만들어보자!

134쪽에서는 가정용 3D 프린터로 무엇이든 간단히 진공화할 수 있는 아스피레이터를 만들었다. 이번에는 이 아스피레이터를 활용해 차세대 주방 가전을 자작해보자. 개조 대상은 믹서. 다름 아닌 '진공 믹서'를 만드는 것이다!

진공 믹서란?

일반적인 믹서의 가장 큰 단점은 섞을 때 공기가 유입된다는 것이다. 내용물에 공기가 혼합되면 완성품의 산화를 피할 수 없다. 또 공기가 기포 상태로 액체에 섞이면 본래의 농밀함을 잃게 된다. '그렇다면 믹서 내부의 공기 자체를 제거해버리면 되는 거 아냐?!' 이런 아이디어가 이번에 제작할 진공 믹서의 콘셉트이다.

시스템은 단순하다. 믹서 용기에 튜브를 꽂아 진공 펌프에 연결한다. 이번에도 아스피레이터가 가장 적절한 선택일 것이다. 아스피레이터는 일반적인 진공 펌프인 기름펌프와 달리 기름 안개가 역류하지 않는다. 또 다이어프램 진공 펌프와 같이 수분이나 과일의 혼입으로 고장 날 염려도 없다. 아스피레이터는 깨끗하고 견고한 펌프로 이번 용도에 제격이다.

감압 부속 제작

시스템을 고안했으니 이제 소재를 모을 차례이다. 주요 재료인 믹서는 아마존에서 구입한 중국산 휴대용 믹서를 채용했다. USB 충전 방식으로 언제 어디서든 사용할 수 있는 실용적인 제품이다. 가격도 저렴해 개조에는 안성맞춤이다. 진공 펌프는 3D 프린터로 자작한 아스피레이터를 사용한다. 구조나 제작 방법은

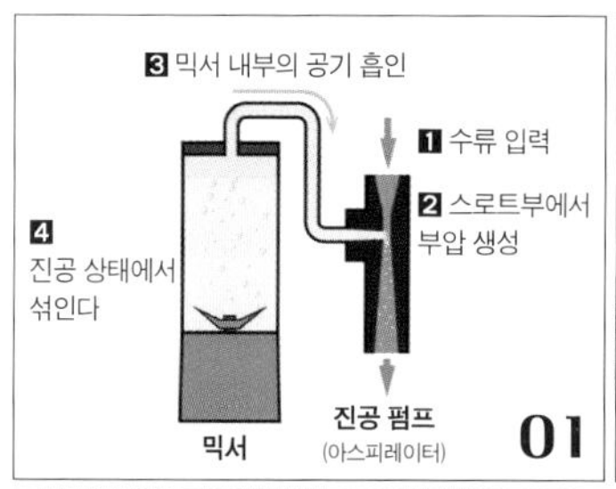

01 : 진공 믹서의 개념도. 아스피레이터와 믹서의 접합 부속을 자작한다.

02 : 아마존에서 구입한 저렴한 믹서. 배터리로 구동되는 간단한 구성으로 이번 실험에 최적이다.

03 : 3D 프린터로 자작한 튜브 연결 부속이 달린 아스피레이터

04 : 기밀 플레이트와 유니온으로 구성된 부속품을 모델링

05 : 3D 프린터로 출력한 플레이트. 내압 프린트 설정을 적용해 완벽한 기밀성을 갖추었다.

Memo :

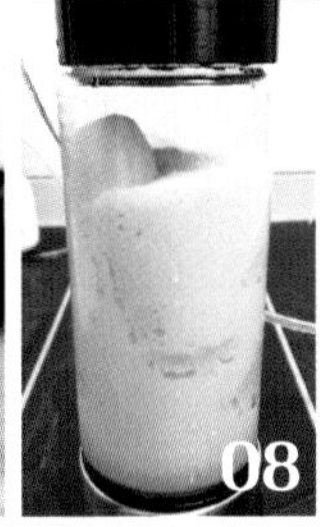

06 : 완성된 오리지널 진공 믹서. 진공계를 장착한 투박한 디자인으로 완성되었다. 아스피레이터를 연결해 사용한다.
07 : 연결 부속에 실리콘 패킹을 끼워 강력한 밀폐 성능을 확보한다.
08 : 바나나, 우유, 바닐라 아이스크림을 믹서에 넣고 감압 개시. 가스가 팽창하므로 넘치지 않도록 진공 펌프의 수량을 조정한다. 안정되면 믹서의 스위치를 눌러 작동!
09 : 궁극의 바나나 오레가 탄생했다. 눈으로 보기에도 농도가 무척 진할 것 같다.

134쪽을 체크하기 바란다.

이렇게 진공 믹서를 구축할 주역들이 모였으니 이번 공작의 핵심인 감압 부속을 제작한다. 아스피레이터와 믹서를 접속하기 위한 부품이다. 3D CAD 소프트웨어 'Fusion 360'으로 3D 모델을 만들어 3D 프린터로 출력한다.

감압 부속은 기밀 플레이트와 유니온으로 구성되며, 기밀 플레이트 중앙에는 1/8 파이프용 암나사를 낸다. 여기에 튜브 연결 부속을 끼우면 아스피레이터를 접속할 수 있다. 그리고 이 기밀 플레이트에 실리콘 패킹을 끼워 유니온으로 믹서 본체와 고정하면 누출 없이 믹서와 아스피레이터가 접속된다.

3D 모델을 내압 3D 프린트로 출력한 후 탭으로 암나사를 내고 배관을 접속하면 완성된다.

기밀 플레이트에는 밸브와 진공계를 부착하고 밸브 끝에 아스피레이터를 연결한다. 플레이트와 유리관 사이에 끼운 실리콘 패킹은 감압에 의해 더욱 완벽한 밀폐 성능을 발휘한다. 3D 프린터로 출력한 플레이트는 별도의 처리가 필요 없을 만큼 표면이 매끄럽게 완성되었으며 동작에도 아무 문제가 없었다. 진공계로 감압을 확인한 후 믹서의 스위치를 켜면 산화되지 않고 기포도 없는 진하고 신선한 액체가 만들어질 것이다.

궁극의 바나나 오레를 만들어보자

완성된 진공 믹서의 성능을 시험하기 위해 내가 좋아하는 바나나 오레를 만들어보기로 했다. 재료는 간단하다. 바나나, 우유, 바닐라 아이스크림만 있으면 된다. 재료를 모두 믹서에 넣고 아스피레이터를 구동해 내부를 감압한다. 감압이 이루어지면서 소재에 녹아 있던 가스가 팽창해 액면이 상승하기 때문에 넘치지 않도록 아스피레이터에 공급하는 수량을 조절한다. 감압이 완료되면 믹서의 스위치를 누른다! 잘 섞이면 완성이다.

완성된 바나나 오레를 한 모금 마셨을 때 느낀 그 진한 농도란…. 이제껏 경험한 적 없는 새로운 체험이다. 농후함과 부드러움의 수준이 남달랐다. 일반 믹서로 만든 바나나 오레와는 차원이 다른 완전히 새로운 음료였다. 거품이 섞이지 않는 것만으로 음료가 이렇게까지 바뀔 줄이야….

딸기나 토마토 혹은 녹황색 채소 같이 발색이 선명한 과일이나 채소로 시험하면 산화 방지의 관점에서 더욱 선명하고 신선한 스무디를 만들 수 있을 것이다. 거품이 섞이지 않는다는 점에서 칵테일 제조의 새로운 기법으로 진공 블렌드를 시도해보는 것도 재미있을 듯하다. 아이디어에 따라 얼마든지 응용할 수 있는 아이템으로 재탄생했다. 여러분도 꼭 시도해보기 바란다!

3D 프린터로 만든 스켈리턴형 캐넌의 개발

탄생! 이그저스트 캐넌 Mk. 19

⊙ text by yasu

공작 레벨 ★★★★☆

3D 프린터를 활용해 다양한 유체기계를 만들었다. 여기서는 3D 프린터 공작의 마지막을 장식하는 의미에서 압축공기포 '이그저스트 캐넌' 개발에 도전한다.

나는 지금까지 총 18대의 '이그저스트 캐넌'을 개발했다. 개발 방침은 주로 두 가지로 하나는 배기 속도와 연사 기능 등에 주력한 성능 추구형, 다른 하나는 구조를 간략화해 제작 장벽을 낮춘 제작성 추구형이다. 제작성 추구형은 단관식의 발명으로 시작되어 선반기를 사용하지 않는 수도관을 소재로 한 캐넌 등이 있다. 제작 난이도를 낮췄다고는 해도 드릴로 수도관에 구멍을 뚫거나 금속 줄로 구멍을 확장하는 등의 결코 쉽지만은 않은 가공은 필요했다. 게다가 외관은 누가 봐도 수도관. 세련미와는 거리가 멀었다…. 이쯤에서 3D 프린터가 등장할 차례이다. 대구경 구멍을 뚫거나 선반기로밖에 만들 수 없던 원통형 부품도 3D 모델링에 따라 얼마든지 조형이 가능하다. 내압 설정을 적용하면 누출 우려도 없고, 이 설정을 응용해 오링용 홈의 성형 방법도 확립했다. 거기에 3D 프린트만의 자유로운 설계 방식을 활용하면 멋진 디자인도 가능할 것이다! 그리하여 3D 프린터를 활용한 스켈리턴형 '이그저스트 캐넌 Mk.19' 개발에 도전했다.

본체를 수도관으로 만들어 제작 난이도를 낮추었지만 외관은 투박하기 그지없다…. 3D 프린터를 이용하면 제작 난이도를 낮추면서도 디자인도 뛰어난 캐넌을 만들 수 있다!

응력 집중을 회피

이번 제작의 중요한 과제는 강도이다. 수지를 녹여 적층하는 FDM 방식 3D 프린터(Anycubic Mega S)'를 사용하기 때문에 내압 설정을 적용했다고는 해도 수지제 부품인 것이다. 응력이 집중되면 취성 파괴에 따른 폭발…도 충분히 가능하다.

종래의 이그저스트 캐넌 설계에서는 실린더와 노즐과 개폐 장치를 고정하는 방법으로 실린더에 방사상으로 구멍을 뚫고 거기에 볼트를 끼우는 구조를 채용했다.

내압이 상승하면 양 끝의 마개에 하중이 작용하고 최종적으로 하중을 받는 것이 빨간색 점선으로 표시된

종래의 볼트를 이용한 고정 방식과 구조의 단면도

에어 실린더 파이프/ 마개의 고정 방법

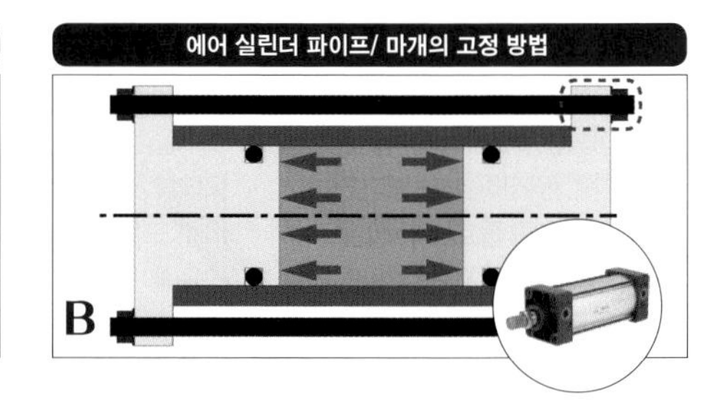

Memo :

내압 실험체를 이용한 사전 테스트

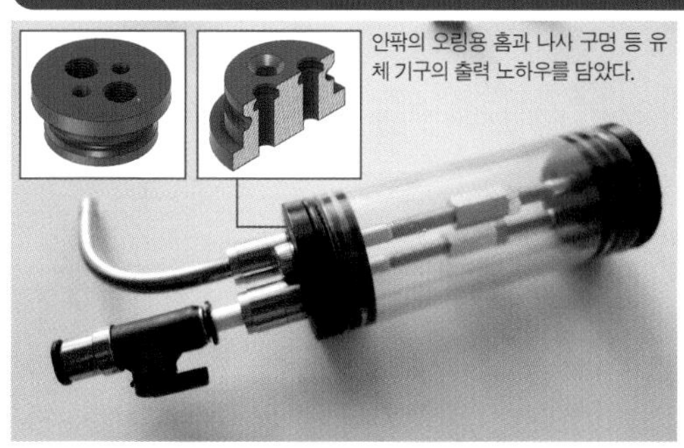

안팎의 오링용 홈과 나사 구멍 등 유체 기구의 출력 노하우를 담았다.

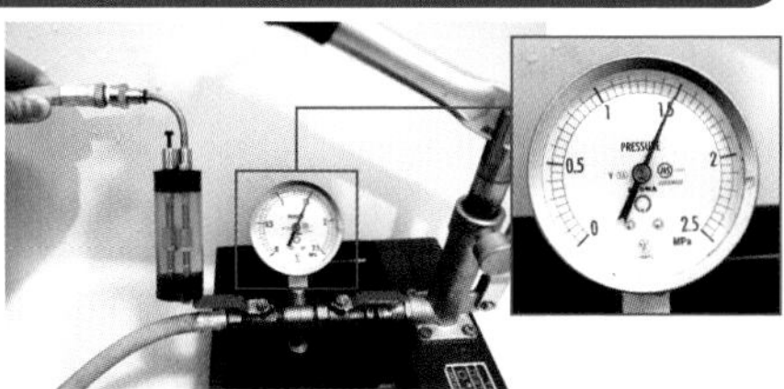

3D 프린터로 출력한 수지 부품과 투명 염화 비닐관을 결합해 내압 실험체를 제작했다. 2개의 샤프트가 양 끝의 마개를 끌어당기면서 내압에 대항한다. 샤프트가 관통하는 부분에는 오링용 홈을 설계해 밀폐했다. 1.5MPa(약 15기압)의 수압 시험 결과, 용기는 멀쩡했다. 시험 성공!

볼트를 끼운 부분이다[A]. 하중을 받는 부분은 그 면적이 클수록, 단면의 변화가 적을수록 발생하는 응력이 완화되지만 이 볼트 구조는 파이프의 구멍, 마개의 나사 구멍에 집중적으로 하중이 가해지는 구조이기 때문에 파이프와 마개 양쪽에 큰 응력이 발생할 것으로 예상된다. 게다가 사격 후 내부 피스톤 유닛이 정지할 때의 충격 하중도 최종적으로는 이 부위에 가해지기 때문에 이그저스트 캐넌의 구성 부품 중 가장 엄격하고 까다로운 조건이 적용되는 부품이다. 실제 과거에 제작한 캐넌에서도 파이프의 구멍이 충격을 견디지 못하고 변형되어버린 사례가 여러 번 있었다. 그렇기 때문에 이런 종래의 구조를 3D 프린트로 만드는 이그저스트 캐넌에 그대로 적용하는 것은 피하고 싶었다.

그래서 참고로 한 것이 시판 에어 실린더의 내압 구조. 이그저스트 캐넌의 구조와 비교했을 때 특징적인 부분은 양 끝의 수지제 마개와 그것을 지지하는 금속제 샤프트의 존재였다.

파이프 바깥의 마개를 금속 샤프트와 너트로 고정함으로써 내압 작용 시 양 끝 마개에는 너트를 매개한 압축응력만이 작용한다[B]. 또 너트에 와셔를 결합해 베어링에 발생하는 응력을 크게 낮출 수 있다. 이 같은 응력 조건의 완화로 수지제 마개로도 취성 파괴의 위험성을 줄일 수 있는 것이다. 설령 수지의 강도가 낮아도 구조를 바꿈으로써 설계를 성립시킨다. 단순히 소재의 강도를 높이는 방식이 아닌 색다른 접근이 가능하다는 것이 '설계'의 매력이 아닐까.

그리고 이 구조는 파이프에 발생하는 응력이 내압뿐이라는 이점이 있다. 종래의 설계에서는 마개에 가해지는 하중이 파이프 구멍부에 집중되기 때문에 소재를 선정할 때는 강도가 높은 금속밖에 선택지가 없었다. 그러나 이번에는 그 제약이 사라지면서 최고 1MPa 정도의 설계라면 수지 파이프도 사용할 수 있게 되었다. 급수관에 사용되는 두꺼운 염화 비닐관은 1MPa의 최고 사용 압력이 보장되어 있으므로 문제없이 사용 가능. 가공이 쉽고 내부가 훤히 들여다보이는 투명한 소재도 판매되기 때문에 투명 캐넌도 만들 수 있다!

내압 용기 구조의 시제품

처음으로 1MPa가량을 다루는 본격적인 압력 용기를 출력하는 것이므로 이그저스트 캐넌에 도입하기 전에 예비 실험을 해보기로 했다. 그렇게 최소한의 구성으로 내압 용기를 제작했다.

투명 염화 비닐관으로 만든 실린더 양 끝을 3D 프린터로 출력한 마개로 막는 형태로 양 끝의 마개를 볼트로 체결함으로써 볼트는 인장 응력, 마개는 압축응력의 형태로 내압에 대항하며 균형을 유지하는 구조이다. 볼트가 관통하는 부분은 오링용 홈을 설계해 오링을 끼워 밀폐했다. 이런 구조라면 수지 부품이라도 높은 내압에 견딜 수 있을 것이다. 한쪽 마개에는 2개의 튜브 연결 부속을 달았다. 한쪽은 가압용 포트, 다른 한쪽은 수압 실험 시 내부에 물을 채울 때 공기를 배출할 포트이다.

이제 내압 시험을 실시한다. 내부에 물을 채우고 테스트 펌프를 연결

사용 기재와 소프트웨어
● 3D 프린터 'Anycubic Mega S'
● 3D CAD 'Fusion 360'

부품의 3D 출력과 가공

01 : 3D CAD로 피스톤의 움직임을 시뮬레이션해 보았다. 압축공기를 도입했을 때의 모습으로 노즐은 오링을 이용해 밀폐했다.
02 : 마개로 압축공기를 배기하면 메인 피스톤이 밀려난다. 노즐이 개방되며 내부의 압축공기가 순간적으로 배기된다.
03 : 내압 3D 프린트 설정을 적용해 피스톤과 노즐 등의 부품을 3D 프린터로 출력한다.
04 : 파이프용 암나사를 태핑. 에탄올을 도포하며 꼼꼼히 작업한다.

해 가압한다. 수압이 서서히 높아져 최고 사용 압력인 1MPa에 도달. 아직까지 누수나 변형 등은 발생하지 않았다. 압력을 더 높여 최고 사용 압력의 1.5배인 1.5MPa에 도달! 30분 정도 방치해도 압력 저하가 나타나지 않았다. 내압 시험은 무사히 통과했다. 여기서 1.8MPa까지 높여보았으나 누수는 발생하지 않았다. 충분한 내압 성능이 증명되었다.

향후 염화 비닐관과 3D 프린트 부품을 이용한 대용량 내압 용기를 구축한 캐넌 개발의 가능성을 증명한 훌륭한 결과였다. 선반기나 그라인더 혹은 용접 정도였던 종래의 가공 방식에 책상 위에서 모든 것이 완결되는 3D 프린터라는 간편한 방식이 추가된 것이다.

캐넌 본체의 설계

내압 시험까지 무사히 마쳤으니 본격적으로 이그저스트 캐넌의 본체를 설계할 차례이다. 모든 설계는 3D 프린터 출력을 전제로 3D CAD를 사용했다. 기본 구조는 가장 많이 제작된 '단관식'을 채용. 종래의 기체와 크게 다른 점은 실린더와 노즐 그리고 개폐 장치를 고정하는 방법이다. 앞서 이야기한 에어 실린더와 마찬가지로 실린더 외부에 3개의 샤프트를 배치하고 이 샤프트로 노즐과 마개를 고정한다. 피스톤 유닛을 구성하는 수지 부품은 모두 3D 프린터로 출력했다. 추가 가공은 필요 없다. 다만 노즐 안쪽이 오링의 마찰에 견딜 수 있을 만큼 매끄럽게 완성되었는지는 실제 작동해보지 않으면 알 수 없다.

부품의 3D 출력과 가공

사용할 수지는 PLA. 내압 3D 프린트 설정을 적용해 최대한 얇고, 느리고, 고온으로 약간 많은 양의 필라멘트를 압출해 층과 층 사이를 용접하듯 견고히 적층한다.

부품 간의 간격은 대개 한 번에 정

Memo :

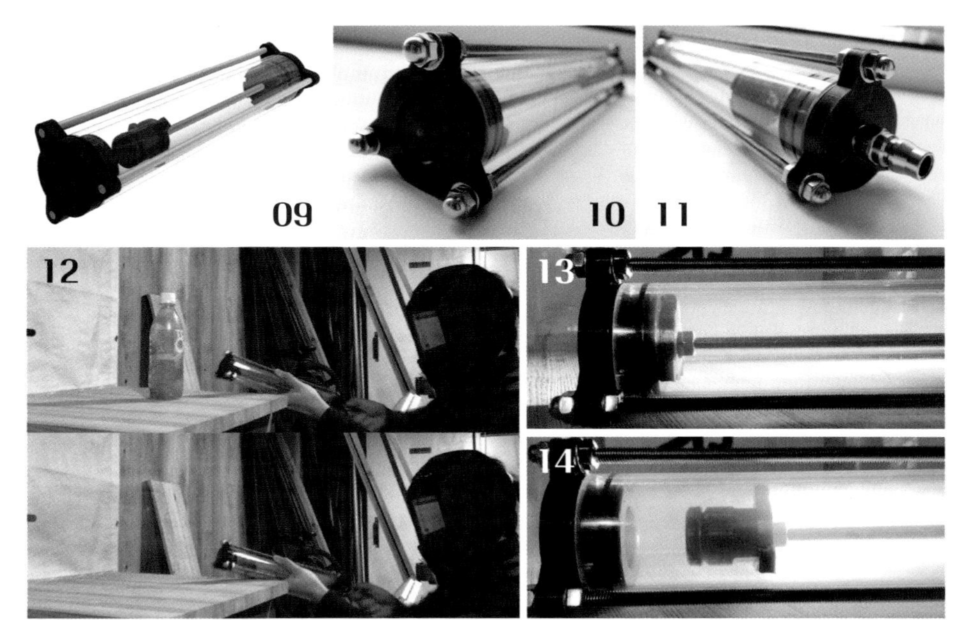

05·06 : 3D 프린터로 출력한 노즐. 눈에 띄게 거친 부분은 없지만 사포로 연마하면 완성도가 높아진다.
07 : 일체화된 메인 피스톤. 복잡한 역류 방지 구조도 3D 프린트로 간단히 출력할 수 있다.
08 : 노즐 피스톤. 노즐과 간격도 적절해 매끄럽게 동작한다.
09·10 : 부품을 조립해 완성. 3D CAD로 설계한 모델과 똑같은 외관으로 완성되었다.
11 : 개폐부에는 공기 공급을 위한 플러그를 부착한다(여기에 에어 커플러를 연결).
12 : 동작 테스트. 폭음과 함께 발사된 압축공기에 의해 페트병이 날아갔다. 완벽히 작동한다!!
13·14 : 단열팽창에 의해 안개가 발생. 내부의 상태를 관찰할 수 있는 것이 이번 스켈리턴형 캐넌의 매력이다.

해지지 않기 때문에 이번에도 노즐 피스톤과 메인 피스톤에 대해서는 적절한 오링의 밀착성을 얻기 위해 각각 5회 정도의 시행착오를 거듭했다. 절삭 가공이었다면 필요한 만큼 다시 가공하면 해결될 부분이었기 때문에 새삼 3D 프린트의 어려움을 통감했다. 이 부품 한 세트를 프린트하는 데 10시간가량 걸렸다.

3D 프린트가 완료되면 추가 가공을 한다. 개폐 장치와 메인 피스톤에 태핑으로 나사를 성형한다. 노즐부에는 오링과 미끄러지는 원통 면이 있으며, 이 부분의 완성도가 이그저스트 캐넌이 정상적으로 작동하는 데 큰 영향을 미친다. 출력 결과는 매우 양호했다! 만져보니 미세한 요철이 느껴지기는 했지만 동작에 지장을 줄 정도는 아니었다. 만일에 대비해 사포로 안쪽 면을 연마하자 금방 매끄러운 마찰 면을 얻을 수 있었다. 이 정도면 완벽하다.

조립과 시험 사격

154쪽에 실린 부품 일람의 투명 파이프 아래에 있는 것이 메인 피스톤, 피스톤 홀더, 노즐 피스톤이 일체화된 피스톤 유닛으로 이 부분이 파이프 내부에서 미끄러지며 동작한다. 복잡한 형태의 메인 피스톤도 모든 기구를 하나로 성형했다. 원래대로라면 보링 머신으로 하나하나 가공했을 윗면의 역류 방지용 홈도 3D 프린터라면 한 번에 해결된다. 중앙의 볼트는 헐거워지는 것을 막기 위해 과거 이그저스트 캐넌 시리즈에서도 사용했던 노드락사의 와셔를 채용했다. 노즐 피스톤은 간격 조정에 애를 먹었지만 수치가 정해지면 다음은 일사천리. 오링과 함께 노즐에 끼우자 아무 문제없이 동작했다.

이상으로 스켈리턴형 이그저스트 캐넌의 조립을 마쳤다. 내부의 피스톤이 훤히 들여다보이는 세련된 구

이그저스트 캐넌 Mk.19 부품 일람

3D 프린터로 각 부품을 출력해 추가 가공한 상태의 부품. 3D 프린트가 있으면 메인 피스톤의 복잡한 역류 방지 구조도 간단히 출력할 수 있다.

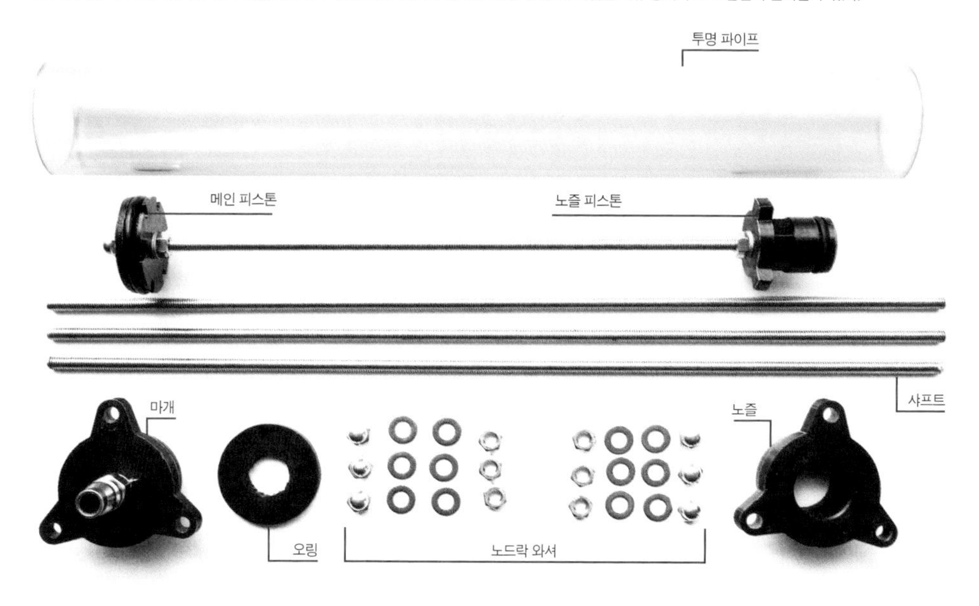

조로 완성되었다. 개폐부에는 공기 주입용 플러그를 부착한다. 여기에 커플러를 끼워 공기를 주입하면 메인 피스톤이 전진하며 충전이 완료된다. 이 커플러를 분리하면 발사되는 방식이다.

노즐 안쪽 면은 선반 가공 대신 사포로 다듬기만 했는데도 굉장히 매끈하고 아름답게 완성되었다. 이런 부품을 가정용 3D 프린터로 구축할 수 있다니 정말 굉장한 시대가 온 것이다….

자, 그럼 드디어 발사해볼 시간이다. 약간의 불안감을 안고 0.8MPa의 압축공기를 주입해 방아쇠를 당기자 순간적으로 개방된 압축공기가 노즐을 통해 뿜어져 나오며 폭음이 울려퍼졌다. 빈 페트병을 향해 발사하자 시속 50km 정도의 속도로 날아갔다. 완벽히 작동했다!!! 무엇보다 내부 구조를 볼 수 있는 점이 재미있다. 사격 직후 파이프 내부가 일순 하얀 연기로 가득 찼다. 이것은 내부의 압축공기가 단열팽창하며 온도가 내려가자 수증기가 순간적으로 응축되었기 때문이다.

3D 프린터의 가능성

마지막으로 하고 싶은 말은 '3D 프린터를 제작의 수고를 덜어줄 도구 정도로 여기지 말자'는 것이다. 유체기계는 공기의 흐름을 최적화하는 유로 구조나 발사를 자동화하는 밸브 기구 등 구조가 워낙 복잡해서 종종 가공 방법의 한계가 그 실현을 가로막기도 했다. 하지만 3D 프린터라는 완전히 새로운 조형 방법이 등장하면서 새로운 구조의 고성능 유체기계의 설계 가능성이 크게 확장되었다.

지금까지 소개한 내압 3D 프린트, 파이프용 나사의 조형, 오링용 홈의 조형 그리고 그 모든 방식을 십분 활용한 기존 기계의 재현은 그 서막에 불과하다. 기존에 없던 기구나 기계를 만들어내는 것이야말로 '진정한 3D 프린트 공작'이라고 할 수 있을 것이다. 3D 프린터를 활용한 공작은 무한한 발전 가능성을 지녔다. 아이디어와 실험을 통해 내 방 책상 위에서 세계를 깜짝 놀라게 해보는 것은 어떨까!

Memo :

Chapter 05
서바이벌 비밀 공작

1만 루멘 이상의 사양으로 마(魔)개조!

초폭광 LED 라이트 제작

⦿ text by POKA

공작 레벨 ★★★★★

평범한 중국산 LED 라이트를 폭광(爆光) 사양으로 마(魔)개조했다. 단, 이미 그 한계를 넘은 수준까지 출력을 높였기 때문에 수명은 수 초에 불과하다. 덧없는 한순간의 빛에서 남자의 로망을 느껴보지 않겠는가?

요즘은 고성능 LED도 저렴한 가격에 입수할 수 있게 되었다. 특히 회중전등 타입은 발열이 적고 효율도 좋기 때문에 일반적으로도 널리 보급되어 있다. '초강력 LED'로는 충분한 수준이지만 '이렇게 우수한 제품을 개조하면 얼마나 더 강력해질까' 하는 생각을 떨칠 수 없다. 그래서 초강력 LED 라이트를 개조해 최강 레벨의 초폭광 LED 라이트를 만들어보았다!

사용할 LED의 선정

표준 탑재된 LED를 100W급의 초고휘도 백색 파워 LED로 바꾼다. LED의 수명은 방열이 중요한데 방열 성능이 충분치 않으면 고가의 LED라도 수명이 짧아진다. LED 칩을 생산하는 유명 업체로는 Cree사나 Bridgelux사 등이 있으며 가격은 5만 원대이다. 한편 중국산 노브랜드 제품은 그 10분의 1 가격에도 구입이 가능하다. 성능은 충분하므로 실험 용도로 사용한다면 저렴한 중국산도 괜찮다.

LED에는 여러 종류가 있는데 초폭광 개조라면 소형 LED를 대량 집적한 'COB 타입'이 최적이다. 일반적인 렌즈형 LED가 리플렉터로 반사하는 방식이라면, COB 타입은 큰 면적을 균일하게 비추는 데 적합하다. 렌즈형 LED 칩은 'XML-T6'이라고 불리는 Cree사의 제품이 중국산 LED 라이트에 주로 쓰이고 있으며 1,000루멘 정도를 낼 수 있다. COB 타입의 LED 칩은 출력이 무려 1만 루멘 이상!

배터리는 18650

10배 이상의 출력을 내려면 당연히 그에 맞는 강력한 전원이 필요하다. 그래서 이번에는 100W 이상의 출력을 내는 리튬계 18650 배터리를 사용한다. 단순 계산하면 배터리 1개당 25W 이상의 출력을 낼 수 있기 때문에 4개가 필요하다. 전류로 환산하면 약 8A 정도로, 알칼리 건전지로는 아무래도 무리일 것이다. 단, 리튬 배터리는 강력한 전력 방출

주요 재료인 중국산 LED 라이트

●전원 : 리튬 이온 전지(18650×4)

광량이 75배나 향상되었다! 그 차이를 한눈에 확인할 수 있다. 수 초밖에 사용할 수 없지만 카메라의 플래시 대신 사용하기에 최적일지도?

Memo :

01 : 100W급의 초고휘도 백색 파워 LED. 왼쪽은 Bridgelux사의 제품
02 : 드라이버 회로는 에너지 손실이 적은 초퍼 제어 방식을 채용했다.
03 : 드라이버 회로의 회로도
04 : COB 타입의 LED는 리플렉터가 필요 없으므로 모두 떼어낸다. 알루미늄 합금으로 꽤 견고하게 만들어져 있어 약간 아깝긴 하지만….

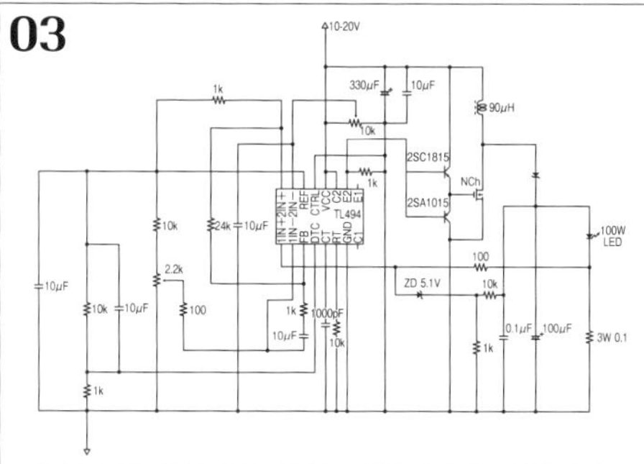

이 가능하다는 이점이 있는 반면 잘못 다루면 발화·폭발의 위험성도 있다. 사용할 때는 충분히 주의해야 한다.

드라이버 회로의 설계

드라이버 회로에는 100W 이상의 출력 능력이 필요한데, 회중전등 타입에 넣으려면 크기 제한이 있다 보니 설계 난이도가 높아진다.

이번에는 초퍼 방식의 승압 회로를 채용하고 LED의 구동은 정전압이 아닌 정전류 사양으로 설계했다. 또 이 정도 크기로 100W 이상의 전력을 다루는 것은 무리가 있기 때문에 수 초가량의 단시간 운용을 상정했다. 연속 구동은 20W 정도가 한계이다.

리튬 배터리는 과방전하면 전지에 심각한 피해가 발생한다. 100W급의 출력을 끌어내면 순식간에 전압이 저하된다. 3V 정도를 안전선으로 생각해 배터리 전압이 3V 이하가 되기 직전 주회로가 정지하도록 설계했다.

회중전등에 이식

중국산 LED 라이트에 많은 18650 배터리 4개로 작동하는 회중전등을 사용한다. 이런 종류의 LED 라이트에는 'XML-T6' 칩이 대량 사용되는 경우가 많다. 본체는 그럴듯하게 만들었지만 내부의 LED와 전원부의 설계가 조악해 표기된 출력은 거의 나오지 않는다고 보면 된다.

이 회중전등을 분해해 COB 타입의 LED로 교체한다. COB 타입에는 필요 없는 리플렉터도 떼어낸다.

초폭광 LED 테스트

마(魔)개조한 회중전등을 실외에서 사용해보았다. 200루멘 정도의 일반적인 회중전등과 비교하면 압도적인 광량을 뿜어낸다. 이때의 설계는 1만5,000루멘 정도였다. LED 칩 제조사의 데이터 시트에 기재되어 있는 전류값으로 구동했기 때문에 루멘의 수치는 믿을 수 있다.

이번에는 수 초가량의 짧은 운용을 전제로 한 설계였기 때문에 장시간 사용은 불가능하다. 이 휴대형 크기의 전등을 연속 구동하려면 2,000루멘 정도가 한계일 것이다. 1만5,000루멘으로 구동하면 승압 회로도 과열해 본체의 방열로는 대처하지 못한다. 비록 수 초에 그치더라도 초절정 폭광은 꽤 볼 만하다. 독자 여러분도 만들어보기 바란다.

도시형 서바이벌 공작!

파이어 스타터로 해수 전지를 DIY

⊙ text by 데고치

공작 레벨 ★★★★★

살면서 한 번쯤 조난당하는 일도 있을 수 있다. 그럴 때 하필 LED 라이트의 전지가 닳는다면…. 당황하지 말고 가지고 있는 캠프 도구로 즉석 전지를 만들어보자.

주요 재료	
●파이어 스타터×6	
●종이컵	●납 낚싯봉
●식염	●10엔짜리 동전 여러 개
●스테인리스 빨래집게	
●악어 클립 전선	

마그네슘과 금속을 이용해 해수 전지를 만든다. 단순히 불빛이 필요한 경우라면 파이어 스타터로 불을 붙이면 그만이지만 로망이 없지 않은가?

캠핑 중 조난당한 상황을 상정한다. 해가 지고 주위가 어두워져서 LED 라이트를 켜려고 꺼냈는데 하필 건전지가 모두 닳아 사용할 수 없다. 가진 것은 다이소에서 구입한 6개의 마그네슘 파이어 스타터, 식용 소금, 종이컵, 납 낚싯봉, 지갑 속의 10엔짜리 동전 몇 개, 스테인리스 빨래집게, 늘 휴대하는 악어 집게 전선이 2개이다. 파이어 스타터를 6개나 가지고 있는 것은 당신이 워낙 걱정이 많은 성격이라 예비의 예비의 또 그 예비의 예비…를 준비했기 때문이다. 건전지를 예비로 준비했으면 좋았겠지만….

다이소에서 구입한 파이어 스타터는 마그네슘 막대와 부시 역할을 하는 톱날처럼 생긴 부속이 세트로 구성된 상품이다. 톱날로 마그네슘 막대를 긁어 가루를 만들고 문지르면 불똥이 튀면서 불을 붙일 수 있다. 이번에는 이 마그네슘 막대를 사용해 해수 전지를 만든다.

해수 전지란 식염수를 전해액으로 이용하는 볼타 전지의 일종이다. 볼타 전지는 종류가 다른 금속을 전해액에 넣으면 두 금속 간에 이온이 이동하는데 그것을 전기 에너지로 이용하는… 대강 그런 메커니즘. 마그네슘 해수 전지는 음극에는 마그네슘을, 양극에는 염화은, 염화동, 염화납 등을 사용되는 것이 일반적이다. 전해액으로 인체에 무해한 식염수를 이용하기 때문에 사용이 쉽다는 이점이 있다. 그럼 실제 마그네슘 해수 전지를 만들어 그 성능을 확인해보자.

해수 전지로 오리지널 피규어 제작

마그네슘 막대를 이용한 해수 전지를 실험하다 문득 에반게리온 2호기 더 비스트가 떠올랐다…. 그래서 해수 전지를 이용해 눈에서 빛을 내는 오브제를 만들어보기로 했다. 다이소에서 적당한 크기의 공룡 피규어를 구입해 대강 자른 후 눈 부분에 LED를 넣고 점토로 성형했다. 양극에는 동 테이프를 사용하고 마그네슘 막대는 양극과 합선되지 않도록 티슈를 감아 부착했다. 식염수를 붓고 직렬 접속하면….

공룡에 마그네슘 막대를 끼우면 에반게리온 2호기의 비스트 모드를 발동시킬 수도?

양극에는 다이소에서 구입한 동 테이프를 사용했다.

Memo :

검증 1 납 낚싯봉

1.1V→0.8V에서 안정

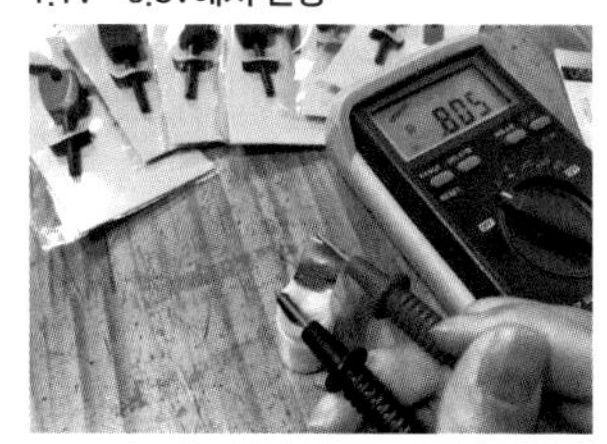

검증 2 10엔짜리 동전

약 1.1V에서 안정

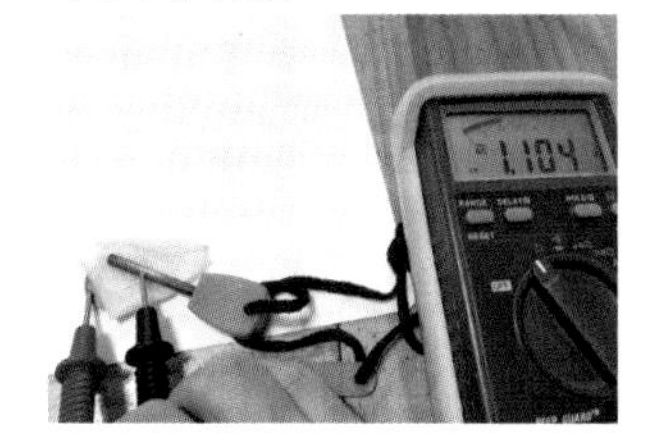

검증 3 스테인리스 빨래집게

5개 직렬 연결 4.6V

스테인리스와 마그네슘으로 만든 해수 전지 5개를 직렬 연결해 LED를 접속. 전류는 0.3mA로 미약했지만 확실히 점등했다.

검증❶ 납 낚싯봉
실용도 ★★★☆☆

식염수를 넣은 용기에 양극용 납과 음극용 마그네슘을 넣고 전압을 측정. 처음에는 1.1V 정도였다가 0.8V까지 내려가 안정되었다. 납 표면이 산화되면서 생긴 산화피막의 영향으로 일순 전압이 높아졌을 가능성이 있다.

검증❷ 10엔짜리 동전
실용도 ★★★★☆

양극을 10엔짜리 동전으로 바꿔보았다. 전압은 약 1.1V에서 안정되었다. 전지의 전압으로는 비교적 양호한 편

검증❸ 스테인리스 빨래집게
실용도 ★★★★★

빨래집게는 마그네슘 막대를 끼울 수 있어 연결하기 쉽다는 이점이 있다. 어느 정도 전압을 확보하고 싶을 때 해수 전지를 직렬 접속할 수 있어 편리하다. 스테인리스와 마그네슘을 이용한 해수 전지 2개를 직렬 연결했을 때 전압은 약 2.2V에서 안정되었다. 스테인리스는 철로 만들어지기 때문에 철을 양극으로 시험하자 이번에는 0.8V로 측정되었다.※
스테인리스와 마그네슘으로 만든 해수 전지 5개를 직렬 연결했을 때의 전압은 4.6V. LED를 연결했을 때 흐르는 전류는 0.3mA로 미약한 수준이었지만 점등에는 문제없었다. 식염수에 담그는 전극의 면적을 늘리는 등의 방법으로 조금 더 높일 수 있을지 모른다.
어쨌든 마그네슘과 식염수 혹은 동이나 스테인리스가 있으면 즉석에서 해수 전지를 만들 수 있다는 사실을 알았다. 라디오나 LED의 전원 정도라면 도움이 될 것이다.

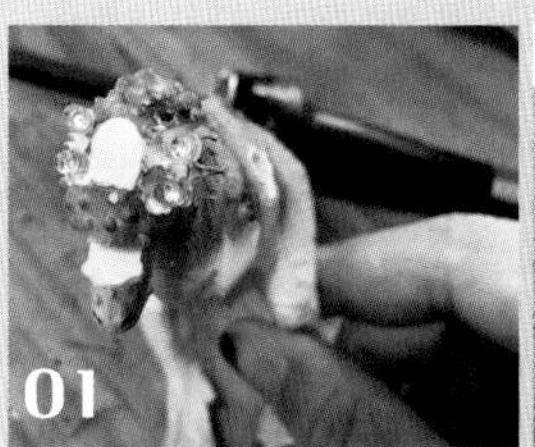

머리~얼굴 부분을 잘라내고 LED 4개를 부착한 후 점토로 그럴듯하게 성형한다. 계속해서 동체에 구멍을 뚫고 동 테이프를 넣는다. 여기에 티슈를 감은 6개의 마그네슘 막대를 꽂은 후 점토를 다듬어 색을 칠한다. 마그네슘 막대에 식염수를 적셔 측정한 결과 해수 전지 1개의 전압은 1.1V였다. 6개를 직렬 연결하면 눈에서 빛을 뿜는다.

※스테인리스는 철에 크롬이 함유된 합금이기 때문에 그 영향으로 높은 전압을 유지할 수 있는 것인지 모른다. 여기서는 이런 전압 차가 발생하는 메커니즘에 대한 설명은 생략했으므로 각자 자습하기 바란다.

가정용 서바이벌 공작… 정전에도 대처할 수 있다!
간이 태양광발전 시스템 제작

⦿ text by 데고치

공작 레벨 ★★★★★

스테이 홈 상황에 정전이 된다면? 생각조차 하기 싫다. 그런 예기치 못한 사태에 대비해 태양광을 이용한 자가 발전 시스템을 준비해두자. 평소대로 TV를 보거나 스마트폰을 충전할 수 있다.

스테이 홈 기간이 지나자 이번에는 '집에만 있지 말고 외출도 좀 하라'는 어머니의 잔소리가…. 하지만 태양광발전 시스템이 있으면 아무 문제 없다. 녹화해둔 심야 애니메이션을 태양 아래에서 마음껏 볼 수 있다!(웃음)

필요한 재료
●솔라 패널(50W, 17.3W, 3.02A 출력)×2장
●솔라 패널 충전 컨트롤러 : 20A, 12V/24V 대응
●DC 12V→AC 100V 인버터 : 오하시산업의 3WAY 정현파 인버터 400W
●자동차용 납 배터리 : 히타치카세이사의 '40B19L'
●역류 방지 다이오드 : 내압 60V, 5A×2개
●자동차 배터리 터미널 클램프 : 양극×2개
●배선용 VVF 케이블 : 도체 1.6mm×2개, 정격 600V 18A, 5m 정도

주요 공구	
●정밀 일자 드라이버	
●십자드라이버	●니퍼
●라디오 펜치	●커터 칼

지진이나 태풍과 같은 자연재해는 언제 닥칠지 알 수 없기 때문에 재해 대책은 미리미리 준비하는 것이 상책이다. 재해 시 일어날 수 있는 곤란한 상황은 다양하지만 정전으로 녹화해둔 심야 애니메이션 등을 보지 못하게 되면 큰일이다(웃음).

그래서 이번에는 3만 엔 정도만 투자하면 갖출 수 있는 간단한 태양광발전 시스템을 소개한다. 재료를 준비해 배선하면 완성된다!

태양광발전의 구조

먼저 태양광발전 시스템에 대해 간단히 설명하면, 태양광을 광전 효과를 이용해 전기로 바꾼 태양전지(솔라 패널)의 전력을 납전지 등의 충전식 전지(이차전지)에 모은 후 인버터 등의 전원 회로로 전압을 바꿔 사용할 수 있도록 만든 것이다. 전기기기에 사용할 수 있는 전력은 이 인버터의 출력 능력에 달려 있다. 인버터의 출력 능력은 곧 이차전지에서 전력을 추출하는 능력이므로 고출력 인버터를 사용하면 충전한 전기를 빠르게 소모하게 된다. 야간이나 구름 낀 날 장시간 사용하려면 필요 최소한의 출력을 갖춘 인버터를 사용하거나 용량이 큰 이차전지를 선택하는 것이 좋다.

필요 전력을 계산

다음은 태양광발전 시스템에 어느 정도의 전력이 필요할지 생각해 보자. 태양광발전으로 평소 사용하는 전기 제품을 전부 가동할 정도의 전력을 만들려면 지붕 전체를 덮는 수준의 대규모 시스템을 구축할 필요가 있다. 비용도 많이 들기 때문에 여기서는 비상시를 상정하기로 한다.

라디오나 전등은 건전지로도 구동이 가능한 제품이 있지만 TV를 보거나 휴대전화를 충전할 때는 콘센트가 필요하다. 휴대전화 충전에는 약 10W, 32인치 액정 TV는 약 60W, 노트북은 약 40W 정도면 사용할 수 있다. 비상시에는 여러 제약이 있지만 대략 100W 정도의 전력을 출력할 수 있으면 충분할 것이다.

Memo :

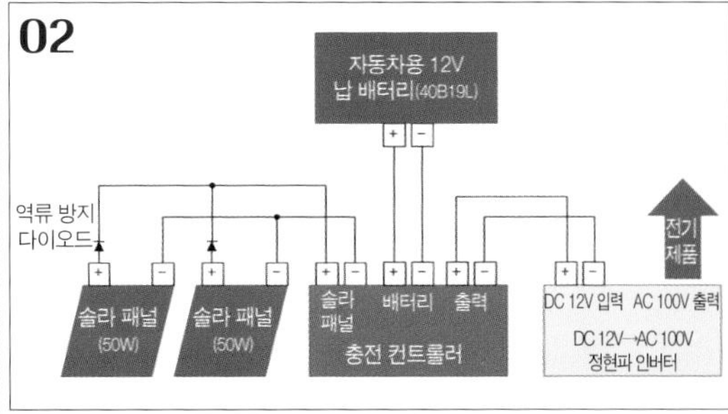

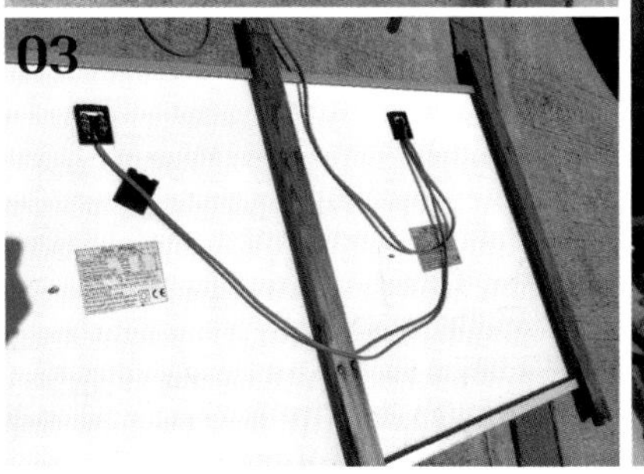

01 : 주요 재료인 솔라 패널, 충전 컨트롤러, 인버터, 납 배터리
02 : 시스템 구성도. 솔라 패널은 2장을 병렬 연결한다.
03 : 솔라 패널 뒷면의 전극에 배선을 접속. 여기서 발생한 전력은 충전 컨트롤러로 향한다.
04 : 충전 컨트롤러가 이차전지로의 충전, 인버터로의 출력을 제어한다.

시스템 구성

태양광발전 시스템 구축에 사용한 재료는 앞에 소개한 표와 같으며, 모두 온라인 판매 사이트에서 입수할 수 있다. 인버터는 여유 있게 400W 정도를 출력할 수 있는 제품을 선택했다. 제작 방법은 재료인 솔라 패널, 이차전지, 충전 컨트롤러, 인버터를 접속하기만 하면 된다. 솔라 패널 2장은 병렬로 연결한다. 다만 솔라 패널 2장을 그대로 병렬 접속하면 각각의 발전량이 그림자 등의 영향으로 균일하지 않을 때 그 전압 차에 의해 전류가 역류해 솔라 패널이 손상될 가능성이…. 그런 상황을 방지하기 위해 2장의 솔라 패널 사이에는 전류가 역류하지 않도록 역류 방지 다이오드를 설치한다. 각각의 기기를 접속할 때는 배선이 합선되지 않도록 주의한다. 당연히 작업 중 솔라 패널이 작동하지 않도록 어두운 장소에서 작업하는 것도 잊지 말 것.

충전 컨트롤러에는 솔라 패널, 배터리, 부하 출력을 접속하는 위치가 쓰여 있으므로 그대로 배선한다. 극성을 혼동하지 않도록 주의한다.

마지막으로 충전 컨트롤러의 부하 접속 단자에 인버터를 연결한다. 이 인버터가 충전 컨트롤러에서 출력된 이차전지의 직류 12V를 교류 100V로 변환한다. 참고로, 인버터는 다소 가격은 높지만 정현파 출력 인버터를 선택하는 편이 무난하다.※

배선을 마치면 솔라 패널을 볕이 잘 드는 장소에 고정한다. 충전 컨트롤러가 이차전지의 충전과 인버터로의 출력을 제어하는 것이 확인되면 완성이다.

정리

이번에 소개한 태양광발전 시스템은 공작의 관점에서는 특별할 것 없는 내용일지 모르지만 소규모이기는 해도 이 태양광발전 시스템이 있으면 정전이라는 현대인에게 특히 치명적인 문제에 대처할 수 있다. 마음의 여유를 얻을 수 있다. 코로나19 사태가 종식되면 이 시스템을 밖에 들고 나가 대자연 속에서 심야 애니메이션을 즐기는 것도 재미있을 것이다.

※유사 정현파라는 계단처럼 꺾인 파형으로 교류파를 출력하는 저렴한 인버터가 있다. 유사 정현파로는 구동하지 않는 전기 제품도 있다.

'컥, 폐에 들어간 것 같아'를 막기 위해…

나우시카 마스크 제작

⊙ text by 데고치

공작 레벨 ★★★★★

코로나19 바이러스의 확산으로 마스크의 중요성이 강조되고 있는 지금, 번거로운 마스크 생활을 조금이라도 즐길 수 있도록 나우시카 마스크의 구조를 고찰하고 재현해보았다.

《바람의 계곡 나우시카》※2

⊙극중에서 사람들은 장기를 마시지 않기 위해 모두 마스크를 쓰고 생활한다.

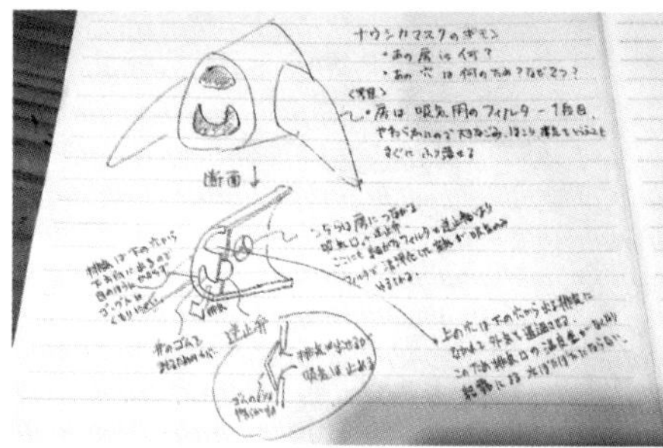

⊙나우시카의 마스크는 좌우에 달려 있는 날개 모양의 기구와 중앙에 뚫린 구멍이 특징이다. 그 구조와 형태에 관해 다양하게 고찰해보았다. 어디까지나 개인적인 추론일 뿐이므로 사실과 다른 점이 있다면 이해 바란다(웃음).

영화 《바람의 계곡 나우시카》에서는 최종 전쟁 후 오염된 세계의 썩은 바다에서 '장기(瘴氣)'라고 불리는 독가스가 발생한다. 사람들은 그 장기를 마시지 않기 위해 마스크를 쓰고 생활한다. 이 마스크의 구조를 고찰하며 실제 만들어보았다.

주인공 나우시카가 쓰고 있는 마스크는 양 옆으로 튀어나온 날개 모양의 기구와 중앙에 뚫려 있는 구멍이 특징이다. 먼저 이 형상의 의미를 생각해보았다. 마스크로 들이마신 공기는 필터를 통해 정화하고, 배기할 때는 역류 방지 밸브로 공기의 역류를 방지할 필요가 있다. 흡기 효율과 페일 세이프의 관점에서 두 가지 대책을 마련한다는 이유로 좌우에 달린 두 개의 기구가 흡기 기구일 것으로 추정된다.

흡기 기구를 이런 형태로 만든 이유는 무엇일까. 썩은 바다의 균류는 포자를 내뿜는다. 마스크에는 장기의 독가스를 흡착하는 필터가 내장되어 있는데, 그 필터가 무척 조밀해 외기에 직접 닿으면 공기 중에 떠다니는 포자나 먼지 등의 미립자에 의해 필터가 막혀 사용하지 못하게 될 가능성이…※1. 그래서 비교적 성긴 천을 1차 필터로 사용해 내부의 독가스 필터가 막히는 것을 방지하는 구조가 아닐지 생각했다. 날개 모양의 1차 필터가 바람에 날리면서 달라붙은 커다란 포자나 먼지를 떨어내기 때문에 필터가 막히는 것을 방지할 수 있는 것이다.

중앙에 뚫려 있는 독특한 구멍은 숨을 내쉴 때 사용하는 배기용 구멍으로 추정된다. 배기는 위에서 말했듯이 역류 방지 밸브로 바깥 공기의 역류를 막아줄 필요가 있다. 그리고 이 역류 방지 밸브는 배기에 방해가 되지 않도록 부드러운 고무판 등이 적합할 것이다. 또한 역류 방지 밸브가 밖으로 노출되어 있으면 파손될 위험이 있기 때문에 밸브를 보호하면서 배기가 가능한 이중 구조일 것이라고 생각했다.

배기 기구에 2개의 구멍이 뚫려 있는 이유는 고글 등의 결로 방지 목적이 아닐까. 이 구멍은 내쉰 숨이 눈앞으로 분출되지 않고 아래쪽으로 배기되도록 이끌고 위쪽 구멍으로는 외기를 도입해 열기가 차지 않게 만들어 결로를 방지하는 것이다. 결로는 필터가 막히는 원인이 되기도 하므로 흡기 기구 쪽에도 역류 방지 밸브를 달아 자신이 내쉰 숨이 흡기 필터에 닿지 않도록 한 것이다.

검토한 구조의 나우시카 마스크

Memo : ※1 삼나무 꽃가루의 지름은 약 30~40㎛, 곰팡이의 포자는 수 ㎛~100㎛으로 크기가 다양하다. 이번에 만든 천 소재 필터는 약 10㎛, 안쪽의 부직포 필터는 수 ㎛ 정도로 상정한다.

※2 '스튜디오 지브리 작품 정지 화면' 공개 사이트 참조. http : //www.ghibli.jp/works/nausicaa/#fra

제작편 3D 프린터로 부품을 출력해 조립한다

[1] 3D 프린터로 본체를 출력

3D CAD로 마스크의 구조를 설계. 적층 방식을 고려해 최대한 보강재 없이 출력이 가능하도록 설계한다. 오버행이 되지 않도록 주의한다.

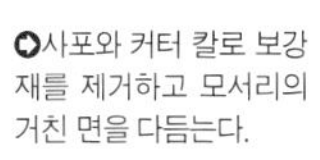

◆3D 프린터로 마스크의 구조체(본체)를 출력. 보강재가 무너졌지만 형태는 무사히 출력되었다.

◆사포와 커터 칼로 보강재를 제거하고 모서리의 거친 면을 다듬는다.

[2] 역류 방지 밸브의 제작 검토

PLA 수지 필라멘트로 0.2mm 두께의 원반을 출력했다. 탄력이 있어 밸브로 사용해도 괜찮을 듯한데….

PLA 수지로 만든 역류 방지 밸브. 기능은 문제없지만 호흡이 약간 힘든 느낌

이름표 등에 사용되는 폴리에틸렌 시트. 서클 커터로 잘라 나사로 고정한다.

본체는 플라스틱 판이나 수지 점토로도 만들 수 있지만 형상이 복잡하기 때문에 3D CAD로 설계해 3D 프린터로 출력하기로 했다. 흡·배기 기구의 역류 방지 밸브는 0.2mm 두께의 얇은 PLA 수지제 원판을 검토했다. 0.2mm 두께의 PLA 수지라면 유연성도 확보할 수 있기 때문에 역류 방지 밸브도 3D 프린터로 만들 수 있다. 다만 고무 등에 비하면 단단하기 때문에 숨 쉴 때 저항이 느껴질 수도 있다. 그런 경우에는 얇은 비닐 시트나 서류 등을 보관하는 클리어 케이스처럼 부드러운 소재를 사용하면 된다. 지름 35mm의 원형으로 잘라 흡기구에 부착할 수 있도록 만든 원형 커넥터에 끼우면 역류 방지 밸브가 완성된다. 깔끔한 원형으로 자를 수 있는 '서클 커터'는 하나쯤 가지고 있으면 편리하다.

주먹밥 모양의 배기 기구 바깥쪽에도 배기용 역류 방지 밸브를 부착하고 마스크 본체에 나사로 고정한다.

계속해서 마스크 옆면에 뚫은 구멍 안쪽에 밸브를 부착한 원형 부품을 끼운다. 연결부에 틈새가 있으면

[3] 역류 방지 밸브를 부착한다

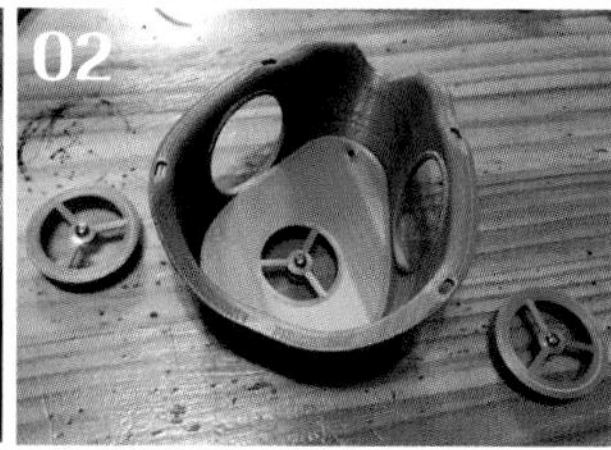

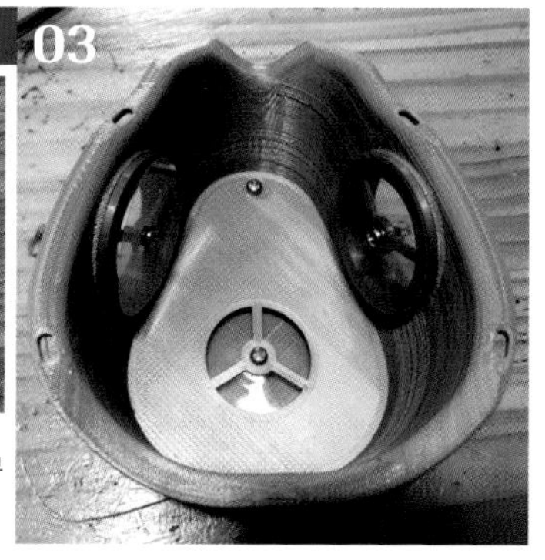

01 : 주먹밥 모양의 배기용 부품. 바깥쪽에 역류 방지 밸브를 부착한 후 나사로 본체에 고정한다.
02·03 : 흡기 기구에 역류 방지 밸브를 부착한다. 본체 옆면의 구멍 안쪽에 밸브를 부착한 원형 부품을 끼운다. 틈새가 있으면 접착제를 도포해 구멍을 메운다.

[4] 본체에 완충재를 부착한다

04·05 : 발포 폴리에틸렌 소재의 완충재로 밀착용 쿠션을 만든다. 마스크 크기보다 약간 크게 잘라 본체에 접착한다.
06 : 흡기구에 필터가 될 시판 부직포 마스크를 잘라 붙인다.

접착제나 퍼티를 도포해 구멍을 메운다. 이것으로 마스크의 흡·배기 기구가 완성되었다.

밀착 설계의 궁리

독가스를 차단하는 방독 마스크의 경우, 얼굴과 마스크의 밀착성이 중요하다. 유독 용제를 이용한 도장 작업 등에 사용되는 시판 방독 마스크의 경우는 코와 입 주변을 둘러싸듯 합성고무 소재의 쿠션을 부착해 마스크와 얼굴의 밀착성을 높였다. 이처럼 방독 마스크는 얼굴과 완벽히 밀착해야 한다. 언젠가 군용 마스크를 잘못 착용해 질식사한 사고가 있었다는 뉴스를 본 기억이 있다.

극중에서 나우시카가 마스크를 간단히 쓰고 벗는 장면으로 볼 때, 장기는 즉사 수준의 독가스라기보다는 진폐증처럼 장기간 흡입으로 건강에 피해를 입히는 성질일 것이다. 그렇다면 착용 시의 실용성을 고려해 방독 마스크처럼 얼굴에 닿는 부분에 쿠션 소재를 접착해 밀착성을 높이기로 했다.

다음은 마스크 옆면의 흡기구이다. 여기에는 사방 40mm로 자른 부직포 마스크를 붙이고 배기구의 커넥터 부품을 끼운다. 이것이 마스크

Memo :

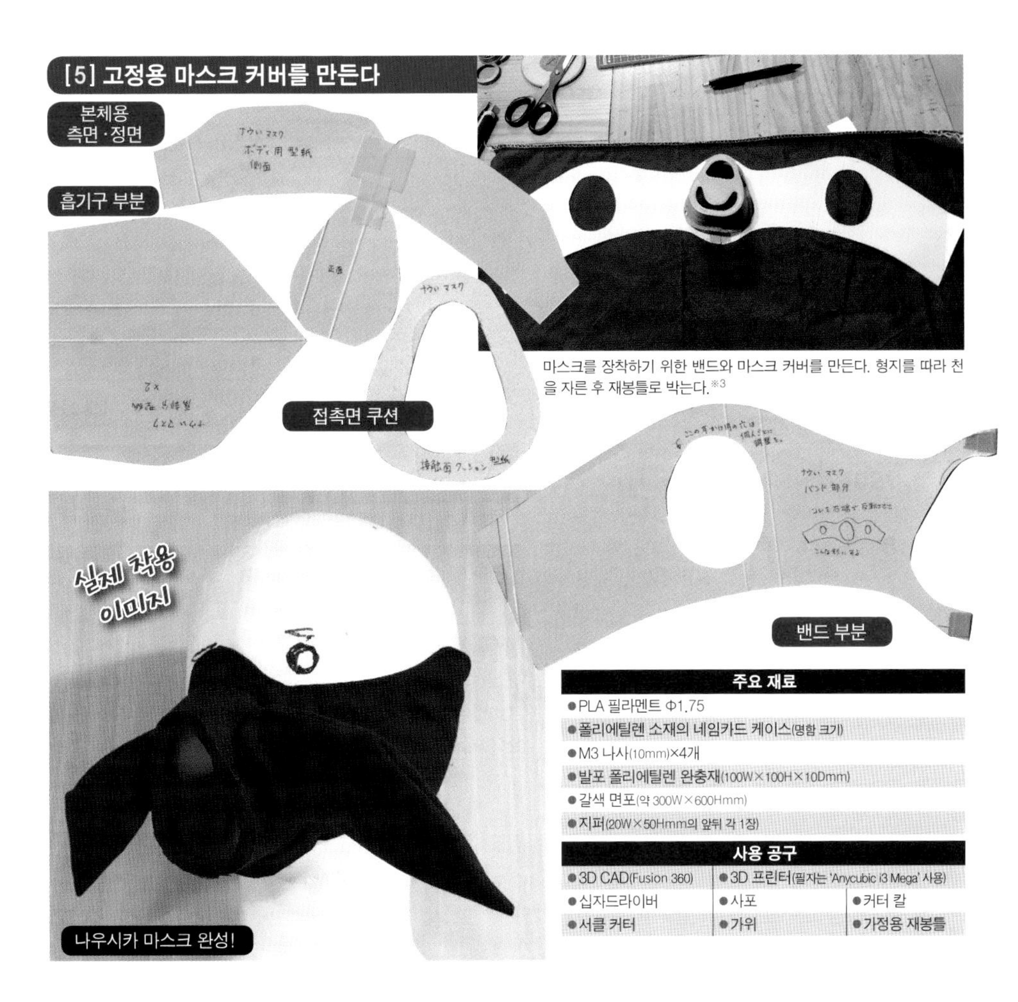

마스크를 장착하기 위한 밴드와 마스크 커버를 만든다. 형지를 따라 천을 자른 후 재봉틀로 박는다.※3

주요 재료
●PLA 필라멘트 Φ1.75
●폴리에틸렌 소재의 네임카드 케이스(명함 크기)
●M3 나사(10mm)×4개
●발포 폴리에틸렌 완충재(100W×100H×10Dmm)
●갈색 면포(약 300W×600Hmm)
●지퍼(20W×50Hmm의 앞뒤 각 1장)

사용 공구		
●3D CAD(Fusion 360)	●3D 프린터(필자는 'Anycubic i3 Mega' 사용)	
●십자드라이버	●사포	●커터 칼
●서클 커터	●가위	●가정용 재봉틀

의 필터 역할을 한다.

기능성을 고려한 제작은 여기까지이지만 마스크 바깥쪽에 헝겊 등을 붙이면 더욱 그럴듯해 보일 것이다. 이제 마지막 단계이다. 형지에 마스크 커버를 그리고 천을 재단해 바느질한 후 접착제로 마스크에 붙인다. 머리 뒤쪽에 지퍼를 달아 여닫을 수 있게 만들면 확실히 고정할 수 있다.

나우시카 마스크의 성능

이 나우시카 마스크 및 시판 방진 방독 마스크가 감염병 대책으로 적절했는가 하면 실은 그렇지 않다. 숨을 내쉬는 배기 기구에 필터가 없기 때문이다. 비말을 억제해 감염병의 확산을 방지한다는 의미에서는 배기 기구에도 부직포 등의 필터를 부착해야 한다. 애초에 마스크 전문가가 아니라 공작 애호가가 만든 것이니 감염병 대책이나 방독 효과는 보장할 수 없다. 어디까지나 완벽한 재현을 추구한 코스플레이에 지나지 않는다. 그 의도를 충분히 이해한 후 제작하기 바란다.

이번 공작의 가장 큰 이점은 마스크를 만드는 동안은 집에 있어야 하니 감염병 확산 방지에 작게나마 도움이 될 것이라는 점이다(웃음).

※3 마스크 커버의 형지는 산사이북스 공식 사이트에서 내려받을 수 있다. A4 크기로 인쇄하면 딱 맞는 크기이다.

인공호흡기 '나무 폐'를 재현한다

플라스틱 폐를 DIY!

⊙ text by 데고치

재활용 쓰레기로 사람의 생명을 구한다고? 말도 안 되는 소리!라고 생각했다면 오산…. 팬데믹으로부터 인류를 구한 '나무 폐'를 다이소 아이템으로 완벽 재현!

이번에 검증해볼 호기심은 '냉장고로 만든 인공호흡기?!'이다.※1

1937년 북미에 창궐한 폴리오 전염병으로 발병한 호흡부전 치료를 위해 인공호흡기 '철의 폐(Iron Lung)' 수요가 크게 증가했다. 그러나 매우 고가였던 탓에 한 의사가 목재 냉장고, 청소기, 타이어 튜브, 가죽 구두, 레코드플레이어를 조합해 대용품인 '나무 폐(Wooden Lung)'를 자작해 수많은 생명을 구할 수 있었다. 자세한 내용은 아루마 지로 선생의 저서 『전무후무한 의학 사전』 등을 참고하기 바란다.

없으면 만든다는 정신으로 인명에 관계된 인공호흡기를 임기응변식으로 만들다니 드라마 《맥가이버》※2나 만화 『MASTER 키튼』※3 같은 픽션에나 등장하는 이야기 같다. 정말 그렇게 간단히 만들 수 있는 것일까. 그래서 이번에는 실제로 소형 '플라스틱 폐'를 만들어보았다.

나무 폐의 구조

현재 보급되어 있는 인공호흡기는 환자의 기관에 파이프를 삽관해 컴프레서로 가압한 공기를 일정 주기로 공급하는 양압 환기 방식이 주류이다. 고무풍선에 공기를 불어넣어 팽창시켰다 공기 주입을 멈추면 풍선이 쪼그라들면서 배기하는 것을 반복하는 이미지라고 생각하면 된다.

한편 철의 폐는 음압 환기 방식이다. 환자의 목부터 아래쪽을 밀폐된 상자에 넣고 공기를 빨아내 상자 안의 압력을 낮춰 음압을 만들면 환자의 폐가 팽창하면서 환자의 입에서 팽창된 폐로 공기가 공급된다. 산 밑에서 산 포테이토칩 봉지가 산 정상에서는 빵빵하게 부풀어 오르는 것과 같은 메커니즘이다. 참고로, 인간의 자발 호흡은 횡격막과 늑간근의 움직임에 의해 폐의 용적이 커지면서 공기가 도입되는 음압 환기 방식이다.

철의 폐는 장치의 규모도 크고 자동차나 집을 살 수 있을 정도의 고가였기 때문에 충분히 공급되지 못했던 듯하다.

그래서 캐나다 토론토 소아병원의 바우어라는 의사가 '철의 폐'의 구조를 연구해 앞서 말한 재료를 조합해 동일한 기능을 하도록 만든 기구가 '나무 폐'이다.

나무 폐는 사람이 들어갈 수 있는 크기의 목재 냉장고에 머리를 내놓을 수 있게 구멍을 뚫고 자동차의 타이어 튜브를 붙인다. 목재 냉장고는 전기식 이전에 사용되었던 것으로 얼음을 이용해 냉각하는 냉장고이다. 냉기가 빠져나가지 않도록 나무의 이음새를 펠트 등으로 덮어 기밀성을 높였기 때문에 본체로 사용하기에 제격이었다. 또 1937년 당시는 차츰 전기식 냉장고가 보급되기 시작한 때라 폐기된 목재 냉장고가 많이 나돌았기 때문에 시기도 좋았을 것이다.

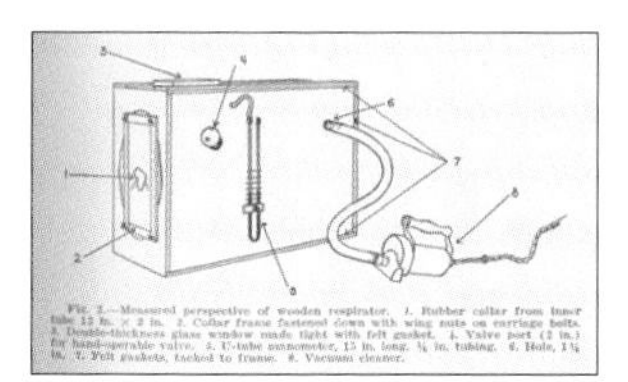

나무 폐의 조립도. 1호기는 병원 지하실에서 제작되었으며 재료의 절반은 폐자재를 이용했다고 한다.

목재 냉장고에 구멍을 2개 뚫어 청소기와 냉장고 안의 기압을 제어하기 위한 밸브로 쓸 가죽 구두로 만든 부품을 부착하면 환자가 호흡하기 위한 기능이 갖춰진다. 나머지는 냉장고 안의 기압을 확인하기 위한 기압계와 내부 상태를 눈으로 확인할 수 있는 창을 설치한다. 이중 유리에 펠트를 끼워 기밀성을 확보했던 듯하다.

가죽 구두로 만든 밸브는 냉장고에 약 50mm의 구멍을 뚫고 그 구멍을 막을 수 있는 크기로 잘라 붙인

Memo : ※1 2003~2016년 미국에서 방영된, 항간에 떠도는 소문의 진위를 검증하는 매우 진지한 과학 검증 프로그램 〈호기심 해결사(MythBusters)〉. 개인적으로는 야쿠리 교시쓰처럼 방송의 마지막을 폭발 장면으로 끝맺는 등 공통점이 많다고 생각한다.

※2 1985~1992년 미국에서 방영된 드라마. 극중에서 악에 맞서 싸우는 맥가이버는 위기가 닥치면 즉석에서 구한 재료로 만든 물건을 이용해 적을 물리치고 위기를

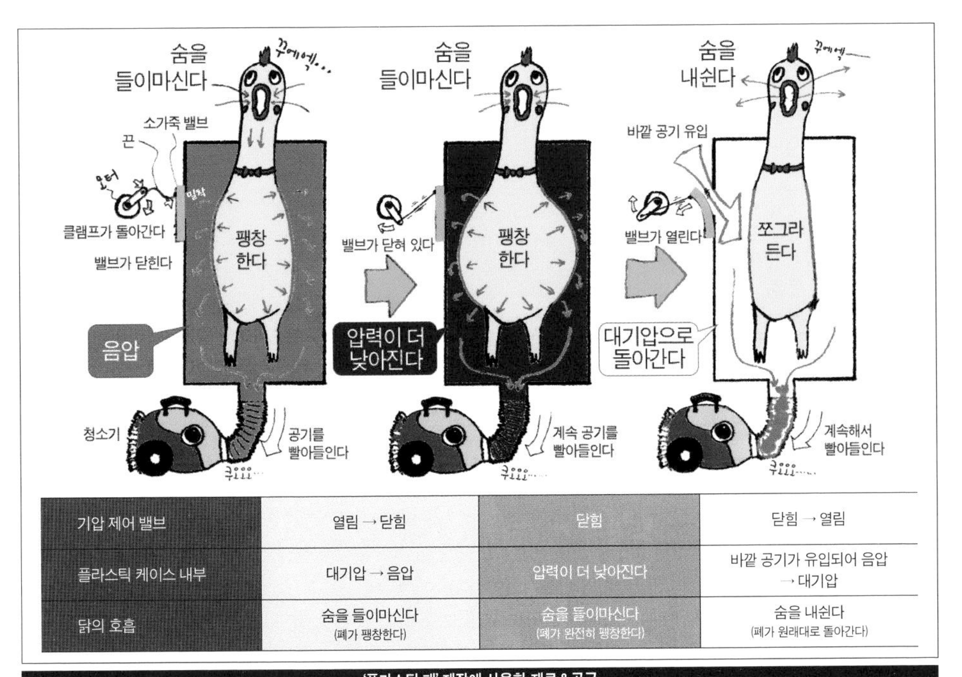

기압 제어 밸브	열림 → 닫힘	닫힘	닫힘 → 열림
플라스틱 케이스 내부	대기압 → 음압	압력이 더 낮아진다	바깥 공기가 유입되어 음압 → 대기압
닭의 호흡	숨을 들이마신다 (폐가 팽창한다)	숨을 들이마신다 (폐가 완전히 팽창한다)	숨을 내쉰다 (폐가 원래대로 돌아간다)

'플라스틱 폐' 제작에 사용한 재료&공구

재료	●다이소의 사각 수납 박스	●샤우팅 치킨(환자 역)	공구류	●홀소
재료	●청소기	●아크릴 판(300W×400H×3Dmm)	공구류	●드라이버
재료	●소가죽(55W×80Hmm)	●타미야사의 웜 기어 박스 HE	공구류	●납땜인두
재료	●기어 박스 부착용 목재	●다이소의 COB 조광 라이트	공구류	●가위
재료	●검 테이프	●연줄	공구류	●커터 칼
재료	●세메다인사의 목공용 접착제	●식용 소금	공구류	●라디오 펜치

다. 재료는 가죽 구두이지만 중요한 것은 기압 제어를 위해 구멍을 계속해서 열고 닫아야 하므로 내구성이 좋은 소가죽을 선택한 것이라 생각된다. 또 도면을 보면 당초 밸브의 개폐는 사람이 수동으로 조작했던 듯하다. 다만 그 경우 간호인이 계속 옆을 지켜야 하므로 나중에는 레코드플레이어 부품을 사용했다고 한다. 회전수를 조정할 수 있는 레코드플레이어를 밸브의 개폐에 이용했을 것이다. 이 밸브의 자동 개폐 방식에 대해서도 검토해본다.

환자는 샤우팅 치킨

실물 크기의 나무 폐를 만들 수는 없으니 축소 모형을 제작해 검증해 보자. 또 장치가 정상적으로 작동하는지 확인할 필요가 있는데, 살아 있는 동물을 쓸 만큼 미친 과학자는 아니다. 폐처럼 기압의 변화에 의해 팽창하거나 수축하는 주머니 모양으로 환자의 호흡을 확인할 수 있는 물건이 필요한데…. 그래서 선택한 것이 장난감 '샤우팅 치킨'이다. 배를 꾹 눌렀다 떼면 "꾸에엑, 꾸에엑" 하는 울음소리를 내기 때문에 그 소리로 호흡을 확인할 수 있다. 물론 외형도 중시했다(웃음).

피험자 크기에 맞는 밀폐 용기는 다이소에서 구입한 플라스틱 케이스를 사용했다. '나무 폐'가 아닌 '플라스틱 폐'이다. 뚜껑은 내부를 볼 수 있게 투명한 아크릴 판을 사용하기로 했다. 케이스 윗면이 평평하기 때문에 동작 시에는 내부가 음압 상태가 되어 아크릴 판이 케이스에 흡착될 것이다. 그래서 특별히 고정은 하지 않았다. 즐거운 공작의 비결은 최대한 편하게 하는 것이다(웃음).

극복한다.

※3 1988~1994년 쇼가쿠칸 『빅코믹 오리지널』에 연재된 만화. 주인공 히라가 다이치 키튼은 위기가 닥치면 현지 조달한 재료로 만든 물건을 이용해 위기를 극복한다.

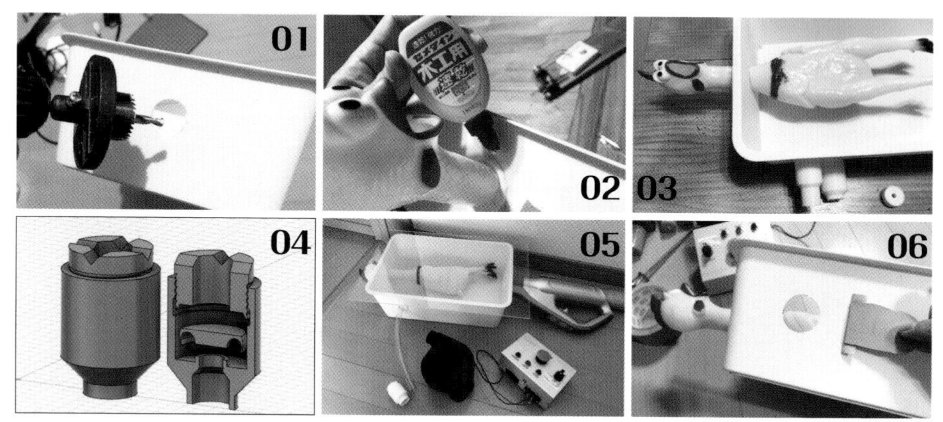

01 : 홀소로 플라스틱 케이스에 구멍을 뚫는다.
02 : 샤우팅 치킨의 목과 케이스의 틈새를 목공용 접착제로 메운다. 소금을 뿌리면 고무와 같은 상태로 굳는다.
03 : 3D 프린터로 인공호흡기의 밸브를 재현할 수 있을지 검토
04 : 스프링의 힘으로 공기의 유입을 억제하면서 일정 정도 이상의 공기압에 의해 밸브가 열리는 구조를 생각했지만 실패…
05 : 소형 펌프로 더 작게 만드는 방법을 고려했으나 이것도 역시 실패…
06 : 밸브는 가죽 구두 대신 소가죽을 사용했다.

먼저 플라스틱 케이스에 홀소로 구멍을 3개 뚫는다. 하나는 샤우팅 치킨의 머리를 내놓기 위해, 두 번째는 청소기로 케이스 안의 공기를 빨아들이기 위해, 세 번째는 케이스 안의 기압을 제어하기 위한 밸브를 부착하기 위해서이다[01].

구멍에 샤우팅 치킨의 머리를 끼운다. 말랑말랑한 소재라 머리를 약간 접으면 목까지 쉽게 들어간다. 작업 중 시끄럽게 울어대는 소리는 참아야 한다. 케이스와 목 주변의 틈새는 기밀성을 유지하기 위해 목공용 접착제를 바른 후 소금을 뿌린다. 목공용 접착제는 초산 비닐 수지와 물이 혼합된 것이기 때문에 소금을 뿌리면 접착제의 수분은 빠져나가고 초산 비닐 수지만 남아 고무와 같은 상태로 굳는다. 글루건과 같은 접착력이나 내구성은 없지만 빠르고 간단히 틈새를 메울 때 사용하면 좋은 방법이다[02].

환자가 호흡하려면 내부의 기압을 제어할 필요가 있다. 1937년 당시에는 수동 혹은 레코드플레이어 부품으로 밸브를 여닫았지만 이번에는 3D 프린터로 제작할 수 있는 인공호흡 밸브를 사용하는 방법을 검토했다[03]. 원통형 실린더 안에 든 원반 모양의 밸브가 스프링의 힘으로 공기 유입구를 누르는 방식이다[04]. 밸브를 양압 환기 방식의 인공호흡기로 사용하는 경우, 아래쪽에 있는 공기 유입구는 공기를 공급하는 컴프레서와 환자의 폐를 연결하는 튜브 중간에 부착한다.

이 밸브는 아래의 ①~⑥의 과정을 반복해 환자의 호흡을 돕는다.

① 컴프레서로 환자의 폐에 공기를 공급하면 폐에서 산소와 이산화탄소의 교환이 이루어진다.
② 폐 내부의 기압이 상승한다.
③ 기압의 상승은 튜브를 통해 인공호흡기 밸브를 밀어 올리는 역할을 한다.
④ 밸브를 누르고 있는 스프링의 힘보다 더 큰 압력이 가해지만 밸브가 열리며 내부에 공기가 유입된다.
⑤ 인공호흡기 밸브를 통해 공기가 빠져나가면서 폐 내부의 기압이 낮아진다.
⑥ 인공호흡기 밸브를 누르는 스프링의 힘이 더 세지면서 밸브가 닫힌다.

이런 과정으로 인공호흡기 밸브를 누르는 스프링의 힘과 컴프레서로부터의 공기 유입량과 압력을 조정하면 환자에 적합한 호흡 사이클을 유지할 수 있다.

나무 폐는 음압 환기 방식이기 때문에 이 인공호흡기 밸브를 반대로 달면 된다. 또 청소기 대신 물놀이용

Memo :

튜브 등에 사용하는 소형 펌프를 이용하면 더 작게 만들 수 있을 것이다…[05]. 결과는 실패였다. 처음 소형 펌프에서 웅웅거리는 소리가 나더니 그걸로 끝이었다. 조금 더 큰 청소기로 바꿔 실험했으나 밸브는 계속 열리거나 닫힌 상태를 유지했다. 이것은 밸브의 스프링과 청소기의 흡입력 그리고 플라스틱 폐의 용량에 맞는 조정이 잘 이루어지지 않았기 때문이다. 이 조정이 쉽지 않아 밸브의 채용은 일단 보류했다.

또 청소기의 흡입력이 너무 강했기 때문에 청소기와 플라스틱 폐를 연결하는 커넥터에 슬릿을 넣어 흡입력을 조정할 수 있도록 만들었다.

제어 밸브의 개폐를 조정

결국 밸브는 깨끗이 단념하고 기압 제어에는 나무 폐와 같이 소가죽을 채용하기로 했다[06]. 밸브로 내부의 기압을 조정하기 때문에 일정 주기로 여닫을 수 있어야 한다. 나무 폐에 사용되었던 레코드플레이어는 회전수 조정 기능을 활용했을 것으로 추정된다. 당시 전동 모터의 속도 조정은 단순한 가변 저항에 의한 인가전압의 변경이었을 것이므로 이번에도 모터와 가변저항을 사용해 소가죽으로 만든 개폐 밸브를 구동한다. 음압에 의해 밀착된 소가죽 밸브를 개방하기 위해 회전력이 있는 타미야사의 '웜 기어 박스 HE'를 이용해 클램프를 만들고 거기에 연결한 끈으로 소가죽을 당기기로 했다. 모터에 공급하는 전압을 조정해 클램프의 회전수를 임의의 속도로 변경할 수 있도록 했다. 다이소의 COB 조광 라이트에서 LED를 떼어내 그 단자를 모터에 접속했다.

청소기의 전원을 켜 공기를 빨아들이고 모터도 가동한다. 청소기가 공기를 빨아들이면 내부의 기압이 낮아지면서 소가죽 밸브가 닫힌다. 밸브가 닫히는 동시에 샤우팅 치킨이 "꾸에엑" 하고 운다. 환자가 폐로 공기를 들이마신 상태이다. 모터 구동 웜 기어의 클램프가 회전하며 밸브에 연결한 끈을 잡아당기면 밸브가 열리면서 외기가 유입되어 음압이었던 내부의 압력이 대기압에 가까워진다. 샤우팅 치킨의 배에 고무줄을 감아놓았기 때문에 음압이 완화되면 배가 쪼그라든다. 이것은 환자가 숨을 내쉰 상태이다. 클램프가 계속 회전해 밸브가 닫히면 플라스틱 폐가 다시 음압이 되면서 "꾸에엑" 하는 샤우팅 치킨의 울음소리가 들려온다. 이런 식으로 환자는 숨을 들이마시고 내쉬는 것을 반복하며 호흡한다.

1937년 당시에는 제작에 4시간가량 걸렸다고 하는데 실제 플라스틱 케이스를 이용한 임기응변과 같은 설계로도 작동하는 장치를 만들 수 있었다. 작동 원리만 알면 재료를 모아 4시간 정도에 만드는 것도 불가능한 일은 아닐 것이다. 그리하여 이번에 검증해본 '냉장고로 만든 인공호흡기?!'의 검증 결과는 'CONFIRMED(사실로 확인되었다)'.

가변 저항의 회로도

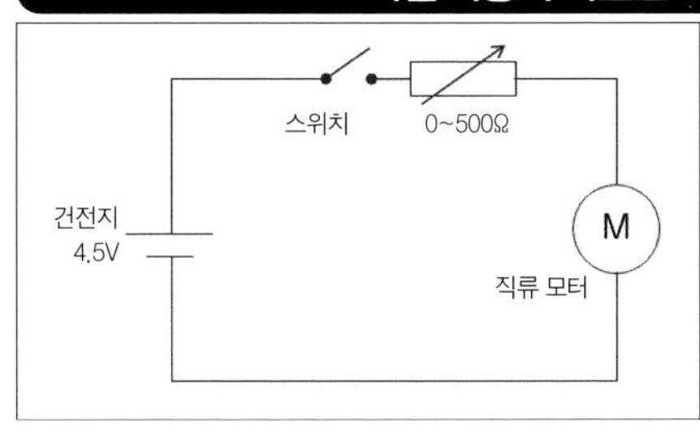

작동 모습은 QR 코드를 통해 동영상으로 확인할 수 있다!(트위터)

2단 증류 시스템을 구축해 만든다!

소독용 알코올의 연성

⦿ text by yasu

공작 레벨 ★★★★★

2020년 봄, 신종 코로나바이러스의 만연으로 일본 시장에 소독용 알코올이 고갈되었다. 3D 프린터와 시판 부품을 활용해 저렴한 술로 소독용 알코올을 만들었다.

점포에 소독용 알코올의 재고가 바닥나면서 메틸알코올이 주성분인 연료용 알코올까지 팔려나가는 참상이 벌어졌다. 무지란 이토록 무서운 것이다…. 이런 때야말로 과학과 공학이 나서야 한다! 아직까지 소독용 알코올의 원료는 일반적으로 유통되고 있으므로 충분한 살균 능력을 지닌 소독용 알코올을 제조하는 장치를 만들어 합법적이고 저렴하게 소독용 알코올을 자작해보자!

하지만 알코올 제조에는 늘 '주세법'이 발목을 잡는다. 소독에 사용하는 알코올에는 주로 두 가지 종류가 있다. 에탄올과 물이 주성분인 '소독용 에탄올'과 여기에 이소프로필알코올(IPA)을 첨가한 'IPA 첨가 소독용 에탄올'이다. 겐에이제약의 제품을 예로 들면, 소독용 에탄올은 체적분율 76.9~81.4vol%의 에탄올이 함유되어 있으며, IPA 첨가 소독용 에탄올은 마찬가지로 76.9~81.4vol%의 에탄올에 IPA가 추가되어 있다. 굳이 IPA를 첨가했으니 어떤 효과가 있을 것이라고 생각하는 것이 일반적인데, 살균 효과는 둘 다 차이가 없다. 게다가 IPA를 첨가하지 않은 소독용 에탄올이 약 1.5배 비싸다.

이런 이상한 상황은 소독용 에탄올에 주세법이 적용되면서 세금이 부과되는 탓이다. 소독용 에탄올을 마시려고 대량 구입하거나 소비하는 사람은 없다. 그런 것에까지 주세를 부과하는 국세청의 방식은 많은 연구와 의료 행위를 방해하는 지극히 악질적인 행위가 아닐 수 없다. 여기서 주목해야 할 것은 앞서 이야기한 IPA 첨가 소독용 에탄올이다. IPA는 독성이 있기 때문에 에탄올에 첨가하면 음용이 불가능하므로 주세법에 따른 세금 부과를 피할 수 있다. 즉, 이 IPA를 첨가한 소독용 에탄올을 제조하면 주세법의 마수에서 벗어날 수 있는 것이다.

소독용 에탄올을 만들 때 가장 중요한 것은 에탄올의 농도이다. 가장 큰 살균 효과를 얻을 수 있는 농도는 질량분율로 70wt%. 이때의 체적분율이 앞서 설명한 76.9~81.4vol%가 된다. 요컨대 80% 정도의 고농도 에탄올을 만들면 되는 것이다. 그리고 저농도 에탄올이라면 '술'이라는 형태로 누구나 손쉽게 입수 가능… 그렇다, 술을 증류해 농축하면 된다! 술을 가열해 얻은 에탄올 증기를 회수해 응축하면 되는 것이다.

다만 한 가지 걸리는 것이 증류기이다. 소독용 알코올 제작에는 고농도 알코올 증기를 다루기 때문에 어설픈 장치로는 증기 누출에 따른 화재 위험성이 높다. 아마존 등에서 판매되는 저렴한 증류기는 추천하지 않는다. 실험용 유리 기구로 만드는 것도 가능하지만 처리하는 술의 양이 수L 단위의 대규모 장치가 되기 때문에 가정에서 사용하기에는 적합지 않다.

그런 이유로 이번에도 3D 프린트 기술을 활용해 쉽고 저렴하게 고성능 증류기를 자작하기로 했다. 적절한 설계와 부품 선정으로 에탄올 제조에 최적의 시스템을 구축하는 것이다.

겐에이제약의 소독용 에탄올

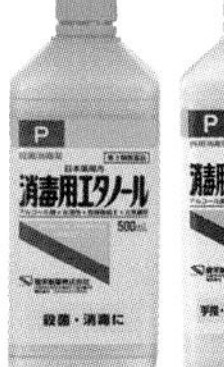

오른쪽의 IPA가 첨가된 에탄올이 왼쪽의 일반 제품보다 가격이 더 싸다. 악법이 만들어낸 지극히 불건전한 구조다.

Memo :

소독용 알코올 증류 시스템의 기본 설계

1 : 알코올 증기의 인화를 방지하는 시스템을 채용

고농도 소독용 알코올을 취급하기 때문에 사전 검토가 필요하다. 고농도, 고온의 알코올에 불이 붙으면 순식간에 불길이 치솟는다. 조금이라도 증기가 새어나올 수 있는 구조는 극히 위험하다. 그러므로 믿을 만한 원터치 연결 부속 등을 활용해 확실한 밀폐와 간편한 분해 및 조립을 양립시킨다. 열원도 직접적인 불꽃이 발생하지 않는 IH 히터를 사용해 화재 위험을 낮췄다.

2 : 입수하기 쉽고 가격도 저렴한 고농축 술을 원료로 채용

원료로 사용할 술의 도수에 따라 증류장치의 설계가 달라지기 때문에 기본 설계 단계에서 사용할 술을 결정해둔다. 여러 술을 조사해본 결과 입수하기 쉽고 가성비가 좋은 것은 과실주를 만들 때 사용하는 화이트 리쿼였다. 이후부터는 35vol%의 화이트 리쿼를 기준으로 설계를 진행했다.

화이트 리쿼

용량 : 1800mL
도수 : 35%
에탄올량 : 630mL
가격 : 1,875엔
1L당 가격 : 1,042엔

3 : 약 80vol%의 알코올 농도를 얻기 위해 증류기를 다단화한다

증류장치를 만들 때 확인해야 할 것은 아래에 나타낸 물과 에탄올의 기액 평형선도이다. 이 선도를 이용하면 특정 농도의 용액을 끓였을 때 발생하는 기체의 조성을 예상할 수 있다. 예컨대 도수 35%의 술의 몰 분율은 0.138로 환산되며, 이것을 한 번 증류할 때 발생하는 증기 에탄올의 몰 분율은 0.45, 알코올 도수로 환산하면 약 75%가 된다. 충분히 높은 도수라고 생각할지 모르지만 이것은 어디까지나 원료로 사용한 술이 35%를 유지한 경우의 도수이다. 실제로는 증류가 진행됨에 따라 도수가 낮아지기 때문에 최종적으로 회수되는 에탄올 수용액의 도수는 훨씬 낮다. 여기서 한 번 더 증류하면 몰 분율의 최대치는 0.63 정도가 되며, 알코올 도수로 환산하면 88vol%. 이 정도면 살균 능력이 충분한 에탄올 수용액을 얻을 수 있을 것이다.※1

다만 두 번이나 증류하려면 그만큼의 시간과 노력이 필요하기 때문에 일반적인 증류 시스템에 제2 보일러를 추가해 증류기를 다단화하기로 했다. 제2 보일러에 미리 소량의 알코올을 넣고 거기에 제1 보일러에서 발생한 증기를 도입하는 구조이다. 제1 보일러에서 생성된 알코올 농도가 높은 증기는 열에너지를 가지고 있으므로 이것을 제2 보일러로 보내 내부의 알코올 액을 다시 끓이는 것이다. 제2 보일러에 존재하는 알코올 액의 농도는 처음보다 높기 때문에 더 낮은 온도에서 끓어오르며 발생하는 증기의 알코올 농도는 더욱 높아진다. 이런 구조로 에너지를 낭비하지 않고 한 번의 증류 조작으로 높은 도수의 알코올을 얻을 수 있다.

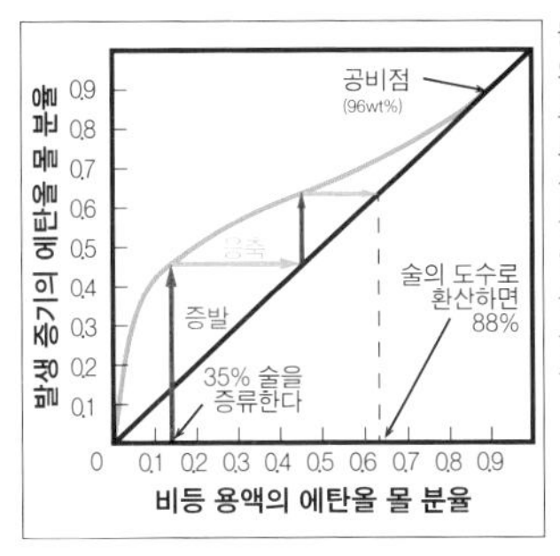

물·에탄올 용액의 기액 평형선도. 선의 라인으로 임의의 몰 분율을 가진 에탄올 수용액을 끓였을 때 발생하는 에탄올의 몰 분율을 예측할 수 있다.

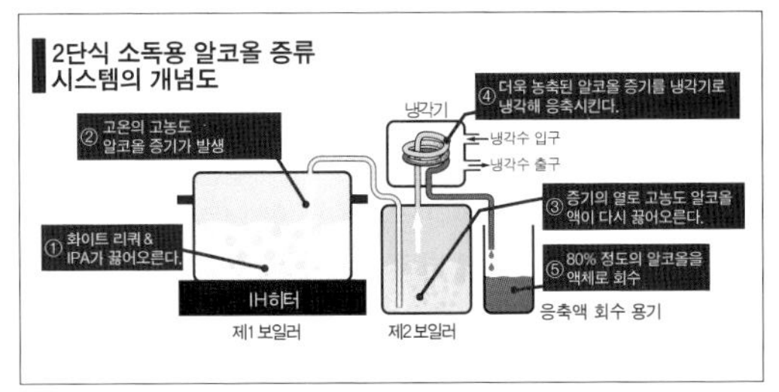

영어로는 Thumper나 Doubler 등으로 불리는 제2 보일러에서 두 번째 증류가 이루어진다.

※1 이번 실험에서는 일본의 주세법과 별도로 '알코올 사업법'도 고려할 필요가 있다. 이 법률은 90vol% 이상의 알코올에 적용되지만 다행히 35%의 화이트 리쿼를 2회 증류한 최대치가 88vol%였기 때문에 알코올 사업법에는 적용되지 않는 것으로 판단된다.

소독용 알코올 증류 시스템의 제작

1 : 압력솥으로 만드는 [제1 보일러]

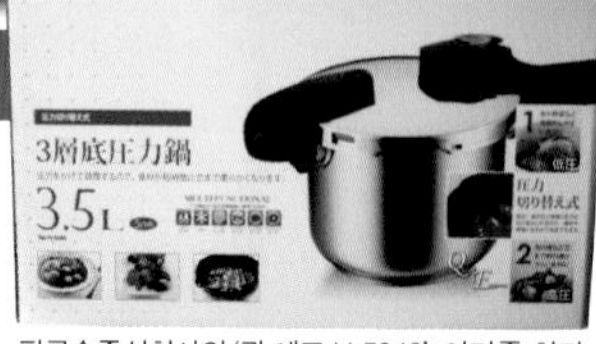

펄금속주식회사의 '퀵 에코 H-5040'. 아마존 최저가로 구입한 압력솥으로 개조에 적격. 용량은 3.5L를 선택했다. IH에서도 사용할 수 있다.

제1 보일러는 술을 대량으로 투입해야 하므로 어느 정도 용량이 필요하다. 그리고 증류 작업 중에 액체가 끓어올라 액면이 진동할 것을 생각해 투입액의 2배가량의 용량을 지닌 용기가 바람직하다. 또 안전성을 고려해 확실히 밀폐할 수 있는 용기를 고르는 것이 좋다. 이상의 조건에서 보면 압력솥을 보일러로 활용하는 것이 가장 간편한 방법이다. 1.8L의 화이트 리큐를 증류하기 때문에 약 2배의 용량인 3.5L의 저렴한 압력솥을 입수했다.

이 압력솥의 뚜껑만 개조해 사용한다. 구멍을 뚫는 등의 불가역적인 가공은 전혀 필요 없다.

먼저 뚜껑 안쪽의 패킹을 떼어내면 검은색 수지 손잡이를 고정하는 작은 나사의 머리가 노출되어 있는데, 이것을 드라이버로 분리한다. 밸브도 적당한 렌치를 이용해 떼어낸다.

뚜껑에서 손잡이와 밸브를 떼어내면 지름 14.2mm의 구멍이 모습을 드러낸다. 이 구멍에는 에스코사의 'PT 격벽 암 유니온'을 끼운다. 적합 튜브의 외경 6mm, 나사는 M14로 위의 구멍에 완벽히 들어맞기 때문에 추가 가공이 필요 없다. 이때 사진 [05] 중앙에 있는 것과 같은 오링이나 적당한 실리콘 패킹을 끼워 밀폐성을 확보하는 것도 잊지 말자.

뚜껑 안쪽의 패킹을 다시 끼우면 압력솥의 개조가 완료. 아무 일도 없었던 것처럼 격벽 유니온이 장착되었다. 이로써 임의의 Φ6 튜브를 압력솥에 접속할 수 있게 되었다. 압력솥에는 압력 조정용 릴리프 밸브가 장착되어 있어 내압이 크게 상승하더라도 폭발할 일은 없을 것이다. 릴리프 밸브에서 뿜어져 나오는 증기도 위쪽 방향으로 향하기 때문에 설령 불꽃이 가까이 있어도 인화 위험성은 높지 않을 것이다.

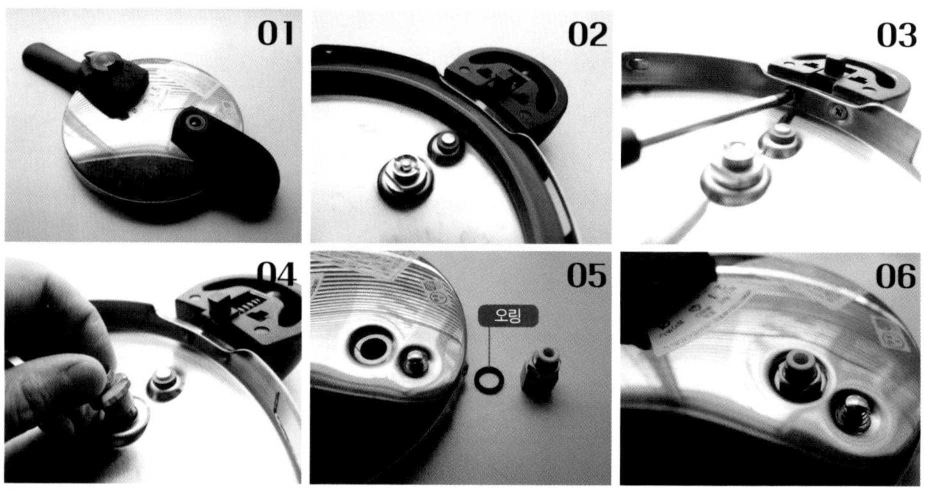

01 : 뚜껑만 개조하면 된다. **02** : 뚜껑 안쪽의 패킹을 떼어낸다. **03** : 십자드라이버로 솥 손잡이를 고정하는 나사를 분리한다.
04 : 밸브는 렌치로 떼어낸다. **05** : 밸브를 떼어내면 격벽 암 유니온이 완벽히 들어가는 구멍이 나타난다. **06** : 격벽 암 유니온이 완벽히 맞는다!

Memo :

2 : 유리병을 가공해 '제2 보일러' 제작

한 번 더 농축하는 제2 보일러는 1~2L 정도의 용량이면 충분하다. 용기는 유리병이 적당한데, 철제 뚜껑이 있는 저렴한 잼 병 등은 쉽게 녹이 슬어 적합하지 않다. 뚜껑까지 유리로 된 보존용기를 선택했다. 본체와 뚜껑 사이에 실리콘 패킹이 있어 밀폐력도 충분하다.

문제는 이 유리병 뚜껑에 구멍을 뚫는 것이다. 유리용 드릴을 사용해 구멍을 뚫을 때는 위치 선정도 무척 어렵고 유리 표면이 미끄럽기 때문에 가공 난이도도 높다.

그래서 3D 프린터를 사용해 유리 드릴용 지그를 출력했다. 이 전용 지그에는 유리용 드릴의 외경에 맞춘 구멍을 뚫고 양면테이프를 붙일 십자형 홈도 만들었다. 두꺼운 양면테이프로 유리병 뚜껑에 고정한 모습이 사진 [02]이다. 지그 자체의 외경도 뚜껑 안쪽에 꼭 맞기 때문에 정확한 위치를 선정해 깔끔하게 구멍을 뚫을 수 있다.

이 전용 지그를 부착한 후 유리용 드릴을 이용해 물을 충분히 뿌려가며 구멍을 뚫는다. 절반 정도 구멍을 깎은 후 뚜껑을 뒤집어 반대쪽에서 다시 구멍을 깎아 중간 지점에서 구멍을 연결하는 식으로 뚫는 것이 비결. 한쪽으로만 구멍을 깎아 관통시키면 관통한 면이 심하게 갈라질 수 있다. 이렇게 하면 핸드 드릴로도 깔끔하게 구멍을 뚫을 수 있다.

끝으로 격벽 암 유니온과 PISCO 사의 '격벽 유니온 엘보' Φ6 튜브를 접속해 적당한 파이프를 연결하면 제2 보일러가 완성된다.

제2 보일러의 용기는 셀러메이트사의 '손잡이형 밀폐 유리병 2L'를 선택했다. 녹이 슬지 않는 유리 보존용기로 남은 것은 뚜껑에 구멍을 뚫는 것인데….

유리용 드릴을 이용해 구멍을 뚫는데 이것만으로는 유리 표면에 미끄러져 가공이 쉽지 않다. 3D 프린터로 구멍 가공용 전용 지그를 제작했다.

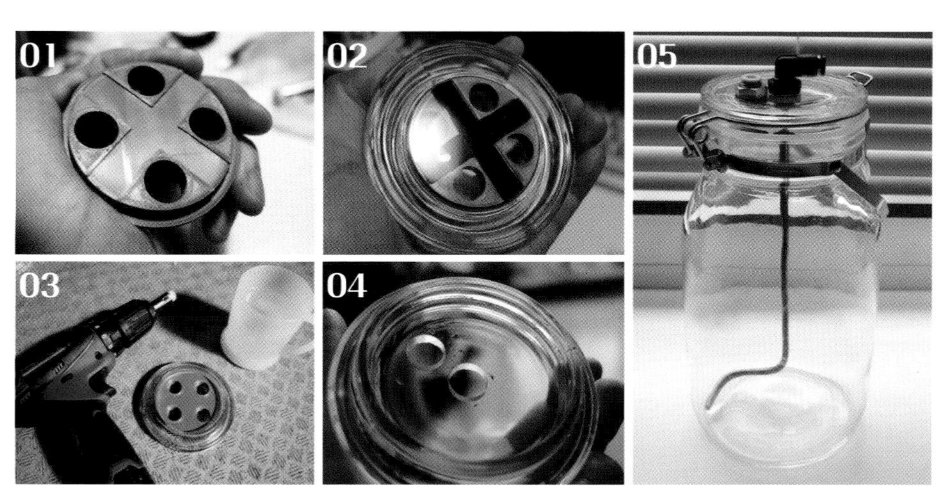

01 : 3D프린터로 출력한 유리 드릴용 지그. 유리용 드릴의 외경에 맞춰 4개의 구멍을 뚫었다. **02** : 두꺼운 양면테이프를 십자 모양으로 붙여 유리병 뚜껑에 고정한다. **03** : 물을 뿌려가며 뚜껑의 양쪽 면에서 구멍을 뚫어 중간에서 연결한다. **04** : 전용 지그 덕분에 깔끔하게 구멍을 뚫을 수 있었다.
05 : 연결 부속을 끼우면 제2 보일러가 완성된다.

3 : 3D 프린터를 활용한 '냉각기' 제작

아래의 그림처럼 냉각기 내부에는 냉각 코일의 증기가 도입되는 입구와 응축액이 배출되는 출구 그리고 냉각수의 입구와 출구까지 총 4개의 포트를 설계해야 한다.

냉각 코일의 제작에는 3D 프린터를 활용했다. 3D 프린터로 코일을 감는 전용 지그를 출력한 후 이 지그에 연동선을 감으면 완벽한 형태의 냉각 코일을 만들 수 있다. 또 각각의 포트는 제2 보일러와 같이 유리 보존 용기에 전용 지그를 이용해 구멍을 뚫고 격벽 유니온을 끼워 구축한다. 손쉽게 밀폐성을 갖춘 시스템을 구축할 수 있어 추천하는 공법이다.

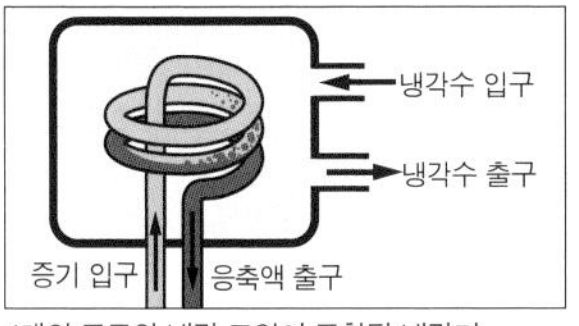

4개의 포트와 냉각 코일이 포함된 냉각기

01 : 3D 프린터로 출력한 전용 지그. 자세한 사항은 126~129쪽을 체크!
02 : 전용 지그에 연동선을 감는다.
03 : 다 감았으면 지그에서 분리한다. 전문가 수준의 완성도를 자랑하는 냉각 코일이 만들어졌다! 종래에는 배관 기술자들의 노하우에 의존했지만 3D 프린터의 보급으로 누구나 간단히 만들 수 있게 되었다.

01 : 뚜껑에 구멍을 뚫고 격간 유니온을 끼워 각각의 포트를 구축한다.
02 : 기능미를 갖춘 냉각기가 완성되었다! 진공관과 같이 멋진 외관
03 : 냉각기 내부. 완벽한 곡선의 코일이 보인다.

4 : 화이트 리쿼로 소독용 알코올 생산

각 유닛을 접속한 시스템의 전체적인 모습은 175쪽의 사진과 같다. 배관의 길이는 최소한으로 설계했다. 냉각수는 수돗물을 사용하는 것이 가장 간편하다. 가쿠다이사의 '조인트 세트'를 이용하면 욕실의 샤워 호스에 연결해 필요할 때만 물을 공급할 수 있어 무척 편리하다.

이제 35%의 화이트 리쿼와 IPA를

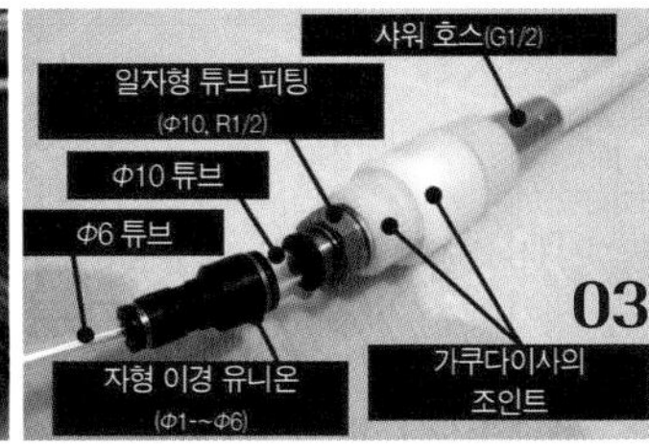

01 : 유체의 흐름. 간결하게 완성되었다. 171쪽의 '증류 시스템의 개념도'와 비교해서 보면 유체의 흐름을 더 잘 알 수 있을 것이다.
02 : 냉각수 공급에 이용하면 편리한 가쿠다이사의 '조인트 세트'
03 : 사진과 같이 접속해 Φ6 튜브에 수돗물을 공급한다.

Memo :

준비해 실험해보자.

현재는 100% IPA를 구하기 어려운 상황이지만 99wt%가 IPA인 자동차 엔진용 배수제를 대체품으로 사용할 수 있을지 모른다. 실험 중 에탄올 도수의 계측에는 굴절률식 에탄올 농도계를 사용한다. 물과 에탄올의 비율과 용액의 굴절률의 관계를 이용해 샘플 한 방울만으로 간단히 농도를 계측할 수 있다.

마침내 완성된 '2단식 소독용 알코올 증류 시스템'. 모든 유닛은 원터치 조인트로 접속되어 있기 때문에 분해와 조립이 간단. 밀폐성도 확실하다.

준비를 마쳤으면 이제 제1 보일러에 화이트 리쿼를 전량 투입한다. 계속해서 IPA를 제1 보일러와 제2 보일러에 넣는다. 이로써 증류 조작 중인 모든 단계에서 발생하는 용액은 음용이 불가하기 때문에 주세법이 적용되지 않는다. 제2 보일러에는 튜브가 완전히 잠길 정도로 넣는다. 그러지 않으면 제1 보일러에서 도입된 증기가 그대로 냉각기로 흘러들어가 재비등에 의한 농축 효과를 얻지 못한다.

원료를 투입했으면 IH 조리기의 전원을 켜고 증류를 시작한다. 제2 보일러의 열 충격을 막기 위해 처음에는 약하게 가열해 끓어오르면서 발생하는 증기로 서서히 데우는 것이 좋다. 제2 보일러 내부에 이슬이 맺히면서 정상적으로 재비등하기 시작하면 IH의 출력을 높여 증류량을 늘린다. 가열 후 얼마 안 돼 냉각기에서 응축된 알코올 액이 흘러나왔다.

농도계로 측정하자 의도했던 대로 80%에 도달하면서 실험은 성공! 확실한 살균 효과를 얻을 수 있는 농도이다. 증류도 매우 안정적이라 장치를 설치한 지 1시간여 만에 전 투입량의 절반가량을 처리했다. 이때 계측한 응축액의 농도가 이미 10% 이하였기 때문에 증류 조작은 중단했다. 최종적으로 회수한 IPA첨가 소독용 에탄올은 약 900mL, 에탄올 농도는 70% 이상으로 충분한 소독 효과를 갖춘 소독용 알코올을 얻을 수 있었다!

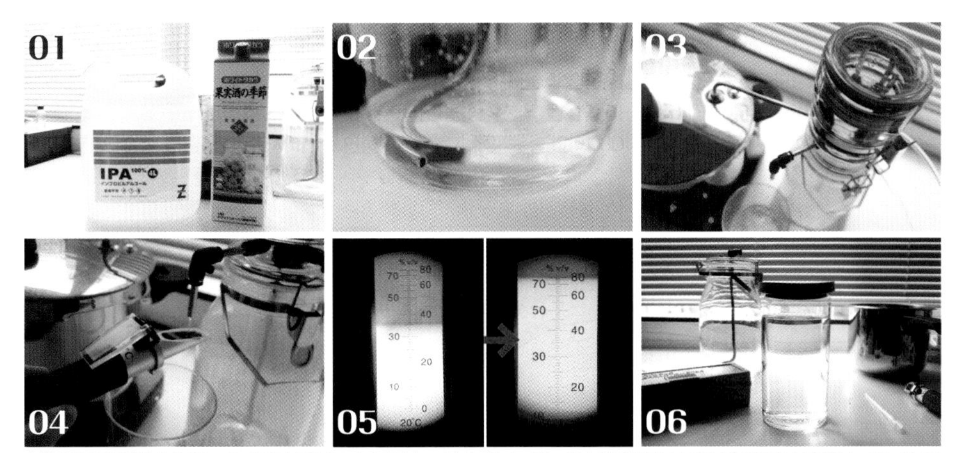

소독용 알코올의 생산 순서 **01** : 제1 보일러에 화이트 리쿼 전량과 IPA를 첨가한다. **02** : 제2 보일러의 튜브가 잠길 정도의 IPA를 투입한다. **03** : 준비를 마쳤으면 IH 조리기구의 전원을 켜고 가열을 시작한다. **04** : 응축액이 흘러나오는 것이 확인되었다. 굴절률식 에탄올 농도계로 계측했다. **05** : 왼쪽이 35%의 화이트 리쿼를 계측한 결과, 오른쪽이 생성된 알코올의 농도. 80%를 나타낸다. **06** : 약 900mL의 IPA 첨가 소독용 에탄올이 완성! 요즘 같은 시기에 가장 실용적인 소독용 알코올을 만드는 시스템을 3D 프린터와 시판 부품을 이용해 구축했다. 실험은 대성공!

예리함이 되살아나는 연마의 기본

절삭 도구의 관리 기술

⦿ text by 시로헤비

공작 레벨 ★★★★★

어떤 소재든 식칼로 만들어버리는 모 동영상이 화제가 되었듯 잘 드는 칼은 누구나 좋아할 것이다. 이번에는 연마의 이론부터 실천에 이르는 내용을 해설한다. 새것 같은 예리함이 되살아날 것이다!

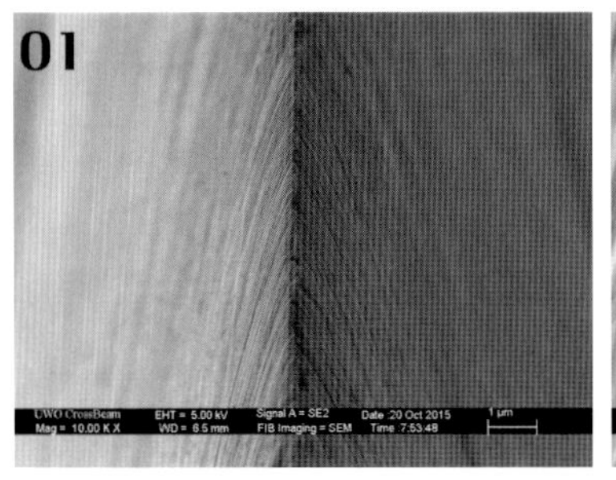

01 : 새 일회용 메스를 전자현미경으로 촬영했다. 정점의 두께는 0.2μm(미크론) 혹은 그 이하로 거스러미가 전혀 없고 날이 가지런하다.

02 : 여러 번 사용해 절삭력이 떨어진 칼날. 압력과 마모로 정점이 무뎌졌다. 두께는 8~10μm으로 새 메스의 약 50배이다.

절삭 도구의 예리한 날을 되살리려면 숫돌 등의 연마재로 연마하면 되는데 대부분 감각만으로 연마하는 사람이 많을 것이다. 기본을 익혀 올바른 연마 방법을 터득해보자.

무뎌진 강철을 연마하려면 강재보다 단단한 연마재가 필요하다. 강도가 높은 순서대로 다이아몬드, 탄화규소, 산화알루미늄의 세 종류가 있으며 성질이나 연마재로서의 형태는 다양하다.

절삭 도구를 연마할 때는 숫돌을 사용하는 것이 일반적이며 입자가 큰 것부터 작은 순으로 진행하는 것이 기본이다. 이가 빠진 곳이 있다면 #240 정도로 시작해 두 배가량의 입도를 가진 숫돌로 진행한다. 식칼을 포함한 범용성이 높은 도구라면 #1,000이나 #2,000 정도가 실용적이다. 추천하는 것은 샤프톤사의 제품으로 가격대도 적당하고 품질도 좋다.

03 04 05

03 : 다이아몬드는 최강의 물질이다. 줄에 전착시키거나 페이스트 형태의 연마재로 사용한다. 강력한 연마력을 지녔기 때문에 이가 빠진 칼날의 연마는 물론 경면 가공까지 가능하다. 단, 지나치게 연마하면 전착된 다이아몬드가 벗겨질 수 있다.

04 : 다이아몬드의 다음, 다음으로 단단한 탄화규소. 손으로 연마할 때는 주로 내수 사포 타입을 사용한다.

05 : 산화알루미늄은 탄화규소 다음으로 단단하다. 대부분의 인조 숫돌이 이 산화알루미늄을 소결해 만든 것이다.

연마의 실천

연마 방법은 날의 형태에 따라 다르다. 회칼이 아닌 다용도 식도나 쇠칼은 칼등부터 칼끝까지 점점 얇아지다 칼끝에서 1~2mm 폭이 둔각으로 되어 있다. 칼날은 예각일수록 잘 들지만 마모나 외력에 약하고 이가 빠지는 등 절삭력이 금방 저하된다. 그렇기 때문에 칼끝을 둔각으로 만들어 예리함은 약간 떨어지더라도 칼의 수명을 늘린 것이다.

한편 회칼이나 주머니칼 또는 대패나 정 등은 칼날의 옆면에서 날 끝까지 같은 각도로 연마한다.

연마할 때 가장 고민되는 부분이

Memo :

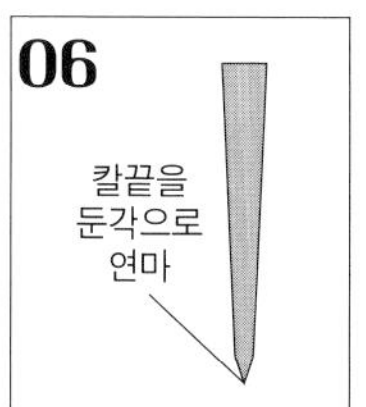

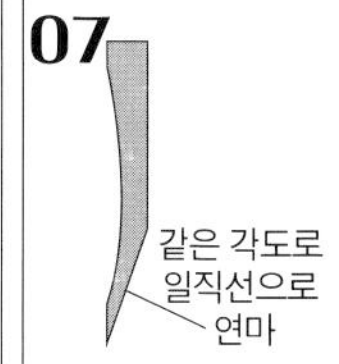

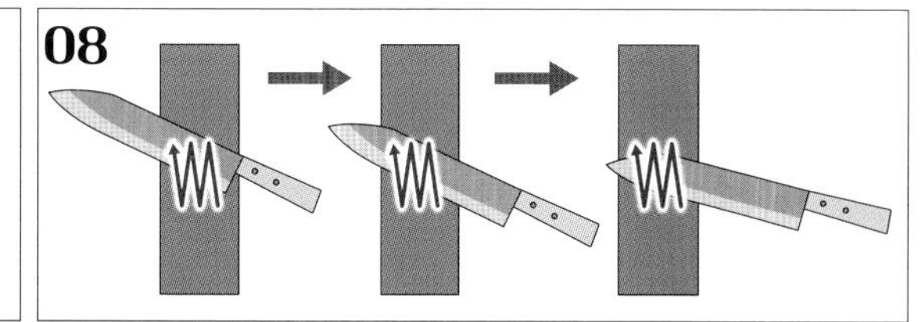

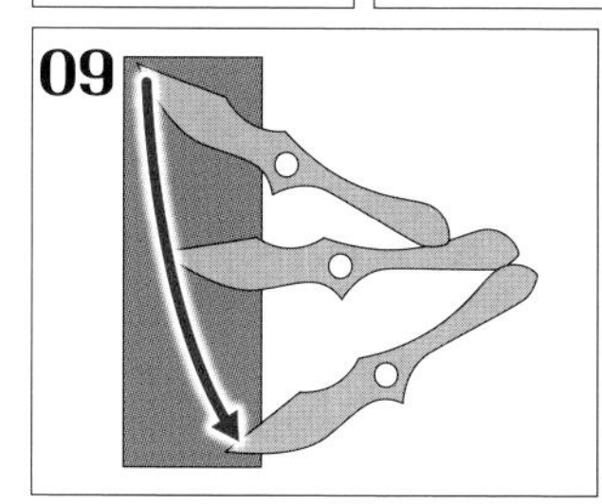

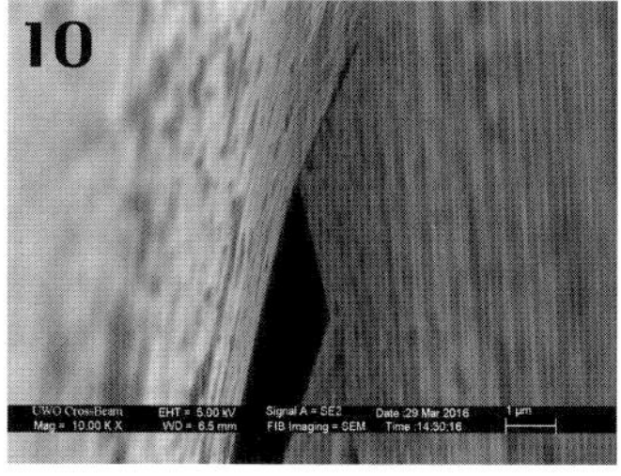

06 : 둔각으로 연마된 칼끝의 단면 **07** : 일직선으로 연마한 칼날의 단면. 칼날의 예리함을 살리고 싶은 경우 주로 사용된다.
08 : 칼날의 길이가 숫돌의 너비보다 긴 경우 부분을 나눠서 연마한다. **09** : 칼날이 구부러져 있는 경우에는 칼자루 쪽에서부터 칼끝 방향으로 당기듯 연마한다. **10** : 전자현미경으로 촬영한 거스러미가 일어난 부분. 입도가 작은 숫돌로 연마하면 자연히 제거된다. 잘되지 않는 경우에는 칼날의 안쪽과 바깥쪽을 교대로 가볍게 연마한다. **11** : 그라인더로 연마할 때는 지지대를 떼어낸 후 작업한다. 또 안전 커버가 없으면 칼날이 부러졌을 때 위험하다.

숫돌에 대한 날의 각도일 것이다. 상급자는 각자 선호하는 각도로 연마하는 경우도 있지만 초심자라면 기본적으로 새 제품일 때의 각도를 유지하는 것이 좋다. 둔각으로 된 칼끝은 숫돌에 댔을 때 안정적인 각도가 있다. 칼날의 옆면에서 날 끝까지 같은 각도로 연마하는 경우는 칼날을 그대로 숫돌에 대면 각도가 결정된다. 한번 정한 각도는 절대 바꾸지 않는 것이 중요하다.

평소 잘 쓰는 손으로 칼자루를 쥐고 반대쪽 손은 칼날에 가볍게 올린다. 연마할 때 강한 힘은 필요 없다. 팔의 무게 정도면 충분하다. 왕복으로 연마하면 손목의 각도가 불안정해지기 쉬우므로 한쪽 방향으로 연마하는 것이 비결이다.

어느 정도 연마하면 반대쪽 칼날에 미세한 거스러미가 생긴다. 이것은 연마가 끝났다는 신호이다. 칼날 전체에 거스러미가 생기면 반대쪽 날을 연마한다. 날이 양쪽에 있으면 같은 횟수, 한쪽에만 있으면 처음 연마한 쪽에 거스러미가 생기면 다음 입도의 숫돌로 진행한다.

내수 사포 연마의 추천

숫돌은 여러 종류를 갖추려면 비용이 드는 데다 공간도 차지한다. 그럴 때 요긴한 것이 내수 사포이다. A4 크기 한 장당 수백 원부터 구입이 가능하며 #120~2,000까지 전부 사도 수천 원이면 된다. 물론 얇기 때문에 그대로 숫돌 대신 사용하기에는 무리가 있지만 두께 5mm 이상의 70W×200Hmm 크기의 유리판에 얇은 양면테이프 등을 이용해 붙이면 훌륭한 숫돌로 변신한다. 게다가 숫돌보다 절삭력이 뛰어나기 때문에 단시간에 연마가 가능하다. R자 모양의 곡선 형태로 붙이면 낫이나 카람빗 나이프처럼 안쪽으로 휘어진 칼날의 연마도 가능할 만큼 만능이다. 다만 숫돌에 비해 부드럽기 때문에 완벽한 평면은 연마할 수 없다는 점을 기억하자.

양두 그라인더를 활용!

칼날이 심하게 망가지거나 자작한 칼날 끝부분을 둔각으로 연마하고 싶은 경우에는 전동 공구가 필요하다. 양두 그라인더가 있으면 수 분이 걸리는 작업을 수십 초로 단축할 수 있다. 사용하는 것은 GC 숫돌 #120이다. 더 큰 숫돌이 있으면 좋겠지만 홈 센터에서 파는 지름 150mm로도 가능하다. 지지대를 떼어내고 필요하다면 안전 커버의 각도를 조정한다. 칼날은 위를 향하게 고정하는 편이 남은 두께를 확인해가며 연마하는 데 좋다. 연마 각도는 꾸준한 연습이 필요하다. 완벽한 연마는 아니어도 작업은 훨씬 편해진다.

구라레 선생이 디자인을 감수한 메스형 나이프
최신 플립 플롭의 제작 방법

⦿ text by 시로헤비

공작 레벨 ★★★★★

구라레 선생이 디자인을 감수한 오리지널 나이프 '플립 플롭' 시리즈. 그 최신작인 '플립 플롭 네크로'의 제작 공정을 공개한다.

플립 플롭 볼드를 개조해 좀 더 역동적인 디자인으로 제작해볼까 하는데 어떨까요?

좀 더 날카롭게 만들어보면 어떨까요? 이를테면 이런 느낌으로…

구라레 선생의 디자인을 바탕으로 CAD 데이터를 작성해 새로운 디자인 나이프 '플립 플롭 네크로'를 제작하기로 했다. 보통 플립 플롭의 제작 공정은 트위터를 통해 단편적으로만 공개해왔는데 이번에는 전체 과정을 정리해보았다. 사실상 깎거나 연마하는 작업이 거의 대부분이지만…(웃음).

플립 플롭 네크로, 제작 공정의 주요 흐름

1	제도
2	레이저 가공
3	구멍 가공
4	면취 가공
5	연삭(외형)
6	연마(외형)
7	연삭(날)
8	연마(평면)
9	열처리(외주)
10	연마(칼날)
11	연삭(칼등)
12	연마(칼등)
13	연마(평면)
14	연마(바깥쪽)
15	샌드블라스트
16	새틴 마감
17	연마(내경)
18	레이저 각인
19	칼날 연마
20	완성

1 제도

100

구라레 선생의 디자인 안

플립 플롭 네크로의 디자인

구라레 선생의 디자인을 바탕으로 CAD 데이터를 작성. 기본 이미지를 참고해 칼날이 약간 휘어진 형태로 디자인했다. 레이저 가공은 외주에 맡길 예정이라 DXF 파일로 설계했다. 일러스트레이터 등은 변환이 잘되지 않는 경우가 있기 때문에 도면 디자인은 역시 CAD 소프트웨어를 사용하는 것이 좋다.

2 레이저 가공

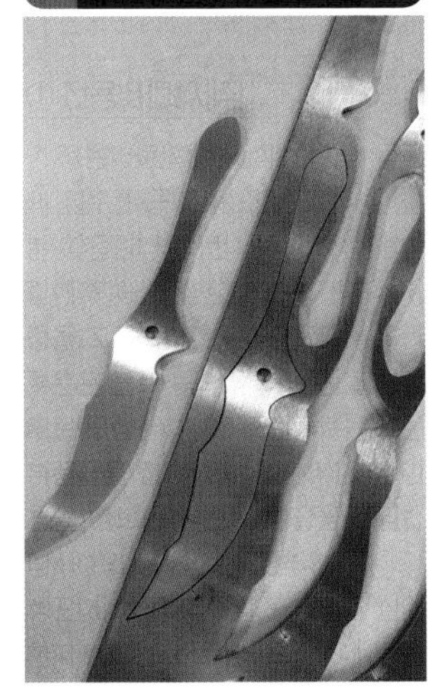

Memo :

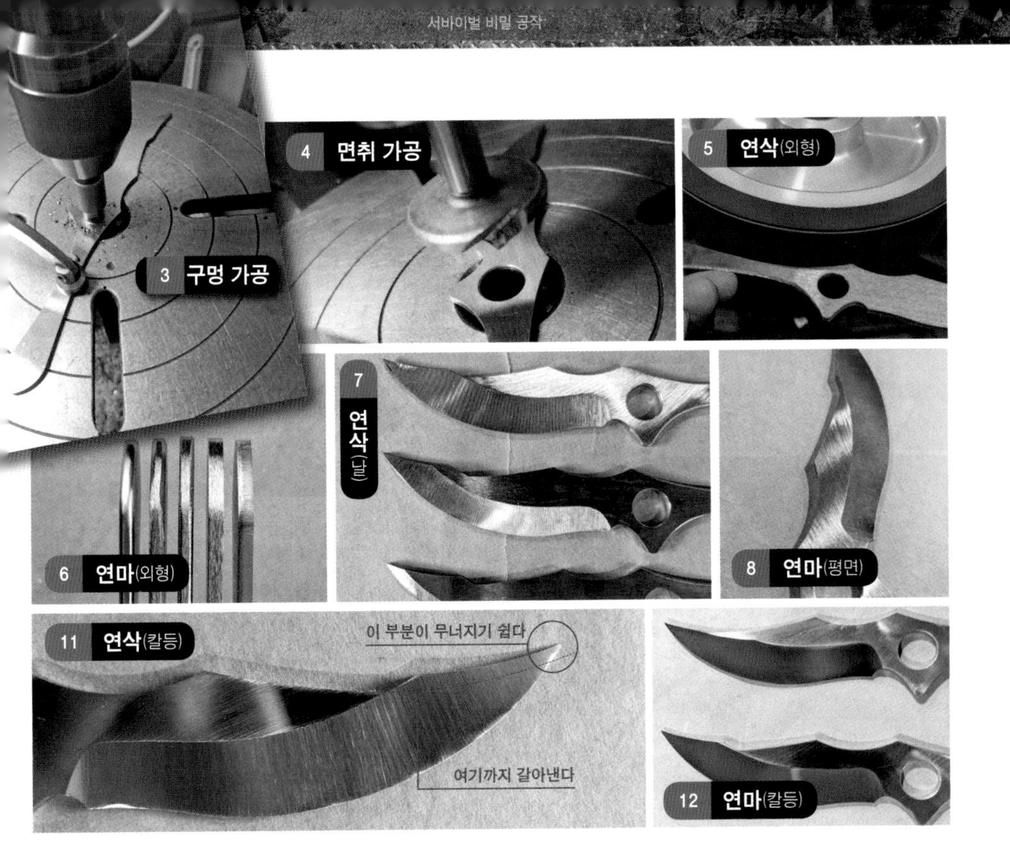

② 레이저 가공

쇠톱으로 직접 가공한다 해도 특별한 이점이 없기 때문에 순순히 외주를 맡겼다. 강재는 아이치제강의 'AUS6M'을 채용했다. 열처리로 단단해진 'SUS420J1'에 탄소, 몰리브덴, 바나듐 등을 첨가해 강도와 내마모성을 향상시킨 스테인리스이다.

③ 구멍 가공

디자인상으로는 지름 14mm, 레이저 가공으로는 지름 6mm의 구멍을 뚫는다. 레이저 가공은 강재를 녹여서 절단하기 때문에 담금질한 것과 마찬가지로 단단해져 다음 공정인 면취 가공이 불가능하기 때문에 6mm의 구멍을 가이드로 홀소(Hole Saw)를 이용해 14mm의 구멍을 뚫는다. 소재가 얇으면 보링 머신 바이스보다는 수직 핸들식 클램프가 안정적이다.

④ 면취 가공

구멍의 가장자리를 다듬는다. 개인적으로 면취 커터는 외날이 깔끔하게 완성되는 듯하다.

⑤ 연삭 & ⑥연마(외형)

레이저 가공한 단면을 벨트그라인더로 둥글게 가공한다. 어느 정도 형태가 잡히면 나일론 부직포계 휠(스카치브라이트나 스코라이트 등)로 마무리한다. 탄력이 있는 연마재이기 때문에 작업에 용이하며 매끄럽게 완성된다.

⑦ 연삭(칼날)

네크로의 칼날은 단면이 오목하게 파인 이른바 할로 그라인드이기 때문에 벨트그라인더의 접촉 휠로 갈아낸다. 따라서 칼날은 R자 모양으로 오목하게 파인 형태가 된다. 이 단계에서 완성 치수에 가까운 0.5~0.8mm 정도의 두께로 가공한다. 칼날의 두께를 결정한 후 폭을 넓힌다.

⑧ 연마(평면)

평평한 부분은 보기에는 반짝반짝 빛이 나지만 냉간 압연에 의해 의외로 흠집이 깊게 나 있을 수 있다. 가볍게 연마한다.

⑨ 열처리(외주)

담금질과 재열처리는 외주에 맡겼

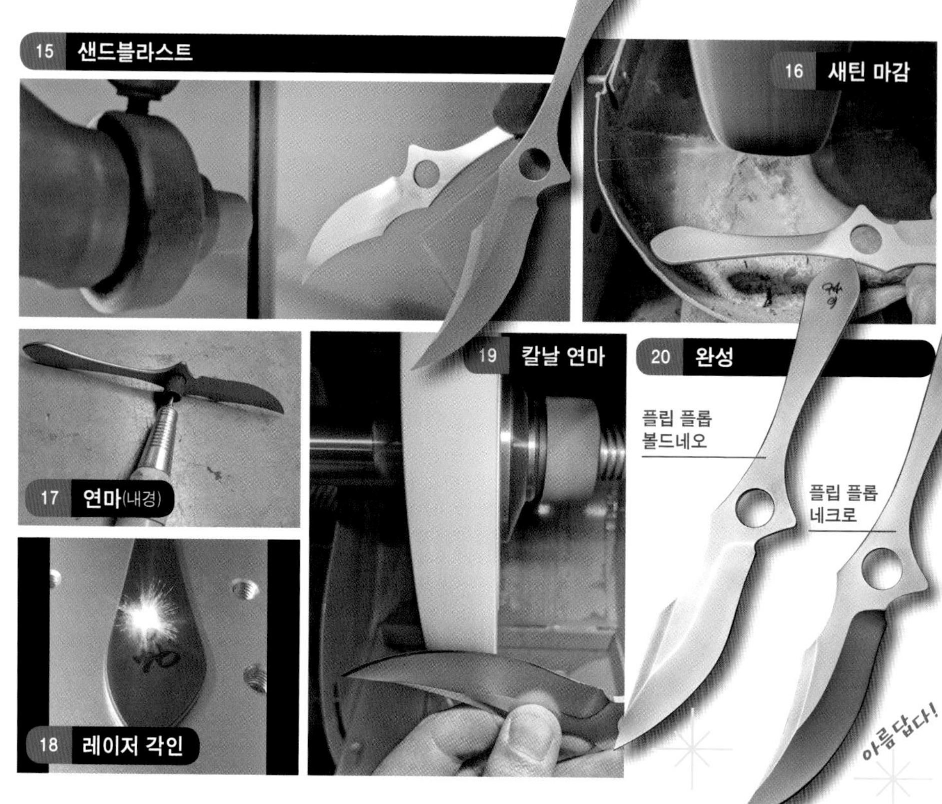

다. 진공로를 이용해 가열하기 때문에 표면이 산화되지 않고 금속의 광택을 유지한 채 열처리가 가능하다.

⑩ 연마(칼날, 평면, 외형)

열처리 후에는 형태가 망가지지 않도록 칼날과 평면을 연마한다. 그런 후, 외형을 완성 치수까지 연마하는데 칼날 부근은 급격히 면적이 좁아져 형태가 '무너지는' 경우가 종종 있다. 주의하며 연마해도 되지만 처음부터 무너지기 쉬운 부분을 제거하는 식으로 외형을 레이저 가공하기로 했다.

⑪ 연삭(칼등)

외형이 완성되면 칼등도 날카롭게 다듬는다. 열처리 후라 단단하지만 연삭 벨트가 열처리한 강재보다 더 강하기 때문에 연삭할 수 있다.

⑮ 샌드블라스트

전체를 연마한 후 단단하고 예리한 연마재인 알루미나를 0.6MPa 정도의 압력으로 분사한다. 샌드블라스트 후 연마하면 고급스러운 광택을 주고 약간의 가공 경화도 기대할 수 있다.

⑯ 새틴 마감

다시 한 번 ⑤, ⑥과 같은 나일론 부직포 휠로 연마한다. 이 단계에서 물을 튕겨내게 되므로 유지 보수성이 향상된다.

⑰ 연마(내경)

구멍 안쪽은 새틴 마감이 어렵기 때문에 AC 드럼으로 연마한다.

⑱ 레이저 각인

20W 정도의 파이버 레이저라면 금속에도 마킹이 가능하다. '백사(白蛇)'라고 각인했다.

⑲ 칼날 연마

0.5mm 정도 남긴 칼날을 세운다. 드릴 연마 등에 사용하는 양두 그라인더에 CG 숫돌을 부착해 연마한다.

⑳ 완성

플립 플롭 볼드네오(왼쪽)와 플립 플롭 네크로(오른쪽). 비교해보면 네크로가 더 날카롭게 디자인되어 있는 것을 알 수 있다.

Memo :

3D 프린터로 딤플 키를 완벽 복제?!

위험한 열쇠 복제를 검증

⦿ text by yasu

공작 레벨 ★★★★★

가정용 3D 프린터가 보급되면서 이제까지 개인이 도전하지 못했던 공작이 가능해졌다. 과연 딤플 키와 같은 복잡한 조형은 어떨까…. 검증해보았다.

갑작스럽게 여벌의 열쇠가 필요할 때가 있다. 그럴 때는 가까운 열쇠 집에 열쇠를 가져가 만드는 것이 일반적이지만, 때와 상황에 따라 열쇠를 맡기지 못하는 상황도 있을 수 있다. 그래서 이번에는 가정용 3D 프린터를 이용해 여벌 열쇠를 제작할 수 있을지 검증해보았다.

검증을 위해 딤플 키와 자물쇠 한 세트를 준비했다. 제작 공정은 왼쪽 하단의 표와 같다. 그럼 구체적으로 제작 과정을 살펴보자.

딤플 키 복제 작업의 흐름
① 캘리퍼스로 오리지널 열쇠의 치수를 측정한다.
② 측정 결과를 바탕으로 3D CAD로 모델링한다.
③ 3D 프린트용 출력 데이터를 작성한다.
④ 광조형(光造形) 3D 프린터로 자외선 경화 레진을 이용해 열쇠를 출력한다.
⑤ IPA로 열쇠를 세척해 여분의 레진을 제거한다.
⑥ 자외선램프를 조사해 열쇠를 2차 경화한다.
⑦ 열쇠의 치수를 측정해 3D 모델과의 차이를 확인한다.
⑧ 자물쇠에 적합한 치수가 될 때까지 ③~⑦의 공정을 반복한다.

① 캘리퍼스로 열쇠의 치수를 측정

제작의 출발점이 되는 공정이다. 캘리퍼스나 마이크로미터 등의 계측 기기를 이용해 너비와 두께는 물론 구멍의 피치, 깊이, 지름, 면취 형태 등을 정확히 기록한다.

② 3D CAD로 모델을 작성

측정한 결과를 바탕으로 열쇠를 모델링한다. 정확성이 요구되는 것은 자물쇠와 맞물리는 부분뿐이므로

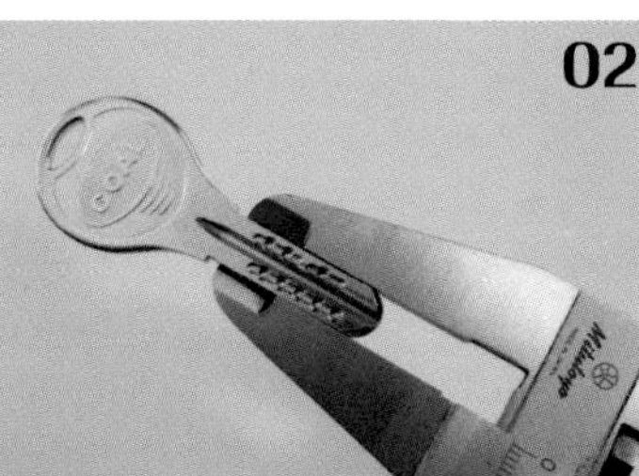

01 : 검증용으로 준비한 딤플 키와 자물쇠 세트. 복잡한 구조로 디스크 실린더 자물쇠 등에 비해 방범성이 높은 것으로 알려진다.
02 : 캘리퍼스 등을 이용해 열쇠의 치수를 측정한다.
03 : 슬라이서로 3D 프린터 출력용 데이터를 작성한다.
04 : 광조형 프린터 'AnyCubic Photon'

그 이외의 부분은 크게 신경 쓰지 않아도 된다. 처음에는 복잡하게만 보이던 딤플 키도 법칙을 알면 모델 작성도 그리 어렵지 않았다.

③ 출력용 데이터 작성

모델이 완성되면 적당한 포맷으로 변환해 슬라이서 소프트웨어를 이용해 3D 프린트용 데이터를 작성한다. 이번에는 광조형 3D 프린터를 사용했다. 열 용해 적층 방식에 비해 출력 과정이 다소 복잡하지만 매우 정교하고 완성도 높은 출력물을 얻을 수 있다. 이번처럼 복잡한 구조를 출력하기에는 최적이다.

④ 3D 프린터로 열쇠 출력

이번에 사용한 광조형 3D 프린터는 AnyCubic사의 'Photon'이다. 광조형 3D 프린터 입문용 모델로 부동의 지위를 구축하고 있다. 출력에는 본체에 딸린 레진을 사용했다. 처음에는 설정 요령을 터득하지 못해 하루 종일 시행착오를 거듭했지만 네 번째 도전으로 마침내 출력 성공. 조형 시간은 2시간 남짓 걸렸다.

⑤ IPA로 열쇠를 세척

이 부분이 광조형 프린트의 단점이라고 할 수 있다. 정밀한 형상을 얻기 위해서는 표면에 부착한 여분의 레진을 제거해야 한다. 먼저 IPA(이소프로필알코올) 세정액으로 간단히 표면의 레진을 제거하고(1차 세정) IPA를 교환해 초음파 세정기로 나머지 경화되지 않은 레진을 꼼꼼히 제거한다.

⑥ 자외선으로 2차 경화

여분의 레진을 꼼꼼히 제거한 후 자외선램프를 조사해 열쇠 전체를 확실히 경화시킨다. 네일아트용 자외선램프를 사용하면 편리하다. 이것으로 광조형 프린트는 '일단' 완료이다.

⑦ 오차를 수정

광조형 프린트는 마쳤지만 본격적인 제작은 이제부터 시작이다. 광조형 3D 프린터라고 해서 CAD로 모델링한 치수 그대로 출력되는 것이 아니다. 출력 조건이나 레진의 종류 혹은 모델의 형태에 따라 치수는 얼마든지 바뀔 수 있다. 그러므로 일단 출력한 후 다시 치수를 측정해 그 차이를 모델에 피드백함으로써 목표 치수로 만들어야 한다. 실제 이번에 출력한 모델의 치수를 측정한 결과 두께와 폭이 약간 더 크게 출력되었기 때문에 각각의 모델을 조정한 후 만일에 대비해 수치를 약간씩 조정해 재출력했다.

⑧, ③~⑦의 공정을 반복한다

광조형 3D 프린터의 가장 큰 장점은 프린트할 모델의 수를 늘려도 조형 시간은 같다는 점이다. 치수를 조정한 세 가지 모델을 한 번에 출력했다[10·11].

완벽히 작동하는 여벌 열쇠 만들기에 성공!

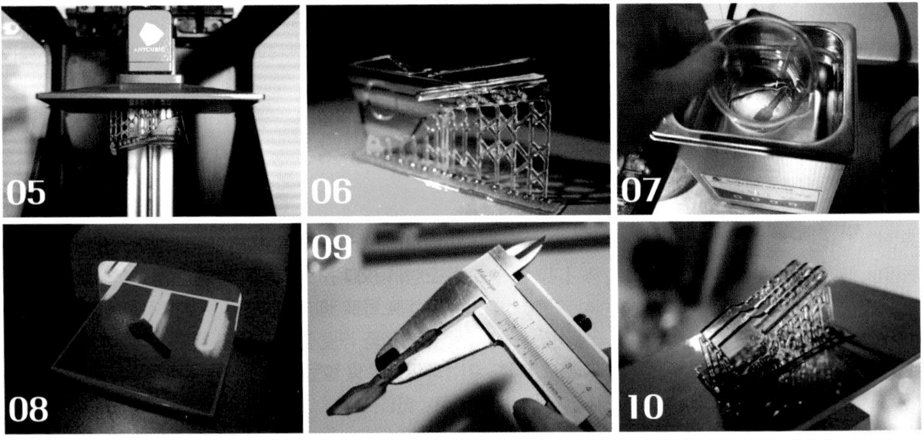

05 : 조형이 완료되자 레진 수조에서 모델이 천천히 떠올랐다. **06** : 조형 직후 완전히 경화되지 않은 레진에 둘러싸여 수상한 분위기를 내뿜는 출력물
07 : 물을 채운 초음파 세정기에 IPA와 출력한 복제 열쇠를 넣은 비커를 담가 레진을 제거한다. **08** : 네일아트용 램프로 자외선을 조사한다.
09 : 완성된 샘플의 치수를 다시 측정해 데이터와의 차이를 피드백한다. **10** : 3개의 열쇠 모델을 한 번에 출력. 불법적인 일을 하고 있는 듯한 느낌이 들지만, 기분 탓이겠지….

Memo :

꾸준한 작업 끝에 마침내 여벌의 열쇠가 완성되었다⑫. 치수를 측정한 결과 3D 모델과 완벽히 일치했다. 바로 테스트해보았다. "차르륵!" 하는 기분 좋은 금속음과 함께 열쇠가 열쇠 구멍에 부드럽게 꽂혔다. 열쇠를 끝까지 꽂아 돌리자 "찰칵…!" 완벽히 작동했다. 걸리는 부분 없이 자물쇠가 열린 것이다!

이번 검증으로 열쇠의 설계 법칙만 알면 3D 프린터로 딤플 키의 복제가 충분히 가능하다는 것을 알게 되었다. 사진 1장만 있으면 필요한 정보를 얻을 수 있다. 그러므로 '열쇠의 외형은 온·오프라인 할 것 없이 절대 공개해서는 안 된다!'는 점을 당부하고 싶다.

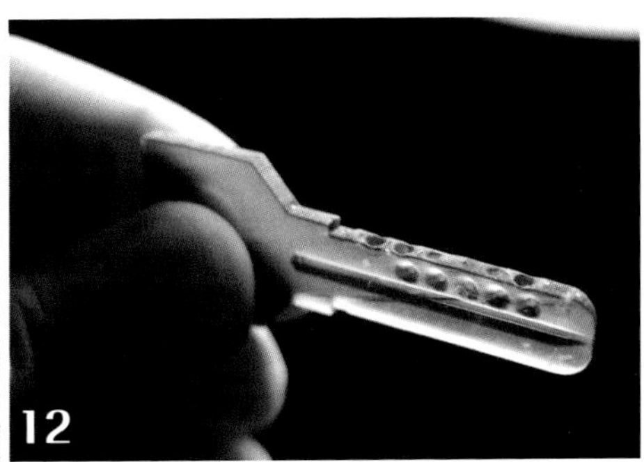

11 : 자외선램프를 조사해 여벌의 열쇠를 완성했다. **12** : 양면·양옆의 홈까지 완벽히 재현했다!

3D 프린터는 위험한 기술일까?

가정용 3D 프린터로 실제 사용할 수 있는 딤플 키의 복제가 가능하다는 것을 알게 되었지만 3D 프린터 자체를 위험한 기술이라고 비난하는 것은 그야말로 난센스이다. 새로운 기술을 두려워만 할 것이 아니라 그것을 활용하는 것이 더욱 바람직한 방향이다.

실제 외국에서는 이미 3D 스캔&프린트로도 복제가 어려운 '원통 내부에 홈을 설계한 열쇠'를 '3D 프린터로' 개발했다.

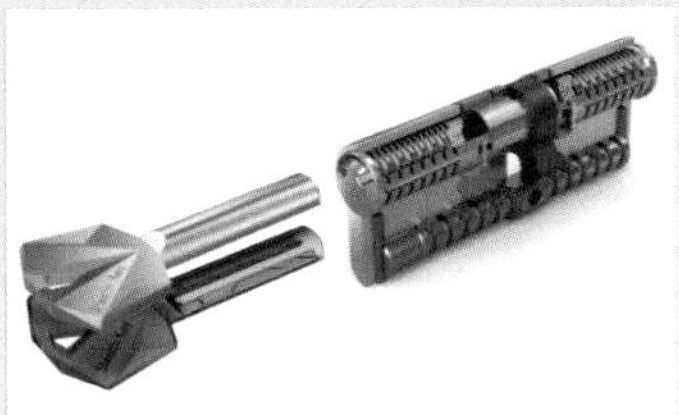

❍스위스의 한 기업이 개발한 이른바 '스텔스 키'. 원통 내부에 잠금 해제에 필요한 홈을 설계해 외관이나 3D 스캐너를 통한 복제를 방지한다.

❍기존의 제조 방법으로는 성형할 수 없기 때문에 금속 3D 프린터로 제작되었다고 한다.

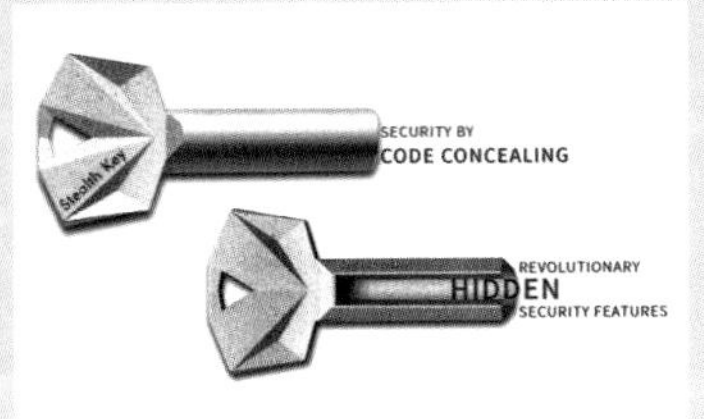

참고 사이트
- 'Stealth Key' 공식 사이트
http : //www.urbanalps.com/

스톤 월드의 멘탈리스트가 만들었다?!
망간 건전지의 분해

⊙ text by POKA

주변에 있는 아이템을 분해해 내부를 살펴보면 다양한 발견을 할 때가 있다. 사용되는 소재나 약품을 알면 응용할 수 있는 것이 있을지 모른다.

이번 타깃은 망간 건전지이다. 대개의 전지에는 내부에 강산성이나 강알칼리 또는 유독 물질 등이 사용되는데 망간 건전지 내부에는 그렇게 위험한 물질은 들어 있지 않다. 그래서 비교적 간단히 분해가 가능하다. 하지만 작업할 때는 반드시 장갑과 안전 고글을 착용하도록 한다.

구조는 아연 캔을 음극, 탄소봉을 양극으로 사용하며 전해질은 이산화망간에 염화 아연 등을 섞은 것을 사용했다.

01 : 망간 건전지. 《Dr. STONE》에서는 아사기리 겐이 휴대전화 배터리로 사용하기 위해 800개나 만들었다.

02 : 전지를 둘러싼 금속제 캔을 제거한다. 일자드라이버로 살짝 떼어낸 후 펜치로 잡아 조금씩 벗겨낸다. 내부의 아연 캔이 망가지지 않도록 조심해서 작업한다.

03 : 상부를 제거하면 탄소봉이 나온다. 검은색 가루(전해질)를 긁어내듯 제거한 후 탄소봉을 꺼낸다.

분해 순서

① 건전지 표면을 둘러싼 금속제 캔을 제거한다.

② 겹쳐진 부분에 일자드라이버 등을 끼워 넣어 조금씩 젖힌다.

③ 1㎝가량 떼어낸 후 그 부분을 펜치로 잡고 금속 캔 전체를 벗겨낸다.

④ 보통 아연 캔과 바깥의 금속 캔 사이에 플라스틱 필름이 한 겹 더 끼워져 있으므로 이것도 커터 칼 등으로 칼집을 넣어 제거한다.

⑤ 윗부분을 제거하면 양극인 탄소봉이 드러난다.

⑥ 탄소봉은 검은색 가루와 함께 아연 캔에 들어 있다.

⑦ 가루가 새어나오지 않게 종이 등으로 덮여 있으므로 송곳 등을 사용해 덮개를 제거하면 검은색 가루가 보일 것이다.

⑧ 이 검은색 가루가 전해질로, 아연 캔에 압축·충전되어 있다.

⑨ 이 가루를 끝이 뾰족한 도구로 긁어내듯 꺼낸다.

⑩ 이산화망간 가루를 절반가량 제거하면 탄소봉을 꺼내기 쉽다.

너무 강하게 당기거나 구부리거나 하면 탄소봉이 부러질 수 있다. 잘 빠지지 않을 경우에는 가루를 더 긁어낸 후 꺼내면 된다. 탄소봉을 꺼내면 분해 완료.

참고로, 알칼리 건전지는 강알칼리성 수산화칼륨이 사용되기 때문에 망간 건전지보다 위험하다. 특히 눈에 들어가면 실명의 우려가 있으므로 섣불리 도전하는 것은 추천하지 않는다. 그럼에도 분해한다면 반드시 안전 고글을 착용하기 바란다.

Memo :

Chapter 06
보강(補講)

과학실험·공작에 활약하는
유용한 측정 애플리케이션 8선

⦿ text by Joker

실험이나 공작에 측정은 필수. 다양한 전용 측정기기가 있지만 정밀한 측정이 필요 없는 간단한 체크 용도라면 스마트폰 애플리케이션이 편리하다. 사용해보기 바란다!

AR 기능으로 물체의 크기를 측정한다

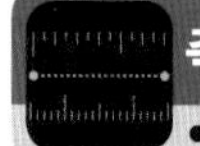

측정

●가격 : 무료 ●입수처 : 앱 스토어

AR(증강현실, Augmented Reality) 기능으로 간단히 길이나 면적을 측정할 수 있는 아이폰(iPhone)의 표준 애플리케이션이다. 각도나 깊이에 따라 오차가 있기는 하지만 정확도는 그렇게 나쁘지 않다. 직감적인 조작으로 스마트폰 화면을 측정할 물건에 대고 인식하기만 하면 된다. 사각형 물체는 자동으로 인식해 변의 길이와 면적을 측정한다. 또 수평기 기능도 있어 수평을 확인할 수 있는 것도 포인트이다.

애플리케이션 기동 후 아이폰을 움직여 조정한다. '+' 버튼으로 점을 찍어 길이를 측정할 수 있으며 자동으로 면적을 계산한다.

Measure

●가격 : 무료 ●입수처 : 구글 플레이

안드로이드(Android) 단말기용 측정 애플리케이션은 구글 플레이(Google Play)의 공식 애플리케이션 'Measure'가 있다. 처음 시작할 때 평면을 인식시키는 등의 조정이 필요하지만 길이를 측정한 후 사진 보관함에 저장할 수 있는 기능이 있다.

이런 AR 측정 애플리케이션을 유용하게 이용하는 비결은 다소 오차가 있어도 문제가 되지 않을 상황에 사용하는 것이다. 예컨대 새로운 기재를 놓고 싶은 경우 대강의 치수를 측정해 사진을 찍어두는 식이다.

측정할 물체에 대고 '+' 버튼으로 조정하면 길이를 측정할 수 있다.

각도나 기울기를 측정한다

각도 경사계

●가격 : 무료 ●입수처 : 구글 플레이

수평의 측정은 아이폰 운영체제의 경우 위에서 소개한 표준 '측정' 애플리케이션으로 가능하다. 안드로이드에서는 '각도 경사계'를 사용하면 수평은 물론 각도와 기울기까지 체크할 수 있다. 여러 조건에서 정확도에 영향이 있기도 하지만 충분한 조정을 통해 정확도를 높일 수 있다. 또 배치에 따라 스마트폰 화면을 확인하기 어려운 경우에는 음성으로 각도를 알려주는 기능이 있어 편리하다.

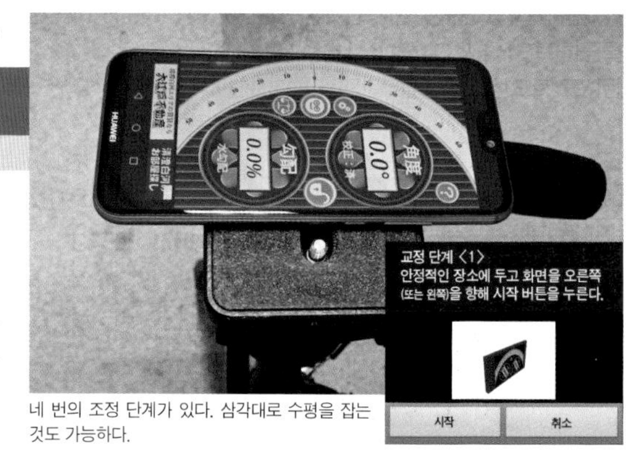

네 번의 조정 단계가 있다. 삼각대로 수평을 잡는 것도 가능하다.

Memo :

3D Touch로 무게 측정

touchscale

●가격 : 무료 ●URL : http : //touchscale.co/

'touchscale'을 이용하면 아이폰을 소형 전자저울 대신 사용할 수 있다. 아이폰으로 웹사이트에 방문하면 바로 이용 가능. 아이폰의 3D 터치 기능을 이용해 누르는 강도로 무게를 측정한다. 정전 용량 방식이라 플라스틱처럼 전류가 통하지 않는 물체는 측정할 수 없다는 약점이 있지만…. 또 스마트폰 화면에 물건을 올려놓고 측정하기 때문에 흠집이나 파손에 주의한다.

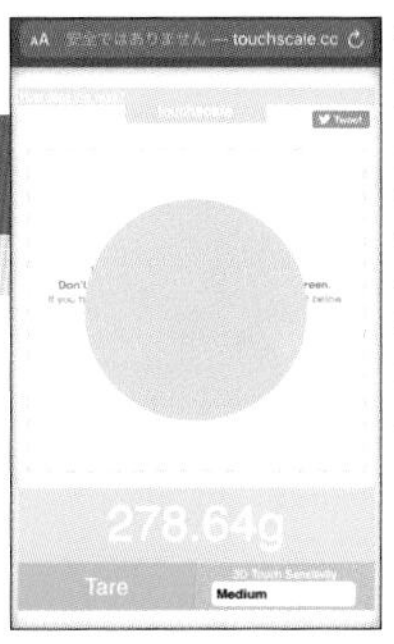

수백 g까지 측정할 수 있다. 이용 가능한 상황은 많지 않지만 기억해 두면 필요할 때가 있을지도?

온도·습도·기압 등을 체크한다

온도 기압계

●가격 : 무료 ●입수처 : 구글 플레이

기압계와 고도계와 온도계

●가격 : 무료 ●입수처 : 앱 스토어, 구글 플레이

온도, 습도, 기압을 표시해주는 애플리케이션. 안드로이드 스마트폰의 경우, 센서가 탑재되어 있으면 측정이 가능하지만 그렇지 않으면 GPS로 입수한 정보를 표시하는 구조이다. 정확도는 스마트폰에 따라 다르다. 아이폰의 경우 어느 기종이든 온도 센서는 탑재되어 있지 않다. 실온은 측정할 수 없고 GPS를 바탕으로 한 기온 데이터만 제공된다. 단순히 기압이나 고도를 알기 쉽게 표시하는 용도라면 '기압계와 고도계와 온도계'와 같은 애플리케이션이 편리할 것이다.

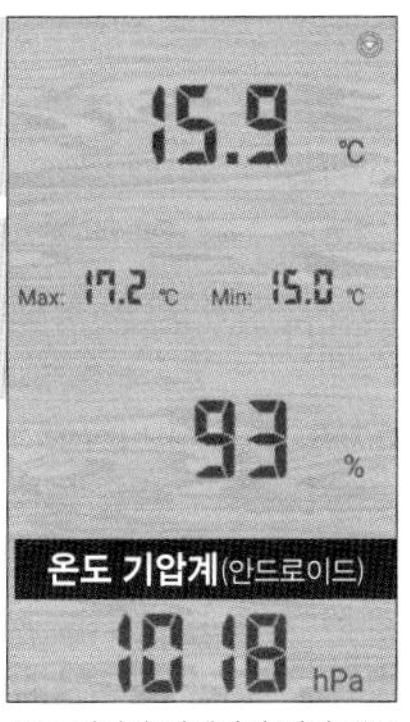

온도 기압계(안드로이드)

온도 센서가 탑재되어 있지 않은 화웨이 P20 lite로 실험. GPS로 입수한 정보를 표시한다.

기압계와 고도계와 온도계(아이폰)

기압·표고 등을 확인할 수 있지만 온도 등은 GPS를 기반으로 산출된다.

공작 중 의외로 신경 쓰이는 소음

데시벨X

●가격 : 무료 ●입수처 : 앱 스토어, 구글 플레이

공작할 때 은근히 신경 쓰이는 것이 공작기계나 3D 프린터 등에서 나는 소음이다. 이럴 때는 스마트폰으로 소음을 체크해보자. '데시벨X'는 아이폰, 안드로이드 모두 애플리케이션을 입수할 수 있으며, 음량에 관해서는 데이터뿐 아니라 '소곤거리는 소리'라거나 '큰 소리로 노래하는 소리' 등과 같이 알기 쉬운 지표로 표시된다.

간단히 음량을 측정할 수 있다. 기본 사양은 무료이지만 유료인 항목도 있다.

공기 중의 방사선량을 체크

GammaPix

●가격 : 아이폰 1,840엔, 안드로이드 무료
●입수처 : 앱 스토어, 구글 플레이

스마트폰으로 방사선 측정이 가능하다고 주장하는 애플리케이션 'GammaPix'. 동일본 원전 사고 당시 찍힌 사진 등에 강한 방사선으로 말미암아 하얀 점이 찍히는 현상이 있었는데 그것을 스마트폰 카메라에 응용해 측정하는 구조인 듯하다. 정확도는 알 수 없지만 애플리케이션 자체는 미국 국방부 등의 지원을 받아 개발되었다.

스마트폰 카메라 부분을 차광한 상태로 측정한다. 기존의 비디오카메라로 방사선을 검출하는 기술을 응용한 듯하다.

목재부터 접착제까지! 알아두면 도움이 될 기본

공작 소재의 실천 지식

⦿ text by 데고치

공작에는 목재, 골판지, 점착테이프, 접착제, 성형재 등이 활용된다. 소재에 따라 가공 방법이나 사용법이 다르기 때문에 각각의 주의점 등을 정리해보았다.

목재 사용 목적 : 구조체로 이용 | 비고 : 삼나무, 편백나무, 소나무, 떡갈나무, 대나무, 코르크나무, 발사…

목재는 익숙한 소재로 종류에 따라 다양한 특징을 지녔다. 물과 약품을 넣고 끓여 섬유(펄프)를 추출하면 종이가 되는 것은 알고 있을 것이다. 굉장하다, 셀룰로오스, 헤미셀룰로오스, 리그닌! 대다수 목재는 가공이 쉽고 톱 등으로 간단히 절단·절삭이 가능하며 못, 나사, 접착제 등으로 결합도 쉽다. 그렇기 때문에 프레임이나 본체 등의 구조체에 주로 이용된다. 가볍고 가공성이 좋아 만만히 보기 쉽지만 목재도 제대로 설계하면 충분한 강도를 얻을 수 있다. 그 증거로 과거에는 비행기나 자동차 등의 프레임에 이용되었다. 제2차 세계대전 당시 영국 공군에서 'DH. 98 모스키토'라는 목제 폭격기를 개발·제조하기도 했다.

공작에 자주 사용되는 목재는 홈 센터에서 저렴하게 구입할 수 있는 SPF 목재이다. SPF 목재는 성장이 빠른 소나뭇과 침엽수 Spruce(가문비나무), Pine(소나무), Fir(전나무)의 약자로 이 나무들을 사용한다. '2×4' 등으로 불리는 규격으로 판매된다. 2×4의 단면의 치수는 세로 38mm×가로 89mm의 어중간한 느낌이다. 단순히 1인치 = 25.4mm로 생각하면 계산이 맞지 않는데 목재를 건조할 때 생기는 수축을 고려한 듯하다.

목재를 가공할 때는 섬유의 방향에 주의해야 한다. 종류에 따라 다르긴 하지만, 섬유의 방향에 의해 균열이 생기거나 갈라지는 경우가 있다. 갈라지기 쉬운 목재에 못이나 나사를 박을 때는 송곳 등으로 미리 구멍을 뚫어두면 쉽게 갈라지지 않는다. 또 톱으로 자르거나 드릴로 구멍을 뚫을 때 재료에 폐재를 대면 목재가 깨지거나 거스러미가 생기는 것을 방지할 수 있으므로 기억해두자.

왼쪽은 폐재 없이 그냥 절단한 모습. 절단면에 거스러미가 눈에 띈다. 오른쪽은 폐재를 대고 절단한 모습. 거스러미의 발생을 억제한다.

홈 센터에는 SPF 목재가 풍부하게 갖추어져 있다. 무엇보다 가격이 저렴한 것이 특징. 주로 사용하는 것은 2×4 규격으로 단면의 너비는 89mm이다.

Memo :

골판지 사용 목적 : 구조체로 이용 | 비고 :

종이도 가공이 쉽기 때문에 공작에 자주 쓰인다. 특히 활약하는 종류가 평평한 종이와 물결 모양의 종이를 붙여서 만든 '골판지'이다. '플루트'라는 단위로 두께가 구분되어 있으므로 목적에 맞게 적합한 종류를 선택한다. 내부의 물결무늬 방향으로 구조적인 강도에 차이가 나는 것도 흥미롭다.

가공이 쉽고 어느 정도 강도도 있기 때문에 공작물의 구조체나 성형재로 자주 이용된다. 또 골판지의 물결 구조를 파이프처럼 이용해 끈을 연결하면 로봇 팔처럼 움직이는 장난감을 만들 수도 있다.

플라스틱 소재의 골판지도 있다. 종이보다 내구성과 내수성이 높기 때문에 용도에 맞게 이용하면 공작의 폭이 넓어진다.

골판지 구조의 방향을 고려해 균일하게 압력을 가하면 자동차의 하중도 견딜 수 있다. 단, 위험하기 때문에 절대 따라 하지 말 것.

골판지는 평평한 종이와 물결 모양의 종이를 붙여서 만든다. 이 물결 사이에 끈을 끼우면 꼭두각시 인형처럼 조작이 가능한 로봇 팔을 만들 수 있다.

점착테이프 사용 목적 : 접착용 | 비고 : 셀로판테이프, 검 테이프…

'셀로판테이프'는 셀로판과 천연고무 풀을 이용해 만든 점착테이프이다. 셀로판은 목재의 섬유인 셀룰로오스로 만들기 때문에 천연고무 풀과 마찬가지로 결국에는 흙으로 돌아가는 재료이다. 비슷한 종류로 'OPP 테이프'가 있다. 폴리프로필렌 필름을 이용한 테이프와 아크릴계 점착제가 사용되며 전체적으로 석유 유래 성분으로 구성된다. OPP 테이프는 정전기 때문에 손에 달라붙고 점착제 특유의 자극적인 냄새도 약간 있어 개인적으로는 즐겨 사용하지 않는다.

'검 테이프'는 본래 우표와 같이 풀을 발라 건조시킨 면에 물을 묻혀 사용하는 점착제이지만 일본에서는 일반적인 점착테이프 전반을 가리키는 말로 쓰인다. 물체를 고정하는 목적 외에도 입체물의 본을 뜰 때 이용할 수 있다. 입체물에 신문지를 덮고 검 테이프를 붙인 후 가위로 잘라 펼치면 손쉽게 형지를 만들 수 있다. 코스플레이용 의상을 만들 때 편리하다.

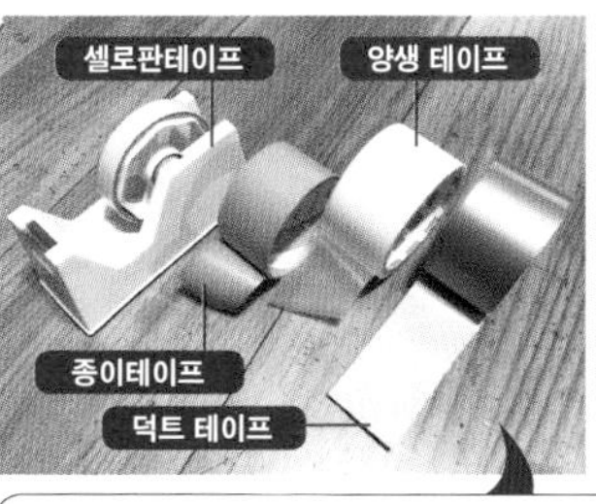

검 테이프는 입체물의 본을 뜰 때에도 활용할 수 있다.

양생 테이프	공사 현장에서 벽이나 가구에 흠집이 나지 않도록 보호하는 용도로 사용한다. 점착력이 약해 떼어내기 쉬운 것이 특징이다.
덕트 테이프	점착력과 강도가 높다. 미국에서 가장 많이 쓰이는 종류로, 미국인들은 무엇이든 덕트 테이프로 수리하려고 한다.

수지계 접착제 사용 목적 : 접착용 | 비고 : 글루 건, 핫 본드

강제로 무언가를 접착할 때 편리한 것이 '글루 건'이나 '핫 본드'이다. EVA(에틸렌초산비닐) 수지제 심이 녹았다 식으면서 경화하는 것을 이용해 접착한다. 글루 건으로 접착할 수 없는 것은 부드럽고 표면이 매끄러운 실리콘 고무 정도가 아닐까. 종류에 따라 접착력은 다르지만, 개인적으로는 플라스틱, 목재, 헝겊, 금속 등 거의 대부분의 물체를 접착할 수 있다고 생각한다(너무 지나쳤나?!). 작업할 때 녹인 EVA 수지가 늘어지는 것을 싫어하는 사람도 간혹 있는 듯하지만 나는 '아무렴 어때!'라는 식으로 다양한 작업에 활용하고 있다.

만능에 가까운 접착 성능을 지녔지만 재료의 특성상 열에 약하다. 또 녹인 수지가 식으면서 접착력이 생기기 때문에 발포 스티로폼이나 펠트와 같이 보온성이 높은 소재끼리는 수지가 잘 굳지 않아 작업성이 좋지 않다. 기억해두면 좋다.

글루 건 심은 다이소의 제품을 추천한다. 가성비가 좋다.

천이나 모피 등의 접착에도 사용 가능. 사용법이 손에 익기 전에는 화상에 주의할 것. EVA 시트(코스플레이 의상에 주로 사용되는 폴리에틸렌 수지 발포 시트 등)도 간단히 접착할 수 있다.

에폭시계 접착제 사용 목적 : 접착용 | 비고 : 세메다인사의 'EP001N' 등

'에폭시계 접착제'는 두 종류의 에폭시 수지 약제를 혼합해 그 약제의 화학반응으로 경화시키는 접착제이다. 플라스틱부터 금속까지 두루 사용할 수 있다. 종이용 PVA 풀이나 목공용 접착제 등이 건조 후 접착력을 발휘하기까지 시간이 걸리는 것과 달리 에폭시계 접착제는 화학반응에 의해 경화 시간이 결정된다. 빠른 타입은 수 분, 비교적 시간이 걸리는 타입은 30분~1시간까지 다양하기 때문에 용도에 따라 구분해 사용하면 편리하다. 경화 시간은 '가사 시간'과 '완전 경화 시간'이 정해져 있다.

기본적으로 A제와 B제를 같은 양 혼합해 사용한다. 세메다인사의 'EP001N'은 고무와 같은 유연성이 남기 때문에 이그저스트 캐넌 접합부의 유체 밀폐에도 사용할 수 있다.

가사 시간은 약제를 혼합한 후 실제 대상물을 접착해 고정하기까지의 시간이다. 이 시간 내라면 대상물의 고정 위치 등을 미세 조정할 수 있다. 이 시간이 경과되면 경화가 눈에 띄게 진행되기 때문에 대상물을 움직이면 접착이 불완전해질 우려가 있다. 완전 경화 시간은 혼합된 에폭시 수지가 완전히 경화해 접착제로서의 강도를 얻기까지의 시간이다. 접착한 물체를 사용하려면 이 완전 경화 시간이 경과할 때까지 기다린다.

Memo :

실리콘 고무

사용 목적 : 본을 뜬다 | 비고 : 1kg당 약 3,000엔

'실리콘 고무' 역시 섞어서 굳히는 방식의 재료이다. 크림 형태의 실리콘 수지 주제에 경화제를 섞어 굳힌다. 규소 화합물이지만 규소의 영어명인 Silicon이 아니라 Silicone이다. 이 두 가지를 구분해 사용하면 전문가들 앞에서도 '뭘 좀 아는 듯한' 인상을 줄 수 있을지 모른다(웃음).

보기에는 유연한 고무 같지만 약 200℃의 내열성이 있으며 약품에도 강해 쉽게 변질되지 않는다. 어려운 설명은 생략하기로 하고 어쨌든 매우 고기능 소재이다. 일반적인 접착제로 접착이 어렵고 박리성이 좋기 때문에 주로 피규어 등의 조형물의 본을 뜰 때 사용한다. 기본적인 사용 방법으로는 점토 등으로 원형을 만든 후 그 원형을 틀에 넣고 실리콘 주제와 경화제를 섞어 부으면 OK. 경화 시간은 실리콘 고무에 따라 다르지만 대강 수 시간 정도가 걸린다.

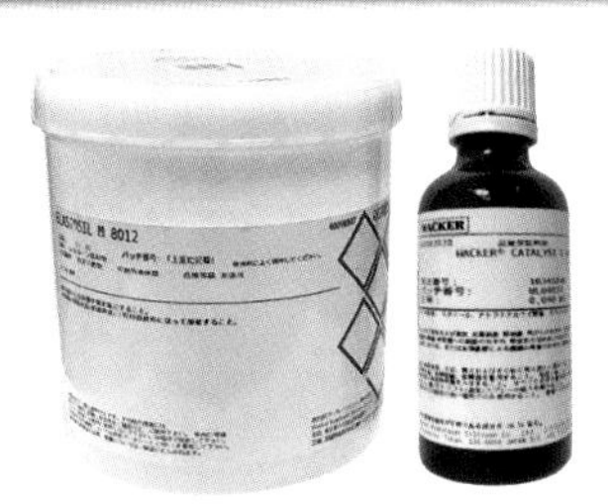

피규어의 거푸집은 플라스틱 수지 등을 사용한다.

고무 스트랩 제작

좋아하는 캐릭터의 틀이 있으면 나만의 고무 스트랩을 만들 수 있다. 배색을 고려해 미리 실리콘 수지 주제에 착색료를 넣고 경화제를 섞은 후 캐릭터 틀에 바른다. 배색별로 실리콘 고무를 바른 후 검은색 등의 바탕색을 섞은 실리콘 수지를 채워 경화하면 오리지널 굿즈가 완성된다.

캐릭터 틀은 3D 프린터로 출력했다. 이 틀에 착색한 실리콘 수지를 채운다. 나만의 오리지널 굿즈를 만들 수 있다!

식품용 실리콘 고무

초콜릿이나 젤리 등의 틀을 만드는 식품용 실리콘 고무도 있다. 이를테면 장난감 수류탄 모양의 틀을 만들어 녹인 초콜릿을 부으면 수류탄 모양의 초콜릿을 만들 수 있다.

식품용 실리콘 고무

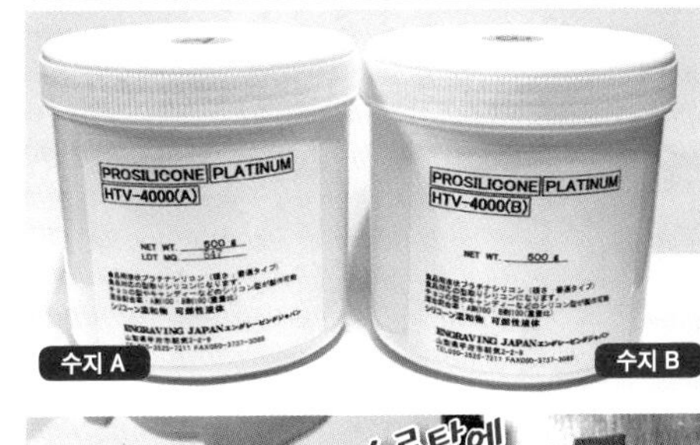

크림 형태의 수지 A와 수지 B를 같은 양 섞어 틀을 만든다. 여기에 녹인 초콜릿을 채우면…

에필로그

이 책을 읽어주셔서 감사합니다.
『과학실험 이과』의 괴인 데고치입니다.
뭔가 감동적인 말로 마쳐야 할 것 같지만 아무래도 무리일 것 같아 먼저 사과 말씀 드립니다. 죄송합니다….
이 책을 통해 다양한 공작을 소개했습니다.
하지만 독자 여러분이 사용하는 공구, 설비, 체력, 지식, 자금은 각자 다를 것입니다.
이 책의 모든 공작을 실행할 수 있는 사람은 드물 것입니다.
나 역시 본격적인 금속 가공 같은 건 아직 무리입니다.
단지 '이런 방법도 있구나' 하는 지식을 머리에 넣어두면 곤란한 상황을 해결할 힌트가 되어줄지 모릅니다.
사전이란 대체로 그런 것이니까요.
…라는 것이 이 책을 읽고 '이 정도 설명으로는 도저히 똑같은 건 못 만든다'고 반박하는 분들에 대한 변명입니다. 아무튼 (다시 한 번) 사과드립니다.
이제 그만 변명 말고 진짜 에필로그를 적어야 할 것 같습니다.
인류 최대의 무기는, 세대를 뛰어넘은 기술과 지식의 승계와 축적이 가능하다는 것입니다.
선인의 경험을 후대가 계승해 같은 것을 재현하는 것이 곧 '과학'이라고 생각합니다.
이렇게 꾸준히 축적되어온 '과학'이 있었기에 인류의 문명이 발전할 수 있었던 것입니다.
이 책의 저자 중 나를 포함한 몇 명은 지금까지의『과학실험 이과』시리즈를 읽고 중독되어…
가 아니라 감화되어, 그 기술과 지식을 응용해 새로운 작품과 기술을 독자적으로 만들어왔습니다.

책을 읽고 중독되어

독자적인 무언가를 만들어낸다

무언가를 보고 듣고 '입력'해 자기만의 생각으로 '처리'한 후 새로운 무언가를 만들어내 '출력'하는 것입니다.
'입력', '처리', '출력'이라는 과정은 누구나 하고 있는 일입니다.
물론 아무런 예비지식도 없이 엄청난 것을 만들어내는 천재도 있을지 모르지만,
평범한 사람이 다양한 성과를 '출력'하려면 어느 정도 '입력'이 필요합니다.
독자 여러분들도 이 책에 한정되지 말고 넓고 다양한 지식과 정보를 꾸준히 '입력'해 재미있는 물건을 '출력'하기 바랍니다.
모쪼록 새롭게 등장한 공작물을 보는 즐거움을 제게 선사해주시기 바랍니다.
부탁이 아니라 진짜 에필로그를 적어야 할 것 같습니다.
나는 세상을 재미있게 살기 위해 적당히 눈에 띄지 않고, 지나친 언행을 삼가며…
그러니까, 미야자와 겐지의『비에도 지지 않고』속의 '나'처럼 살고자 애쓰고 있습니다.
그러다 보니 '욕심이 없는 사람'이라는 말을 듣기도 하지만 실은 그렇지 않습니다. 나는 누구보다 욕심이 많은 사람입니다.
갖고 싶은 물건이 있으면, 그게 내가 살 수 있는 물건이라면 망설임 없이 삽니다.
다만 내가 살 수 없을 만큼 고가의 물건이나 애초에 세상에 없는 물건은 살 수 없습니다. 없으면 만들어서라도 갖고 싶은 강한 욕구가 나의 공작에 대한 동기입니다. 공작을 좋아하는 많은 사람들이 아마도 그렇게 자신의 욕구에 솔직하리라 생각합니다.
하지만 요즘은 과잉이라고도 해도 과언이 아닐 만큼 다양한 법적 규제와 재미라고는 찾아볼 수 없고 이해도 안 되는 의무 교육의 내용 등 불만을 품게 하는 문제들이 산적해 있습니다.
자신의 욕구에 솔직한 공작을 하기가 점점 더 어려워지는 작금의 상황이 안타까울 뿐입니다.
하지만 이 책을 읽고 있는 여러분과 같이 과학과 기술에 대한 순수한 지식욕을 품는 사람이 많아지면
그런 문제는 줄어들 것이라고 믿고 있습니다.
그러니 여러분, 앞으로도 다양한 공작을 즐기기 바랍니다.
그것이 여러분의 인생에 재미와 발전을 가져오기를 기원하며….

야쿠리 교시쓰 [공작 담당] 데고치

초판 1 쇄 인쇄 2022 년 1 월 10 일
초판 1 쇄 발행 2022 년 1 월 15 일

저자 : 야쿠리 교시쓰
번역 : 김효진

펴낸이 : 이동섭
편집 : 이민규 , 탁승규
디자인 : 조세연 , 김현승 , 김형주
영업 · 마케팅 : 송정환 , 조정훈
e-BOOK : 홍인표 , 서찬웅 , 최정수 , 김은혜 , 이홍비
관리 : 이윤미

㈜에이케이커뮤니케이션즈
등록 1996 년 7 월 9 일 (제 302-1996-00026 호)
주소 : 04002 서울 마포구 동교로 17 인길 28, 2 층
TEL : 02-702-7963~5 FAX : 02-702-7988
http : //www.amusementkorea.co.kr

ISBN 979-11-274-4980-3 03400

창작을 위한 아이디어 자료

AK 트리비아 시리즈

-AK TRIVIA BOOK

No. 01 도해 근접무기
검, 도끼, 창, 곤봉, 활 등 냉병기에 대한 개설

No. 02 도해 크툴루 신화
우주적 공포인 크툴루 신화의 과거와 현재

No. 03 도해 메이드
영국 빅토리아 시대에 실존했던 메이드의 삶

No. 04 도해 연금술
'진리'를 위해 모든 것을 바친 이들의 기록

No. 05 도해 핸드웨폰
권총, 기관총, 머신건 등 개인 화기의 모든 것

No. 06 도해 전국무장
무장들의 활약상, 전국시대의 일상과 생활

No. 07 도해 전투기
인류의 전쟁사를 바꾸어놓은 전투기를 상세 소개

No. 08 도해 특수경찰
실제 SWAT 교관 출신의 저자가 소개하는 특수경찰

No. 09 도해 전차
지상전의 지배자이자 절대 강자 전차의 힘과 전술

No. 10 도해 헤비암즈
무반동총, 대전차 로켓 등의 압도적인 화력

No. 11 도해 밀리터리 아이템
군대에서 쓰이는 군장 용품을 완벽 해설

No. 12 도해 악마학
악마학의 발전 과정을 한눈에 알아볼 수 있도록 구성

No. 13 도해 북유럽 신화
북유럽 신화 세계관의 탄생부터 라그나로크까지

No. 14 도해 군함
20세기 전함부터 항모, 전략 원잠까지 해설

No. 15 도해 제3제국
아돌프 히틀러 통치하의 독일 제3제국 개론서

No. 16 도해 근대마술
마술의 종류와 개념, 마술사, 단체 등 심층 해설

No. 17 도해 우주선
우주선의 태동부터 발사, 비행 원리 등의 발전 과정

No. 18 도해 고대병기
고대병기 탄생 배경과 활약상, 계보, 작동 원리 해설

No. 19 도해 UFO
세계를 떠들썩하게 만든 UFO 사건 및 지식

No. 20 도해 식문화의 역사
중세 유럽을 중심으로, 음식문화의 변화를 설명

No. 21 도해 문장
역사와 문화의 시대적 상징물, 문장의 발전 과정

No. 22 도해 게임이론
알기 쉽고 현실에 적용할 수 있는 게임이론 입문서

No. 23 도해 단위의 사전
세계를 바라보고, 규정하는 기준이 되는 단위

No. 24 도해 켈트 신화
켈트 신화의 세계관 및 전설의 주요 등장인물 소개

No. 25 도해 항공모함
군사력의 상징이자 군사기술의 결정체, 항공모함

No. 26 도해 위스키
위스키의 맛을 한층 돋워주는 필수 지식이 가득

No. 27 도해 특수부대
전장의 스페셜리스트 특수부대의 모든 것

No. 28 도해 서양화
시대를 넘어 사랑받는 명작 84점을 해설

No. 29 도해 갑자기 그림을 잘 그리게 되는 법
멋진 일러스트를 위한 투시도와 원근법 초간단 스킬

No. 30 도해 사케
사케의 맛을 한층 더 즐길 수 있는 모든 지식

No. 31 도해 흑마술
역사 속에 실존했던 흑마술을 총망라

No. 32 도해 현대 지상전
현대 지상전의 최첨단 장비와 전략, 전술

No. 33 도해 건파이트
영화 등에서 볼 수 있는 건 액션의 핵심 지식

No. 34 도해 마술의 역사
마술의 발생시기와 장소, 변모 등 역사와 개요

No. 35 도해 군용 차량
맡은 임무에 맞추어 고안된 군용 차량의 세계

No. 36 도해 첩보·정찰 장비
승리의 열쇠 정보! 첩보원들의 특수장비 설명

No. 37 도해 세계의 잠수함
바다를 지배하는 침묵의 자객, 잠수함을 철저 해부

No. 38 도해 무녀
한국의 무당을 비롯한 세계의 샤머니즘과 각종 종교

No. 39 도해 세계의 미사일 로켓 병기
ICBM과 THAAD까지 미사일의 모든 것을 해설

No. 40 독과 약의 세계사
독과 약의 역사, 그리고 우리 생활과의 관계

No. 41 영국 메이드의 일상
빅토리아 시대의 아이콘 메이드의 일과 생활

No. 42 영국 집사의 일상
집사로 대표되는 남성 상급 사용인의 모든 것

No. 43 중세 유럽의 생활
중세의 신분 중 「일하는 자」의 일상생활

No. 44 세계의 군복
형태와 기능미가 절묘하게 융합된 군복의 매력

No. 45 세계의 보병장비
군에 있어 가장 기본이 되는 보병이 지닌 장비

No. 46 해적의 세계사
다양한 해적들이 세계사에 남긴 발자취

No. 47 닌자의 세계
온갖 지혜를 짜낸 닌자의 궁극의 도구와 인술

No. 48 스나이퍼
스나이퍼의 다양한 장비와 고도의 테크닉

No. 49 중세 유럽의 문화
중세 세계관을 이루는 요소들과 실제 생활

No. 50 기사의 세계
기사의 탄생에서 몰락까지, 파헤치는 역사의 드라마

No. 51 **영국 사교계 가이드**
빅토리아 시대 중류 여성들의 사교 생활

No. 52 **중세 유럽의 성채 도시**
궁극적인 기능미의 집약체였던 성채 도시

No. 53 **마도서의 세계**
천사와 악마의 영혼을 소환하는 마도서의 비밀

No. 54 **영국의 주택**
영국 지역에 따른 각종 주택 스타일을 상세 설명

No. 55 **발효**
미세한 거인들의 경이로운 세계

No. 56 **중세 유럽의 레시피**
중세 요리에 대한 풍부한 지식과 요리법

No. 57 **알기 쉬운 인도 신화**
강렬한 개성이 충돌하는 무아와 혼돈의 이야기

No. 58 **방어구의 역사**
방어구의 역사적 변천과 특색 · 재질 · 기능을 망라

No. 59 **마녀 사냥**
르네상스 시대에 휘몰아친 '마녀사냥'의 광풍

No. 60 **노예선의 세계사**
400년 남짓 대서양에서 자행된 노예무역

No. 61 **말의 세계사**
역사로 보는 인간과 말의 관계

No. 62 **달은 대단하다**
우주를 향한 인류의 대항해 시대

No. 63 **바다의 패권 400년사**
17세기에 시작된 해양 패권 다툼의 역사

No. 64 **영국 빅토리아 시대의 라이프 스타일**
영국 빅토리아 시대 중산계급 여성들의 생활

No. 65 **영국 귀족의 영애**
영애가 누렸던 화려한 일상과 그 이면의 현실

-AK TRIVIA SPECIAL

환상 네이밍 사전
의미 있는 네이밍을 위한 1만3,000개 이상의 단어

중2병 대사전
중2병의 의미와 기원 등, 102개의 항목 해설

크툴루 신화 대사전
대중 문화 속에 자리 잡은 크툴루 신화의 다양한 요소

문양박물관
세계 각지의 아름다운 문양과 장식의 정수

고대 로마군 무기·방어구·전술 대전
위대한 정복자, 고대 로마군의 모든 것

도감 무기 갑옷 투구
무기의 기원과 발전을 파헤친 궁극의 군장도감

중세 유럽의 무술, 속 중세 유럽의 무술
중세 유럽~르네상스 시대에 활약했던 검술과 격투술

최신 군용 총기 사전
세계 각국의 현용 군용 총기를 총망라

초패미컴, 초초패미컴
100여 개의 작품에 대한 리뷰를 담은 영구 소장판

초쿠소게 1,2
망작 게임들의 숨겨진 매력을 재조명

초에로게, 초에로게 하드코어
엄격한 심사(?!)를 통해 선정된 '명작 에로게'

세계의 전투식량을 먹어보다
전투식량에 관련된 궁금증을 한 권으로 해결

세계장식도 1, 2
공예 미술계 불후의 명작을 농축한 한 권

서양 건축의 역사
서양 건축의 다양한 양식들을 알기 쉽게 해설

세계의 건축
세밀한 선화로 표현한 고품격 건축 일러스트 자료집

지중해가 낳은 천재 건축가 -안토니오 가우디
천재 건축가 가우디의 인생, 그리고 작품

민족의상 1,2
시대가 흘렀음에도 화려하고 기품 있는 색감

중세 유럽의 복장
특색과 문화가 담긴 고품격 유럽 민족의상 자료집

그림과 사진으로 풀어보는 이상한 나라의 앨리스
매혹적인 원더랜드의 논리를 완전 해설

그림과 사진으로 풀어보는 알프스 소녀 하이디
하이디를 통해 살펴보는 19세기 유럽사

영국 귀족의 생활
화려함과 고상함의 이면에 자리 잡은 책임과 무게

요리 도감
부모가 자식에게 조곤조곤 알려주는 요리 조언집

사육 재배 도감
동물과 식물을 스스로 키워보기 위한 알찬 조언

식물은 대단하다
우리 주변의 식물들이 지닌 놀라운 힘

그림과 사진으로 풀어보는 마녀의 약초상자
「약초」라는 키워드로 마녀의 비밀을 추적

초콜릿 세계사
신비의 약이 연인 사이의 선물로 자리 잡기까지

초콜릿어 사전
사랑스러운 일러스트로 보는 초콜릿의 매력

판타지세계 용어사전
세계 각국의 신화, 전설, 역사 속의 용어들을 해설

세계사 만물사전
역사를 장식한 각종 사물 약 3,000점의 유래와 역사

고대 격투기
고대 지중해 세계 격투기와 무기 전투술 총망라

에로 만화 표현사
에로 만화에 학문적으로 접근하여 자세히 분석

크툴루 신화 대사전
러브크래프트의 문학 세계와 문화사적 배경 망라

아리스가와 아리스의 밀실 대도감
신기한 밀실의 세계로 초대하는 41개의 밀실 트릭

연표로 보는 과학사 400년
연표로 알아보는 파란만장한 과학사 여행 가이드

제2차 세계대전 독일 전차
풍부한 일러스트로 살펴보는 독일 전차

구로사와 아키라 자서전 비슷한 것
영화감독 구로사와 아키라의 반생을 회고한 자서전

유감스러운 병기 도감
69종의 진기한 병기들의 깜짝 에피소드

유해초수
오리지널 세계관의 몬스터 일러스트 수록

요괴 대도감
미즈키 시게루가 그려낸 걸작 요괴 작품집

과학실험 이과 대사전
다양한 분야를 아우르는 궁극의 지식탐험!